网络信息检索与利用

主　编　许旌莹

副主编　李原野

参　编　王裕芳　唐小荃　刘　嵘

芮　雪　王志聪

北京理工大学出版社

BEIJING INSTITUTE OF TECHNOLOGY PRESS

内容提要

本书简述了信息素养与网络信息检索的基础知识，详细地介绍了个人知识管理工具、图书馆门户及相关应用程序、搜索引擎及开放存取（OA）资源、常用网络学术资源数据库，并另辟章节讲述了专利文献数据库的网络检索，以综合性课题分别在图书数据库、期刊数据库（中、外文）和专利数据库中做了实例演示讲解，最后介绍了学术规范及论文写作的格式和相关注意事项等内容。全书体例格式规范统一，图文并茂，叙述简明，并配有详尽的检索示例，具有较强的实用性。

本书既可以作为普通高等院校网络信息资源检索方法和技能相关课程的教材或教学参考书，也可供对信息检索感兴趣的用户学习参考。

图书在版编目（CIP）数据

网络信息检索与利用／许旌莹主编. --北京：北京理工大学出版社，2022.3（2022.8重印）

ISBN 978-7-5763-1112-9

Ⅰ.①网…　Ⅱ.①许…　Ⅲ.①计算机网络-情报检索-高等学校-教材　Ⅳ.①G354.4

中国版本图书馆CIP数据核字（2022）第037459号

出版发行／北京理工大学出版社有限责任公司
社　　址／北京市海淀区中关村南大街5号
邮　　编／100081
电　　话／（010）68914775（总编室）
（010）82562903（教材售后服务热线）
（010）68944723（其他图书服务热线）
网　　址／http：//www.bitpress.com.cn
经　　销／全国各地新华书店
印　　刷／河北盛世彩捷印刷有限公司
开　　本／787毫米×1092毫米　1/16
印　　张／16
字　　数／374千字
版　　次／2022年3月第1版　2022年8月第2次印刷
定　　价／48.00元

责任编辑／江　立
文案编辑／李　硕
责任校对／刘亚男
责任印制／李志强

图书编委会名单与排序

前　言

从教育部 1984 年提出在大学基础教育中开设“文献检索与利用”课程以来，已经过去了三十多年。在此期间，随着网络和信息技术的飞速发展，传统纸质信息的传递方式已远远不能满足人们对信息的需求。网络给人们提供了大量的信息，要在浩如烟海、无序的、多样化的网络信息中，找到自己所需的那一小部分信息并非易事。特别是对于大学生来说，更要学会在海量无序的信息中提炼出对自己有价值的信息，并能够根据自己掌握的信息技术和信息工具来提高获取、处理和利用信息的能力。这种信息素养是大学生从事研究工作或终身学习的基础，是未来社会生活必备的基本能力，也是成为具有创新能力的高素质人才的基本素养。网络信息检索教育是培养和提高大学生信息素养的基本手段之一，而网络信息检索教材则是开展这种教育的基础。

本书是根据本校课程改革的要求（8 学时），结合不同学习者的实际需要以及编者多年教学实践的经验编写的。在编写过程中，编者积极贯彻素质教育和创新教育的精神，力求提高学习者的信息素养，最终使得本书具有以下特点：

（1）内容以学术信息为主，除搜索引擎外，还介绍了网络学术资源数据库的使用；

（2）突出检索实践，除第 1、2 章对信息素养与网络信息检索的基础知识进行了简单介绍外，全书内容集中在第 3~8 章各种常用网络信息资源的介绍以及网络信息工具的综合利用；

（3）浅显易懂，理论部分简明扼要，资源介绍图文并茂，配有步骤详细的检索示例，易于理解与掌握；

（4）针对目前全球对专利的重视程度与日俱增的现状，用较大篇幅介绍了专利与专利文献的基础知识以及国家知识产权局的专利检索及分析系统平台的使用方法；

（5）把课程思政纳入教材内容当中，第 9 章系统地介绍了学术规范及论文写作的格式和相关注意事项等内容。

全书体例格式规范统一，叙述简明，使用大量图表的展现形式并配有详尽的综合课题检索示例，充分突出本书的通用性和实用性。

本书是多位老师合作的成果，具体分工如下：

许旌莹负责全书大纲和第 1 章、第 4 章、第 5 章、第 6 章第 6 小节和第 7 章的编写工作，并负责统编、修改、校对和定稿。李原野负责第 9 章、参考文献和附录课题的整理。王裕芳负责第 8 章第 2 和第 4 小节的编写工作。唐小荃负责第 3 章的编写工作。刘嵘负责第 2 章和第 6 章第 5 小节的编写工作。芮雪负责第 6 章第 3 小节、第 8 章第 1 和第 3 小节的编写工作。王志聪负责第 6 章第 1、第 2 和第 4 小节的编写工作。

本书在编写过程中参阅了大量的参考文献，在此对相关作者和机构表示衷心的感谢，同时万分感谢鄢春根教授和罗晓宁教授对本书编写工作的指导和支持。编者一直以提高教材质量为己任，但终究还是水平有限，书中存在的疏漏与错误，恳请读者批评指正。

编　者

2021 年 11 月

目　　录

第1章

信息素养

1.1 信息素养的概念及构成

1.1.1 信息素养的概念

随着信息技术的飞速发展，“信息素养”这个词越来越多地被人们提及。那么，“信息素养”究竟是指什么？这个概念是怎么被提出来的？它的发展历程又是怎样的呢？

自20世纪70年代开始，美国、英国、加拿大、德国、澳大利亚等国高校图书馆纷纷开展读者教育活动。1974年，美国信息产业协会保罗·泽考斯基（Paul Zurkowski）向全美图书馆学与信息学委员会提交的一份报告中首先提出“信息素养”一词，并把这一全新概念定义为“利用大量的信息工具及主要信息源使问题得到解答的技术和技能”。“信息素养”一经提出，被广泛传播和使用。世界各国的研究机构和专家纷纷围绕着如何提高信息素养展开了深入的研究，对信息素养内涵的界定和评价等提出了一系列新的见解。

1987年，信息学家帕特丽夏·布雷维克（Patricia Breivik）将“信息素养”概念扩充为“一种了解提供信息的系统并能鉴别信息价值，选择获取信息的最佳渠道，掌握获取和存储信息的基本技能”。

1989年，美国图书馆协会（American Library Association，ALA）下设的“信息素养总统委员会”在当年年度报告中又对“信息素养”的含义进行了重新定义：“要成为一个有信息素养的人，就必须能够确定什么时候需要信息并且懂得有效地检索（或查询）、评价和利用所需要的信息。”

到了1992年，道尔（Doyle）在《信息素养全美论坛的终结报告》中将“信息素养”的概念再次定义为：“一个具有信息素养的人，他能够认识到精确的和完整的信息是做出合理决策的基础，确定对信息的需求，形成基于信息需求的问题，确定潜在的信息源，制订成功的检索方案，从包括基于计算机和其他信息源获取信息，评价信息，组织信息于实际的应用，将新信息与原有的知识体系进行融合以及在批判性思考和问题解决的过程中使用信息。”

由此可知，信息素养是指一种基本能力，一种综合能力，更是一种对信息社会的适应能力。也就是说，能清楚地意识到何时需要信息、需要什么样的信息，并能确定、获取、评价、有效地利用各种信息的能力。

1.1.2 信息素养的构成

信息素养的构成内容丰富，主要包括信息意识、信息知识、信息能力和信息道德4个要素。

1. 信息意识

信息意识是指人们对自然界和社会的各种现象、行为、理论观点等各种信息的自觉的心理反应，即对信息的敏感程度，是在信息活动中产生的认识、观念和需求的总和。通俗地讲，面对未知、不懂的东西，能够主动积极地寻找答案，并且知道到哪里去找，用什么方法去找，这就是信息意识。我们现在所处的信息时代，处处都蕴藏着各种各样的信息，是否能够很好地利用现有的信息资料是人们信息意识强不强的重要体现。面对信息资源的激烈竞争，要有信息抢先的意识；面对世界信息化进程的加速，要有信息忧患的意识；面对信息时代的技术进步和知识更新的加速，要有再学习和终身学习的意识。

2. 信息知识

信息知识是指涉及的信息活动（即确定、获取、评价、利用、交流信息的活动）中所必须具备的基本原理、概念和方法性知识。信息知识既是信息科学技术的理论基础，又是学习信息技术的基本要求。其主要包含以下5个方面。

（1）传统文化知识，主要指传统的读、写、算。

（2）信息的基本知识，主要指信息的基本原理、信息的方法和原则等，包括信息的基本概念、文献学知识、信息检索原理和方法，对知识进行交流、传播和管理的知识以及图书情报学知识等。

（3）现代信息技术知识，包括信息技术的原理和信息技术的操作技能等。

（4）信息法规、伦理知识，主要指人与人信息交往过程中应该遵循的基本伦理规范、基本礼节，对不同人群文化差异的了解，必须遵守的网络安全法规、知识产权等。

（5）外语，是经济文化全球化和国际化的必然要求。

3. 信息能力

信息能力是指人们在信息世界中有效地利用信息设备和信息资源来获取信息、加工处理信息以及创造和交流新信息的能力，是一种获取和了解信息的过程。它包括运用各种信息机构检索、获取信息的能力，人际交往交流信息的能力，实验观察获取直接经验（一手信息）的能力，将获得信息建构于自己的知识体系中的能力，对获取的信息进行记录、管理的能力以及在涉及以上所有环节时，批判性地审视、判断和选择评价信息的能力等。这种能力深刻地影响着人们的生活、工作和学习的方方面面，是个人寻找职业、融入社会的一个决定性因素。

对于大学生来说，更要学会在海量无序的信息中提炼出对自己有价值的信息，并能够根据自己掌握的信息技术和信息工具来获取、处理和使用信息。这种信息能力是大学生从事研究工作或终身学习的基础，也是未来社会生活必备的基本能力。

大学生的信息能力包括信息技术的使用能力、信息获取能力、信息处理能力以及信息表达能力等。

（1）信息技术的使用能力。

信息技术的使用能力是新素养能力的基础。能使用信息系统是其最基本的要求，主要包含以下6种能力：

①能安装与启动信息系统进行工作；

②能准确无误地操作信息系统；

③能进行信息系统的日常维护和保养；

④当出现故障和问题时，能判断与估计产生故障的原因，并能进行必要的处理；

⑤能根据工作内容需要选择合适的软件系统，并准确熟练地使用；

⑥能使用一些软件开发工具等。

（2）信息获取能力。

使用信息技术的目的是从海量的信息中获取对自己有价值的信息，所以信息获取能力是信息素养中最重要的要素，其主要包含以下 5 种能力：

①信息资源的查找能力；

②信息资源的收集能力；

③信息资源的理解能力；

④信息资源的评价能力；

⑤信息资源的选择能力。

（3）信息处理能力。

只有把获取的信息进行加工处理后才能体现信息最大的价值。因此，必须具备一定的信息处理能力才能把收集得到的碎片化信息和未加工的数据真正利用起来，最后为我所用。信息处理能力与统计分析能力以及程序设计能力有着密切的关系，同时涉及的范围也很广泛，具体包含以下 5 种能力：

①信息分类能力；

②信息统计分析能力；

③信息重组能力；

④信息编辑加工能力；

⑤信息表述能力。

（4）信息表达能力。

人类作为信息的生产者与传播者，具有信息表达能力，其具体包含了以下 3 种能力：

①信息生成能力；

②信息发布能力；

③信息传递能力。

4. 信息道德

信息道德（又称信息伦理）是信息素养中不可或缺的要素之一。随着网络的普及和飞速发展，信息道德越来越被人们所重视，它约束着人们在获取、利用和传播信息的过程中的行为规范。其主要包括：信息交流与社会整体目标的协调一致；遵循信息法律法规；抵制违法发布、利用信息的行为；尊重他人的知识产权；正确处理信息开发、传播、使用三者之间的关系等。

信息素养的 4 个要素共同构成了一个不可分割的统一整体。信息意识是先导，信息知识是基础，信息能力是核心，信息道德是保证。

信息素养是一个不断发展的概念，它的内涵也随着时间的发展而发生变化。随着人们对信息素养认识的不断深入，信息素养的内涵不断丰富和扩充，人们对信息素养也会越来越重视。在倡导终身学习和强调知识创新的信息化社会中，信息素养已成为每一个公民终身学习和知识创新的必备技能以及评价人才综合素质的重要指标。

1.2 信息素养的评价标准

信息素养评价是依据一定的目的和标准，采用科学的态度与方法，对个人或组织等进行的综合信息能力的考察过程。当前，“信息素养”的概念已成为教育界的热门话题，信息素养也成为大学生必备的基础素养之一，因此信息素养教育也成为高等教育的重要组成部分。

1.2.1 国外信息素养评价标准

美国高校图书馆在20世纪90年代就开始了对信息素养的指标评价研究，并率先出台了相关的评价标准，随后其他发达国家也相继制订了相关标准。其中，国外的以美国大学与研究图书馆（Association of College and Research Libraries，ACRL）标准、澳大利亚和新西兰高校信息素养联合工作组（Australian and New Zealand Information Literacy Framework，ANZIIL）标准以及英国国家与大学图书馆协会（Society College National University Libraries，SCONUL）标准最为著名，下面分别对这些标准的主要内容做简单介绍。

1. 美国大学与研究图书馆标准（ACRL 标准）

美国大学与研究图书馆标准也称为美国信息素养标准。美国在1998年制订了中小学生学习的九大信息素养标准。2000年，ACRL在其召开的美国图书馆协会仲冬会议上审议并通过了“高等教育信息素养能力标准”（Information Literacy Competency Standards for Higher Education）。

（1）美国中小学信息素养能力标准。

ALA和美国教育传播与技术协会（Association for Educational Communication and Technology，AECT）对中小学生学习提出了9条信息素养标准（1998年），如表1-1所示。

表1-1 美国中小学信息素养能力标准

标准方面	标准内容
信息技能（加工处理）方面	标准1：高效、快捷地获取与存储信息 标准2：审慎、恰当地评价信息 标准3：准确、创造性地使用信息
独立学习方面	标准4：对自己感兴趣的信息能够持续地跟踪追寻 标准5：对信息文化及其创造性的表述方式能够理解和重视 标准6：在信息获取与知识形成方面追求卓越
社会责任方面	标准7：主动为学习社区做贡献，认识信息对民主社会的重要性 标准8：在处理信息与信息技术时，能采取合乎道德规范的行为 标准9：有效地参与信息开发的团队活动

（2）美国高等教育信息素养能力标准。

美国高等教育信息素养能力标准为大学生提供了一个如何处理信息的指南和框架，让大学生认识到培养自己认知学习方法的需要，并使他们明确收集、分析和使用信息所需要的行动。

美国高等教育信息素养能力标准由5个一级指标（能力指标）、22个二级指标（表现指标）和86个三级指标（成果指标）组成，其一级和二级指标体系如表1-2所示。

表 1-2　美国高等教育信息素养能力标准的一级和二级指标体系

指标体系	一级指标（能力指标）	二级指标（表现指标）
指标内容	具有信息素养的学生应能确定所需信息的性质和范围	①能清晰详细地表达信息需求 ②能确定多种类型和格式的可能的信息源 ③能考虑到获取信息的成本和效益 ④能重新评估所需信息的性质和范围
	能有效地和高效地获取信息	⑤能选择最适当的研究法或信息检索手段获取信息 ⑥能构建和实施基于有效性的信息检索策略 ⑦能联机检索信息和亲自使用各种检索方法 ⑧能调整信息检索策略 ⑨能摘要、存档和管理信息和信息源
	能批判地评估信息和信息源，将新的信息综合到现有的知识体系和价值观中	⑩能综述所收集信息的主要思想和观点 ⑪能清晰明白地说明初始评价标准，并对信息和信息源进行评价 ⑫能综合主要思想和观点，完善新观念 ⑬能比较新旧知识的差异和联系，确定新信息新增含义和特征 ⑭能确定新知识是否对个人价值观产生影响，并逐步解决冲突 ⑮能通过与专家或他人谈论，验证对信息的理解和解释是否正确 ⑯能确定是否修正初始的观点
	能独立或作为团队的一员高效地利用信息，实现一个明确的目标	⑰能运用新旧信息计划或创建一个特别的成果或某项工作 ⑱能修正原来制订的工作程序 ⑲能高效地与他人沟通，实现目标
	能理解信息使用的经济、法律和社会道德问题，以及在伦理和法律上的可行性	⑳能理解信息和信息技术上的伦理、法律和社会经济问题 ㉑能依照相关的法律、法规、制度和礼仪使用信息 ㉒能对工作中使用的信息情况进行肯定和致谢

“高等教育信息素养能力标准”一经发布，便产生了重大影响。它已在美国本土、世界各大洲得到广泛的认可与应用，具有里程碑式的历史意义，是迄今为止对高等教育界和图书馆界影响力较大的文件之一。

2. 澳大利亚和新西兰高校信息素养联合工作组标准（ANZIIL 标准）

澳大利亚和新西兰高校信息素养联合工作组（ANZIIL）于 2004 年发布了澳大利亚和新西兰信息素养框架，即 ANZIIL 标准。此标准在 ACRL 标准的基础上增加了 2 个指标，内容如下。

指标 1：具有信息素养的人能够对收集与产生的信息进行分类、保存、管理和修改。

指标 2：具有信息素养的人能够认识到信息素养是终身学习和具有参与感的公民的必需素养。

3. 英国国家与大学图书馆协会标准（SCONUL 标准）

英国国家与大学图书馆协会标准也称为英国信息素养标准。SCONUL 信息素养咨询委员会于 1999 年发布了《信息素养的 7 个支柱（Seven Pillars of Information Literacy）》报告。该报告描述了信息素养的模型，认为信息素养不但包含了信息技术，还包含了对信息的产生、获取、评估、管理、使用和传播等方面的内容，比信息技术的概念更广泛。该模型是由 7 个一级指标和 17 个二级指标组成的高校信息素养能力指标体系，如图 1-1 所示。

图 1-1　SCONUL 信息素养模型

1.2.2　国内信息素养评价标准

2003 年，清华大学主持开展了北京高校图书馆学会项目“北京地区高校信息素质能力示范性框架研究”，并于 2005 年发布了“北京地区高校信息素养能力指标体系”，这是我国第一个比较完整、系统的信息素养能力指标体系。该指标体系由 7 个维度组成的一级指标、19 个二级指标和 61 个三级指标组成。各级指标的设置与 ACRL 制订的 ACRL 标准中的高等教育信息素养能力指标非常相似，但在信息源知识和能力方面比 ACRL 的标准更具体、更细化。

7 个维度的具体框架如下。

维度 1：具备信息素养的学生能够了解信息以及信息素养在现代社会中的作用、价值与力量。

维度 2：具备信息素养的学生能够确定所需信息的性质与范围。

维度 3：具备信息素养的学生能够有效地获取所需要的信息。

维度 4：具备信息素养的学生能够正确地评价信息及信息源，并把选择的信息融入自身的知识体系中，重构新的知识体系。

维度 5：具备信息素养的学生能够有效地管理、组织与交流信息。

维度 6：具备信息素养的学生作为个人或群体的一员能够有效地利用信息来完成一项具体的任务。

维度 7：具备信息素养的学生了解与信息检索、利用相关的法律、伦理和社会经济问题，能够合理、合法地检索和利用信息。

1.3　大学生信息素养教育的意义

1.3.1　我国大学生信息素养教育的现状

高等教育阶段对于开展信息素养教育具有不可替代的战略地位。大学生信息素养的培育工作是一项综合工程，更是一个没有止境的、系统的、螺旋式上升的发展过程。高校图书馆是知识的殿堂，是文化信息的海洋，在开展信息素养教育方面具有得天独厚的资源优势，是培育信息素养的摇篮。大学生是接受信息素养教育的最佳受众群体，即是开展信息素养教育普及工作的生力军和后备力量；同时，高校图书馆都有一支从事文献信息检索的具有专业素养的师资队伍，这个队伍里的老师都具有广博的专业背景知识和深厚的专业理论，适宜从学科和专业的视域适时融入信息素养的培育内容，从而促进高校信息素养教育的全方位发展。

目前，我国各高校图书馆自动化、网络化系统都全面铺开，已具备了计算机、网络检索的条件，图书信息专业教师也重组教学内容，进行多模式的教育方式探讨。特别是近几年，随着网络的飞速发展，又有了慕课教程（Massive Open Online Courses，MOOC）、翻转课堂等新颖教学方式的加入。但是，信息素养教育在高等教育阶段开展得并不尽如人意。据调研，当代大学生的信息素养状况主要表现如下。

1. 信息意识淡薄，信息能力低下、亟待提高

当前，有的大学生虽然对信息资源有一定的认识，但还有相当一部分学生对信息的感知能

力、识别能力、吸收能力和运用能力还处于较低的水平，具体表现为以下 3 个方面。

（1）获取信息的能力参差不齐。

有的学生对如何获取文献资源尤其对网络上的各种专业学术数据库资源很陌生，只会在搜索引擎里“打转”。具体表现是不能“广、精、准、快、新、全”地查找自己所需要的真正信息。

（2）利用信息盲从无目的。

据调研，大学生有目的地利用信息资源和积累信息资源的能力较差，通常是没有目的和计划地阅读书刊，大部分学生还不具备鉴别、筛选和利用信息的能力，往往不知从何下手，造成盲目借阅的现状。

（3）对信息的需求存在应急心理。

许多学生为适应某一阶段的需要或完成某一任务、某项活动而去选材、收集资料，应付了事后便万事大吉了。

2. 信息道德和信息法律意识尚需加强

随着网络技术的迅猛发展，在带来了信息的开放性和虚拟性、信息行为主体的隐蔽性和匿名性的同时，也带来了诸如网络犯罪、侵犯知识产权、危害信息安全、信息垃圾、信息污染、计算机病毒、网络黑客等一系列问题。据调研，信息窃取和盗用、信息欺诈和勒索、信息攻击和破坏、信息污染以及滥用各种信息等犯罪活动在大学生群体中频频发生，也反映出了大学生在信息活动中违法行为和道德失范现象严重的现实。所以，大学生信息素养教育需教导大学生增强防范能力，鉴别真伪信息，大学生要自觉抵制不良信息，不受虚假信息的误导，养成良好的道德规范。

1.3.2　对大学生进行信息素养教育的重要性

1. 信息素养教育是时代发展的需要

在信息社会和知识经济时代，信息是当今社会必不可少的重要资源，也成了现今社会发展的决定力量和主导因素。美国著名的未来学家阿尔温·托夫勒（Alvin Toffler）在《权力的转移》一书中曾指出：“谁掌握了知识和信息，谁就掌握了支配它的权利”。由此可见，利用现代信息技术来获取自己所需要的信息的能力，已是人们在信息社会中不被淘汰的必备素养。大学生是祖国的栋梁之材，肩负着建设祖国的重任，接受信息素养教育，培养良好的信息意识，具有较强的信息检索能力和一定的信息道德才能适应这个时代的发展。

2. 信息素养是大学生终身学习必备的能力

自 20 世纪 80 年代开始，高校图书馆已开设了“文献检索课”教导、培养大学生的信息意识和信息能力。随着网络的飞速发展和知识爆炸性的增长，传统的文献检索课已远远不能满足大学生的培养需求。因此，大学生在校期间，除了强化自己的课堂知识外，还需不断地开阔视野，拓宽自己的知识面，发掘和吸收大量的课外信息。只有灵活地掌握和运用这些现代化的知识信息和实践操作能力，才能在激烈的竞争中立于不败之地。所以，我国的高等教育将信息素养教育的要求从“授人以鱼”变为“授人以渔”，使大学生在思想上把“学会知识”变为“会学知识”，提高大学生的综合素质、信息分析和信息判断能力，使其不断接收新知识的能力伴随终身，并走向成功。

3. 信息素养教育有利于大学生创新能力的培养

要培养大学生创新意识，必须将信息素养教育作为高等教育的重要组成部分，改变传统的教育模式，使学生了解除了学会必备的基础专业知识技能，还必须具备较强的信息分析、加工、开发能力和接受相关学科的信息创新能力，充分了解当前的知识才能在创新中有所鉴别、有所参与，少走弯路，拥有良好的信息素养才能成为具有创新能力的高素质人才。

1.3.3 提高大学生信息素养的途径

1. 高校需加强数字资源建设，优化网络信息环境

数字资源可以为用户打破获取资源时存在的时间和空间上的障碍，使得信息资源更容易被获取和利用。因此，数字资源的建设已成为图书馆馆藏资源数字化建设的重要内容。

同时，数字化校园和数字图书馆又构成了高等院校的重要信息环境。一方面，这个环境改变了高等教育的人才培养方式、管理模式及信息资源的存取、利用形式，从而有助于大学生信息素养和整体综合素养的提高；另一方面，这个环境要求大学生通过学校的培养和自身的努力去提高自己的信息素养，从而适应这个学习化的环境进而实现学习的目标。

2. 高校需将信息素养教育融入课程建设中

在高校的课程建设中，可以结合信息素养教育和专业课程教育来培养大学生的专业信息素养能力。专业信息素养能力培养的目的是要使大学生在掌握专业知识能力的同时，也要提高信息利用及交流能力、信息重组及创造能力和信息评价及处理能力，而实现这一目标最有效的途径就是将信息素养教育与专业课程教育进行整合。这种整合并不是将两门或两门以上的课程内容简单相加，而应该根据需整合的课程形式、内容等进行有机地、动态地融合，在专业课程教育的基础上突出信息素养教育的特色。

通过对我国高校现有的课程标准的分析，我们发现有的专业课程领域中已经含有一些信息素养的成分，它们存在于各个学科的知识和技能结构体系中。这些已有的信息素养成分为我们将信息素养教育融入专业课程教育提供了知识上和技能上的结合点，通过挖掘这些结合点，我们可以更好地实现两者的整合。

3. 高校图书馆需开展多层次的信息素养教育形式

高校图书馆作为文献信息中心和教学服务单位，担负着提升大学生信息素养的教育职能。根据不同对象的需要，高校信息素养教育体系的目标可划分为多个层次，根据不同层次和不同学科的教学目标来安排教学内容。信息素养教育体系的层次应是连续提升和相互衔接的。

新生入馆教育、信息检索公共课（选修或必修）、专题讲座是图书馆用于提升大学生信息素养的常用教育形式，但不应局限于此。根据学生在大学 4 年各学习阶段不同的信息需求特点，图书馆可采取灵活多样的形式和多种途径来实施信息素养教育，具体如下。

（1）新生入校阶段信息素养培养。

可采用“制作多媒体课件供学生自主学习+答题通关”的方式，引导新生认识、了解图书馆，文明、合理使用图书馆，利用图书馆的各种资源与服务，为将来的学习生活做好准备。

（2）基础教学阶段信息素养培养。

可通过《信息检索与利用》公共选修课、专业指定选修课、每周滚动开展的资源讲座、学术搜索大赛等途径，让学生获取信息检索基础知识和技能，具备基本的信息意识、信息知识、信息技能和信息道德。

（3）专业教学阶段信息素养培养。

可采用馆员-教师合作教学的嵌入式信息素养讲座、结合具体项目的个性化定制辅导、纳入专业人才培养计划的定向指导课程等形式，培养学生运用信息检索知识解决复杂专业问题的能力。从而着眼于对专业做更好的支撑，突出对不同专业的文献支撑和方法引导，提升学生学科素养，为知识自我更新和创新能力培养奠定基础。

(4) 毕业设计阶段信息素养培养。

可通过面向各专业毕业生集中举办毕业论文专题讲座的方式，解决学生“如何利用信息检索确定选题”“如何利用信息检索搭建论文框架”“如何利用信息检索搜集内容素材”“如何利用检索工具进行参考文献著录”“如何利用信息检索规范英文摘要写作”“如何合理合法引用文献与论文查重检测”等问题，让学生亲历使用所学检索知识、技能、工具高效完成毕业论文撰写的过程。

习　题

1. 什么是信息素养？信息素养的核心内容有哪些？分别做简要概述。

2. 简述信息素养的国内外评价标准。

3. 为什么要对大学生进行信息素养教育？你认为自己的信息素养能力水平怎么样？可以通过哪些方式提高自己的信息素养？

第2章 文献信息资源和信息检索基础知识

2.1 文献信息资源概述

2.1.1 文献概述

文献是用文字、图像、符号、音频、视频等手段将知识记录在一定的物质载体上，以起到储存与传播知识的作用，简而言之，文献是记录有知识的一切载体的统称。因此，凡是记录有信息或知识的载体，包括甲骨文、碑刻、竹简、帛书、图书、报纸、期刊、机读资料、缩微制品、电子出版物等均可称为文献，它是信息、知识存在的基本形式。

1. 文献的构成要素

文献一般由4个基本要素组成。

(1) 构成文献内容的知识信息。文献要有一定的知识内容，没有记录任何知识内容的纸张、录音带等不能称为文献。

(2) 记录知识信息的物质载体，如甲骨、竹简、绢帛、纸张、胶卷、磁盘、光盘、电子出版物等，是文献的外在形式。

(3) 记录知识信息的符号，如文字、图形、符号、声音、图像等。

(4) 记录知识信息的手段，如刀刻、书写、印刷或光学、电磁学等方法。

只有将知识记录在一定物质载体上，才可以构成文献。文献的4个要素，缺一不可，没有记录下任何知识的载体，不能称为文献，另外，存在于人们头脑中的知识，也不能称为文献。

2. 文献的基本属性和功能

(1) 知识性。文献的本质属性就是知识性，没有记录任何知识，文献便不复存在。文献有着存储人类知识的重要功能，它记录和保存了人类知识的精华，人类可以从文献中了解过去，认识现在，甚至预测未来。在漫长的历史长河中，先人们创造出丰富而灿烂的各类文化硕果，这是人类最宝贵的财富。长期的实践证明，历史上许许多多珍贵的文化遗产，大多是录存于文献之中才得以保存并流传至今的。因此，文献具有保存文化遗产的功能。

(2) 传递性。文献是继承、传递人类已有知识的最有效的手段，文献使人类和知识突破时空的局限而传之久远。文献是对人类在认识社会与自然界过程中的各种知识的积累、总结、储存，能够使人们克服时间和空间的限制，传递知识、交流思想，是传递和交流人类社会知识的最佳工具。

（3）动态性。随着人类社会和科学技术的不断发展，文献所蕴含的知识信息也在动态地、有规律地运动着。文献随着人类文明的进步而不断发展，文献的内容反映了当时社会历史发展的知识水平，文献的记录手段、记录材料、构成形态受当时社会科技文化水平的影响与制约，而文献的传播与运用又成为社会向前发展的推动力之一。

2.1.2　文献信息资源及其特点

文献信息资源指的是以语言、文字、数据、图像、音频、视频等方式记录在特定载体上的信息资源，其特点如下。

1. 文献信息资源载体形式多样化

现代信息技术的发展极大地丰富了文献信息资源的载体形式，突破了传统的纸张印刷方式。现代计算机技术广泛应用于新的存储载体材料中，文献信息缩微化、电子化、数字化已经成为文献信息资源的主流发展趋势。电子（数字）信息密度高，容量大，体积小，存储内容多样，检索方便快捷，便于传递与共享，易于复制和保存，消耗资源少，对环境污染小，具有广阔的发展前景。目前，形成了印刷型、磁记录型、光电（半导体）记录型和网络型 4 种文献信息资源并存的格局。通过计算机网络传播、利用文献的网络文献信息资源，是目前和今后最主要的电子型文献。

2. 文献信息资源传递网络化

随着网络通信技术的发展，现代化的信息传播手段实现沟通和传播的多向性，传播不再受到时间和空间的限制，文献信息在网络中的传递和反馈具有快速、灵敏、动态性、实时性等特点。在网络环境下，信息的传递和反馈十分迅速，网络上的任何信息源，瞬间就能传递到世界各地的每一个角落。通过网络传递的文献信息检索快捷方便，易于加工利用。文献信息资源网络化已成为一大潮流。

3. 文献信息数量急剧增长

我们迎来了一个崭新的信息时代，文献信息数量急剧增长。各种传统载体的文献不断增加，据不完全统计，目前全世界每天有 6 000~100 000 篇科学论文发表，每年约新增 100 万份发明专利和 450 万篇科技文献，科技文献的数量以每年 3%的速度在增长。同时，随着计算机技术的不断普及和网络技术的高速发展，电子出版物和网络文献信息资源也遍地开花。网络文献信息资源数量巨大，增长迅速。据不完全统计，目前国际互联网已拥有 186 个国家或地区的 5 万多个注册网络、500 多万台计算机、2 500 多个数据库、8 亿多个主页，而且正在以每年高于 25%的速度激增。各种类型和各种载体的文献数量急剧增长，面对浩繁的文献信息资料人们难以鉴别、选择并加以有效控制，文献信息的选择、收集、整理、保存、传递等面临着许多新的问题。

4. 文献信息的更新速度加快

现代科学技术发展日新月异，文献信息的更新速度加快，使用周期在缩短。文献信息资源出现新陈代谢加快、老化加剧、使用寿命缩短的趋势。科学发展产生的新知识、新技术不断替代旧的知识和技术，使文献的时效性越来越强。有资料表明，科技图书的时效为 10~20 年，期刊论文为 3~5 年，科技报告为 10 年，学位论文为 5~7 年，标准信息为 5 年，产品样本为 5 年。西方发达国家认为，大部分科技信息的使用寿命一般为 5~7 年，甚至更短。信息学家贝尔纳·保尔登（J. D. Bernal）和凯布勒（R. W. Kebler）先后提出了“信息老化的半生期（Half-live）”的概念，用半生期解释信息的老化速度和使用寿命，即“某学科现时利用的全部信息中的一半，是在多长一段时间内发表的”。半生期愈短，老化速度愈快，使用寿命就愈短。例如，科技信息资源总体的半衰期在19世纪为50年左右，到现在已缩短为5~10年。国际教育发展委员会主席埃德加·富尔（Edgar Faure）说：“我们再也不能刻苦地、一劳永逸地获取知识了，而需要终身学习如何去建立一个不断演进的知识体系——学会生存。”

5. 信息资源分布不均衡

由于政治、经济、科技、教育和观念的差异，人们在获取、占有文献信息资源的能力和数量上也存在巨大的差别，从而引起文献信息资源分布不均衡的现象，信息时代出现一种新的社会分化——信息分化。信息分化是由于人们的认识能力、知识储备和信息环境等多方面的条件不尽相同，所掌握的信息资源也多寡不等。同时，由于社会发展程度不同，对信息资源的开发程度也不同，世界上不同区域信息资源的分布也就不均衡。

6. 文献资料相对集中又分散

现代科学正沿着学科高度细分和高度综合的整体化方向蓬勃发展，因此各学科都拥有一定数量的专业核心文献，集中反映该学科60%~70%的最新科研成果和学术动态，其观点和内容可以代表该学科的专业性和权威性。此外，某一种专业文献不仅可发表本学科的论文，还可发表相关学科和相邻专业的论文；或同一学科的论文不仅可发表在本专业的刊物上，还可发表在不同专业和相邻专业的刊物上。科学研究的广博性和研究方法的互补性使文献自身的特征出现新的变化，跨部门、跨学科、跨地域的合作已逐渐成为各学科研究的趋势。

2.1.3 科技文献划分及其常用类型

根据不同的标准，文献有许多种分类方式。根据载体类型，可以分为印刷型、缩微型、机读型和声像型；根据不同出版形式，可以分为图书、连续性出版物、特种文献；根据文献内容、性质和加工情况，可分为一次文献、二次文献、三次文献。

在本书中，作者仅以出版类型对文献进行分类阐述，根据常见的文献信息的出版、发布及外在表现形态特征，可以把文献资源归结为11类：图书、报刊、科技报告、会议文献、专利文献、标准文献、学位论文、政府出版物、产品样本、档案文献、网络文本等。

1. 图书

图书是品种最多、数量最大的科技知识和科研成果的文献载体。它与其他类型出版物相比，具有系统、完整、全面、成熟的优势，因而是目前科技文献最主要的出版类型，但由于出版时间较长，往往不能及时、迅速地反映最新的科研成果。图书按其内容和读者对象可分为以下4类。

（1）专著：指从事某项专业的专家所撰写的某一专题、某一学科方面的全面系统的著作，专著是科技图书的主体，主要供科技人员参考使用。

（2）科普读物：指以普及科学知识为目的的图书，发行量较大，读者受众面比较广泛。

（3）教科书：指根据教学大纲要求，结合学生知识水平编写的教学用书，其内容一般都是基本原理和事实，具有通俗易懂、准确可靠等特点。

（4）参考工具书：指各种手册、年鉴、词典、百科全书、图册、组织机构指南、人名录、地名录等工具书。这类图书出版周期长，但信息量大，内容全面，是查找事实、数据情报的工具用书。

正式出版的图书包括封面、书名页、版权页、正文等部分。其中，版权页是我们判别图书价值的重要依据，一般包括出版者信息、版次、印次、开本、字数、国际标准书号等。每本书的封底都有一串号码，称为国际标准书号（International Standard Book Number，ISBN），是国际通用的图书或独立的出版物代码。早期ISBN共10位，2007年1月1日起，ISBN在原来的10位数字前加上 3 位 EAN（欧洲商品编号），即加上前缀号“978”或“979”以及重新计算稽核号，从而转换为新的 13 位格式，与 13 位欧洲商品编码相同。13 位 ISBN 共分为 5 段。第 1 段为 EAN · UCC 前缀，为 3 位数字，现有的出版机构在 10 位 ISBN 前加“978”，新成立的出版机构则加“979”。第 2 段为组号，表示图书的出版国家或地区，13 位的 ISBN 从第 4 位开始，10 位的 ISBN 从第 1 位开始。例如，0 或 1 表示英语国家，2 表示法语国家，3 表示德语国家，4 表示日本，5 表示俄语国家，6 表示伊朗，7 表示中国大陆，89 表示韩国，957 和 986 表示中国台湾，962 和 988 表示中国香港。第 3 段为出版社代码，用于识别出版社，由各国出版主管机构分配，允许取值范围为 2~5 位数字。出版社的规模越大，出书越多，出版社代码就越短。第 4 段是书序号，由出版社给出，每个出版社的书序号是定长的，用 9 位数字减去组号、出版社代码所占的位数，就是书序号的位数，最短的 1 位，最长的 6 位。出版社的规模越大，出版的图书越多，书序号就越长。例如，高等教育出版社的出版社代码为 04，书序号为 6 位，江西美术出版社代码为 80580，书序号为 3 位。第 5 段是校验码。5 段数字之间用连字符“-”连接，如 978-7-115-32869-4，在书目记录中可以省略连字符，如 9787115328694。

图书主书名背面一般有图书在版编目（CIP）数据。CIP 是 Cataloging In Publication（在版编目）的首字母缩写。图书在版编目数据由 4 个部分组成，依次为图书在版编目数据标题、著录数据、检索数据、其他注记，分为 4 个自然段，各大段间隔一行。

例如，《网络信息检索与综合利用》一书的图书在版编目（CIP）数据，如图 2-1 所示。

图书在版编目（CIP）数据

网络信息检索与综合利用/王裕芳主编.——北京：人民邮电出版社，2013.9
21世纪高等院校电子信息类规划教材
ISBN 978-7-115-32869-4
Ⅰ. ①网… Ⅱ. ①王… Ⅲ. ①网络检索-高等学校-教材 Ⅳ. ①G354.4

中国版本图书馆CIP数据核字（2013）第185504号

图 2-1 图书在版编目（CIP）数据

第 1 段为标题：图书在版编目（CIP）数据。标准黑体字样，英文缩写“CIP”用大写拉丁字母，并加圆括号。

第 2 段为著录数据，著录数据的书名与作者项、版本项、出版项等 3 项连续著录；丛书项、附注项、标准书号项单独起行著录。

“网络信息检索与综合利用”为正书名；“/”后是著作责任者；“—北京：”为出版地，“人民邮电出版社”为出版者；“2013. 9”为出版日期。

接下来另起一行，“ISBN 978-115-32869-4”是国际标准书号。

第 3 段为检索数据，按次序分别是书名检索点、作者检索点、主题词、分类号。4 个检索点均用罗马数字加下圆点排序。各类之间留一个汉字空。除分类号外，同类检索点用阿拉伯数字圈码排序。书名、作者检索点采用简略著录法，即仅著录书名、作者姓名的首字，其后用“…”表示。若分类号不止一个，则各个分类号之间留一个汉字空，但不用任何数字或符号排序。

“Ⅰ. ①网…”为书名检索点，“Ⅱ. ①王…”为作者检索点，“Ⅲ. ①网络检索-高等学校-教材”为主题词，“Ⅳ. ①G354. 4”为《中图法》分类号。

第 4 段是其他注记，如“中国版本图书馆 CIP 数据核字（2013）第 185504 号”表示的是图书审核后的文件号码。

2. 报刊

报刊指的是期刊、报纸，是重要的连续出版物。期刊又称杂志，它是指定期或不定期连续出版、有统一的名称、有固定的开本和版式、有连续的序号、汇集了多位作者分别撰写的多篇文章，并由专门的机构编辑出版的连续性出版物。

期刊是进行科学研究、撰写毕业论文的重要参考资料，尤其是集中反映各学科研究论文、学术争鸣等专业性学术期刊。这类文献因能及时反映某专业领域新理论、新观点，成为人们及时把握信息、掌握动态、开展创新活动重要的资源之一。期刊具有出版周期短、及时反映当前最新研究成果和科技发展趋势、提供内容新、信息量大且文献类型多样等优点，但在系统性、成熟性、完备性方面不如图书。按出版周期分，期刊分为周刊、半月刊、月刊、双月刊、季刊、半年刊、年刊等；按内容及功能划分，期刊分为学术性、时事新闻性、普及性和资料性期刊。

报纸有统一的名称，定期连续出版，每期汇集许多篇文章、报道、信息等，多为对开或四开，以单张散页形式出版，发布新闻、评论、信息等。相较于期刊、图书，报纸具有内容广泛、受众面广、发行数量庞大、信息量大、时效性强、制作简便、成本低廉、影响力大等特点，是一种重要的文献信息资源。

所有正式出版的连续出版物都有国际标准连续出版物号（International Standard Serial Number，ISSN），是具有唯一识别性的代码，可以准确、快捷地识别该期刊、报纸等的名称及出版单位等，在全世界大部分国家被使用。按国际标准 ISO 3297 规定，一个国际标准刊号由以“ISSN ”为前缀的 8 位数字组成，分为两段，每段 4 位数字，中间用连字符“-”连接，前缀 ISSN 与数字之间空一个字距。例如，ISSN 1234-5679，其中前 7 位为单纯的数字序号，无任何特殊含义，最后一位为计算机校验位。在部分国家或地区，一份标准的期刊出版物除配有国际标准刊号外，同时要求配有本国或当地的期刊号，以便于管理。我国相关法律规定，在国内发行的连续出版物（期刊、报纸等）必须有国家有关部门颁发的 CN 刊号。

3. 科技报告

科技报告又称研究报告、报告文献，是在科研活动的各个阶段，由科技人员按照有关规定和格式撰写的，以积累、传播和交流为目的，能完整而真实地反映其所从事科研活动的技术内容和经验的特种文献。每份报告自成一册，装订简单，一般都有连续编号。按内容可分为报告书、论文、通报、札记、技术译文、备忘录、特种出版物。科技报告大多与政府的研究活动、国防及尖端科技领域有关，科技报告反映新的科研成果迅速，发表及时，课题专深，内容多样化，数据完整，技术含量高，实用意义大，具有保密性，是一种重要的信息源。做好科技报告工作可以提高科研起点，大量减少科研工作的重复劳动，节省科研投入，加速科学技术转化为生产力。世界上著名的科技报告系列有美国政府的四大报告（PB 报告、AD 报告、NASA 报告、AEC/ERDA/DOE 报告），英国航空委员会（ARC）报告、英国原子能局（UKAEA）报告，法国原子能委员会（CEA）报告、联邦德国航空研究所（DVR）报告，日本的原子能研究所报告、东京大学原子核研究所报告、三菱技术通报，苏联的科学技术总结和中国的科学技术研究成果报告等。

4. 会议文献

会议文献是指在学术会议上所交流的论文、报告及有关文献。学术会议都是围绕某一学科或专业领域的新成就和新课题来进行交流、探讨的，学术性很强，代表了一门学科或专业领域最新的研究成果，反映着世界上科学技术发展的水平和趋势。随着科学技术的迅速发展，世界各国的学会、协会、研究机构及国际性学术组织举办的各种学术会议日益增多，会议文献也相应增加。据统计，每年国际上举行的学术会议达数万个，发表的学术论文达 10 万余篇。会议文献没有固定的出版形式，有的在学会、协会出版的期刊上作为专号、特辑或增刊出版；有的发表在专门刊载会议录或会议论文摘要的期刊上；有的汇编成专题论文集作为图书出版；有的以科技报告的形式出版。此外，一些学术会议开设了会议网站，或者在会议主办者的网站上设会议专页，利用网站报道会议情况和出版会议论文。

会议文献的特点是传递信息比较及时，内容新颖，专业性和针对性较强，种类繁多，形式多样。会议文献一般是经过精心挑选和设计的文献，质量高，能及时反映学术研究中的新发现、新成果和学科发展的方向。

5. 专利文献

专利文献是指专利在申请、审查、批准过程中所产生的各种有关文件的文件资料。狭义的专利文献指包括专利请求书、说明书、权利要求书、摘要在内的专利申请说明书和已经批准的专利说明书的文件资料。广义的专利文献还包括专利公报、专利文摘以及各种索引与供检索用的工具书等。

专利文献是一种集技术、经济、法律情报于一体的文件资料，具有内容新颖、广泛、系统、详细，质量高，出版迅速，格式规范，文字简练、严谨，重复出版量大，分类和检索方法特殊，涉及技术领域广泛，实用性强，具有法律效力，技术工作具有单一性和保守性等特点。

因各国专利法均规定申请专利的发明必须具有新颖性，特别是大多数国家采用了先申请原则，促使发明者在完成发明后迅速申请专利，故一些重大的发明常在专利文献公开 10 余年后才见诸其他文献。

根据专利种类，专利文献分为发明专利说明书、实用新型专利说明书和外观设计专利文献三大类。根据法律性，专利文献可分为专利申请公开说明书和专利授权公告说明书两大类。

6. 标准文献

标准文献简称标准，是按规定程序制订，经权威机构和国家行政主管部门批准的具有法定约束力的在特定范围内执行的规格、规则、技术要求等规范性文献，包括各种级别的标准、部门规范和技术规程。广义的标准是指与标准化工作有关的一切文献，包括标准形成过程中的各种档案、宣传推广标准的手册及其他推广物，包括标准目录、索引和文献目录。

标准文献的特点：技术成熟度高，描述详尽、完善可靠，具有法律效力；单独出版，编写格式、语言描述、内容结构、审批程序、管理办法、代号系统等都独立成为一套体系；时效性很强；不同种类、不同级别的标准在不同范围内执行；同一级别的标准甚至不同级别的标准经常相互引用和交叉重复。

7. 学位论文

学位论文是指高等院校和科研单位中的本科生、研究生为获得学士、硕士和博士学位，在导师指导下独立完成并论文答辩通过的学术研究论文。学位论文的特点：学术性强，内容比较专一，引用材料比较广泛，阐述较为系统，论证较为详细；一般不出版发行，有些在期刊上摘要发表。学位论文是经过审查的原始成果，并且有一定的独创性，它所探讨的问题专深，论述系统详尽，有较高的参考价值。学位论文从内容来看可分为两类：一类是综论，此类论文在参考了大量资料，进行了系统的分析、综合，依据充实的数据资料的基础上，作者提出本人的独特见解；另一类是作者根据前人的论点或结论，经过实验和研究，提出进一步的新论点。

8. 政府出版物

政府出版物是各国政府及所属机构颁布的文件，如政府公报、会议文件和记录、法令汇编、条约集、公告、调查报告等，范围广泛，几乎涵盖了所有的知识领域，但重点在政治、经济、法律、军事、制度等方面。政府出版物按其性质可分为行政性文献和科技性文献。政府出版物具有正式性和权威性的特点，对于各国了解科学技术发展情况具有重要的参考价值。

9. 产品样本

产品样本是对定型产品的性能、构造、原理、用途、使用方法和操作方法、产品规格等所做的具体说明。产品样本内容范围十分广泛，从家电、药品、玩具制品直到工业用各种技术复杂的设备元件，多配有外观照片、结构图，直观性强，技术成熟，数据可靠。它既反映了企业的技术水平和生产动态，又促进了新产品、新工艺的推广应用。

10. 档案文献

档案文献是指国家机构、社会组织及个人在从事各项活动中直接形成的、具有保存价值、经过立卷归档、集中保存起来的具有较高价值的文件，包括各种文书材料、政策文件、技术文件、影片照片、录音盘片等。

档案文献是一种原始的历史记录，它是由人们在社会生活中自然形成的文件转化而来的，它完整、全面地记录和反映了某工作或活动的全部数据及结果，是一种客观的历史记录，不是随意编写和搜集而来的；档案文献不是零散的文件堆积，而是按照一定的规律挑选和组织而成的文件体系。档案文献对了解历史、预测未来以及解决当前各项工作中的问题都具有重要的参考价值，是进行社会科学研究必不可少的第一手参考资料，是一种很有价值的信息源。

11. 网络文本

网络文本是指那些大量存在于虚拟世界——网络信息资源中，不属于上述任一类型文献(即不属于上述各类文本的数字化形态)，但又具有它们中的一些相应作用的网上文献。这类文献的特点：形式多样、图文并茂、内容广泛、质量不一、获取方便、易于摘录、可信度不确定、作者身份难辨、信息渠道复杂。因此，对于这类文献，虽然因其相对便利可以加以使用，但不建议作为主要的文献信息资源加以利用，在利用过程中要对信息的真实性、可靠性做更多的分辨和佐证。

2.2 信息检索语言

2.2.1 信息检索语言的概念及作用

信息检索语言又称标引语言、索引语言、概念标识系统，是从自然语言中精选出来并加以规范化的一套词汇符号，用来概括文献信息内容或外在特征及其相互关系的概念标识体系。在信息存储过程中，用信息检索语言来描述信息的内容特征和外部特征；在信息检索过程中，使用信息检索语言来描述检索提问，表达用户的需求，从而保证信息存储和检索的一致性，提高检索的效率。

检索语言是情报检索专用的人工书面语言，它除了具备普通语言的特点外，还有一些基本要求。

(1) 检索语言应当接近于自然语言，应当用便于检索者理解和掌握的词汇、词法和句法构成。

(2) 检索语言应当便于计算机识别和处理。在检索过程中，计算机一般不能识别检索语言中的语义含混和逻辑错误，因此要求检索语言比自然语言更严格。

(3) 检索语言应当能够适应计算机程序分析能力。机编索引程序的分析能力有限，因此，设计检索语言要考虑计算机程序分析能力。

(4) 检索语言应当随着科学技术的发展，及时吸收新概念、新词汇，淘汰过时的概念和词汇。

(5) 检索语言中的语词应当有相应的文献和提问作保障。语词如果既不是文献使用的，也不是提问使用的，就不适合作为检索语言。这恰恰是检索语言与各学科领域中的概念的区别所在，也是不同于自然语言的重要一点。

检索语言作为沟通文献信息存储与检索两个过程中信息标引人员和信息检索人员之间的桥梁，使标引人员和检索人员能尽可能使用相同的语词描述同一信息。信息检索的匹配过程是通过检索语言的匹配过程来实现的，检索语言的质量好坏以及是否正确使用都会直接影响检索率的高低。检索语言的作用如下。

（1）它保证不同的信息标引人员描述信息特征的一致性。信息标引人员自身学历、专业、经历、理解、思维方式的不同，使其对同一事物进行描述时会产生不一致性，规范化的检索语言能最大限度地避免这种不一致性的产生。

（2）它保证检索提问词与信息标引的一致性。检索人员和标引人员对同一事物的理解是不一致的，检索语言能在检索人员和标引人员之间架起桥梁，保证检索提问词和标引词的一致性。

（3）它保证检索人员按不同的信息需求在检索信息时能够获得较高的查全率和查准率。检索人员的信息需求类型是多种多样的，获得信息的途径也是多方面的，检索语言能将信息检索中的漏检现象和误检现象控制到最低。

2.2.2　检索语言的分类

按照文献资源的特征来划分，检索语言可以分为描述文献外部特征和描述文献内部特征两类，如图 2-2 所示。

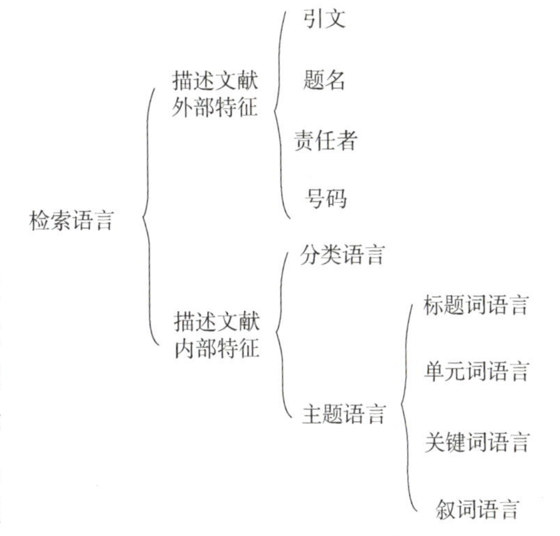

图 2-2　检索语言的类型

1. 描述文献外部特征

（1）引文：文献 A，引用文献 B 作为参考文献称为施引（citing），列在参考文献中的文献 B 就称为被引（cited）。施引文献也称引证文献或来源文献，文献 A 为文献 B 的施引文献。引文通常称为被引文献或参考文献，文献 B 为文献 A 的引文。引文的目的在于指出信息的来源、提供某一观点的依据等。

（2）题名：指文献的相关名称，如图书书名、期刊刊名、论文篇名等。

（3）责任者：指对文献的知识内容和艺术内容的创造或完成负有责任或作出贡献的个人或团体，包括著者、编者、译者、专利权人、代表机构、团体作者等。

（4）号码：包括科技报告的报告号、合同号、拨款号；专利文献的专利号、申请号、公开号；国际标准书号、国际标准刊号、标准号；期刊文章编号等。

如果已知某篇文献的外部特征信息，则可以快速准确地找到相应的文献。

2. 描述文献内部特征

在开展研究某一新课题时，往往不清楚哪些文献才是有参考价值的文献，必须通过与文献的主题和内容密切相关的文献内部特征来进行查找。掌握描述文献内部特征的检索语言，是提高检索效率的关键。

分类语言是用分类号来表达文献的主题，按照学科性质进行分类的文献检索语言。分类语言以数字、字母、数字字母组合的方式作为基本字符，以基本类目作为基本词汇，以类目的从属关系来表达复杂的概念。

分类语言的具体形式是分类法。分类法首先按学科门类划分大类，然后再继续向下划分子类，层层划分，逐级展开，形成严格有序的学科门类等级体系。目前，国内通用的分类法有《中国图书馆图书分类法》（简称《中图法》）、《中国科学院图书分类法》（简称《科图法》）、

《中国人民大学图书馆图书分类法》；国外通用的分类法有《杜威十进分类法》（Dewey Decimal Classification，DDC）、《国际十进分类法》（Universal Decimal Classification，UDC）、《美国国会图书馆图书分类法》（Library of Congress Classification，LCC）等。

《中图法》是我国当代具有代表性的图书分类法，被推荐为我国标准图书分类法。《中图法》于1971年由北京图书馆倡议、全国36个单位组成的编写组集体编制而成，并于1975年正式出版，经多次修订，目前已出版至第5版。下面以《中图法》为例，介绍分类法的结构和使用方法。《中图法》分为5个基本部类，其下展开为22个基本大类，如表2-1所示。

表2-1 《中图法》五大部类及基本大类

部类	基本大类
马克思主义、列宁主义、毛泽东思想	A 马克思主义、列宁主义、毛泽东思想
哲学	B 哲学
社会科学	C 社会科学总论　D 政治、法律　E 军事　F 经济　G 文化、科学、教育、体育　H 语言、文字　I 文学　J 艺术　K 历史、地理
自然科学	N 自然科学总论　O 数理科学和化学　P 天文学、地球科学　Q 生物科学　R 医药、卫生　S 农业科学　T 工业技术　U 交通运输　V 航空、航天　X 环境科学
综合性图书	Z 综合性图书

《中图法》采用汉语拼音字母与阿拉伯数字相结合的混合制号码，用一个大写字母标志一个大类，以字母的顺序反映大类的序列。在字母后有数字表示大类下的类目划分。数字的编号使用小数制，即首先顺序字母后的第一位数字，然后顺序第二位，以下类推。为了使号码清楚醒目，易于辨认，在分类号码的三位数字后，用小圆点“.”间隔。下面以J艺术类为例，来看一下《中图法》的一级类目下的各级类目分类情况。

J 艺术
- J0 艺术理论
- J1 世界各国艺术概况
- J2 绘画
  - J3~19 绘画研究方法、工作方法
  - J20 绘画理论
  - J21 绘画技法
  - J22 中国绘画作品
    - J221 作品综合集
    - J221.1~7 各地方绘画作品综合集
    - J221.8 个人绘画作品综合集
    - J221.9 绘画范本、画谱
  - J23 各国绘画作品
- J3 雕塑
- J4 摄影艺术
- J5 工艺美术
- J6 音乐
- J7 舞蹈

J8 戏剧、曲艺、杂技艺术

J9 电影、电视艺术

对于“T 工业技术”，因其下一级类目太多，也采用字母标志，即工业技术所属的二级类目，采用双字母，从三级类目开始使用阿拉伯数字。

分类法具有较强的系统性，针对某一学科某一专业的文献检索方便有效。但由于现代科技发展迅速，交叉学科不断兴起，而分类法的类目设置更新不及时，一些新兴学科或交叉学科的文献检索比较困难。

2.2.3 主题语言

主题语言是以主题词作为文献内容标识和检索依据的语言。以主题语言来描述信息内容的处理方法称为主题法。主题法的具体形式是主题词表。主题词表由受控的自然语词组成，它是一套人工的符号系统，是在一定程度上达成共识或成为标准的一套主题规则。主题词表规定了哪些词在主题标引或检索时可以作为正式词，哪些是非规范化的词，不能用来标引或检索，并将其指引到正式主题词，同时列出了各主题词之间的等级关系、相关关系、同义关系等。

主题词是经人工规范化处理的最能表达文中主题概念的语词。所谓规范化处理，就是在文献存储和检索时，对同一主题概念的同义词、近义词、多义词、学名、俗名、商品名、英美的不同拼法、单复数形式、全称、缩写等加以规范，使与此主题概念有关的文献都只集中在一个主题词下，从而体现了主题词的单一性。例如，自行车、单车、脚踏车这 3 个表达同一个概念的词，只有“自行车”是经过规范化处理的主题词，所有有关的文献都集中在“自行车”这一主题词下。

主题语言包括以下 4 种。

（1）标题词语言。

标题词语言是最早的一类主题语言，以规范化的自然语义作为标识来表达文献的主题概念的词语称为标题词。著名的标题词表有《工程标题词表》（Subject Headings for Engineering, SHE）《美国国会图书馆标题表》等。标题词语言是一种先组式的主题检索语言，通过主标题词和副标题词的固定搭配来检索。《工程标题词表》由美国工程信息公司编辑出版，与《工程索引》配套使用。1987 年和 1990 年又分别进行了修订。1993 年彻底改版为《EI 叙词表》（EI Thesaurus）。《工程标题词表》的标题词被分为主标题词和副标题词，构成主从关系。主标题词全部大写，副标题词首字母大写。主标题词大多数是原料、机器部件、仪表、设备等物别名词，副标题词对主标题词进行限定、修饰和细分，表达主题的某一方面的特征，如作用、性能、制造、工艺处理和操作方法等。

标题词语言是具有固定组配的词表，随着科学技术的发展，新主题、新学科的涌现，其先组式的主题方式使词表中的词量随之不断增加而显得臃肿不堪，标题词语言因不能适应时代发展的需要，现在已经很少使用。

（2）单元词语言。

单元词是从文献中抽取出最基本的能够表达文献主题的不可再分的词汇。单元词语言通过单元词字面的组配来表达文献的概念。单元词是一种后组式语言，即到检索时才将它们进行组配，根据检索的需要增减单元词，从而达到扩大、缩小检索范围的作用。单元词将所有的主题概念分解为更为一般的、单纯的概念，每一个单元概念一般只需用一个单纯词或合成词来表达，单纯词如氧、逻辑、马克思、乌鲁木齐等，合成词如文字、图书馆、车床、铁路、隔音、焊接、污染等，这些词在概念上不能再进一步分解，否则不能表达其本身专业概念。单元词绝大部分不是具体的标题，组配是单元词语言的突出特点。若干个单元词通过不同的组配方式，可以构成许多具有复杂概念的标题。例如，“隔音”和“板”组配成“隔音板”这个主题概念。在检索时可将某些单元词组配起来使用，但字面的组配不是概念上的组配，“电子工程”不是单元词，只有“电子”和“工程”才是单元词，“防腐蚀”不是单元词，它可以分解为“防止”和“腐蚀”两个单元词。

由于单元词语言是字面组配，不够严谨，因此时常会出现组配出错的状况。单元词语言由于专指度较低，词间没有语义关系，对查准率有较大的影响，逐渐被叙词法取代而不复存在。

（3）关键词语言。

关键词是从文献的标题、摘要甚至正文中抽取出来能够表达文献主题并具有检索意义的语词。关键词一般来说是直接从文献中提取的不予规范的自由词，它不受词表的控制，不进行词汇控制，不显示词间关系。关键词抽词的自由性方便了标引工作，提高了标引速度，降低了标引成本。但是，关键词是一种未经规范化处理的自然语言，存在着多义性、同义性、模糊性、词量大等情况，特别是同义词与近义词、上位词与下位词、全拼词与缩略词等均有可能同时被标引，极容易造成信息的漏检和误检，从而影响文献检索的查准率和查全率。关键词因其用词的自由，用户容易掌握，适应能力强，广泛应用于网络环境下的数字化信息检索，绝大部分的数据库、搜索引擎等计算机检索系统都提供关键词语言的检索方法。关键词语言已成为当前互联网最主要的检索语言，也是检索语言的发展趋势。

（4）叙词语言。

叙词语言采用表示单元概念的规范化语词的组配来对文献主题进行描述的后组式词汇标识系统。叙词是从自然语言中优选出来经过规范化处理的名词术语，其词汇由表达各学科基本概念的名词术语和特定事物的专有名词所组成。例如，用叙词来标引“论图书情报名词标准化”这一概念，则可以组配标引为“图书馆学”“情报学”“术语”“标准化”4 个叙词。叙词法保留了单元词法组配的基本原理，但是它采用概念组配代替单元词法的字面组配，弥补了某些词拆分后再组配时产生意义失真的缺陷。叙词的组配有概念相交、概念限定、概念概括和概念联结等。

叙词语言将所涉及的各种概念，以规范的词或词组的形式固定下来，构成叙词表。常用叙词表主要有我国许多文摘检索刊物使用的《汉语主题词表》、英国《科学文摘》使用的《INSPEC 叙词表》、美国《工程索引》使用的《Ei 叙词表》、美国《政府报告和索引》使用的《NTIS 叙词表》等。叙词表利用参照系统来提示叙词之间的内在联系，叙词之间的关系有等同关系、等级关系和相关关系。等级关系用“代”这个参照符号，用于从叙词处指明它所代替的那些非叙词，如“交际舞”是叙词，“交谊舞”是非叙词，用“交际舞”代“交谊舞”，用“经济扩张”代“经济渗透”“经济侵略”“经济奴役”。等级关系用“属”和“分”两个参照符号表示，“属”用于从下级叙词指向上级叙词，“分”用于从上级叙词指向下级叙词，“属”和“分”互为反参照。例如，图书馆分为儿童图书馆、公共图书馆、国家图书馆、学校图书馆、专业图书馆，这些都是“图书馆”的下级叙词。相关关系用“参”来表示，交叉概念、对立统一概念、因果概念、并列概念、矛盾概念、近义词、反义词之间的叙词之间都用“参”来表示相关关系，如“行车安全”参“行车事故”“改良主义”参“改良派”等。

叙词语言由于具有直观性、单义性、专指性、组配性、多维检索性等优势，成为目前应用较广的一种专业性检索语言。

《汉语主题词表》如图 2-3 所示。

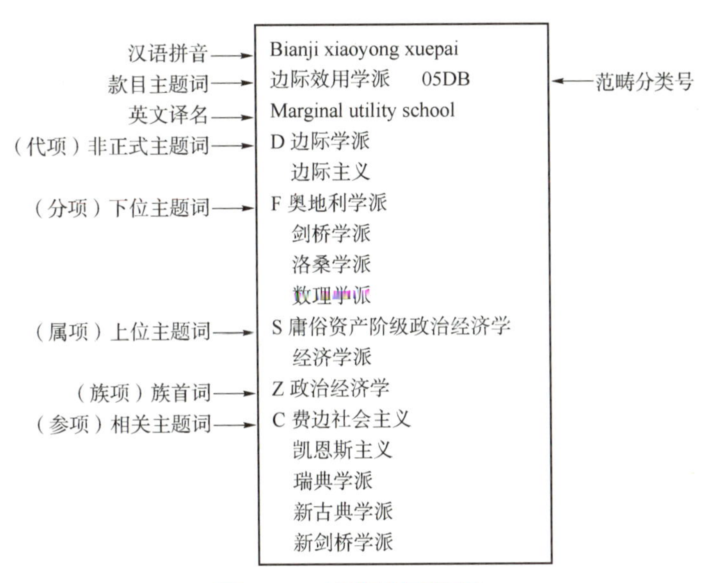

图 2-3　《汉语主题词表》

2.3　信息检索技术

2.3.1　布尔逻辑检索

布尔逻辑检索是计算机检索的常用技术，主要使用布尔代数里的逻辑运算符“与”“或”“非”进行检索。图 2-4、图 2-5、图 2-6 分别表示了 3 种逻辑运算符的运算效果。

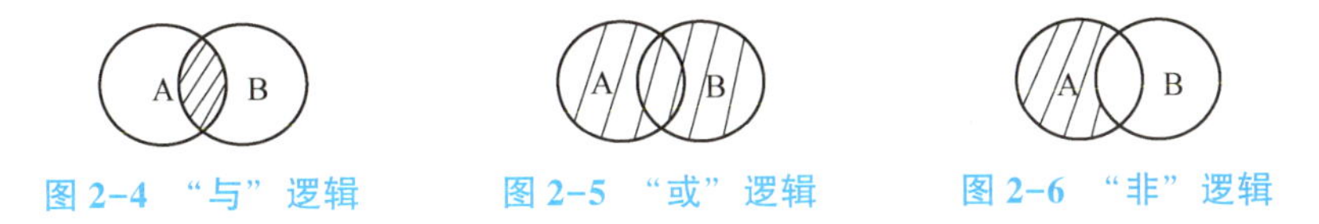

图 2-4　“与”逻辑　　图 2-5　“或”逻辑　　图 2-6　“非”逻辑

1. 逻辑“与”算符

逻辑“与”算符，连接两个检索词，表示被检索到的文献中必须同时包含这两个检索词。在大多数检索系统中，用 AND 或“ * ”来表示逻辑“与”，A AND B 或 A * B 检索的结果为图 2-4 的阴影部分。逻辑“与”算符的作用是缩小检索的范围，提高检索的查准率，适用于不同概念组面之间以及同一组面内不同含义的词之间的组配。例如，在中国知网中，用户需要查找有彩陶纹饰的文献，如果用检索表达式“篇名 = 彩陶 AND 纹饰”进行检索，其含义是查找论文的篇名中同时包含“彩陶”和“纹饰”这两个词的论文，可找到文献 210 篇。逻辑“与”算符还能防止漏检。上例中，如果用户直接用“篇名 = 彩陶纹饰”进行检索，结果仅为 162 篇。因为用这个检索表达式中国知网只查询“彩陶纹饰”4 个字按顺序连续出现的文献，类似于《原始彩陶纹饰探析》这样的文献可以检索出来，而如《界首彩陶中的动物纹饰研究》这样的文献就无法检索出来。

2. 逻辑“或”算符

逻辑“或”算符，连接两个检索词，表示被检索到的文献必须至少包含检索词的任意一个或同时包含所有的检索词。在大多数检索系统中，用 OR 或“+”来表示逻辑“或”，A OR B 或 A+B 检索的结果为图 2-5 的阴影部分。它的作用是扩大检索范围，避免漏检，提高查全率，适用于同义词或同族概念之间的组配，如同义词、近义词、相关词、全称和缩写等，以便全面、完整地表达相关的概念。例如，在中国知网中，用户需要查找有彩陶纹饰的文献，应当考虑到对于“纹饰”一词，有的文献可能采用纹样、装饰、图案、图腾等说法，因此，用检索表达式“篇名=彩陶 AND 篇名=（纹饰+纹样+装饰+图案+图腾）”进行检索，命中 498 篇文献，从而达到了扩检的目的。

3. 逻辑“非”算符

逻辑“非”算符，连接两个检索词，表示被检索到的文献必须包含第 1 个检索词，但不能包含第 2 个检索词。在大多数检索系统中，用 NOT 或“-”来表示逻辑“非”，A NOT B 或 A-B 检索的结果为图 2-6 的阴影部分。它的作用是排除不需要的概念，缩小检索范围，提高检索的正确性。例如，用户想查找有关课程思政方面的文献，在中国知网上，篇名包含“课程思政”的有 14 513 篇。其中，有一些文献是关于中职或高职院校的，用户并不需要。因此，改为“课程思政 NOT（高职 * 中职）”进行检索，命中 11 893 篇，实现了缩检的效果。

4. 逻辑运算符的运算顺序

用布尔逻辑运算符组配检索词构成的检索提问式，逻辑运算符 AND、OR、NOT 的运算次序为，NOT 最先执行，AND 其次，OR 最后执行。同级运算则自左向右依次执行。如果想要改变运算顺序，可以加括号，在有括号的情况下，括号内的逻辑运算先执行，具有多层括号时，按层次从内到外逐层进行。对同一个布尔逻辑提问式，不同的运算次序会有不同的检索结果。

2.3.2 截词检索

截词检索是用专门的截词算符来替代检索词的某一字母或某一部分，可以用来扩大检索范围，提高文献的查全率。截词算符多用于西文检索系统中，可以解决检索词的单复数、不同词性、英美词汇拼写差异等情况。

截词算符有“?”“*”“$”“!”等，对于每个符号所表示的含义和作用，各个检索系统有自己的规定。例如，在 Web of Science 中“*”代表任何长度的字符串，包括长度为 0 的空字符串；“?”代表任意一个字符；“$”表示零个或一个字符。下面将以此检索系统的规定来介绍各种截词算符的用法。

按照截词算符的不同运用，可分为有限截词和无限截词。

（1）有限截词。有限截词是指被截断的字符个数确定，用一个“?”代表一个字符。例如，“cat?”可以检索出包含“cats”“cate”的文献；“t??th”可以检索出包含“tooth”“teeth”等词的文献。

（2）无限截词。无限截词是指被截断的字符为多个，用一个“*”代表着任意一个字符。例如，“employ*”可以检索出包含“employee”“employer”“employment”等词的文献。

按照截词算符所在的位置，可以分为前截词、后截词和中间截词。

（1）前截词。前截词是将截词算符放在一串字符的前面，用来表示前面字符不同，而结尾相同的词。例如，“*ment”可以检索出包含“movement”“enslavement”“pavement”等词的文献。

（2）后截词。后截词是将截词算符放在一串字符的后面，用来表示字符串前面相同，结尾不同的词。例如，“look*”可以检索出包含“look”“looked”“looks”“looking”等词的文献。

（3）中间截词。中间截词是将截词算符放在检索词的中间位置，而前面和后面保持一致的词。例如，“r??d”可以检索出包含“read”“road”“raid”等词的文献。

2.3.3　位置检索

位置检索是用位置算符来限定检索词之间的词序和词距。词序指的是检索词出现的前后顺序，词距指的是两个检索词之间间隔的单词数量。需要注意的是，不是所有的信息检索系统都支持位置检索，而且每个检索系统采用的位置算符有自己的规定，同一个位置算符在不同的检索系统里所表示的含义也可能不同。

（1）（W）算符。

W 是 With 的缩写，（W）算符表示它两边的检索词必须按照输入时的前后顺序出现，且两个检索词之间只允许有空格或一个标点符号，不能插入其他单词。例如，“ceramic（W）design”表示命中结果中 ceramic 在前，design 紧跟其后。

（2）（nW）算符。

W 是 Word 的缩写，（nW）表示在它两边的检索词必须按输入时的前后顺序出现，两个检索词之间可插入最多 *n* 个单词。例如，“ceramic（1W）design”可以检索出含有“ceramic design”和“ceramic art design”的文献。

（3）（N）算符。

N 是 Near 的缩写，（N）算符表示在其两边的检索词必须紧密相随，除空格和标点符号外，中间不允许插入其他单词，但两个检索词的词序可以颠倒。例如，“work（N）hard”可以检索出含有“work hard”和“hard work”的文献。

（4）（nN）算符。

（nN）算符表示在它两边的检索词之间可插入最多 *n* 个其他单词，包括实词和系统禁用词，且这两个检索词的词序可以颠倒。例如，“computer（2N）system”可以检索出包含“computer design system”“computer code system”“computer aided design system”“system of computer control”和“system using modern computer”的文献。

（5）（S）算符。

S 是 Sub-field 的缩写，（S）算符用于限定运算符两侧的检索词必须出现在记录的同一个句子中，两个检索词之间间隔的单词数不限，词序不限。例如，“computer（S）design”在摘要中进行检索，表示只要在摘要中的同一个句子中检索出含有“computer”和“design”的均为命中记录。

（6）（F）算符。

F 是 Field 的缩写，（F）算符用于限定两个检索词出现在数据库记录中的同一个字段，具体字段不限，词序不限。例如，“computer（F）design”表示 computer 和 design 这两个检索词必须出现在命中记录的同一字段中。

2.3.4　字段限制检索

字段限制检索是将检索词限定在数据记录中规定的字段中，如果记录的相应字段中含有输入的检索词方为命中信息的一种检索技术。在数据库中可供检索的字段有两种：一是表达文献主题内容特征的基本字段；二是表达文献外部特征的辅助字段。每个数据库的检索语法不同。例如，在中国知网的专业检索中，用缩写字母来代表文献数据库中记录的字段，如 SU=主题（Subject）、TI=题名（Title）、KY=关键词（Keywords）、AB=摘要（Abstract）、AU=著者（Author）等。又如，在中国知网的专业检索框中输入检索表达式“TI=窑炉 AND AB=陶瓷”，表示检索论文题名中含有“窑炉”并且摘要中含有“陶瓷”的文献，共检索到 659 条中文文献记录。

在用字段限制检索时，检索到的记录数从少到多的依次是题名、关键词、摘要、全文。题名一般是对主题内容的高度概括，因此用题名检索查准率较高，但文献中其他有实际意义的词并没有在题名中呈现，只选择题名字段来检索，导致检索到的结果过少，查全率较低。关键词一般是作者提供的文章中重点描述的词，查准率较高，查全率较低。摘要是对题名的扩充和文献内容的概括，查全率比题名高些。用文献正文中的词检索，检索结果过多，查全率最高，但查准率最低。在中国知网上检索题名含有“彩陶纹饰”的文献共 162 篇，关键词含有“彩陶纹饰”的共 298 篇，摘要含有“彩陶纹饰”的共 329 篇，全文含有“彩陶纹饰”的共 4 474 篇。

用户在检索过程中可以根据检索结果的情况进行调整，如果篇数太少，可以将字段限定为摘要或全文，扩大检索的范围；如果篇数多，则可以将字段指定为题名或关键词，缩小检索的范围。但从查准率的角度来说，字段指定为题名或关键词，其检索结果与用户的检索需求更加相关。

2.4 信息检索步骤

信息检索的本质是解决提出的问题，因此信息检索的一般步骤就是一个问题从提出到解决的过程。这个过程要求信息检索人员必须具备一定的信息检索知识，并具有一定的信息检索技术能力，会使用相关的方法，从检索到的信息中甄别出能够解决问题的方法，最终解决问题。

信息检索的基本步骤一般包括分析检索课题、明确检索要求、选择检索工具、确定检索途径、提取检索词、编制检索表达式、实施检索、调整检索策略、输出检索结果，如图 2-7 所示。

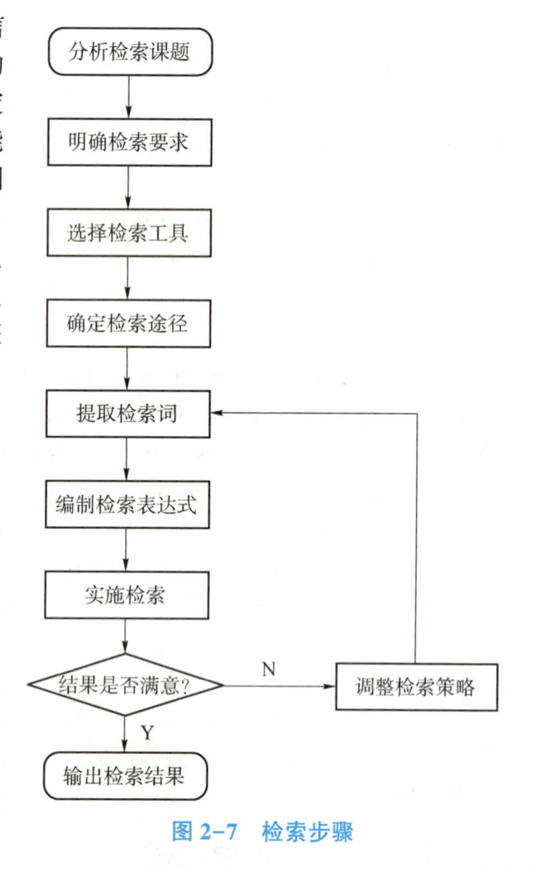

图 2-7 检索步骤

2.4.1 课题分析

1. 明确课题检索的目的

对于不同的用户来讲，课题检索的目的是有差异性的，这会导致筛选文献的结果不同。

若用户的检索是为了解决科研或生产活动中的某一关键问题，需要收集特定方面的文献资料，“求准”是用户的检索需求。若用户需要针对某一课题掌握最新的研究动态，“求准”是用户的检索目的。若是用户检索是为了立项、撰写综述、申请发明、编写教材等进行基础理论研究，其检索需求是为了全面收集某一主题系统、详尽的文献资料，“求全”是他们的目的。

2. 了解课题的研究背景

在检索之前，需要先了解课题研究的对象、所属的学科、主要研究单位和人员、研究的历史、发展的动态、研究的内容、使用的工具等课题背景。

2.4.2 明确检索要求、分析主题概念

明确检索要求、分析主题概念是指通过对课题进行分析，抓住课题的核心主题概念，并运用合适的概念词来表达主题，具体操作如下。

（1）将检索课题切分成数个概念，抓住课题的核心，剔除意义不大或重复的概念，提炼出课题的核心概念组。

（2）可以通过检索和分析，找出隐性概念或隐含概念，获取概念的同义词、近义词、上位

词、下位词、相关词等，加入概念组中。

(3) 明确各概念之间的相互关系，以便选择合适的逻辑运算符进行概念组配。

例如，研究课题为网络环境下的信息安全问题研究。

课题背景：21 世纪以来，随着信息技术的不断发展，信息安全问题也日益突出。如何确保信息系统的安全已成为全社会关注的问题。本课题旨在明确网络环境下信息安全存在哪些问题，并提出对策和方案，为完善网络信息安全提供参考。

课题的核心概念：网络环境、信息安全。

研究是比较泛指的词，数据库中所收录的文献除了少数为报道性内容外，几乎都是研究文献，所以研究一定不能作为检索词。

概念间的关系：逻辑“与”。

概念的同义词：网络、互联网、大数据、信息安全、运行安全、交易安全、数据安全、内容安全、信息窃取、信息泄露、信息篡改、信息损坏、信息侵权。

对于隐性概念或隐含概念可以通过以下 4 种方法获取。

(1) 利用工具书、CNKI 知识元搜索、超星搜索、读秀搜索等工具了解背景知识。

(2) 利用网上百科（维基、百度百科）了解课题的相关知识。

(3) 初查获取相关研究文献后，通过阅读从篇名、关键词、摘要、原文和参考文献中挖掘隐性概念。

(4) 考虑概念的同义词、近义词、上位词、下位词、相关词等。

2.4.3　检索工具（检索系统）的选择

用户选择检索系统需要根据课题的需求而定。在选择数据库时，应该考虑以下 3 个方面的因素。

(1) 数据库收录的学科专业范围是否覆盖了检索课题所涉及的学科。

(2) 数据库收录的文献类型、数量、收录年代及更新周期是否满足检索需求。

(3) 数据库提供的检索途径、检索功能和服务方式是否满足要求。

综上所述，熟悉常用的文献数据库，了解其所收录的学科方向、收录年代、更新时间、收录文献类型等信息是非常重要的。

2.4.4　检索策略的制订

在检索中，选择精确的检索词，并构造正确的检索表达式，对于检索效果的影响是至关重要的。

1. 检索词的确定

确定检索系统和检索途径后，检索词的提取通常决定了检索信息的质量和数量。检索词是表达信息需求或检索课题内容的基本元素，也是信息检索系统中有关数据进行匹配运算的基本单元。

检索词是反映检索问题和需求的最基本的单元。检索词提炼的质量直接关系到检索效果。检索词要能全面、正确地表征检索需求。在提炼的检索词中哪些是主要的，哪些是次要的，检索词是否是规范词、缩略词，检索词能否正确组成检索表达式，这些细节都将直接影响检索质量。如果选词不当，则很有可能造成误检和漏检。

提取检索词的注意事项如下。

①参考检索课题需求的检索词，应能覆盖检索主题。

②选用常用的专业术语。不同的学科有不同的专业术语，图书情报学领域有“信息检索”“文献检索”“信息素养”“搜索引擎”等。

③避免选用高频词或低频词以及禁用词。检索时避免使用频率较低或专指性太高的词，尽

量少用或不用不能表达课题实质的高频词，如“分析”“研究”“应用”“方法”“发展”“设计”等词。如果必须要用，则应与能表达主要检索特征的词一起组配，或增加一些限制条件再用。

④不使用含义不确定的词，如“厚”“薄”“强”“弱”“高温”等，一般使用具体的数字。

⑤尽可能多选用同义词、多义词、上位词、下位词等。

（1）概念切分。

概念切分是指对课题的语句以关键词为单位进行拆分，转换为检索的最小单元。切忌把整个题名作为检索词。例如，要检索“多孔陶瓷的甲醛吸附作用”的相关文献，则不能使用整个句子作为检索词，而是将其切分成“多孔陶瓷、甲醛、吸附”几个小单元。切分要尽量切分成最小的单元，但切不可把一个完整的概念切分得失去了其本身的意思，如“数字图书馆”“第三方担保”等均为一个完整的概念，就不能再进行切分了。专用名词，如地名、机构名称等也不可切分。

（2）删除概念中的无用信息。

不具检索意义或检索意义不大的词不作为检索词。冠词、介词、连词、感叹词、代词等一般不作为检索词；词的词义泛指度过大，检索意义不大，如理论、报告、实验、学习、方法、对策、途径、研究、目的、发展、展望、趋势、现状、近况、动态、应用、作用、利用、用法、用途、开发、影响等不作为检索词；非公知公用的专业术语及其缩写一般也不作为检索词；过分宽泛或过分具体的限定词、禁用词不作为检索词；存在着合并关系的可合并词应删除，不作为检索词；化学结构式、反应式、数学式原则上不作为检索词。

（3）检索词规范化。

数据库具有规范化词表时，优先选择规范化词表中与检索课题相关的规范化主题词，可以获得最佳的检索效果。用表达明确、不易造成混淆的词替换表达不清晰或容易造成检索误差的词，如绿色包装中的绿色指的是环保、无污染，在检索时应用环保、无污染作为检索词。

（4）选择同义词、近义词等。

为提高查全率，避免漏检，应将概念的同义词、近义词都作为检索词，在某些情况下，还可以考虑常用词、缩略词、翻译名、不规范词、专业术语、上位词、下位词、词形变化等，总而言之，选取检索词要尽可能地全面。例如，检索有关自行车的文献，应同时考虑单车、脚踏车、山地车等词。

2. 构造检索表达式

检索表达式，简称检索式，由检索词和各种逻辑运算符组成，就是采用计算机信息检索系统规定的各种算符，将反映不同检索途径的检索单元组合在一起而形成的一种逻辑运算表达式，是一种计算机系统可以识别和执行的检索命令式，其构造的优劣关系到检索策略的成败。检索表达式主要有逻辑表达式、截词检索表达式、位置检索表达式等，其中最为常用的是逻辑表达式。以中国知网的专业检索为例，检索项为篇名、关键词，检索词为网络、互联网、大数据、信息安全、运行安全、交易安全、数据安全、内容安全、信息窃取、信息泄露、信息篡改、信息损坏、信息侵权，检索表达式为(TI=(网络+互联网+大数据) AND TI=(信息安全+运行安全+交易安全+数据安全+内容安全+信息窃取+信息泄露+信息篡改+信息损坏+信息侵权)) OR (KY=(网络+互联网+大数据) AND KY=(信息安全+运行安全+交易安全+数据安全+内容安全+信息窃取+信息泄露+信息篡改+信息损坏+信息侵权))。

构造检索表达式，需要明确检索的目的，选择合适的检索项，明确检索项之间、检索词之间的逻辑关系，正确运用信息检索技术。使用逻辑“与”算符，可以缩小检索结果的范围，获得较高的查准率。使用逻辑“或”算符，可以扩大检索结果的范围，获得较高的查全率。使用逻辑“非”算符，可以将无关概念排除，提高查准率。使用篇名或关键词作为检索项，可以提高查准率；使用主题或摘要作为检索项，可以提高查全率。一般情况下尽量不用全文作为检索项。

2.4.5 调整检索策略

检索表达式构造完后就可以开始检索，检索不是一蹴而就的，通常来说一次检索是很难达到用户检索的要求的，往往需要根据检索结果及时调整检索的策略，直到达到满意的检索效果为止。

1. 命中文献太多

命中文献太多时，可以采用以下方法进行缩检。

（1）尽量选择题名或关键词字段，并与其他字段进行组合检索，以提高查准率。

（2）增加检索词，用逻辑“与”算符与现有的检索词进行组配，缩小检索范围。

（3）适当使用逻辑“非”算符将一些完全不必要的概念排除。

（4）对检索范围进行限定，如限定发表时间、作者单位、文献类型、学科、原文语种等。

（5）如系统的检索默认是模糊查询，则可以设置为精确查询以提高查准率。

（6）处理好族性和特性的关系，选择专指度较高的词进行检索。

（7）检索固定性词组或短语时，运用邻近算符或位置算符限定词组进行检索。

2. 命中文献太少

命中文献太少时，可以采用以下方法进行扩检。

（1）检索字段不用或少用题名或关键词，而选择范围大一些的，如选择摘要作为检索字段，在某些情况也可以全文检索。

（2）减少逻辑“与”运算。

（3）运用概念相同或相近的词，增加同义词、近义词，兼顾俗名、学名、缩略词、不规范词、专业术语等，用逻辑“或”算符和现有检索词进行组配。

（4）处理好族性和特性的关系，可以运用主题词的上位词、下位词、代用词、族首词，用逻辑“或”算符和现有检索词进行组配。

（5）处理好自由词与规范词的关系，尽量不用不规范的主题词，提高查准率和查全率。

（6）尽量将词切分成表达完整意义的最小的词，如彩陶纹饰，检索时应切分为彩陶、纹饰两个词。

（7）放宽检索范围和检索条件检索，如选择全部年限、所有文献类型等。

（8）当中文检索词翻译成外文检索词时，应考虑词的不同的拼写形式。

（9）使用截词算符进行检索，调整位置算符，改为比较宽松的检索条件。

习　　题

1. 简述信息检索语言的类型及其构成要素。

2. 根据载体的不同，科技文献可以分为哪些类型？根据出版形式的不同，又可以分为哪些类型？

3. 《中图法》有几个大部类？有几个基本大类？并简要概述。

4. 逻辑运算符有哪 3 种？分别代表的含义是什么？

5. 信息检索流程包括哪些步骤？检索词提取应遵循哪些原则？

6. 当检索结果数太多时，我们可以使用什么策略来筛选检索结果？当检索结果数太少或为零时，我们又可以怎么办？

第3章

个人知识管理软件

3.1 个人知识管理

3.1.1 个人知识

知识是经验、价值观、情景信息和专家视野的融合，它提供了评估和整合新的经验和信息的框架。个人知识可来源于正式获取和非正式获取的渠道、记忆、我们的所读所写、我们学习的和可理解的事物。

大学生在进行科研活动（如撰写学术论文、从事科研项目）时，要查找课题相关的学术信息，摘抄笔记、整理思路、进行写作等。从这个角度而言，个人知识主要包括搜集的学术信息、不同阶段的知识产出与个人信息集合3个方面。

随着现代信息技术的发展，学术信息环境、组织个人学术信息的方式和支持知识产出的方式正日益发生变化。这些变化深刻影响着大学生的自主学习、知识积累和科研能力，因此，个人知识管理能力也是大学生的信息素养能力之一。

1. 获取的学术信息

人们在进行科研活动时，往往需要查找和阅读大量的学术资源，然后根据需要，将学术信息保存在个人信息空间。这些个人学术信息是个人知识的重要来源。随着现代信息技术的迅速发展，信息的产生呈指数增长，人们用“信息爆炸”来形容信息的增长速度。学术信息获取的渠道更为广泛，学术数据库、博客、微博、领域门户网站等都可能含有个人所需的知识，开放性存取资源的蓬勃发展更是提供海量免费的、高质量的学术信息资源。

面对着前所未有的丰富资源，人们学习和研究过程中往往要阅读大量的资料，需保存的学术信息塞满了个人计算机、手机的存储空间、云端存储器。人们在阅读学术信息时可能是随意的或偶然的，也可能是为了完成某项研究而收集的，还有可能是通过手机端或者云端存储器阅读的。学术信息可能以整篇文献的形式保存，也可能以碎片化的方式摘录；学术信息通常是文本格式，但也可能会是一个链接、一张图片或一段视频等；学术信息通常是学术论文，但也可能是数据集、元数据、演示文稿等。人们选择保存某个文献或复制某个句子往往是觉得它们有参考价值，却无法估计到以后将会怎么使用它们，因而在保存时存在主观随意性。

个人学术信息的保存是为了使用。而当前这种学术信息的丰富性、信息类型与格式的多样性、保存方式的灵活性都增加了个人学术信息管理的难度。

2. 产出的个人知识

学习和科研活动都会有个人知识的产出。产出的形式有多种，包括笔记、札记、论文、报告等。产出的方式有完整的写作，也有碎片式的感想记录。产出的情景也有多种，有在固定个人计算机中产出，也有在研究会、旅途、上课等不同情景中产出，而后者有可能是用纸质笔记本、云端存储器或者移动存储设备来保存。产出是一种脑力思维即时输出的行为，而个人知识是从量变到质变的积累过程。这种即时性与积累性的矛盾是个人知识管理所要面对的重要问题。

3. 个人信息集合

不同于具体情景（或任务）下获取的个人学术信息和产出的个人知识，个人信息集合的形成是一个长期的过程。学术信息和知识产出不断地被保存到个人信息空间，形成了支持个人专业知识体系的信息集合。一个资深的领域专家会保存大量与领域相关的信息集合，武汉大学信息管理学院陈光祚教授为有效保存个人信息，耗时 5 年建成容量为 60 G 的多媒体个人数字图书馆，记录 8.9 万条信息，收集内容包括本人的论著和地图、名著、图书情报、论文等文献资料。

有效地组织个人信息集合，能够方便“再找到曾经的找到”，以及实现与同行的分享和交流。研究表明，检索的网页中有 58%～81%是对以前网页的再次访问。

3.1.2　个人知识管理及相关理论

1. 个人知识管理的定义和作用

（1）个人知识管理的定义。

个人知识管理（Personal Knowledge Management，PKM）指个人组织和集中自己认为重要的信息，使其成为自己知识基础的一部分，并将散乱的信息片段转化为可以系统应用的信息，以此扩展个人知识的一种战略与过程。个人知识管理是知识管理（Knowledge Management，KM）与个人信息管理的分支，旨在支持个人知识的发现、联系、学习和探索，从而帮助个人更有效地适应个人的、组织的和社会的环境。

早期的个人知识管理研究侧重于帮助大学生提高信息素养和采用技术去组织及利用信息，近年来则侧重于研究如何更为有效地认知、交流、创造、解决问题、终身学习、网络社交等。

（2）个人知识管理的作用。

对个人知识进行管理，可以将即时或具体情景中获得及产出的知识进行有效的组织与存储。经过长期的积累，个人知识形成能够支撑个人专业知识体系的信息集合。

“再找到曾经的找到”是科研或学习过程中常会遇见的问题。个人知识管理系统具有统一的、结构完好的元数据描述规范，具备关键词、全文甚至是语义的搜索功能，还具有辅助记忆的功能。因此，有效的个人知识管理提高了个人知识的利用效率。

在知识管理过程中，个人信息集合被分类组织，有序排列。这有利于个人对信息的记忆和学习，不易随时间流逝而忘记；也有利于思维对信息的整合、组织和创造，促进信息内化为知识。

个人知识管理软件支持多种知识产出方式和知识分享，有利于知识的沟通、协作和创新，促进个人的隐性知识转化为显性知识。

（3）个人知识管理的实施。

个人知识管理是将技术、个人能力、实践、方法联系起来的理论框架。技术是关键部分，利用恰当的技术工具是高效地进行个人知识管理的基础，技术工具使用会极大地影响最终成效。例如，文件管理软件支持管理大量的学术文献与自动生成参考文献、思维导图，从而可以快速组织想法和观点，云笔记能够方便地记录所思所想等。

2. 与个人知识管理相关的理论

（1）个人信息管理（Personal Information Management，PIM）理论。

“个人信息管理”一词出现于20世纪80年代，自21世纪以来，随着移动互联网和社交媒体的发展以及大数据时代的到来，个人信息管理一直是研究的热点。2005—2016年，美国科学基金会（National Science Foundation，NSF）共召开7次个人信息管理专题研讨会（Workshop on Personal Information Management）。

个人信息的范围比个人知识更为广泛。信息是在特定的情境下表达一定意义的数字、文字、图像、声音、信号等，而知识是人们通过复杂的智力活动形成的对自然、人和社会的认识和见解。就其表现形式而言，个人信息相对的是事实，而知识相对的是个人的认知。个人信息不仅包括学术信息，还包括一切与主体相关的信息，如个人档案、旅馆信息、会议通知等。

个人信息管理关注个人如何收集、组织、存储、检索和利用个人信息，它的理想状态是人们能在恰当的时间、地点拥有正确的信息，从而解决信息分散等问题所带来的困扰。个人信息管理与个人知识管理一样，本质上是一系列操作行为，它把管理贯穿于个人信息的搜集、获取、处理、存储、输出、共享等活动中，最终目的是满足个人的各种活动的信息需求。

个人信息管理从信息类型的角度可以分为个人工作信息管理、个人学术信息管理和个人生活信息管理。大学生在进行科研创作或者自主学习时要收集并管理大量学术信息，这种行为是对个人学术信息的管理。因此，个人知识管理是个人信息管理的分支。

个人信息管理理论根源于图书馆和信息管理研究和个人著作的工具与软件的出现，因此，个人信息管理工具与软件极大地影响个人信息管理的成效。个人信息管理工具包括笔记、通信管理、文献管理、整合电子邮件、一般个人信息管理、论文组织工具、项目管理、阅读与摘要、记录工具、整合搜索、零碎组织的半结构化组织、信息关系的可视化、网页组织工具等。与信息检索系统一样，个人信息管理系统也经历了存储（Storing/Keeping）、管理（Managing/Meta-lever Activities）和利用3个阶段。

（2）个人数字图书馆（Personal Digital Libraries，PDLs）。

2001年11月，陈光祚教授将个人数字图书馆喻为“E”时代的私人藏书楼。他在文化部[①]科技发展中心自动化研究所、武汉大学图书馆情报学研究所合办的《图书馆学情报学研究和发展报告》（2001-2号）指出，所谓个人数字图书馆，是指个人为了读书治学的目的，在自己的计算机上采用免费或基本免费的全文数据库软件，将有关的网上信息和自创的数字化信息资源进行采集、存储，使之成为有组织的信息集合。

个人数字图书馆有两层含义，一是作为公共数字图书馆为用户提供个性服务的平台，称作“My library”或“我的图书馆”；二是为适应个人信息管理的需要，在个人计算机上建立的数字化资源库，一般称作“Personal digital libraries”。前者是数字图书馆为用户提供的定制服务，而后者是个人自建数据库，从与个人信息管理及个人知识管理的关联来看，本文对个人数字图书馆的定义限定于后者。个人数字图书馆是一种可操作的软件，是个人知识管理的工具之一。

个人数字图书馆的概念是基于数字图书馆以及古代藏书楼两者基础之上的。它包括个人信息资源的收集、存储、组织、检索与分享，其目的是读书治学。陈光祚教授采用联合国教科文组织的免费的信息存储和检索软件WINISIS建立了自己的多媒体个人数字图书馆。

（3）个人信息空间（Person Space of Information，PSI）。

个人信息空间是指所有有关个人的资源，包括由个人创建、发送给个人的、个人经历过的和对个人有用的等个人信息的保存空间。一个人的信息空间可以分成多个可管理的数据集合。个

① 现文化和旅游部。

人信息空间包括多种文献类型和格式：纸质或电子文件、E-mail、照片、联系方式、通知等。个人信息空间是为个人服务的信息空间，它包括纸质载体和数字化平台，后者如移动存储器、云存储、E-mail 账户和社交网络等。

个人信息空间的核心问题有两个，一是个人信息被分散在不同的设备或平台上，二是信息的超载问题。有研究表明，人们会在 E-mail 平台上保留大量重要信件，会在个人计算机上存储大量文件，还拥有大量的网络书签；人们在日常学习与研究中会收集和存储大量的信息，随着时间的流逝，各种信息不断地存储到个人信息空间，使得人们往空间增加的信息远超过删除的信息，信息空间不断膨胀，加剧了信息的存储与查找之间的矛盾。个人信息管理正是为解决个人信息空间信息的存储与查找问题而实施的管理行为。

3.1.3　个人知识管理工具

个人知识管理工具对个人知识的管理主要包括 4 个方面：个人知识的组织、个人知识的记录与存储、个人知识可视化、个人知识的发布等。

1. 个人知识的组织

个人知识管理工具支持将个人所需的外部的学术文献接收到个人信息空间，学术文献被有序排列、有效地查找和阅读，并能够分析和关联其中的学术信息。个人知识的组织可以分为学术信息的获取、归档和检索等过程。

（1）学术信息的获取。

科研人员经常要浏览不同网站的学术资源，以获取最新的信息。如果每次浏览都进入资源所在的网站，则会消耗大量的时间。博客、新闻、学术期刊、学术门户网站等很多网站都提供信息推送功能，可以将信息定期推送给用户。在个人知识管理工具中简易信息聚合（Really Simple Syndication，RSS）是一种常见的信息聚合浏览器，它将来自不同信息源的信息聚合在一起，按用户设定的时间和方式，动态更新信息。

学术数据库是科研人员常用的参考资源。学术数据库通常是收费资源，购买它的机构（如图书馆或研究机构）的门户网站会提供链接进入其首页。进入机构网站，再找到数据库链接单击进入，这是常见的学术数据库的使用方式，由于科研工作需频繁使用各种学术数据库，因此这种方式在操作时并不方便。在个人知识管理工具中，文献管理软件提供在线检索，可以在软件中直接检索一些学术数据库，如 NoteFirst 可以在线检索 CNKI、万方、SCI、IEEE 等多个中外数据库，NoteExpress 可提供 30 个知名中外文数据库和图书馆书目数据库的在线检索。这种在线检索方式是在一个软件中提供不同数据库的检索界面，并且可将检索到的题录直接保存至软件里的文件夹，使科研人员很方便地检索、保存和引用学术文献。另外，文献管理软件还提供题录查重功能，避免重复导入。

（2）学术信息的归档。

学术信息通常以文档的形式，以一定的属性存储在相应的文件夹里。个人信息空间传统的文档组织方式是分层目录组织方式。查找文档的方式有两种，一种是浏览方式，可按其属性，逐级打开文件夹，找到文档所在位置；另一种是搜索方式，根据文件命名的关键词搜索出来。夸辛克（Kwasink）对办公室实体文档组织的实验研究分析表明：人们对文档的描述中，只有 30%的属性是与文档有关的（如作者、文档类型、主题、题名等）；而 70%的属性是和用户与信息之间的交互有关的（如状态属性、处置属性、时间属性、认知状态等），这表明用户更喜欢主观属性而非客观属性组织个人文档。

个人学术信息良好的组织程度会影响以后查找信息的效果。随着个人保存的文档数量的积累，人们往往无法单靠记忆去找到文档所在的位置。资源的存与取是紧密联系的行为，知识的有效发现是基于科学的信息组织技术。我们能够在学术数据库中查找出所需信息，不仅因为学术数据库是功能完备的信息检索系统，更是因为其每个单件都具有结构完整的元数据。个人知识管理工具将个人文档的自动化归档、属性描述的标准化纳入其研究范围，旨在支持有效的查询。个人文档的排列方式包括传统的分层目录组织结构、时间次序结构、标签分类目录结构、语义网的结构方式等。

Mybase 是一款文档管理工具，它采用树形目录结构来管理资料，并支持简单的搜索和查找功能。文档大师又名针式 PKM，支持多维分类、标签、多文档关联等方式整理文档。Tabbles 是一款以标签技术为特色的文件管理软件，它的特点是能够以半自动化或手工方式为一个文件加上多种标签，这样，文件的属性除了文件名称外，还有标签，提高了搜索的效率。

（3）学术信息的检索。

个人知识的有效发现是个人知识有效利用的关键，这是科研工作者所面对的难题。个人知识管理工具中的文献管理、文档管理、存储和发布等工具都支持一定的信息检索机制。

个人知识管理工具支持的检索机制包括关键词检索、全文检索、同义词搜索、语义搜索、搜索回顾等。

Everthing 是一款实用的文件搜索工具，它搜索的速度非常快。

2. 个人知识的记录与存储

在科研活动过程中，个人信息主要存储在个人计算机和移动存储设备上。人们经常在意想不到的情景下“偶遇”有价值的信息或者突发感想，需要记录下来。这些信息有时是碎片式的（如新闻中的一两段话），有时可能是结构完整的文献（如微信中的重要文献），需要灵活、方便的记录和存储方式。另外，一个人可能会在多个地方工作，如家里、办公室、宾馆等，而当前正在进行的项目会包括大量的资料和持续撰写的文稿，这就需要一种方式，使科研工作者在一台计算机的某个目录增加的资料和某个文件里修改的内容能够与其他计算机中相应的目录和文件同步更新。传统的个人计算机和移动存储设备受到存储容量和需要携带的限制，不能满足人们随时随地记录信息的需求。随着技术的发展，云存储的应用日益广泛。

个人云存储是面向个人用户的云存储应用。它提供在线同步存储、数据分享与协同处理、安全备份等功能。用户可以使用各种智能终端，通过互联网无缝存储、同步、获取并分享数据。当前的个人云存储分为网盘类应用和云笔记类应用。

百度网盘是一款常用的云端存储应用。它有 Web 端、PC 客户端和手机客户端，提供文件备份、同步和分享功能。它自动备份手机的文本、视频、图片等文件到网盘，百度网盘工作空间支持计算机本地与云端之间的文件同步，从而实现多设备间文件自动同步更新。应用较为广泛的云端存储器还有腾讯微云、新浪微盘等。

为知笔记是国内一款著名的笔记软件，包括 PC 客户端和手机客户端，提供笔记、重要文档、图片等的云存储。它提供多种笔记模式，方便随时记录灵感。国内著名的笔记软件还有有道云笔记和印象笔记。

3. 个人知识可视化工具

在阅读、创作、讨论过程中，往往闪现出很多想法，这些想法可能是不连贯的，创作者只是在某个范围内快速闪现出点状的灵感，还未涉及对它的陈述、解释及其与其他知识点的关联。这些灵感可能稍纵即逝，但却可能对问题的解决有很重要的启发。这时，如果采用传统的记录方式详细记录，会跟不上思绪，捡了芝麻却丢了西瓜；另一种情况是为了理清知识的脉络，需要把知识点或概念以图形方式展示出来。个人知识管理工具支持用可视化方式展示这种灵感式的想法或知识。

思维导图又称心智图、脑图和思维地图等，最早由英国人托尼·巴赞于 20 世纪 60 年代根据

“大脑进行思考的语言是图形和联想”的基本前提创造的一种记录方法。一个节点（词典或者短语）为中心，不断增加新的节点，这些新的节点很容易与中心节点或其他节点连接，形成层级或隶属关系，从而实现任意输入、发散式展示。思维导图软件有 MindManager、Mindmaster、Freemind、百度脑图等。

概念图（Concept Map）由美国康奈尔（Cornell）大学教育系的 Joseph D. Novak 教授于 1970 年提出。概念图不同于思维导图的发散性树状结构，是网状结构。它以节点代表概念，使用连线连接不同概念，用以组织知识和以网状形式表示知识。概念图软件有 IHMC Cmap Tools、Visual Paradigm、inspiration 等。

4. 日志型个人知识管理工具

日志型个人知识管理工具是指支持个人日常记录并在网上发布和交流的平台。这种软件往往有强大的编辑、交互和推送功能，支持灵活的个人知识产出，包括阅读笔记、感想、日记、文章等。常见的日志型个人管理工具有博客、微博、人人、微信公众号等。

博客是传统的个人知识发布与交流的工具。很多学者用博客来发布读书笔记、日记、领域最新动态、对学术问题的讨论及工作的记录等。对于发布者本人而言，博客可用于个人知识的管理，有些学者长期积累读书笔记并注明所阅读资料的来源，形成完整的个人阅读资料库；博客还常被用于对当前领域热点的探讨并与读者互动；对于读者而言，可以通过专家的博客了解最新信息和系统学习知识。

3.2　文献管理软件：NoteExpress

NoteExpress 是由北京爱琴海乐之技术有限公司自主研发，安装在个人计算机桌面上的文献管理软件。它围绕撰写学术论文和文献阅读设计了一系列的功能，具有文件管理软件的主要功能，包括批量接收文献题录和全文、采用多种分类方式整理文献、支持单篇文献的阅读笔记、支持丰富的参考文献格式的导入导出和编辑、能够直接在桌面上利用在线数据库检索文献等。

下文介绍 NoteExpress V3. X 版本的功能及其操作。

1. 创建数据库

NoteExpress V3. X 新建数据库界面如图 3-1 所示。

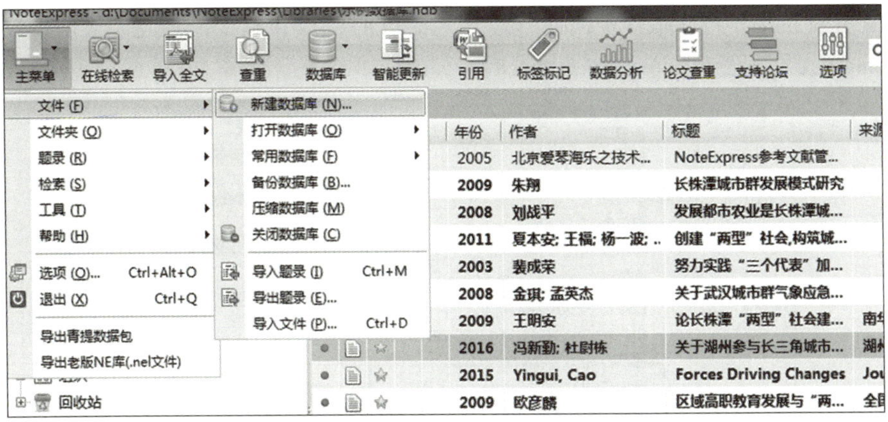

图 3-1　NoteExpress V3. X 新建数据库界面

“新建数据库”是指建立一个新的文件夹，系统会要求用户对文件夹进行命名，并且指定在本地存储的位置。“打开数据库”会显示建立在本地所有的 ndb 文件或 nel 文件（老版 NoteExpress 的数据库文件），以供用户选择。“常用数据库”允许添加常用的 NoteExpress 数据库文件。“关闭数据库”用于关闭已打开的数据库。

单击“添加文件夹”，在题录下创建子文件夹“文件管理软件”，还可继续创建子文件夹。

单击“导入题录”，可批量导入题录格式的文献。Note Express V3. X 导入题录如图 3-2 所示。题录信息的完整性非常重要，直接影响引文格式的完整性。NoteExpress V3. X 可导入 NoteExpress、RefMan-(RIS)、PubMed 这 3 种题录格式。很多中外文献数据库支持这几种格式的题录信息的输出。例如，中国知网可批量导出 NoteExpress 格式题录、百度学术可导出 NoteExpress 和 RefMan 格式题录、Elsevier 和 SpringerLink 支持 RefMan 格式题录等。文献数据库导出题录后，NoteExpress V3. X 就可以将题录导入某个文件夹中，这就使得后者获取题录信息非常方便，几乎不需要人工去添加信息。

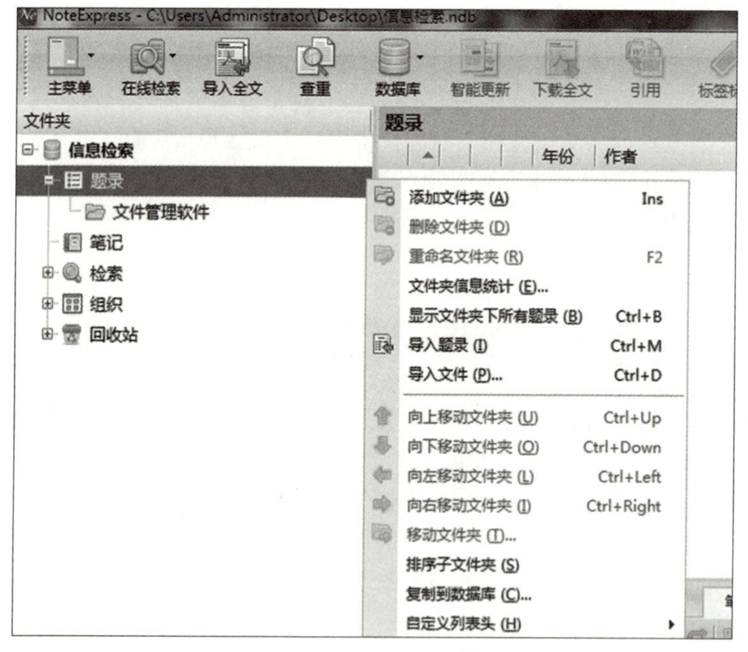

图 3-2　NoteExpress V3. X 导入题录

搜索引擎 bing 支持文献管理软件直接导入网页的题录和笔记。新建一个文本文档，右击，“使用 bing 搜索”，进入 bing 网站进行搜索，右击，如图 3-3 所示。

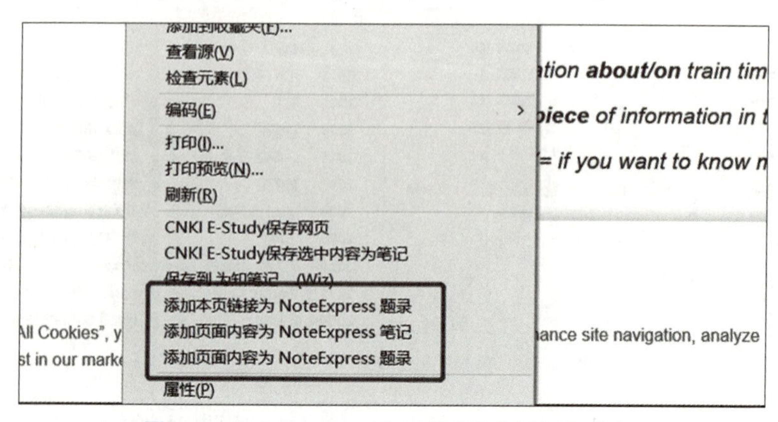

图 3-3　NoteExpress V3. X 导入网页题录与笔记

单击“导入文件”，可以直接导入 pdf、caj 等格式的文件，自动生成题录信息，并链接全文。用户也可以用手工的方式输入题录，如图 3-4 所示。

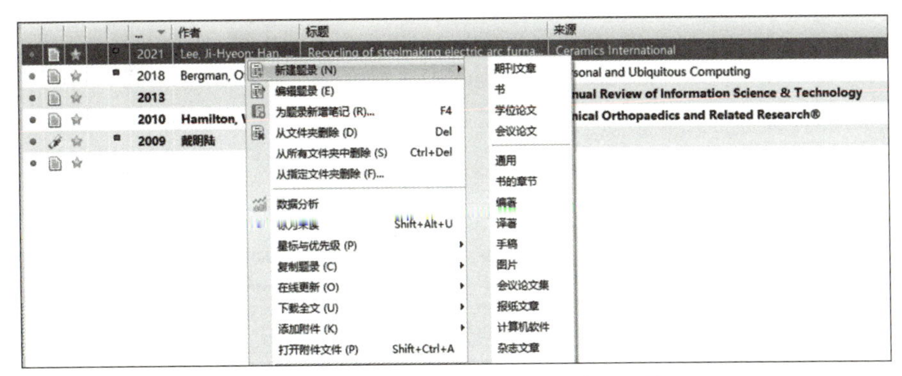

图 3-4　NoteExpress V3. X 手工输入题录

“新建题录”时需选择文献类型，一条题录就是一篇文献。如果输入题名信息和 DOI 信息，存盘后单击“在线更新”中的“智能更新”，数据库将在后台自动从在线数据库中匹配补全其他的信息。如果题录要进行修改，可以选择“编辑题录”。“编辑题录”的界面有“标签”一栏，用户可以输入自定义的关键词。所有文件夹的标签将显示在主界面标签云。标签可按名称排序，也可以按使用频率排序，也可以检索。标签的功能使得用户可按本人的理解，描述文献特征，提高了检索文献的效率。

用户可以为每篇文献记录笔记，有笔记的文献将会在主界面“笔记”文件夹中重复出现。

2. 在线检索

NoteExpress V3. X 提供 29 个在线数据库的检索，如图 3-5 所示。

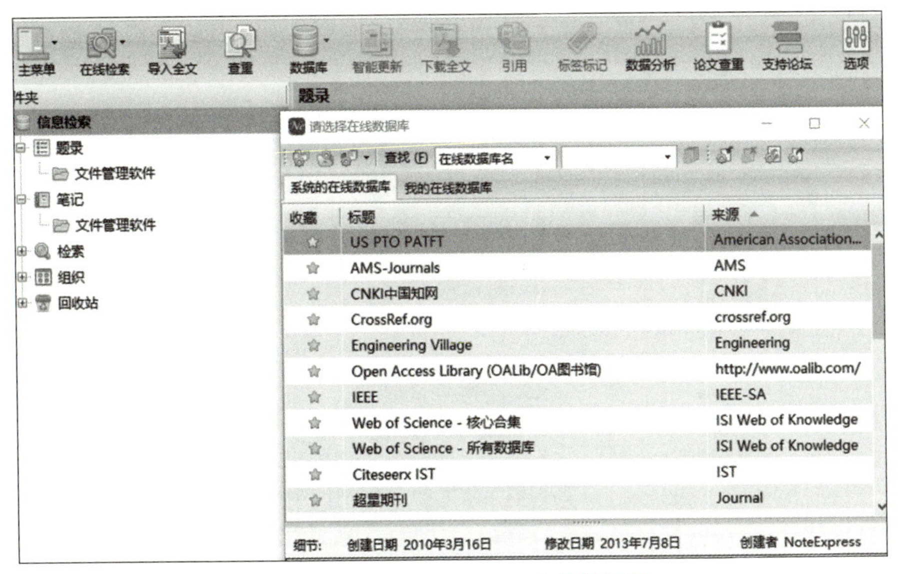

图 3-5　NoteExpress V3. X 在线数据库

选择某个数据库，将进入其检索界面。例如，选择“CNKI 中国知网”，并采用检索表达式“题名 = 陶瓷”进行检索，如图 3-6 所示。

单击一条记录，将会出现“编辑题录”的界面，并有全文的链接。单击“勾选题录”选择需要的记录，单击“保存勾选题录”可以将所勾选的题录保存到主界面所选的文件夹中。

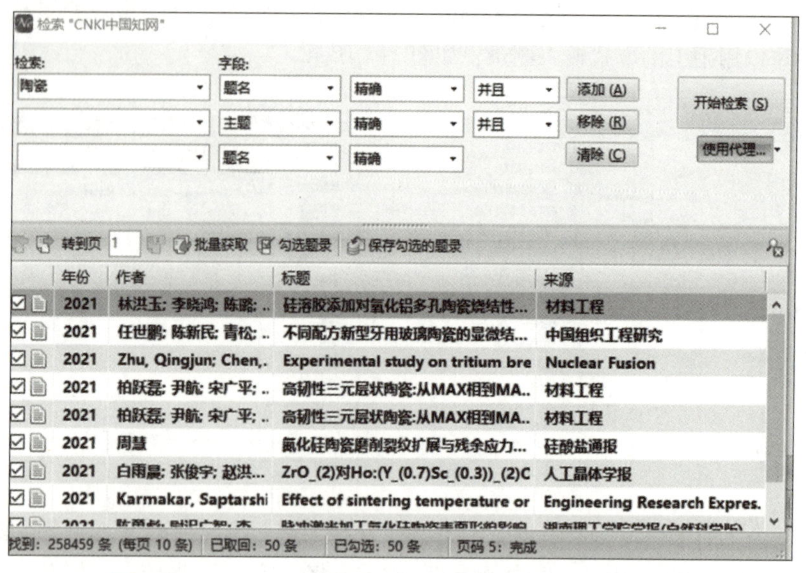

图 3-6　NoteExpress V3. X 在线数据库——中国知网检索

3. 参考文献输出

文献管理软件最核心的功能是参考文献的自动插入和批量编辑功能。

NoteExpress 支持微软 Office Word 或金山 WPS 两大主流写作软件，在撰写论文时，可利用内置的写作插件实现边写作边引用参考文献。

单击“主菜单”→“选项”→“扩展”，安装 MS Word 或者 WPS 文字的插件，如图 3-7 所示。安装后，在 Word 或 WPS 文档的主按钮区将出现“NoteExpress”图标。

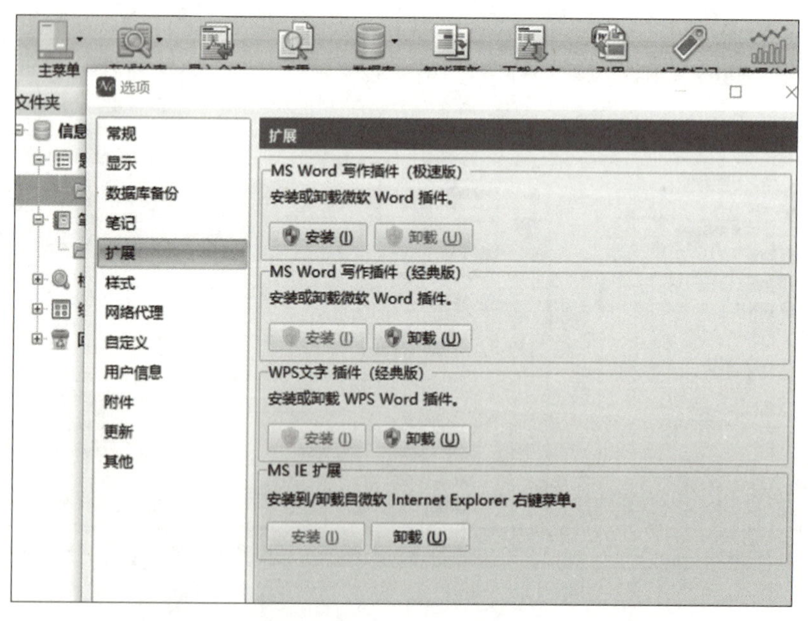

图 3-7　NoteExpress V3. X 写作插件

NoteExpress 内置近 4 000 种国内外期刊、学位论文及国家、协会标准的参考文献格式，具有丰富的参考文献输出样式，如图 3-8 所示。

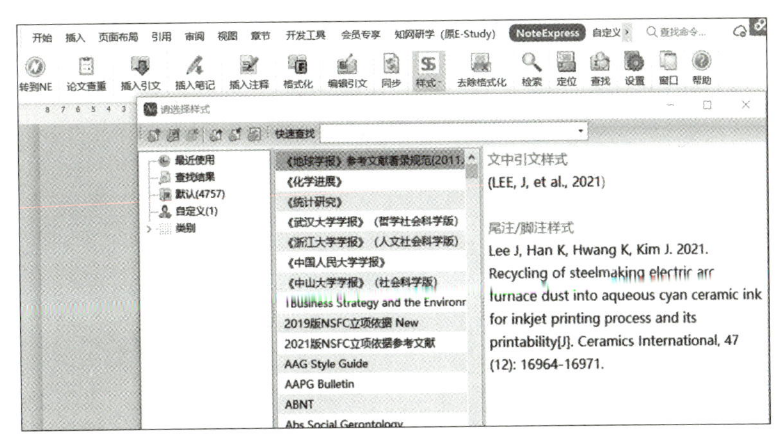

图 3-8 NoteExpress V3. X 参考文献输出样式

如果要插入参考文献，则先选好“样式”，再单击“插入引文”，NoteExpress 将自动在文后生成相应样式的引文和序号，并在论文插入处自动标上标记（通常是对应的序号）。在论文写作过程中，会经常增加或者删除参考文献，因此，引文序号常发生变化，NoteExpress 会自动调整文中与文后的序号，不需要用户手工处理。插入引文后，如果要改变样式，则重新选择样式，可对所有参考文献的格式进行一键式转换。NoteExpress 还支持生成校对报告，支持多国语言模板，支持双语输出。

3.3 文档管理软件：Total Commander

Total Commander（简称“TC”）是一款用于 Windows 平台的文档管理软件，它包含两个并排的窗口，可以让用户方便地对不同位置的文档或文件夹进行操作，如复制、移动、比较等。

TC 具有的特色功能如下。

1. 双窗口显示

Windows 的资源管理器窗口是单窗口显示，而 TC 是双窗口显示。单窗口显示使得每次只能选择一个文件夹，如果要重新定位上一次的选择，只能重新在目录树上查找；在复制或移动文件夹时，如果和目的目录距离远，就会很不方便。而双窗口显示时，用户可以分别选择一个文件夹，文件在文件夹之间复制、剪切的操作更方便。

2. 常用文件夹标签

每次打开 TC，它就会复原到上次关闭的位置，使用户可以方便地继续工作。

打开 TC，选择主菜单左上侧“配置”按钮，选择“颜色”选项→“按文件类型定义颜色”对话框→“添加”按钮→“定义模板”对话框→“常规”选项卡，搜索框里输入“信息检索”，如图 3-9 所示。

单击“保存”按钮→“按文件类型定义颜色”对话框，选好显示颜色，单击“确定”按钮。这样，所有文件名称中含有“信息检索”的文件都会按所选颜色显示，如图 3-10 所示。

如果在定义模块中选择“高级”选项，还可以设定按更新文件的时间来设定文件的颜色。

3. 批量重命名

选中要批量修改的文件，单击主界面的“文件”按钮→“批量重命名”选项，如图 3-11 所示。

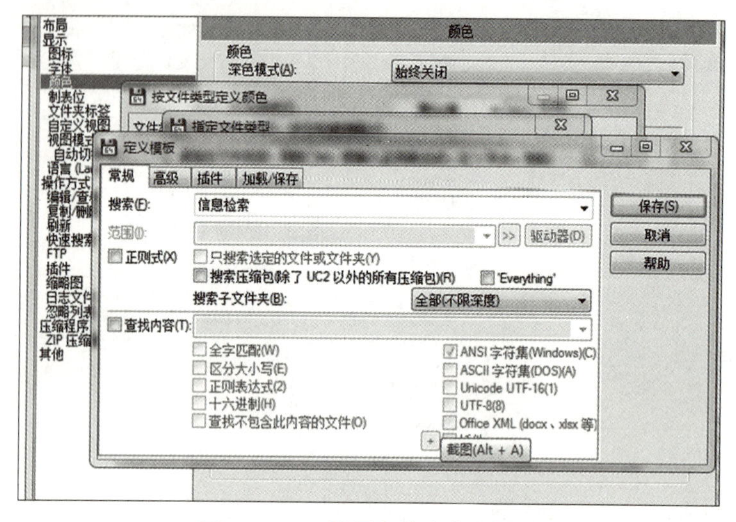

图 3-9　TC 常用文件夹定义标签

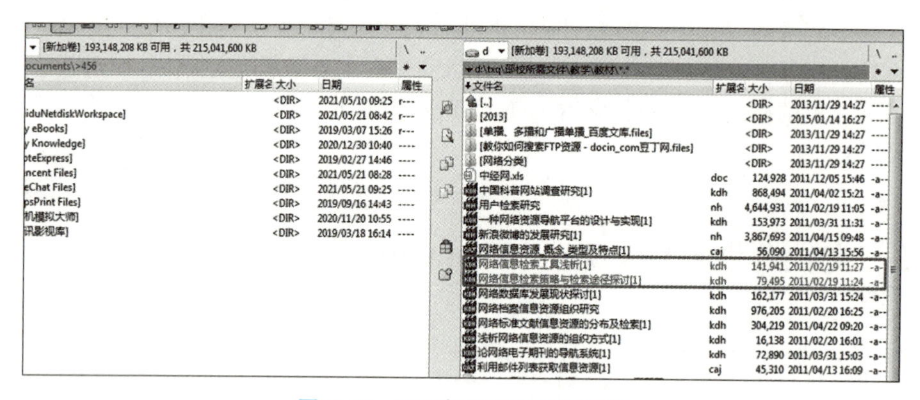

图 3-10　TC 常用文件定义标签

重命名掩码：文件名(M)　　扩展名 [E][　　查找并替换(H)　查找(F): 陶瓷　替换为(W):

[N] 文件名(N)　± [YMD] 日期(D)　[E] 扩展名(E)

[N#-#] 范围(R)　# [hms] 时间(T)　[E#-#] 范围(A)　□^ □1x ☑[E] □正则式(X) 全名替换　大小写(P)

[C] 计数器(C)　[=?] 插件(I)　[C] 计数器(C)　不变

旧名称	扩展	新名称	大小	日期	位置
2000试论地方文献与地方..	.caj		34,996	2012/10/09 10:29:36	D:\20190506\txq\地方文献\2000\
2000我国图书馆地方文献..	.caj		40,935	2012/10/08 08:30:56	D:\20190506\txq\地方文献\2000\
2001高校图书馆地方文献..	.caj		244,617	2012/10/10 15:29:58	D:\20190506\txq\地方文献\2000\
2001台湾乡土文学文献的..	.kdh		180,385	2012/10/08 08:47:28	D:\20190506\txq\地方文献\2000\
2001西部图书馆文献资源..	.caj		18,946	2012/10/08 08:47:58	D:\20190506\txq\地方文献\2000\
2001县市公共图书馆地方..	.caj		29,686	2012/10/08 08:42:42	D:\20190506\txq\地方文献\2000\
2002地_市_县公共图书馆..	.caj		23,430	2012/10/08 08:49:52	D:\20190506\txq\地方文献\2000\
2002公共图书馆地方文献..	.caj		28,744	2012/10/10 15:01:18	D:\20190506\txq\地方文献\2000\
2002论民族地方文献的采..	.caj		26,206	2012/10/08 08:49:10	D:\20190506\txq\地方文献\2000\
2002明末东南沿海社会重..	.caj		528,662	2012/10/08 08:50:30	D:\20190506\txq\地方文献\2000\
2002深圳图书馆地方文献..	.kdh		156,312	2012/10/08 08:51:22	D:\20190506\txq\地方文献\2000\
2003高校图书馆地方文献..	.caj		30,156	2012/10/10 15:30:24	D:\20190506\txq\地方文献\2000\
2003高校图书馆地方文献..	.kdh		142,296	2012/10/10 16:34:54	D:\20190506\txq\地方文献\2000\
2003关于地方文献收集与..	.caj		14,622	2012/10/08 10:49:02	D:\20190506\txq\地方文献\2000\
2003西部民族地方文献与..	.caj		261,962	2012/10/08 10:50:46	D:\20190506\txq\地方文献\2000\
2004地方特色专藏文献建..	.caj		39,798	2012/10/08 11:12:00	D:\20190506\txq\地方文献\2000\
2004地方文献工作若干问..	.caj		54,246	2012/10/08 10:52:10	D:\20190506\txq\地方文献\2000\
2004论图书馆事业在文化..	.caj		27,958	2012/10/08 10:53:36	D:\20190506\txq\地方文献\2000\
2004文化全球化背景下的..	.caj		22,534	2012/10/08 10:53:50	D:\20190506\txq\地方文献\2000\
2004我国网络地方文献信..	.caj		234,330	2012/10/08 10:51:48	D:\20190506\txq\地方文献\2000\
2005茶馆_一幅鲜活的巴蜀..	.caj		31,814	2012/10/08 11:10:54	D:\20190506\txq\地方文献\2000\
2005地方文献工作中值得..	.caj		24,866	2012/10/08 11:10:06	D:\20190506\txq\地方文献\2000\

图 3-11　TC 文件批量重命名（第 1 步）

如果要重新命名，可以直接输入新名称的文件名。在“文件名”选项中，单击后面的“+”按钮，可以选用上一级文件夹、全名、扩展名、日期、时间等作为文件名的不同组成部分，下面的“范围”“计数器”“时间”等都是可以添加为文件名的组成部分。右侧的“查找并替换”可以将文件名中指定的文字或符号批量修改。

在上例中，将所有文件名改为“地方文献+序号”，则可在“文件名”方框中输入“地方文献”，再选择计数器，如图 3-12 所示。

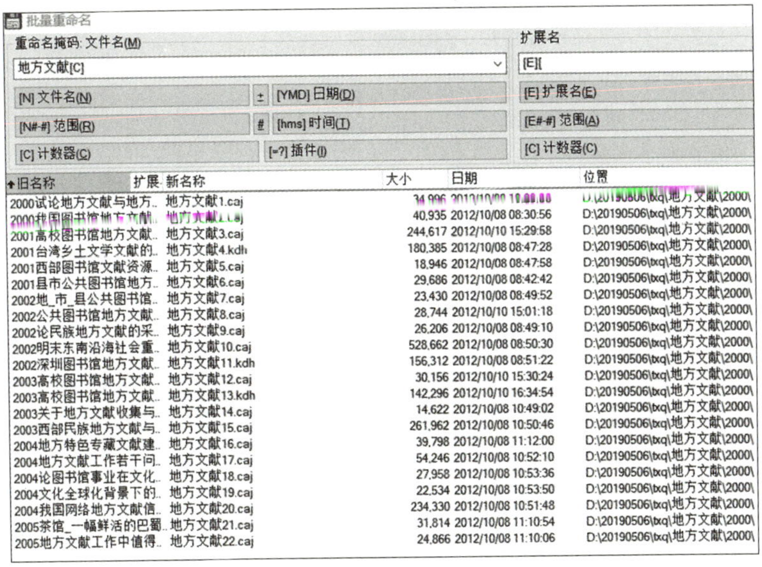

批量重命名

重命名掩码: 文件名(M)　地方文献[C]

扩展名　[E][

[N] 文件名(N)　±　[YMD] 日期(D)　[E] 扩展名(E)

[N#-#] 范围(R)　#　[hms] 时间(T)　[E#-#] 范围(A)

[C] 计数器(C)　[=?] 插件(I)　[C] 计数器(C)

旧名称	扩展	新名称	大小	日期	位置
2000试论地方文献与地方..		地方文献1.caj	34,996	[illegible]	D:\20190506\txq\地方文献\2000\
2000我国图书馆地方文献..		[illegible]	40,935	2012/10/08 08:30:56	D:\20190506\txq\地方文献\2000\
2001高校图书馆地方文献..		地方文献3.caj	244,617	2012/10/10 15:29:58	D:\20190506\txq\地方文献\2000\
2001台湾乡土文学文献的..		地方文献4.kdh	180,385	2012/10/08 08:47:28	D:\20190506\txq\地方文献\2000\
2001西部图书馆文献资源..		地方文献5.caj	18,946	2012/10/08 08:47:58	D:\20190506\txq\地方文献\2000\
2001县市公共图书馆地方..		地方文献6.caj	29,686	2012/10/08 08:42:42	D:\20190506\txq\地方文献\2000\
2002地_市_县公共图书馆..		地方文献7.caj	23,430	2012/10/08 08:49:52	D:\20190506\txq\地方文献\2000\
2002公共图书馆地方文献..		地方文献8.caj	28,744	2012/10/10 15:01:18	D:\20190506\txq\地方文献\2000\
2002论民族地方文献的采..		地方文献9.caj	26,206	2012/10/08 08:49:10	D:\20190506\txq\地方文献\2000\
2002明末东南沿海社会重..		地方文献10.caj	528,662	2012/10/08 08:50:30	D:\20190506\txq\地方文献\2000\
2002深圳图书馆地方文献..		地方文献11.kdh	156,312	2012/10/08 08:51:22	D:\20190506\txq\地方文献\2000\
2003高校图书馆地方文献..		地方文献12.caj	30,156	2012/10/10 15:30:24	D:\20190506\txq\地方文献\2000\
2003高校图书馆地方文献..		地方文献13.kdh	142,296	2012/10/10 16:34:54	D:\20190506\txq\地方文献\2000\
2003关于地方文献收集与..		地方文献14.caj	14,622	2012/10/08 10:49:02	D:\20190506\txq\地方文献\2000\
2003西部民族地方文献与..		地方文献15.caj	261,962	2012/10/08 10:50:46	D:\20190506\txq\地方文献\2000\
2004地方特色专藏文献建..		地方文献16.caj	39,798	2012/10/08 11:12:00	D:\20190506\txq\地方文献\2000\
2004地方文献工作若干问..		地方文献17.caj	54,246	2012/10/08 10:52:10	D:\20190506\txq\地方文献\2000\
2004论图书馆事业在文化..		地方文献18.caj	27,958	2012/10/08 10:53:36	D:\20190506\txq\地方文献\2000\
2004文化全球化背景下的..		地方文献19.caj	22,534	2012/10/08 10:53:50	D:\20190506\txq\地方文献\2000\
2004我国网络地方文献信..		地方文献20.caj	234,330	2012/10/08 10:51:48	D:\20190506\txq\地方文献\2000\
2005茶馆_一幅鲜活的巴蜀..		地方文献21.caj	31,814	2012/10/08 11:10:54	D:\20190506\txq\地方文献\2000\
2005地方文献工作中值得..		地方文献22.caj	24,866	2012/10/08 11:10:06	D:\20190506\txq\地方文献\2000\

图 3-12　TC 文件批量重命名（第 2 步）

单击右下方的“开始”按钮，原文件名便实现了批量修改，如图 3-13 所示。

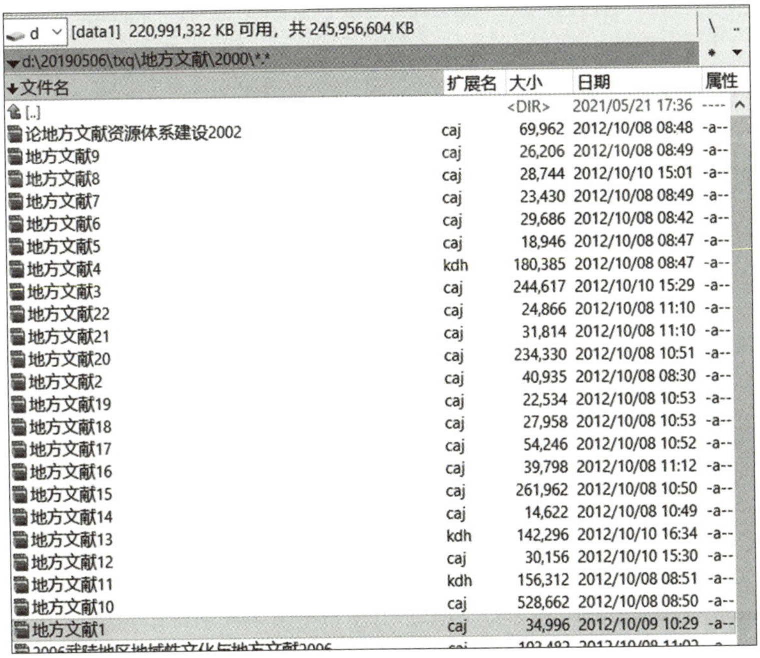

d　[data1] 220,991,332 KB 可用，共 245,956,604 KB

d:\20190506\txq\地方文献\2000*.*

文件名	扩展名	大小	日期	属性
[..]		<DIR>	2021/05/21 17:36	----
论地方文献资源体系建设2002	caj	69,962	2012/10/08 08:48	-a--
地方文献9	caj	26,206	2012/10/08 08:49	-a--
地方文献8	caj	28,744	2012/10/10 15:01	-a--
地方文献7	caj	23,430	2012/10/08 08:49	-a--
地方文献6	caj	29,686	2012/10/08 08:42	-a--
地方文献5	caj	18,946	2012/10/08 08:47	-a--
地方文献4	kdh	180,385	2012/10/08 08:47	-a--
地方文献3	caj	244,617	2012/10/10 15:29	-a--
地方文献22	caj	24,866	2012/10/08 11:10	-a--
地方文献21	caj	31,814	2012/10/08 11:10	-a--
地方文献20	caj	234,330	2012/10/08 10:51	-a--
地方文献2	caj	40,935	2012/10/08 08:30	-a--
地方文献19	caj	22,534	2012/10/08 10:53	-a--
地方文献18	caj	27,958	2012/10/08 10:53	-a--
地方文献17	caj	54,246	2012/10/08 10:52	-a--
地方文献16	caj	39,798	2012/10/08 11:12	-a--
地方文献15	caj	261,962	2012/10/08 10:50	-a--
地方文献14	caj	14,622	2012/10/08 10:49	-a--
地方文献13	kdh	142,296	2012/10/10 16:34	-a--
地方文献12	caj	30,156	2012/10/10 15:30	-a--
地方文献11	kdh	156,312	2012/10/08 08:51	-a--
地方文献10	caj	528,662	2012/10/08 08:50	-a--
地方文献1	caj	34,996	2012/10/09 10:29	-a--

图 3-13　TC 文件批量重命名 3（第 3 步）

4. 搜索文件

按〈Alt+F7〉组合键，或者单击主界面“命令”→“搜索文件”启动“搜索文件”窗口。选择“常规”选项卡，输入部分文件名即可检索出含有该名称的所有文件，如图 3-14 所示。

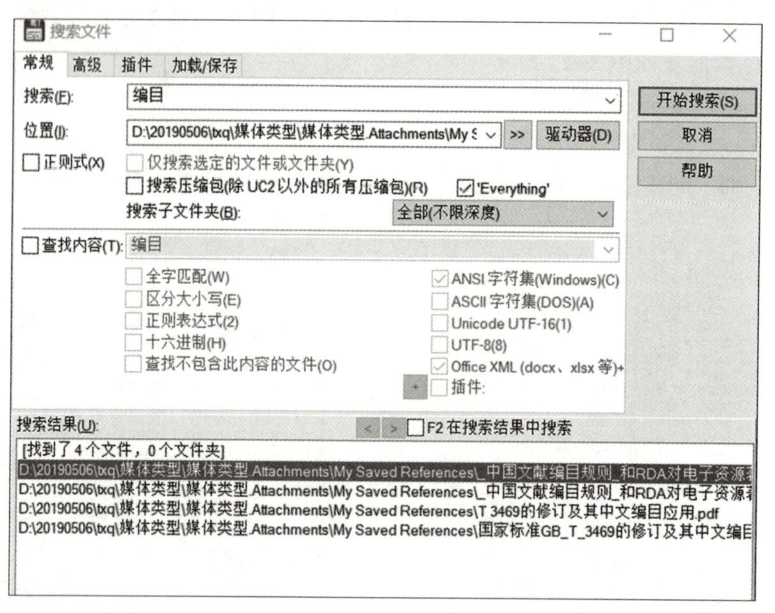

图 3-14　搜索文件

3.4　云存储软件：百度网盘和为知笔记

3.4.1　百度网盘

百度网盘（原百度云）是百度推出的一项云存储服务，用户将文件上传到网盘，可多终端查看与分享。百度网盘有 Web 版、PC 版和手机版。

百度账号和百度网盘账号密码是一样的，也可以采用手机验证登录。百度网盘主界面如图 3-15 所示。

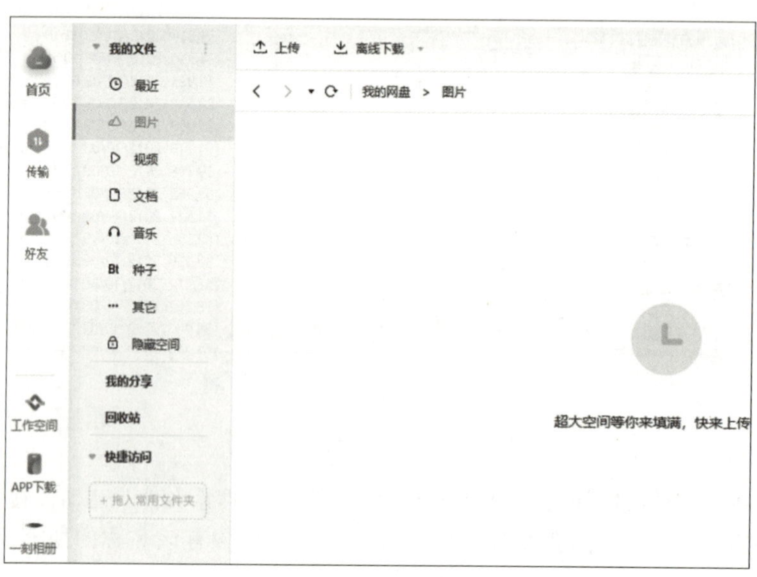

图 3-15　百度网盘主界面

登录后，在“个人中心”界面，可设置个人资料，包括登录密码、绑定手机、登录设备、关联账号等。

单击“上传”按钮，即可本地计算机上的文件上传到指定的网盘中，上传的文件可以是图片、视频、文档、音频等，也可以下载允许共享的别人的网盘文件。

单击“传输”按钮，显示“正在下载”“正在上传”以及“传输完成”的列表。

单击“文件快传”，显示从手机上快传到计算机的文件列表。百度网盘可以很方便地将微信文件、手机上存的文件上传到网盘。

单击“好友”选项则可以与好友共享文件。

百度网盘中的文件，修改后需要重新上传。而百度网盘中的“工作空间”下载到计算机中的文件，会与云端同步，修改后，云端存储的文件随之更新。这样，如果经常在不同计算机上工作，就不需要不停地下载再上传修改的文件。网盘中的文件可以直接添加到“工作空间”，也可以将本地文件上传到“工作空间”。百度网盘工作空间如图 3-16 所示。

图 3-16　百度网盘工作空间

3.4.2　为知笔记

为知笔记是国内一款云服务笔记和共享软件。为知笔记提供各种笔记模块，可方便记录和整理笔记；可以导入 doc、xls、pdf 等格式的文件作为笔记的附本；还能很方便地通过邮件、短信和社交平台进行分享；提供百度编辑器、Markdown、为知助手等多种插件。为知笔记主界面如图 3-17 所示。

为知笔记主界面有 3 栏。第 1 栏包括“常用”“个人笔记”和“团队笔记”3 个内容。第 2 栏可选择按位置、创建日期、文件名等多种方式列出左栏某个文件夹的全部文件。第 3 栏则是按时间显示近期的笔记。“常用”的“快速搜索”可以实现对所有笔记的标题和全文进行搜索。

1. 增加标签

主界面第 1 栏的“标签”可以给个人笔记中的文件增加标签，使得文件按标签归类。

右击“标签”选项，单击“新建标签”选项，创建新标签“个人知识管理工具”，如图 3-18 所示。

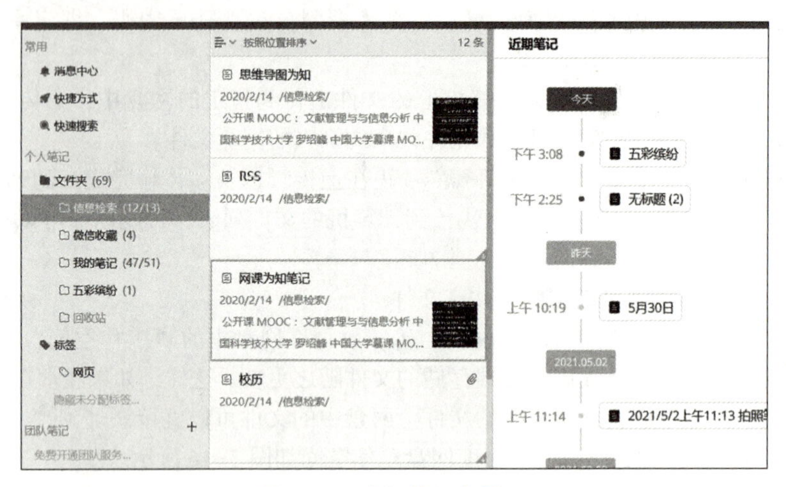

图 3-17　为知笔记主界面

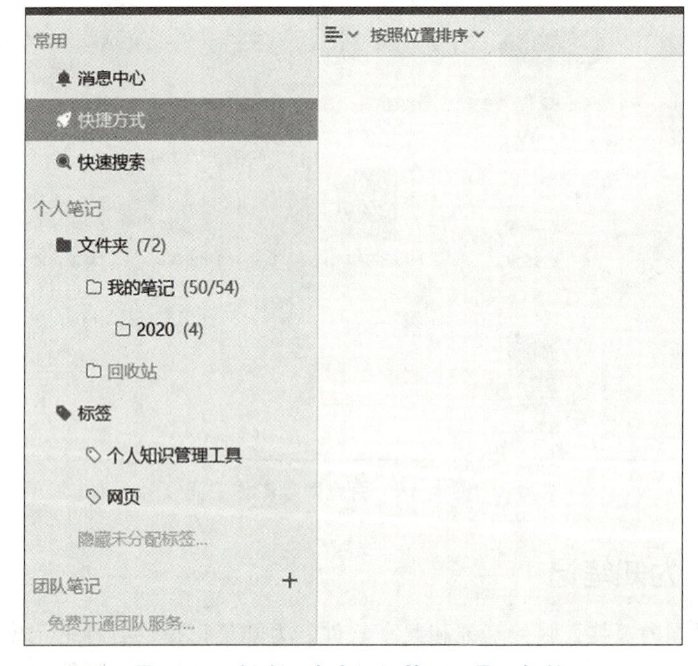

图 3-18　创建“个人知识管理工具”标签

单击第 1 栏“个人笔记”下的子文件夹，子文件夹的文件将出现在第 2 栏。右击需要添加的标签的文件，选择“标签”选项，如图 3-19 所示。

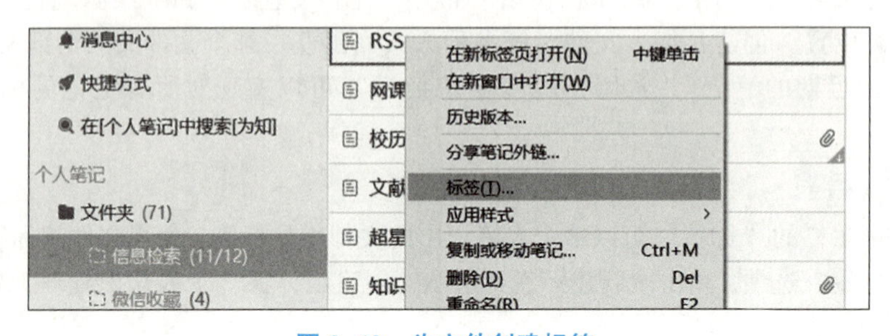

图 3-19　为文件创建标签

单击第 1 栏“标签”下已创建的标签，即可添加成功，如加入标签“个人知识管理工具”，如图 3-20 所示。

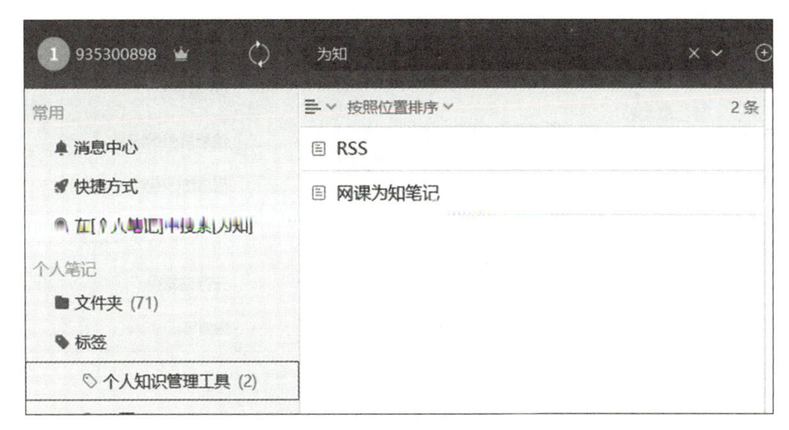

图 3-20　加入标签“个人知识管理工具”

单击第 1 栏“标签”下子目录“个人知识管理工具”，所有添加了该标签的文件会在第 2 栏显示出来。

2. 创建笔记

单击主界面上方中间“新建日记”选项，打开下拉菜单，如图 3-21 所示。

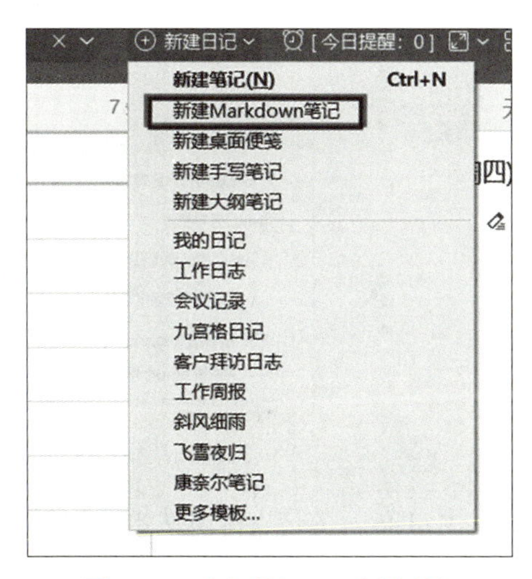

图 3-21　为知笔记——新建笔记

为知笔记提供多种笔记模板，包括 Markdown 笔记、桌面便笺、手写笔记、大纲笔记、日记等。其中，“桌面便笺”是一个悬浮在桌面上的小窗口，无论为知笔记软件关闭与否，它都在桌面上，方便跨窗口记录。“新建大纲笔记”提供大纲样式的笔记，可将大纲转换为思维导图的样式。下面以“新建 Markdown 笔记”为例，介绍新建笔记的具体做法。

Markdown 是一种简易标记语言。它规定了一系列简易的标签，利用这些标签可生成相应格式的文档。通过标签，可以设定字体、换行、区块引用、分隔、显示图片、链接等。为知笔记支持 Markdown 笔记，以下是它 6 个方面的简单应用。

（1）用“#”号定义标题。一个“#”号代表一级标题，可定义一至六级标题。

（2）区块引用。在段落的每行或者只在第一行使用符号“>”，还可使用多个嵌套引用。

（3）强调。在内容两侧分别加上“ * ”或者“_”，则成为斜体或粗体。

（4）列表。无序列表与有序列表。有序列表采用“1. ”“2. ”“3. ”的形式，无序列表采用“ * ”“-”“+”的形式。

（5）链接。行内链接采用符号“[ ]( )”，即“［链接名称］（链接地址）”表示方式。

（6）插入图片。采用符号“！[ ]( )”，即“！［图片名称］（图片网络地址）”表示方式。

单击“新建笔记”选项→“新建 Markdown 笔记”选项。将 Markdown 语法输入后，单击“保存并阅读”按钮，将生成相应格式的文档。

Markdown 笔记——标题显示如图 3-22 所示，Markdown 笔记——简明语法举例如图 3-23 所示。

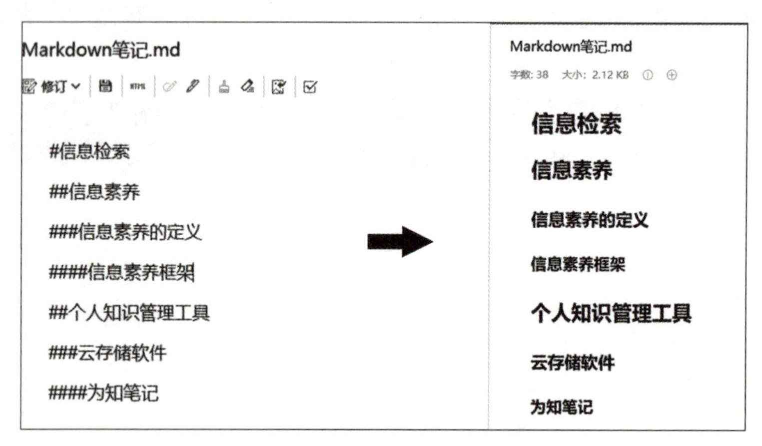

图 3-22 Markdown 笔记——标题显示

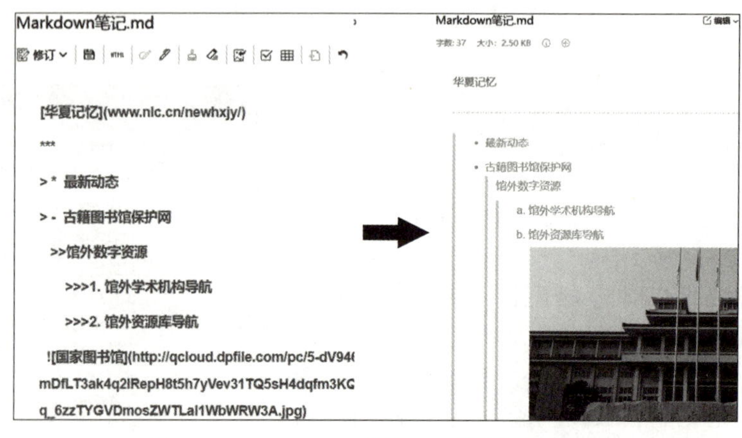

图 3-23 Markdown 笔记——简明语法举例

Markdown 笔记支持纯文本文档转换为有效的 html 格式的文档。与其他的笔记格式一样，Markdown 笔记支持编辑文档所需的基本功能，包括字体、对齐、查找、替换等功能，还包括插入链接、接收手机图片、分享、备注、书签等功能。

3.5 思维导图软件：MindMaster

MindMaster 是一款典型的思维导图软件，由深圳市亿图软件有限公司研发。MindMaster 以一个节点为中心，用户可以很方便地增加节点，并将节点按不同层级连接，快速生成思维导图。它提供 12 种布局、33 种主题样式、700 种原贴图，并提供标注、外框、关系线、超链接、图示、时间线等多种记录方式，它可用于捕捉瞬时想法、搭建可视化知识体系、思维管理、笔记记录和会议管理等。

1. 创建一个思维导图文件

进入网站 https://www.edrawsoft.cn/mindmaster/，下载并安装 MindMaster。

单击“新建”菜单，有“空白模板”和“经典模板”供选择。在空白模板中，有“Pro”字符的模板仅会员可使用，其他模板则可以免费使用。

以经典模板“亿图产品系列”为例，来介绍 MindMaster 的使用方式，如图 3-24 所示。

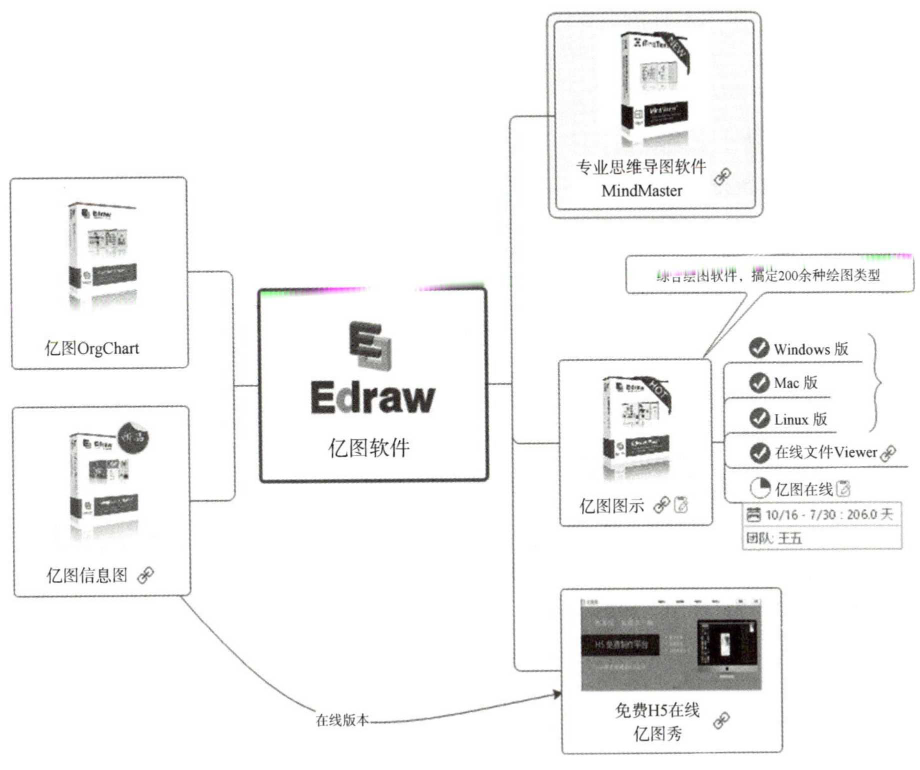

图 3-24　经典模板——亿图产品系列

(1) 建立中心主题。

单击“新建”菜单，选择“空白模板”中的“单向导图”选项。图 3-24 中的中心主题“亿图软件”及其子主题“专业思维导图软件”“亿图图示”“免费 H5 在线亿图秀”“亿图 Org-Chart”和“亿图信息图”均为图片。首先在中心主题中插入图片，如图 3-25 所示。

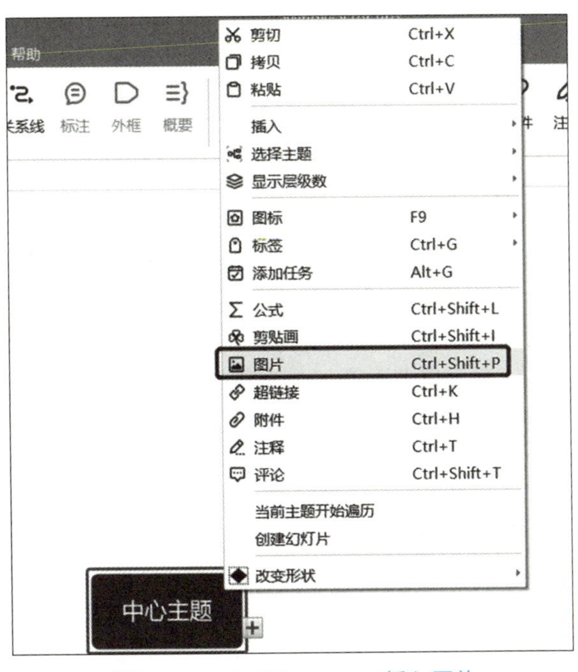

图 3-25　MindMaster——插入图片

将图片插入后，单击右方的“主题格式”调整好背景颜色与字体，如图 3-26 所示。

图 3-26 MindMaster——颜色与字体

（2）添加子主题。

单击上方“多个主题”建立 5 个子主题，再单击上方“布局”，选择第一个布局图。这样，形成“亿图软件”及其 5 个空白子主题的导图，再将 5 个图分别插入，如图 3-27 所示。

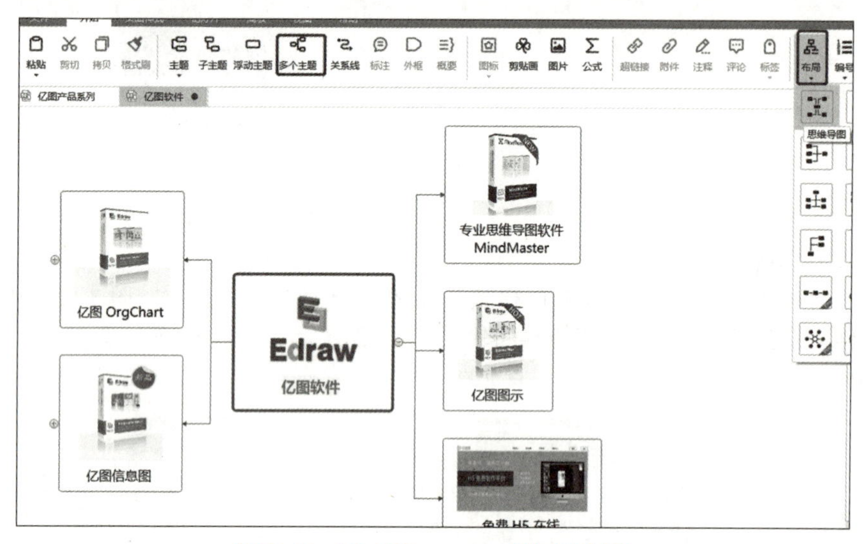

图 3-27 MindMaster——添加子主题

（3）添加标注、链接、注释和连线。

选中“亿图图示”方框，右击上方“标注”菜单，选择“改变形状”选项，可以选择标注所需的形状，然后在其中输入所需的字词。右击“亿图图示”选中“超链接”和“注释”选项，可以添加超链接与注释，如图 3-28 所示。

选中“亿图信息图”方框，单击上方“关系线”菜单，将会出现一个始至“亿图信息图”的箭头，拉至“免费 H5 在线亿图秀”，即形成两者之间的关系线，中间的“标签”处，可根据需要改写。可上下拉动关系线改变其弧度，也可在右边形状处选择不同形状，如图 3-29 所示。

添加标注、链接、注释和关系线的效果如图 3-30 所示。

（4）添加图标、概要与任务。

单击上方“图标”菜单，可以添加不同的图标。单击上方“概要”菜单，可以括起一定范围的主题，范围大小可调整。选中图 3-31 中右边第 5 个图标，将添加“任务”作为子主题，如图 3-31 所示。

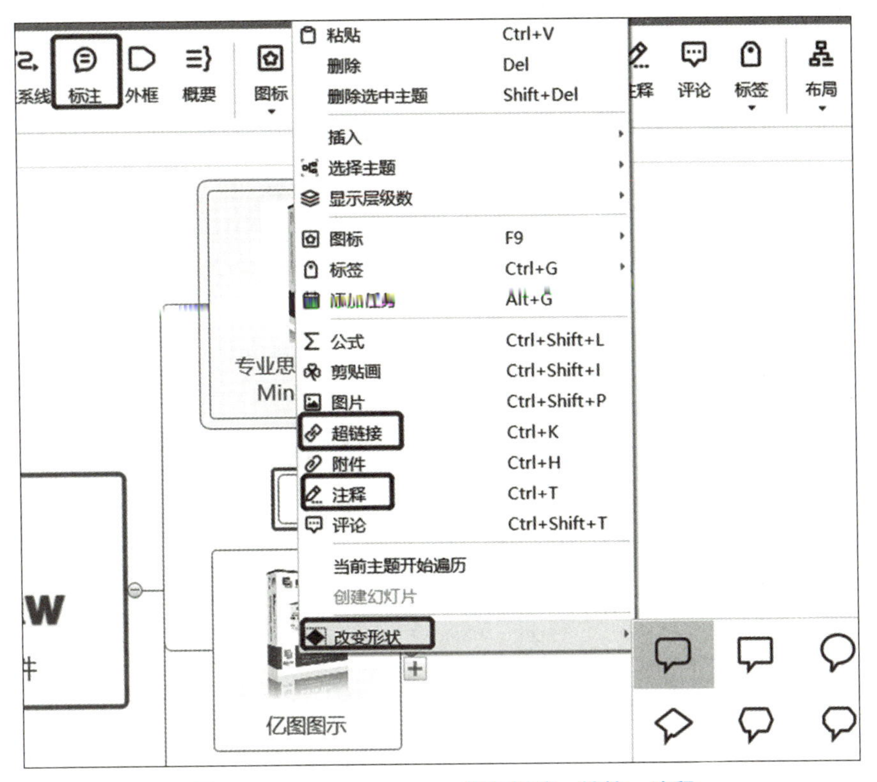

图 3-28　MindMaster——添加标注、链接、注释

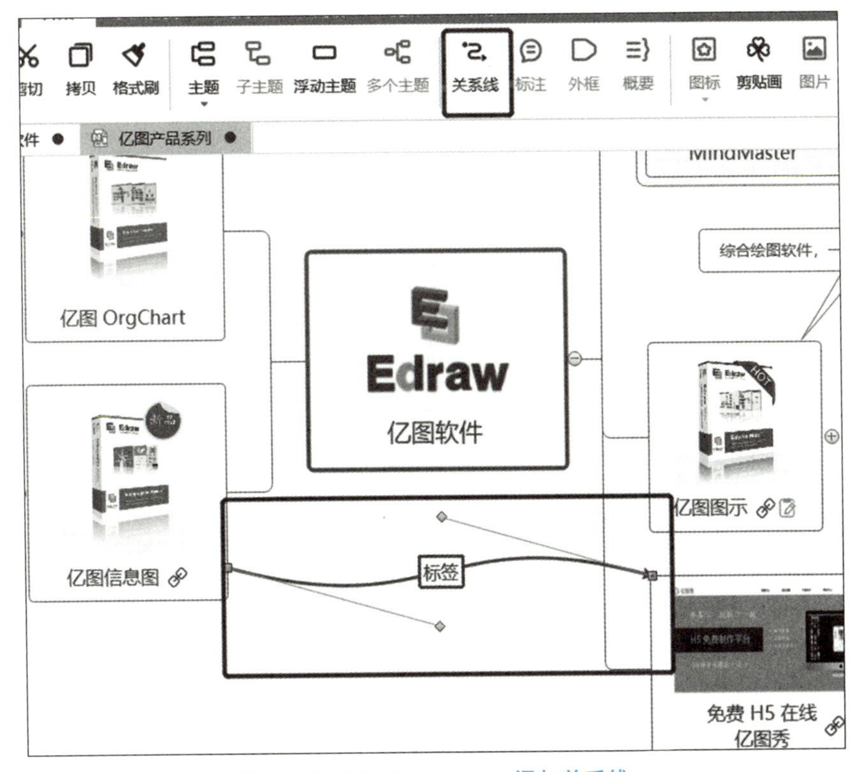

图 3-29　MindMaster——添加关系线

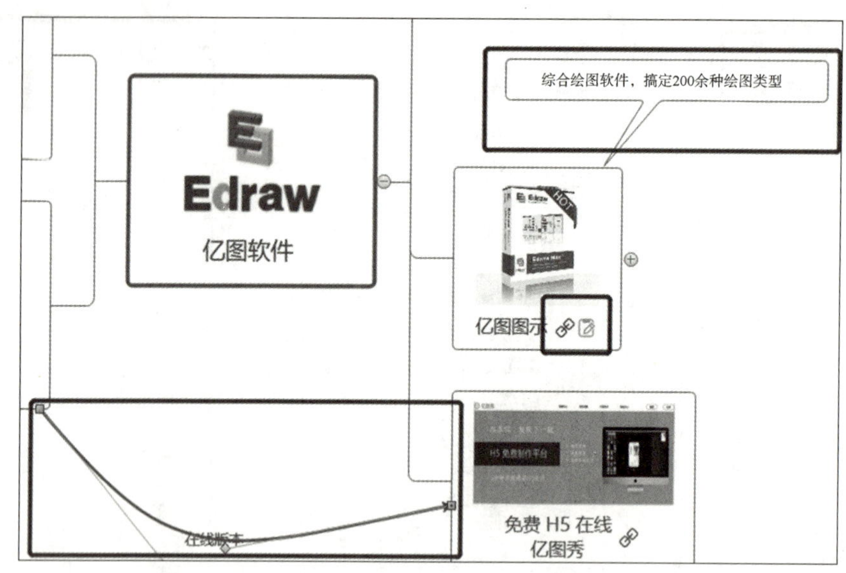

图 3-30　MindMaster——添加标注、链接、注释和关系线

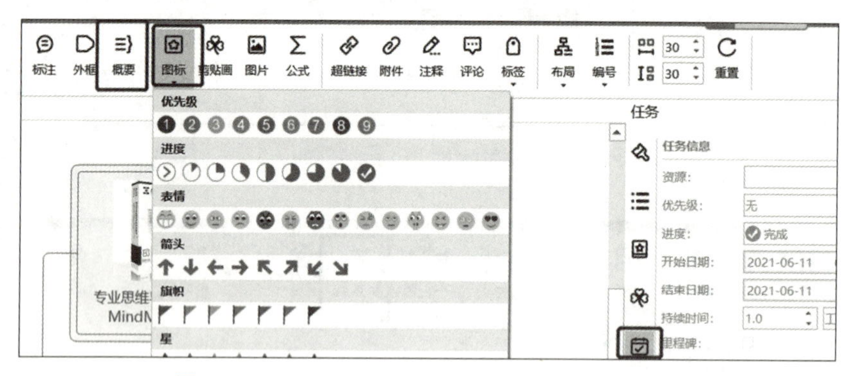

图 3-31　MindMaster——添加概要、图标、任务

显示概要、图标、任务的结果如图 3-32 所示。

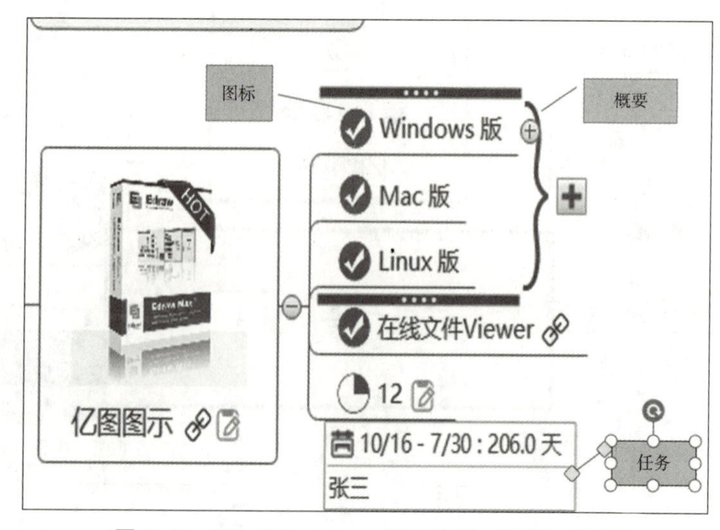

图 3-32　MindMaster——显示概要、图标、任务

2. 其他操作

（1）云文件。

MindMaster 文件支持云存储方式。打开 MindMaster 在线思维导图（https://mm.edrawsoft.cn/files）可以上传文件，或者将 MindMaster 保存为“分享”模式，也可以上传到“云文件”。一旦上传到“云文件”，就可以在任意可以上网的终端打开文件。

（2）导入与导出文件。

MindMaster 支持导入 XMind、FreeMind、Markdown、HTML、Word 等多种文件格式，支持将文件以图片、PDF、Office、HTML、有道云笔记等多种格式导出。

（3）甘特图。

甘特图是一种条状图，用以显示任务随着时间进展的情况。MindMaster 支持甘特图的编辑与导出。

如图 3-33 所示，“亿图在线”下线的任务时间段可由右边“任务信息”来设置。

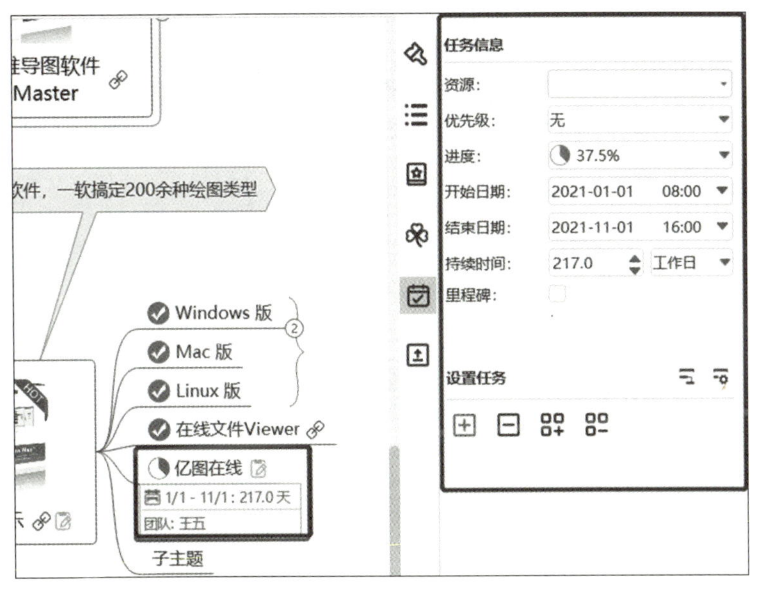

图 3-33　MindMaster——任务信息

设置好任务信息后，单击窗口上方“高级”选项卡→“甘特图”选项，将会根据“任务信息”生成甘特图。单击“甘特图选项”选项可以重新编辑任务信息，单击“导出甘特图”选项，可以导出 PDF 格式的甘特图，如图 3-34 所示。

文件　开始　页面样式　幻灯片　高级　视图　帮助

甘特图　甘特图选项　导出甘特图　头脑风暴　查找和替换　拼写检查　主题边距　字体符号　文件恢复　文件加密

亿图软件　亿图软件 ●

任务	开始	完成	持续时
亿图在线	2021-01-01 08:00	2021-11-01 16:00	217

图 3-34　MindMaster——甘特图

3.6 irreader——RSS 桌面阅读器

1. RSS 概述

简易信息聚合（Really Simple Syndication，RSS）是一种信息传递技术。支持 RSS 技术的站点对发布的信息提供 RSS 订阅服务，用户则利用支持 RSS 的聚合工具软件聚合不同站点的信息。RSS 技术诞生于 1999 年，博客和专业新闻站点最早使用。RSS 技术刚兴起时，几乎所有的标准博客都支持它。专业新闻站点利用 RSS 技术进行“新闻聚合”，如百度新闻、新浪网、人民网等。在 RSS 技术应用的高峰期，电子商务、网上图书馆、企业站点等各领域均采用该技术来支持用户订阅。

RSS 信息提供者通过提供 RSS Feed 来实现对订阅者的信息推送。RSS Feed 是一个 XML 文档，这个文档是一个元数据文件，是对多个信息源的元数据描述。元数据并非全文，是对信息源标题、作者、摘要等信息的描述。每个 RSS Feed 对应一个固定的 URL。当信息源的数据更新时，信息提供者也对 RSS Feed 相应的元数据进行修改。RSS 信息订阅者通过 RSS Feed 的 URL 进行订阅。订阅后，RSS 阅读器将定期自动获取 RSS Feed 的内容，因此，更新的内容将自动“推送”到阅读器。虽然 RSS Feed 只是元数据文件，但它提供原文的链接，因此订阅者可单击链接再浏览全文。

对于个人用户而言，可以采用 RSS 阅读器来订阅 RSS 信息源。RSS 阅读器聚合站点的信息，避免每次浏览一个站点时都需要输入网址，或单击链接进入。例如，用户可以聚合感兴趣的专业期刊，每天只要打开阅读器便可浏览所有新发布的文献。RSS 阅读器聚合的都是用户选择的信息，没有任何广告或插件，且能及时获取最新的信息。

RSS 阅读器包括桌面阅读器和在线阅读器。桌面 RSS 阅读器是可安装在本地计算机上的软件或程序，包括 Fluent Reader、FeedDemon、Newsflow 等。在线阅读器是指提供在线 RSS 阅读服务的网站，如深蓝阅读、Feedly、irreader 等。

2. irreader 下载与安装

irreader 阅读器是由 fatecore（命运之心）开发的一款桌面 RSS 阅读器。它不仅具有传统的订阅 RSS Feed 文档的功能，也可以订阅一般网站。irreader 的免费用户可以订阅 10 个站点资源。打开网页（https://fatecore.com/p/irreader/），下载并安装 irreader 阅读器，进行注册后再登录。irreader界面如图 3-35 所示。

图 3-35　irreader 界面

irreader 界面有“使用指南”，对怎样使用有详细的说明。

3. 订阅源市场的信息源

在订阅信息之前，可以在左侧创建文件夹，以归档不同内容的站点。

可以订阅 irreader 本身提供的信息源。单击 irreader 界面的“进入源市场”，选择一个要订阅的站点，单击“订阅”按钮即可，如图 3-36 所示。被订阅的站点将出现在左侧一栏中。订阅后，创建一个小组，以归档不同的内容。选中任意一条订阅的站点右击，单击“创建小组”选项，创建名称为“资讯”的文件夹。再选中刚才关注的“《麻省理工科技评论》中文网”右击，选择“移动至”→“资讯”小组，便可将该网站移至新建的“资讯”小组里，如图 3-37 所示。

图 3-36　irreader——订阅源市场信息源

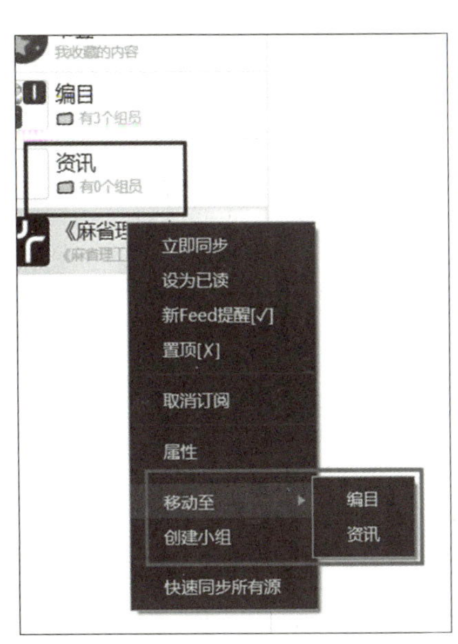

图 3-37　irreader——创建小组

4. 订阅 RSS Feed 信息源

在 360 或其他的浏览器中打开含有 RSS Feed 的信息源。以人民网 RSS 聚合新闻(http://rss. people. com. cn/)为例。如需订阅其国内新闻，则需单击国内新闻的 RSS Feed 信息源网页(http://www. people. com. cn/rss/politics. xml)，如图 3-38 所示。

图 3-38　人民网 RSS 聚合新闻

单击 irreader 主界面“添加自定义源”，或者左上角“添加订阅源”，进入“添加自定义的源”界面。这时，网址(http://www. people. com. cn/rss/politics. xml)已经自动出现在“添加自定义源”的地址栏中。单击“获取”按钮，如图 3-39 所示。

单击“开始订阅”按钮，人民网的国内新闻便订阅成功了。RSS Feed 源的链接方式有多种，一些新闻聚合网站直接在标题后列出网址，有些显示“XML”的图标，有些以单词“Feed”做链接，有些以词“RSS”做链接，传统 RSS 图标如图 3-40 所示。

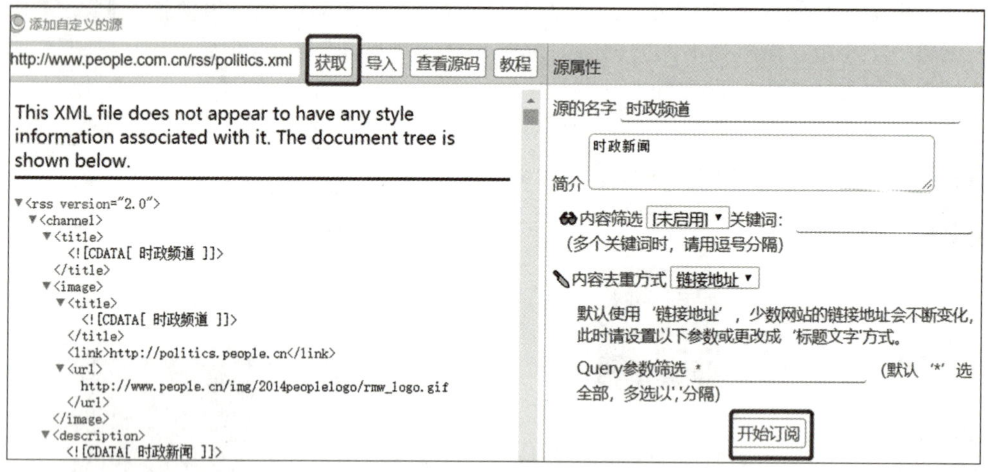

图 3-39　irreader——订阅 RSS Feed 信息源

5. 订阅非 RSS Feed 站点信息

图 3-40　传统 RSS 图标

irreader 阅读器除可以订阅 RSS Feed 信息源外，还可以订阅非 RSS Feed 信息源。打开网站“博客中国”（https://www.blogchina.com/）。同样单击 irreader 主界面的“自定义信息源”选项，即可获取“博客中国”的首界面。首界面中的不同标题前都会出现方框，这表示可以选择要订阅的内容。可以先确定网站发布最新博文的标题所在位置，在前面的方框中打“√”。每条博文还可以选择想浏览的具体内容，如是否要摘要、评论等，如图 3-41 所示。

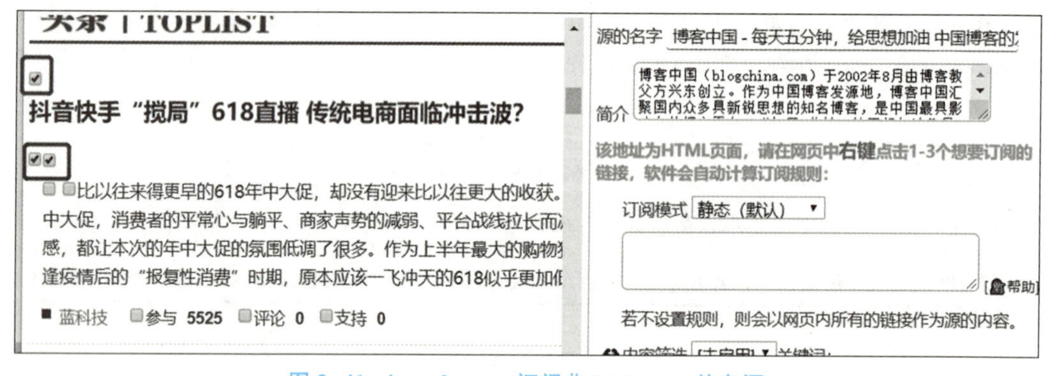

图 3-41　irreader——订阅非 RSS Feed 信息源

选择好要订阅的内容后，单击“开始订阅”按钮，便可订阅成功。

习　题

1. 什么是个人知识管理？个人知识管理工具有哪些？

2. 个人知识管理工具可以管理哪些方面的内容？

3. 在检索某一课题的资料过程中，选择文中介绍的其中一种知识管理工具加以利用并熟悉其功能。

第 4 章

图书馆门户网站及相关应用程序

4.1 图书馆门户网站

图书馆是专门收集、整理、保存、传播文献并提供利用的科学、文化、教育和科研机构。信息资源是图书馆开展一切工作的物质基础，所以图书馆是各种信息资源的聚集地。

信息技术和网络的飞速发展，使传统的图书馆服务模式发生巨大的改变。图书馆数字化、开放性水平的提高，也使图书馆的信息服务在深度和广度上不断进步。随着人们对图书馆传统服务模式的效率需求和对电子资源的利用需求不断增加，门户网站建设在图书馆的发展中占据越来越重要的地位。图书馆期望通过更好的门户网站建设，整合更多有效的资源，提供更便捷的服务，从而达到更好地服务读者的目的。而读者想要更充分地利用图书馆的资源，就需要了解图书馆网站的主要内容和使用方法，从而更有效地获取图书馆的资源。

虽然各大图书馆门户网站展现的内容花样繁多，但广泛调研对比后发现，几乎所有的门户网站都包含了 3 个基本功能模块：检索模块、公告模块和核心功能导航模块。

1. 检索模块

作为图书馆的门户网站，其必不可少的模块为检索模块，该模块通过整合多个数据平台帮助用户实现一站式检索。用户可通过检索模块查找纸质资源或电子资源。

2. 公告模块

作为图书馆工作之窗、用户了解图书馆信息的门户，图书馆普遍选择在首页预留公告模块，以公告馆内日常工作信息、资源动态、讲座培训等。

3. 核心功能导航模块

各门户网站建设的出发点都是提供更为友好的用户体验，各种个性化服务层出不穷，但是核心功能均围绕资源、服务、交流 3 个立足点展开。资源一般涵盖馆内的纸质资源、电子资源、特色馆藏、随书光盘和教参资料等；服务涵盖开放时间公告、科技查新、馆际互借、座位预约等；交流往往是图书馆和广大读者的交互，涵盖资源荐购、风采展现、联系我们等栏目。

图书馆作为文化、科学、教育机构，种类繁多，规模不一，按其所属主管和服务对象不同，可以划分为公共图书馆、高等学校图书馆和专业图书馆。下面对各类图书馆中的优秀门户网站做简单介绍。

1. 公共图书馆

公共图书馆是为公众服务的图书馆，是由国家中央或地方政府管理、资助和支持的，面向社会和公众服务的图书馆，是图书馆的主要类型之一。公共图书馆担负着为科学研究服务和为大众服务的双重任务，在促进国家经济、科学、文化、教育事业的发展，提高全民科学文化素质方面起着重要的作用。国家图书馆也属于公共图书馆，只是由于其作用比较特殊，不同于一般的公共图书馆。与高等学校图书馆、专业图书馆不同，公共图书馆的服务对象是普通居民，并向他们提供非专业的图书（包括通俗读物、期刊和参考书籍）、公共信息、互联网的连接及图书馆教育。这类图书馆也会收集与当地地方特色有关的书籍和资讯，并提供社区活动的场所。中国国家图书馆・中国国家数字图书馆门户主页如图 4-1 所示。

图 4-1　中国国家图书馆・中国国家数字图书馆门户主页

2. 高等学校图书馆

高等学校图书馆是学校的文献信息中心，是为学校教学和科学研究服务的学术性机构，是学校信息化和社会信息化的重要基地。在高等学校中，图书馆与师资、实验设备共同构成学校建设的三大支柱。高校图书馆的建设和发展应与学校的建设和发展相适应，其水平是学校总体水平的重要标志。

高等学校图书馆馆藏文献比较丰富，收藏范围密切结合本校所设置的学科、专业，较为系统、完整，注重搜集学生课程设计、毕业设计、毕业论文所用的文献资料，教材和教学参考书的入藏比例较大，基本能适应教学活动的阶段性需求，文献利用率高；国内很多一流大学图书馆在本校重点学科、专业方面的文献收藏，一般能反映出世界最新研究水平。清华大学图书馆门户主页如图 4-2 所示。

3. 专业图书馆

专业图书馆是按专业和系统组织起来的，是直接为科研和生产技术服务的专门性图书馆。在我

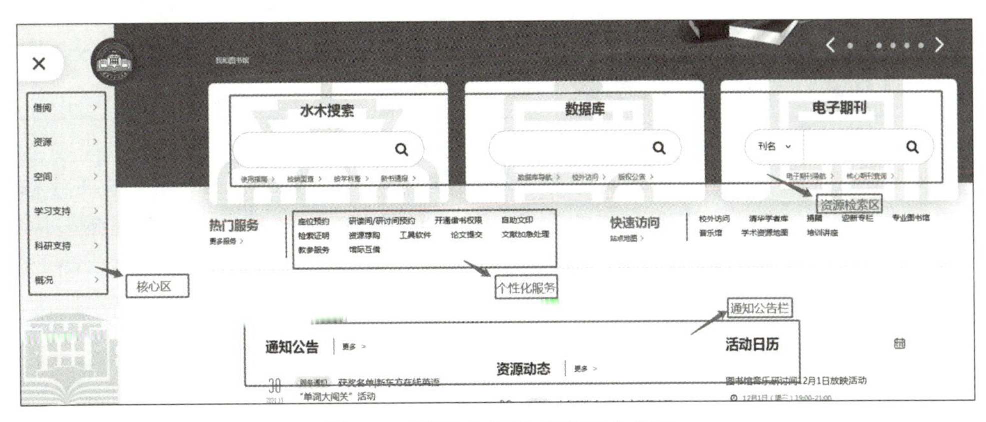

图 4-2　清华大学图书馆门户主页

国，专业图书馆主要包括科学院系统、政府部门所属的研究机构、大型厂矿企业等的图书馆。此外，中央及各省市、各工业部门的科技情报研究所大多设文献馆，其性质也属于专业图书馆一类。

专业图书馆馆藏文献的特点是学科专业性和时效性强，凡是与本学科、本专业科研方向和任务有关的文献，都力求搜集齐全，并以基础理论文献特别是国内外最新科学技术文献为收藏重点。由于专业图书馆收藏的文献更注重学科进展和专业适用性，因此文献老化周期短、新陈代谢快。

专业图书馆的服务方式已突破单一的借阅形式，重点在于各种信息服务项目，如开展文献信息定题跟踪报道、受理大宗的专题回溯检索、科技查新、编制各种推荐性和参考性的书目检索等。

中国科学院国家科学图书馆于 2006 年 3 月由原科学院所属的文献情报中心、资源环境科学信息中心、成都文献情报中心和武汉文献情报中心 4 个机构整合组成，实行理事会领导下的馆长负责制。它主要为自然科学、边缘交叉科学和高技术领域的科技自主创新提供文献信息保障、战略情报研究服务、公共信息服务平台支撑和科学交流与传播服务，同时通过国家科技文献平台和开展共建共享为国家创新体系其他领域的科研机构提供信息服务。中国科学院文献情报中心首页如图 4-3 所示。

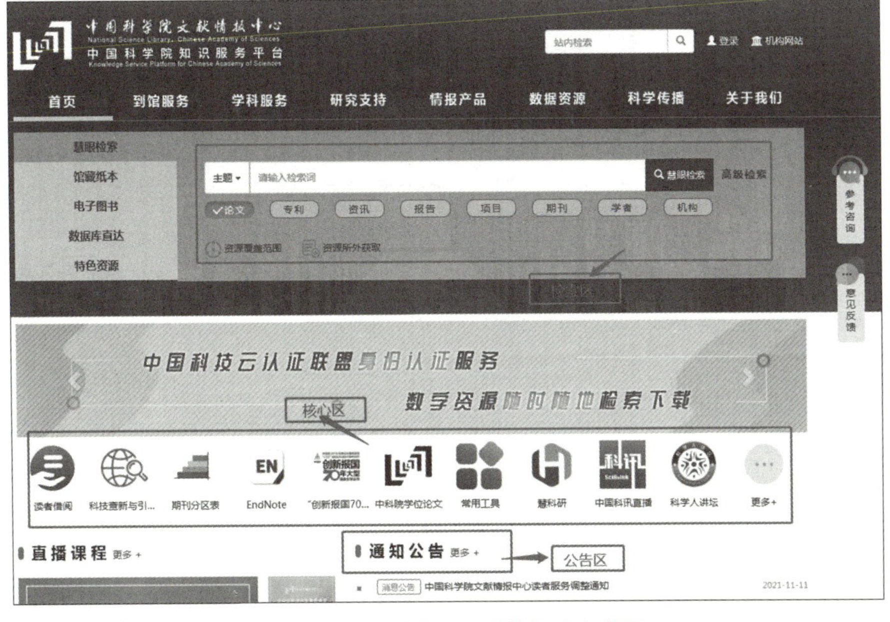

图 4-3　中国科学院文献情报中心首页

4.2 OPAC书目检索系统

在现代文献资源中，图书是最普通的一种文献形式，在各公共图书馆、高等学校图书馆以及专业图书馆的馆藏中占有相当大的比例。要掌握图书检索技术，必须掌握图书检索系统，即联机公共检索目录（Online Public Access Catalog，OPAC），其于20世纪70年代初发端于美国大学和公共图书馆，是一种通过网络查询馆藏信息资源的联机检索系统。

OPAC书目检索系统以提供和确定文献的来源信息为主要内容，一般设置题名、责任者、主题词、分类号、ISBN/ISSN、出版社等字段，输入检索词就可以检索。系统执行检索语句后将逐条显示命中的书刊基本信息，单击某个题名会进一步显示详细的书目信息和馆藏及流通借阅信息，读者可以据此前往图书馆进行实地借阅。

由于图书馆的藏书数量非常庞大，读者不可能尽知每本书的准确书名，因此在使用OPAC系统时，可以先通过题名、责任者、主题词等检索途径找出若干所需图书，然后从这些分类号入手，通过分类途径浏览、查询，最终找到自己所需要的图书。

本书介绍的书目检索系统是南京汇文公司的书目检索系统，该书目检索系统提供简单检索和多字段检索（高级检索）两种检索方式。

1. 简单检索

简单检索界面提供题名（书名或刊名）、责任者、主题词、ISBN/ISSN、订购号、分类号、索书号、出版社、丛书名、题名拼音、责任者拼音等检索字段（检索项），检索范围可选择所有书刊，也可以单独选择中文图书、西文图书、中文期刊、西文期刊。当输入多个检索词时，各检索词之间的逻辑组配关系可选择“前方一致”“完全匹配”和“任意匹配”。我们还可以对检索结果是否包含电子书刊及界面显示内容的排版方式做相应的限制。景德镇陶瓷大学图书馆书目检索系统如图4-4所示。

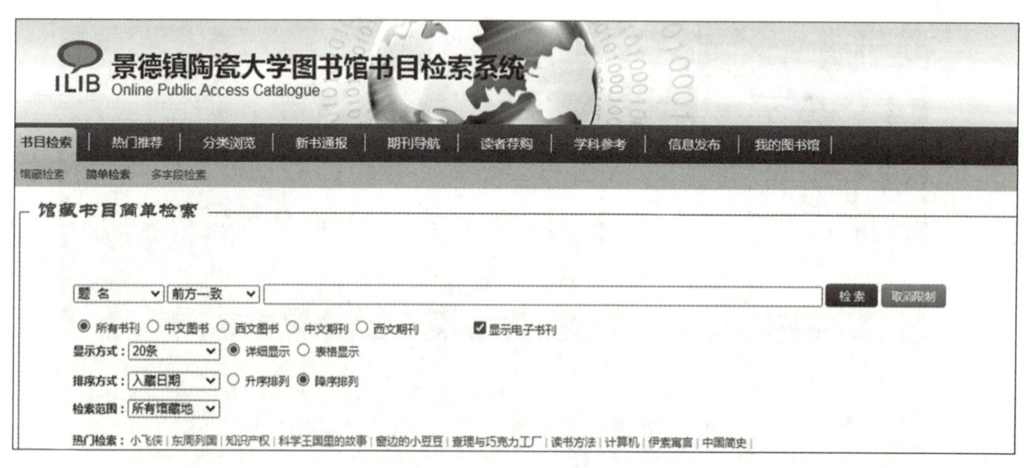

图4-4 景德镇陶瓷大学图书馆书目检索系统

其中，分类号途径采用《中国图书馆分类法简表》中的分类号进行检索，可通过以下地址确定分类号。

（1）http://ztflh.jourserv.com中国图书馆分类法（第四版）查询，提供分类号的逐级浏览功能。

（2）http://www.ztflh.com 上海交通大学图书馆提供的中国图书馆分类号的逐级浏览功能，可到 6~7 级类。

2. 多字段检索（高级检索）

多字段检索界面同时提供题名（书名或刊名）、责任者、丛书名、主题词、出版社、ISBN/ISSN、索书号等检索字段（检索项）。各检索字段之间的逻辑关系为系统默认的“并且”关系。读者可根据需要对检索结果设定不同的显示方式、排序方式和检索范围，如起始年代、文献类型、语种类别、每页显示、结果显示、结果排序、选择馆藏地等。馆藏书目多字段检索如图 4-5 所示。

图 4-5　馆藏书目多字段检索

例：输入检索词“信息素养”，进行检索，如图 4-6 所示。

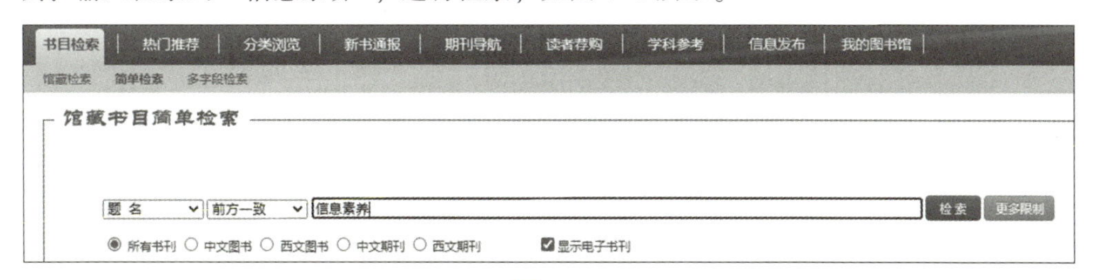

图 4-6

检索结果如图 4-7 所示。

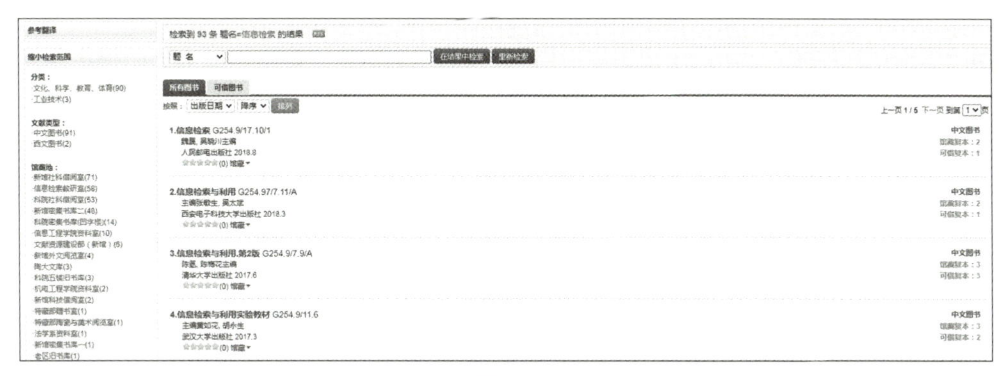

图 4-7

单击其中一条结果记录的书名（以图 4-7 中的第 1 条记录为例），查看该书的具体书目信息和馆藏信息及书刊借阅状态，如图 4-8 所示。

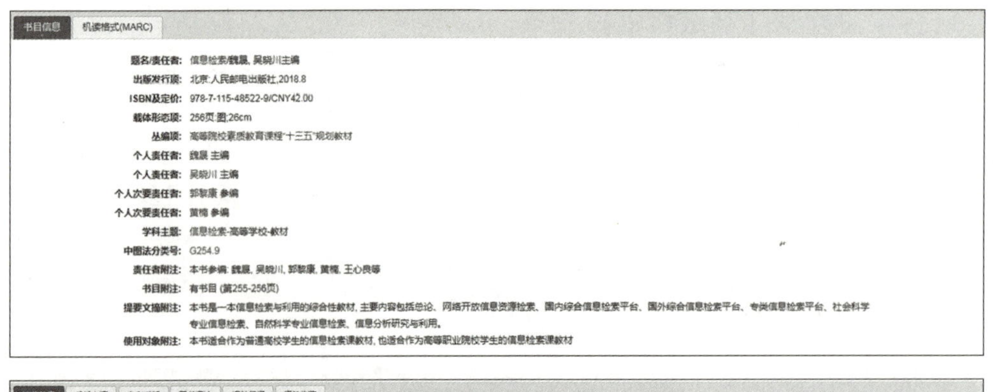

索书号	条码号	年卷期	馆藏地	书刊状态	还书位置
G254.9/17.10/1	A1394828		信息检索教研室	阅览	信息检索教研室
G254.9/17.10/1	A1394829		新馆社科借阅室	可借	新馆社科借阅室

图 4-8　查看信息及状态

最终，读者可根据索书号、馆藏地址及书刊状态找到图书的实体位置和判断是否能借阅该图书。

除书目检索外，该 OPAC 系统还有“热门推荐”“分类浏览”“新书通报”“期刊导航”“读者荐购”“学科参考”“信息发布”和“我的图书馆”八大功能。其中，“读者荐购”可使读者通过输入想推荐图书的相关书目信息给图书馆图书采购清单添上有意义的图书信息；“我的图书馆”可使读者在系统平台上通过绑定自己的借阅证来查询自己的借阅权限、借阅信息、图书续借等。

4.3　微信服务平台和移动图书馆

4.3.1　微信服务平台

随着移动通信设备（如智能手机）的普及，移动互联网技术应用的成熟，以微信为代表的信息化、智能化应用给人们的生活带来了巨大的便利。其中，微信技术支撑下的图书馆管理工作已经成为图书信息管理创新、读者服务管理升级的重要形式。随着微信功能的不断完善，微信服务融入图书馆管理体系之中已经成为互联网+教育的重要形式。其中，最常见的模式便是图书馆在微信中开设公众号和小程序，并在平台中将图书馆的馆藏信息、借阅信息、活动举办信息、通知公告信息等通过大数据的形式实时展现出来。同时，读者也可以通过微信公众号和小程序来查询关于图书馆或资源的相关信息。

微信服务在图书馆管理工作中的具体应用分析如下。

1. 基于微信平台的图书馆信息推送服务

图书馆可以借助微信公众号平台定时向读者推送信息内容，内容覆盖方方面面，如发布关于书籍阅读方面的信息（新书推荐、阅读引导等）；发布关于图书馆管理方面的信息（开放时间、管理制度等）；发布关于服务读者的信息（调查问卷等）；发布关于图书馆活动的信息（提前预热学术交流活动，提升活动氛围）等。微信平台的图书馆信息推送如图 4-9 所示。

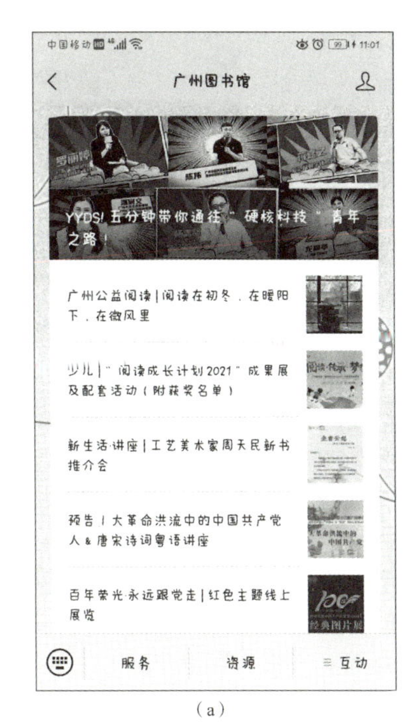

（a）

（b）

图 4-9　微信平台的图书馆信息推送

（a）广州图书馆；（b）清华大学图书馆

2. 微信服务平台上集成的相关功能

几乎每个图书馆的微信公众号上都集成了相关的业务功能模块，如证件绑定、借阅查询、馆藏查询、数字资源在线浏览、座位预约等。读者可以使用这些功能方便、快捷地满足自己在图书馆的相关需求。微信服务平台上集成的相关功能如图 4-10 所示。

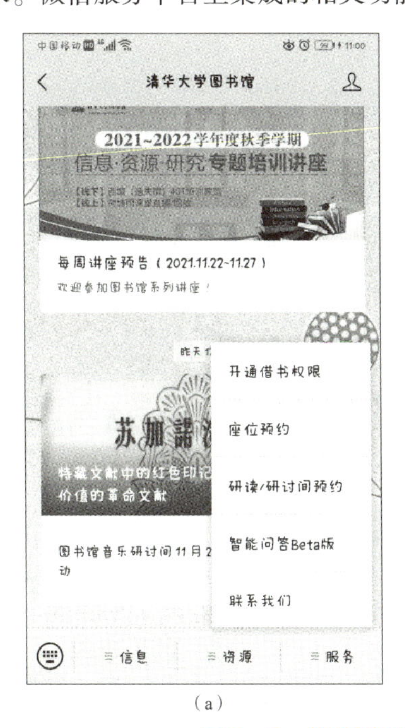

（a）

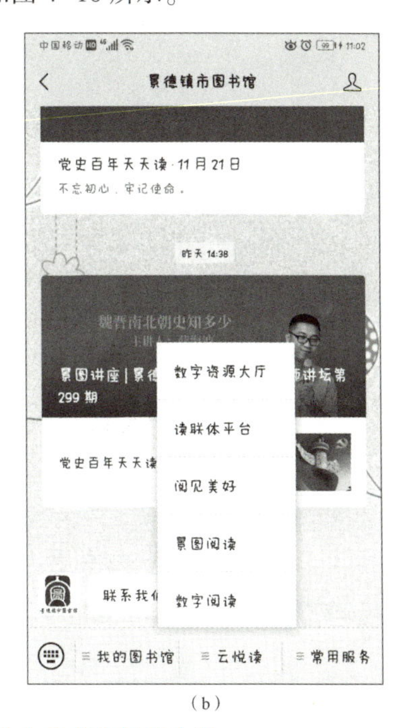

（b）

图 4-10　微信服务平台上集成的相关功能

（a）清华大学图书馆；（b）景德镇市图书馆

3. 微信服务平台上的交流互动功能

读者可以通过微信服务平台实现与图书馆管理员之间的即时或线下交流互动。读者可以线上发布相关咨询和求助信息，或在线留言；管理员则可以及时进行反馈回复，答疑解惑。微信服务平台上的交流互动如图 4-11 所示。

在线客服
清华大学图书馆在线客服
Hi，很高兴为您服务，有什么可以帮您的？
热门咨询 图书借还 座位预约
猜你想问
2021暑假开馆时间通知
座位怎么预约？
如何离开座位？
图书馆的研读间怎么预约？
在校外如何使用图书馆电子资源？
书目检索 数据库资源 我的图书馆 座位预约 通知公告
开馆时间 暂离座位 校外访问 图书续借
请输入文字
发送

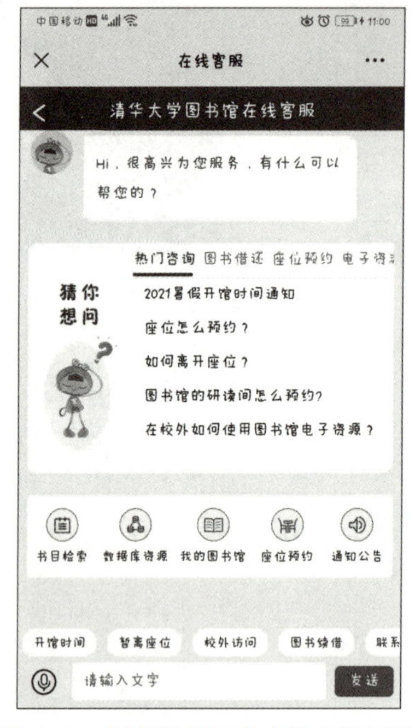

图 4-11　微信服务平台上的交流互动

4. 3. 2　移动图书馆

移动图书馆作为现代数字图书馆信息服务的一种新系统，依托目前比较成熟的无线移动网络、国际互联网以及多媒体技术，使人们不受时间和空间的限制，通过使用各种移动设备（如手机、e-book、笔记本等）来方便、灵活地对图书馆的图书信息进行查询、浏览与获取。下面以超星移动图书馆为例做简单介绍。

在移动设备上安装“移动图书馆”程序，其首页界面如图 4-12 所示，并绑定借阅证信息。

模块功能有“入馆教育”“借阅记录”“馆藏查询”“图书”“报纸”“期刊”及一些个性化服务专题资源等。

其中，“借阅记录”可以查询借阅证上的已借阅图书相关书目信息和延时续借，如图 4-13 所示；“馆藏查询”可以检索查询该馆的书目检索系统中的书目数据，如图 4-14 所示；如果购买了超星的图书、报纸或期刊电子资源，就可通过首页上的相应模块实现移动端的资源检索和在线阅读功能，如图 4-15 所示。

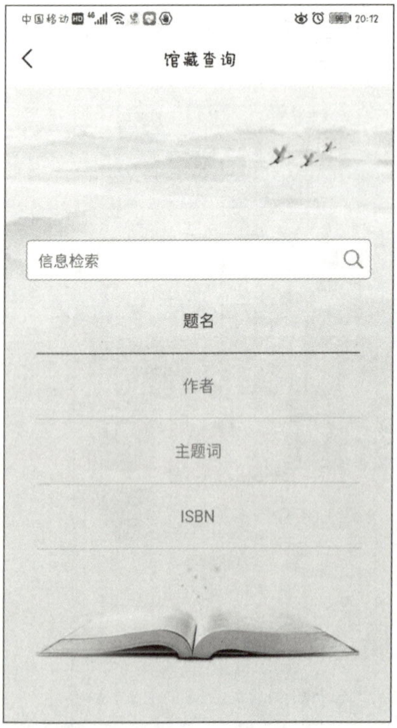

馆藏查询
信息检索
题名
作者
主题词
ISBN

图 4-12　“移动图书馆”首页

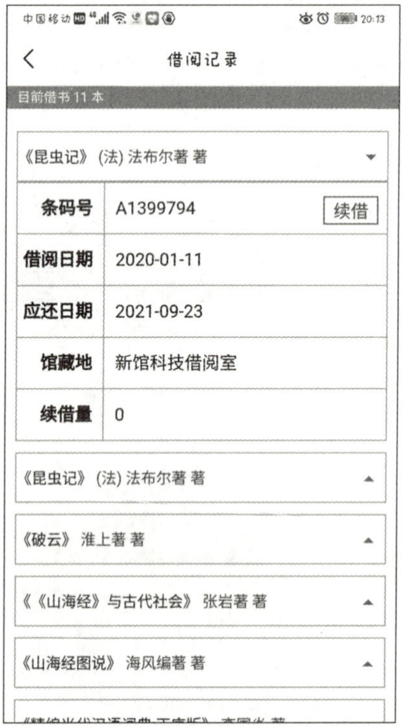

借阅记录
目前借书 11 本
《昆虫记》(法) 法布尔著 著
条码号 A1399794 续借
借阅日期 2020-01-11
应还日期 2021-09-23
馆藏地 新馆科技借阅室
续借量 0
《昆虫记》(法) 法布尔著 著
《破云》 淮上著 著
《《山海经》与古代社会》 张岩著 著
《山海经图说》 海风编著 著

图 4-13　借阅记录

（a）

（b）

图 4-14　查询“信息检索”馆藏

（a）输入“信息检索”；（b）馆藏查询

（a）

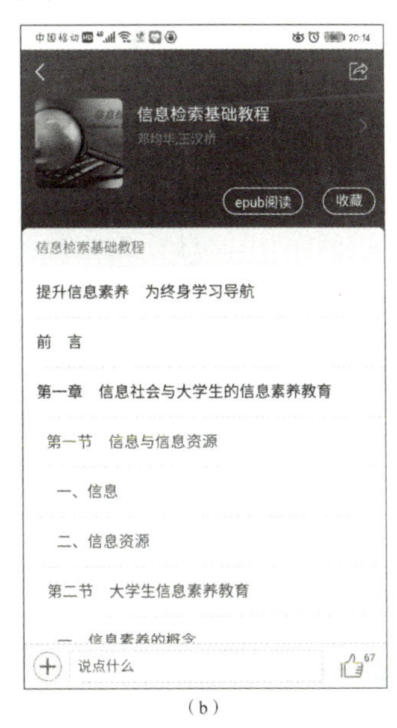

（b）

图 4-15　超星资源

（a）移动端资源检索；（b）在线阅读

习　题

1. 景德镇陶瓷大学图书馆的门户网站共分为几个功能区？分别列举出景德镇陶瓷大学图书馆购买的 5 种中外文资源数据库名称。

2. 图书馆的书目检索系统平台一般能提供哪些字段信息？查找《信息素养与信息检索教程》这本书，并记录索书号，列出馆藏地。

3. 利用微信服务平台和移动图书馆可以实现哪些自助功能？

第 5 章

搜索引擎及开放存取（OA）资源

5.1　搜索引擎

5.1.1　搜索引擎（Search engine）的概述

1. 搜索引擎的定义

随着网络的发展和网络信息资源的激增，我们的生活和工作方式都被彻底地改变，在更方便快捷地获取信息的同时，也更容易被无边无际的信息海洋给淹没。每时每刻自觉或不自觉、被动或主动地面对海量的网络信息，我们要在其中找到自己所需要的信息就像大海捞针，而搜索引擎就像探索信息海洋的指南针。随着信息技术的进步，这个指南针的功能也越来越强大，使用并接受它的人也越来越多。

1994 年，Lycos 和 Yahoo 的出现，标志着真正意义上的基于 WWW 的搜索引擎的诞生。随后十年的发展时间，搜索引擎从无到有、从少到多、从一元到多元，功能在不断地完善和扩展，其发展速度和规模是互联网上其他任何现有的检索工具都无法比拟的。搜索引擎几乎成为网络信息检索工具的代名词，是人们获取网络信息的主要途径。

对于搜索引擎的定义，目前有很多种说法，人们从不同的角度给予阐述，但归纳起来有以下两种。

（1）搜索引擎是一类网站。

搜索引擎是一种在互联网上专门提供网络信息检索服务的网站，依托互联网接受用户的查询请求，并在后台建立的索引数据库中进行用户需求和数据库记录的匹配运算，对信息进行组织和处理后，呈现在网址列表中提供给用户。

（2）搜索引擎是一种检索软件。

搜索引擎是一种对 WWW 站点资源以及其他网络信息资源进行标引和检索的软件，是网络信息索引和检索工具的核心，一般由数据采集机制、数据组织机制和用户检索机制组成。

本书更倾向于第一种定义，将搜索引擎视为一种在网络上提供信息检索服务的网站。在网络技术、数据库技术、自动分类与标引技术、检索匹配技术、人工智能技术等的支持下，搜索引擎以一定的方式和策略在互联网上发现并收集信息，再对信息进行分析、提取、组织和处理，并为用户提供检索服务，从而起到信息导航的作用。

2. 搜索引擎的工作原理

搜索引擎的系统架构和运行方式吸收了信息检索系统设计中许多有价值的经验，也针对互联网上的数据和用户的特点进行了许多修改。搜索引擎核心的文档处理和查询处理过程与传统信息检索系统的运行原理基本类似，但其所处理的数据对象即互联网数据的繁杂特性使其必须进行系统结构的调整，以适应处理数据和用户查询的需要。

总体来说，根据搜索引擎的工作流程，其工作原理可以分为以下 4 步。

（1）爬行与抓取。

搜索引擎派出一个能够在网上发现新网页并抓取文件的程序，这个程序通常称为“蜘蛛”（Spider）。搜索引擎从已知的数据库出发，像正常用户的浏览器一样访问这些网页并抓取文件，再通过这些“蜘蛛”去抓取互联网上的外链，从这个网站爬到另一个网站，去跟踪网页中的链接，访问更多的网页，这些新的网址随即会被存入数据库等待搜索，这个过程就称为爬行。跟踪网页链接是“蜘蛛”发现新网址的最基本的方法，它抓取的界面文件与用户浏览器得到的完全一样，所以反向链接成为搜索引擎优化的基本因素之一。

（2）建立索引。

将“蜘蛛”抓取的界面文件分解、分析，并以巨大表格的形式存入数据库，这个过程即是索引（Index）。在索引数据库中，网页文字内容，关键词出现的位置、字体、颜色、加粗、斜体等相关信息都有相应的记录。

（3）搜索词处理。

用户在搜索引擎界面输入关键词，单击“搜索”按钮后，搜索引擎程序即对搜索词进行处理，如中文特有的分词处理，去除停止词，判断是否需要启动整合搜索，判断是否有拼写错误或错别字等情况。搜索词的处理必须十分快速。

（4）排序。

对搜索词处理完后，搜索引擎程序便开始工作，从索引数据库中找出所有包含搜索词的网页，并且根据排名算法计算出哪些网页应该排在前面，然后按照一定格式将结果返回到“搜索”界面。

5.1.2 搜索引擎的分类

目前，互联网上的搜索引擎数量极大，按不同的分类方式可以划分为不同类型的搜索引擎。

1. 按所收录信息资源的媒体类型划分

按所收录信息资源的媒体类型划分，搜索引擎可以分为文本型搜索引擎和多媒体型搜索引擎。

（1）文本型搜索引擎。

文本型搜索引擎只提供纯文本信息的检索，即这些搜索引擎只把网页当作纯文本文件，或者只对网页中的纯文本内容进行分析，建立索引数据库。检索时，按照用户提供的检索词（组）进行匹配，包含有检索词的界面就是符合检索条件的检索结果。目前，大多数搜索引擎都是基于文本的，并没有充分反映网页包含的所有信息，所以这类搜索引擎对网络上越来越多的多媒体信息的检索显得无能为力，检索结果也单一，有时无法达到形象、直观的效果。

（2）多媒体型搜索引擎。

多媒体型搜索引擎对集文本、图像（形）、声音、视频、动画于一体的信息提供检索功能。随着动画、图像（形）、音频和视频信息的快速增长，多媒体信息的检索已成为搜索引擎的研究重点。目前，多媒体型搜索引擎可分为基于文本描述的多媒体型搜索引擎和基于内容的多媒体型搜索引擎。

①基于文本描述的多媒体型搜索引擎。

基于文本描述的多媒体型搜索引擎是通过对含有多媒体信息的网站和网页进行分析，对多媒体信息的物理特征和内容特征进行著录和标引，把它们转换成文本信息或者添加文本说明建立索引数据库，检索时再在此数据库中进行精确匹配。一般来说，这些用于检索的信息包括文件扩展名、文件标题及其文字描述、人工对多媒体信息的内容（如背景、构成、颜色特征等）进行描述而给出的文本标引词。

②基于内容的多媒体型搜索引擎。

基于内容的多媒体型搜索引擎直接对多媒体自身的内容特征和上下文语义环境进行分析，由计算机自动提取多媒体信息的各种内容特征（如图像的颜色、纹理和形状；声音的响度、频率和音色；影像的视频特征、运动特征等）建立索引数据库。它和基于文本描述的多媒体型搜索引擎的重大区别，就是以相似匹配来代替精确匹配。在检索时，只需将所需信息的大致特征描述出来，就可以找出与检索需求具有相近特征的多媒体信息。

2. 按所收录内容划分

按所收录内容划分，搜索引擎可分为综合型搜索引擎、专业型搜索引擎和专用型搜索引擎。

（1）综合型搜索引擎。

综合型搜索引擎，也称为通用型搜索引擎，以所有网络信息资源为检索对象，不限制主题范围和信息类型。使用这类搜索引擎在互联网上几乎可以检索到任何方面的网络信息资源。

（2）专业型搜索引擎。

专业型搜索引擎，也称为垂直型搜索引擎，是专为查询某一方面、某一学科或某一主题的信息而产生的搜索引擎，如中国电力搜索引擎、美国化学工业搜索引擎等。由于只收集某一特定学科、领域或主题范围内的信息资源，用更为详细和专业的方法对信息资源进行标引描述，并且在检索机制中设计和利用与该专业领域密切相关的信息方法和技术，因此，专业型搜索引擎具有针对性强、目标明确和查准率高的优势，可以有效地弥补综合型搜索引擎对专门领域及特定主题信息覆盖率过低的问题，其作用和功能是综合型搜索引擎不可替代的。

（3）专用型搜索引擎。

专用型搜索引擎是指专门用来检索某一类型信息资源的搜索引擎，如专门检索图像信息的图片搜索引擎、专门检索 MP3 音乐文件的音乐搜索引擎、专门检索地图的地图搜索引擎等。

3. 按检索机制划分

按检索机制划分，搜索引擎可分为全文型搜索引擎、目录型搜索引擎和混合型搜索引擎。

（1）全文型搜索引擎。

全文型搜索引擎是指能够对各网站的每个网页中的每个词进行搜索的一种引擎，它使用关键词匹配方式检索。用户在检索界面的文本框中输入检索词（组）时，系统通过“蜘蛛”机器人自动在选定的范围内进行检索，并将所检索到的信息自动标引导入索引数据库中，匹配所检范围内的网页并向用户输出匹配结果。这种搜索引擎检全率高、信息量大、更新及时；检索界面往往直观简洁、使用方便；绝大多数都支持布尔逻辑、截词运算、模糊检索、自然语言检索等检索技术，可以准确表达用户的检索需求。其最大缺点是，返回的检索结果数量级太大，无关和冗余的信息较多，用户必须从检索结果中筛选出自己真正所需要的有用信息。

（2）目录型搜索引擎。

目录型搜索引擎，也被称为目录导航式搜索引擎，是浏览式的搜索引擎。该引擎将网络信息资源按照一定的主题分类体系收录在索引数据库当中，用户可以通过逐层浏览、逐步细化来寻找合适的类别直至具体资源。它的特色在于专业信息人员的介入，以人工方式或半自动方式收集信息，信息人员编写网站的概述性简介、形成摘要信息，并将信息置于预先详细设计的分类目录体系中，用户可以获得的检索结果是网站的站名、地址和内容简介等信息，因此它是一种网站级的搜索引擎。这种搜索引擎检准率高、层次和结构清晰、易于查找；分类目录下的网站简介可以使用户一目了然，从而确定取舍；人工的介入确保了信息准确，导航质量高。但是它也存在许多缺点：分类目录体系不够完善与合理、人工介入引起维护量大导致信息量少、更新不及时、查全率不高等。

（3）混合型搜索引擎。

混合型搜索引擎是指能同时满足全文检索和分类目录浏览检索两种方式的网络检索工具。用户既可以直接输入检索关键词查找特定的具体资源，又可以逐层浏览目录了解某一领域、学科或专业的众多相关资源。在实际的网络信息检索过程中，关键词检索返回的结果虽然多而全，但其没有目录型搜索引擎那样清晰的层次结构，信息来源非常繁杂；目录型搜索引擎将信息系统地分门别类，特别适合希望了解某一方面信息又不严格限于查询关键词的用户，但其搜索范围要比关键词（全文）型搜索引擎小得多。将这两种搜索引擎结合起来，取其精华，就诞生了混合型搜索引擎。目前，大多数搜索引擎都采用这种方式，其优点是检全率高、检准率高。

4. 按其他方式划分

（1）按信息服务对象和规模划分，搜索引擎可分为综合门户搜索引擎和垂直搜索引擎。

（2）按获取信息的方法划分，搜索引擎可分为独立搜索引擎、元搜索引擎和网络搜索引擎。

（3）按自动化程度划分，搜索引擎可分为智能搜索引擎和非智能搜索引擎。

无论哪种分类方法，其目的都在于从不同的角度加深对搜索引擎的理解与应用，从而使用户能更全面、更准确、更有效率地查找到自己所需要的资源。

5.1.3　搜索引擎的介绍

本小节主要对网络上常用的百度和必应这两种综合型搜索引擎做简单介绍。

1. 百度（http://www.baidu.com）

百度于 1999 年年底成立于美国硅谷，是目前全球最优秀、最大的中文信息检索与传递技术供应商。平台使用高性能的“网络蜘蛛”程序自动地在互联网中搜索信息，可定制高扩展性的调度算法使得搜索器能在极短时间内收集到最大数量的互联网信息。

平台提供基本搜索和高级搜索两种搜索方式，支持布尔逻辑运算、可将检索范围限制在指定的网站、标题、文档类型等。百度基本搜索界面如图 5-1 所示，百度高级搜索界面如图 5-2 所示。

图 5-1　百度基本搜索界面

图 5-2　百度高级搜索界面

下面简单介绍 5 个提高搜索效率的使用技巧。

（1）intitle 搜索。

用 intitle 进行界面标题搜索，即每条结果标题中都包含输入的关键词字样，让搜索结果一目了然。例如，用 intitle 搜索有关“钟南山”的资料，结果如图 5-3 所示。

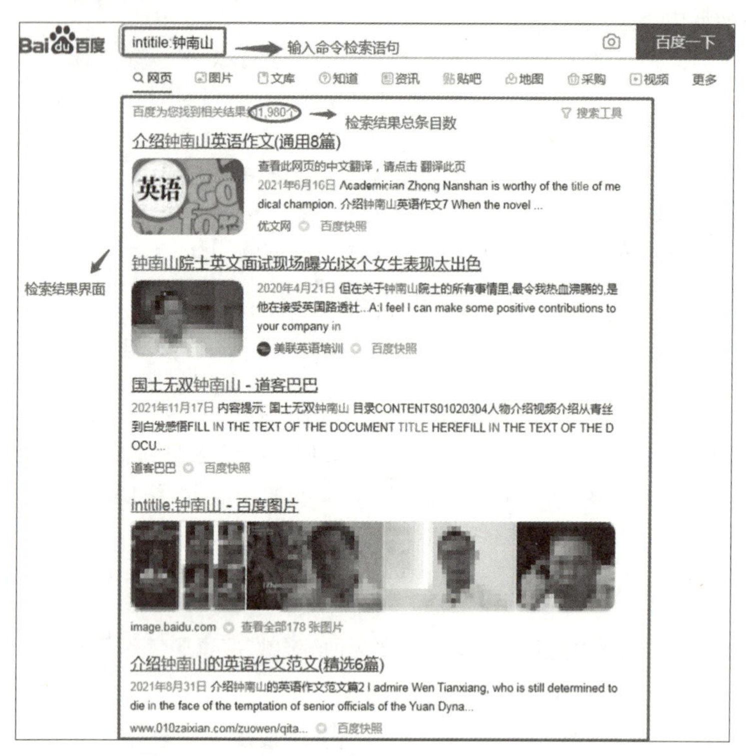

图 5-3　用 intitle 搜索有关“钟南山”的资料

（2）site 搜索。

“site:”后面加网址，但不要带“http://”，即每条搜索结果都是指定网站中的内容。例如，用 site 搜索央视新闻网有关“新冠病毒”的新闻，结果如图 5-4 所示。

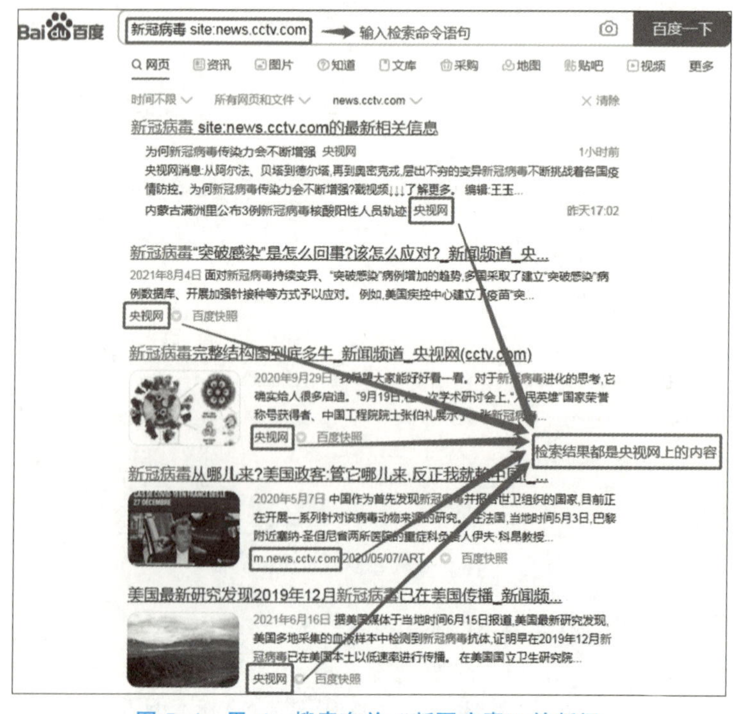

图 5-4　用 site 搜索有关“新冠病毒”的新闻

（3）专业文档格式搜索——filetype：文档格式。

“filetype:”后面加文档格式，即检索词出现在指定格式文档中，支持的文档格式有 pdf、doc、xls、ppt、rtf。例如，毕业论文格式 filetype：pdf ，即搜索有关“毕业论文格式”的 pdf 格式资料，结果如图 5-5 所示。

注意：给检索词加双引号，可以屏蔽检索结果中出现的广告。

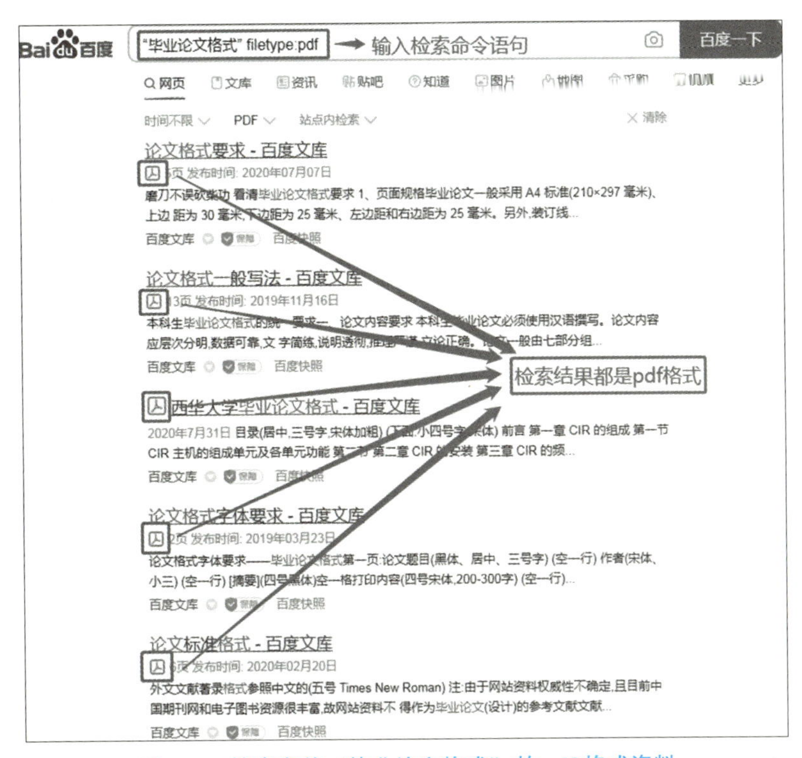

图 5-5　搜索有关“毕业论文格式”的 pdf 格式资料

（4）搜索完整不可拆分关键词。

可以将关键词用双引号或者书名号括起来，这样，百度就不会将关键词拆分后去搜索了，得到的结果也是含有完整关键词的，即网页中必须一字不差地含有输入的检索词，如图 5-6 所示。

（5）细化检索结果。

在第一次搜索结果出来后，可以在原搜索结果内更改某些限定条件，达到细化、筛选检索结果的目的，如图 5-7 所示。

百度旗下拥有 85 项服务产品，如图 5-8 所示，其中有我们最为熟悉的百度百科、百度知道、百度文库、百度快照、百度图片、百度翻译等特色服务。

①百度百科（http://baike. baidu. com）。

百度百科是百度公司推出的一部内容开放、自由的网络百科全书，其旨在创造一个涵盖各领域知识的中文信息收集平台。该平台强调用户的参与和奉献精神，充分调动互联网用户的力量，汇聚上亿用户的头脑智慧，积极进行交流和分享。同时，百度百科实现了与百度搜索、百度知道的结合，从不同的层次上满足用户对信息的需求。百度百科界面如图 5-9 所示。

②百度文库（http://wenku. baidu. com）。

百度文库是百度发布的供用户在线分享文档的平台。该平台的文档由百度用户上传，需要经过百度的审核才能发布，百度自身不编辑或修改用户上传的文档内容。百度文库的文档涉及教学资料、考试题库、专业资料、公文写作、法律文件、文学小说、漫画游戏等多个领域。用户

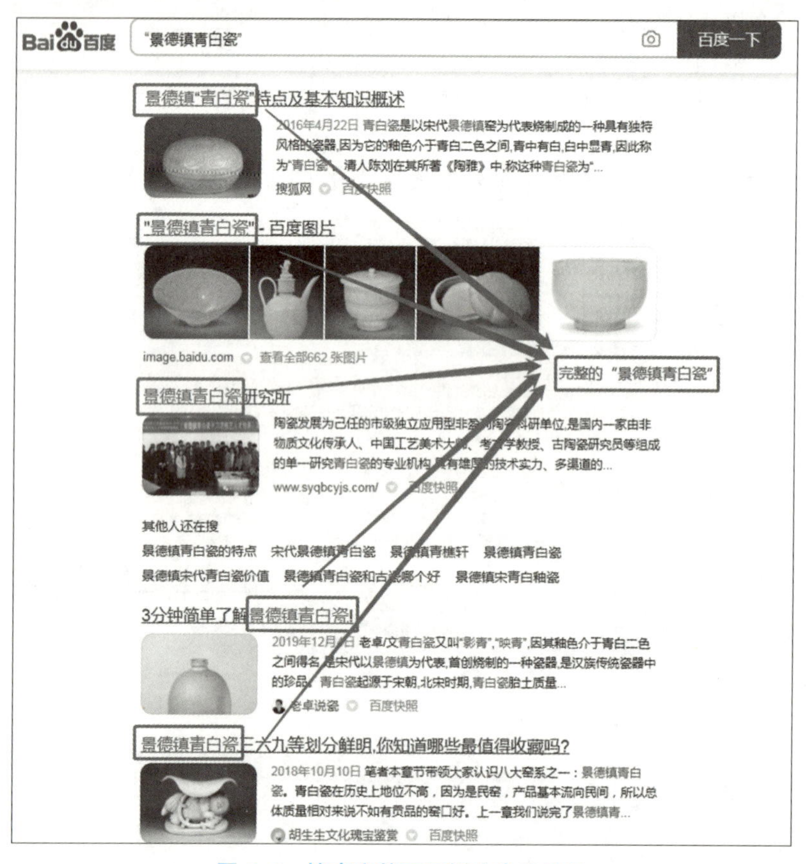

图 5-6　搜索完整不可拆分类关键词

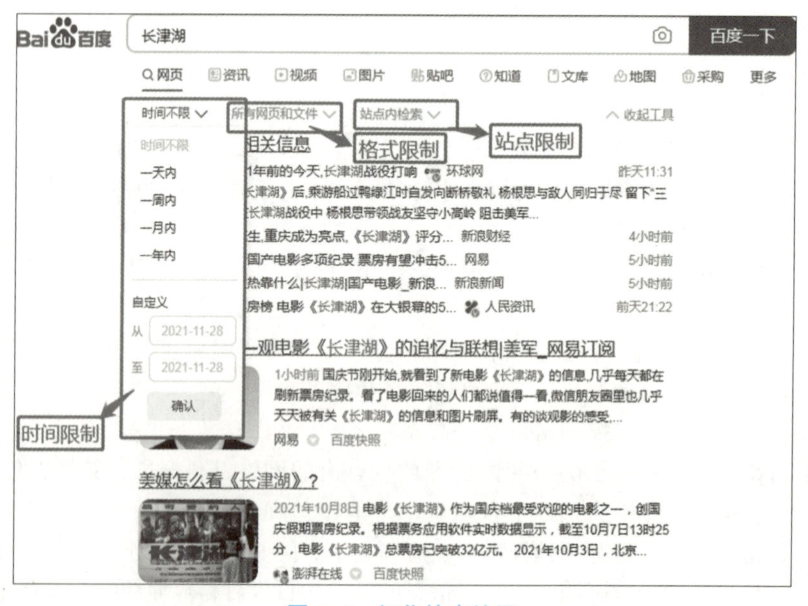

图 5-7　细化检索结果

只需要注册一个百度账号，就可以在线阅读和下载这些文档。当前，平台支持 doc 或 docx、ppt 或 pptx、xls 或 xlsx、pdf、txt 等文件格式。2011 年年底，百度文库优化改版，内容专注于教育、PPT、专业文献和应用文书四大领域，如图 5-10 所示。

百度旗下产品

搜索服务	百度网页搜索 百度新闻	百度视频 百度图片	百度MP3 百度词典	百度地图 百度常用搜索
导航服务	HAO123	百度网站	百度团购	
社区服务	百度百科 百度知道 百度选车	百度空间 百度贴吧 百度身边	百度文库 百度搜藏 百度旅游	百度MP3音乐掌门人 百度经验 百度新知
游戏娱乐	百度游戏	百度应用	ting!	百度娱乐
移动服务	掌上百度 百度手机地图 百度贴吧客户端	百度手机输入法 百度手机浏览器 百度手机音乐	百度快搜 百度魔图 轻应用	百度·易平台 百度移动应用
站长服务	百度开放平台 百度推广 百度指数	百度站长平台 百度广告管家 百度移动统计	百度统计 百度数据研究中心 百度分享	百度联盟 百度搜索风云榜
软件工具	百度浏览器 百度输入法 百度电脑管家 百度钱包	百度影音 千千静听 百度阅读器	百度Hi 百度浏览伴侣 百度卫士	百度工具栏 百度软件 百度杀毒
硬件工具	小度路由	小度TV	小度WiFi	百度影棒
其他服务	百度翻译 百度老年搜索 知道买什么	百度寻人 百度专利搜索 dulife	百度公益 百度教育网站搜索	百度盲道 百度文档
百度旗下	爱奇艺 天空下载 91助手	有啊 百伯	百付宝 天空游戏网	百度乐居 PPS

图 5-8　百度旗下产品

图 5-9　百度百科界面

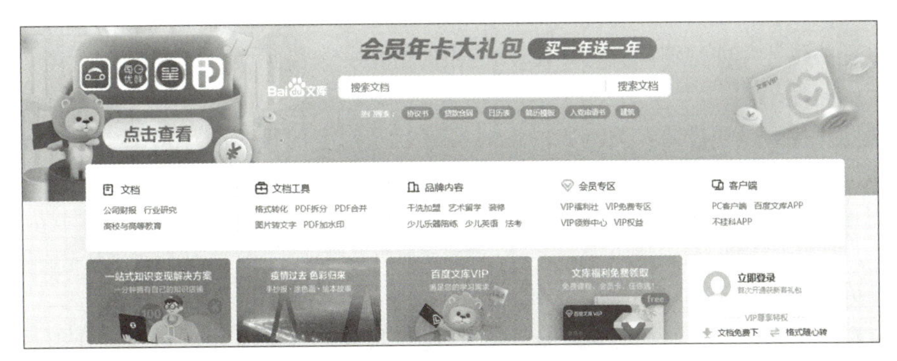

图 5-10　百度文库优化改版后界面

③百度知道（http://zhidao.baidu.com）。

百度知道是一个基于搜索的互动式知识问答分享平台，采用用户自己根据具体需求有针对性地提出问题，通过积分奖励机制发动百度知道其他用户解决该问题的搜索模式。同时，这些问题的答案又会进一步作为搜索结果，提供给其他有类似疑问的用户，达到分享知识的效果。

百度知道的最大特点就在于和搜索引擎的完美结合，使用户所拥有的隐性知识转化成显性知识，用户既是百度知道内容的使用者，又是百度知道的创造者，在这里累积的知识数据可以反映到搜索结果中。通过用户和搜索引擎的相互作用，实现搜索引擎的社区化。百度知道界面如图 5-11 所示。

图 5-11　百度知道界面

④百度快照。

百度快照是百度搜索网站颇具魅力和使用价值的服务之一。在上网的时候，我们都遇到过"该页无法显示"（找不到网页的错误信息）的情况，甚至有的网页连接速度非常缓慢，要十几秒或几十秒才能打开。出现这种情况的原因很多：可能网站服务器暂时中断或堵塞、可能网站已经更改链接等。无法登录网站的确是一个令人十分头痛的问题，而百度快照能很好地解决这个问题。

百度搜索引擎已预先浏览了各网站并拍下网页的快照，为用户存储了大量的应急网页。百度快照功能在百度的服务器上保存了几乎所有网站的大部分界面，在不能链接所需网站时，百度暂存的网页则可救急。而且通过百度快照寻找资料要比常规链接的速度快得多。因为百度快照的服务稳定，下载速度极快，不会再受已删除链接或网络堵塞的影响。在快照中，用户的关键词均已用不同颜色在网页中标明，一目了然。单击快照中的关键词，用户还可以直接跳到它在文中首次出现的位置，使浏览网页更方便。百度快照如图 5-12 所示。

⑤百度图片。

常规图片搜索是通过输入关键词的形式搜索互联网上的相关图片资源，而百度图片是一款支持"以图搜图"的搜索引擎。用户通过上传图片或输入图片的 url 地址，从而搜索到互联网上与这张图片相似的其他图片资源，同时也能找到这张图片的相关信息。百度图片界面如图 5-13 所示。

⑥百度翻译。

百度翻译是百度发布的在线翻译服务，依托互联网数据资源和自然语言处理技术优势，致力于帮助用户跨越语言鸿沟，方便快捷地获取信息和服务。

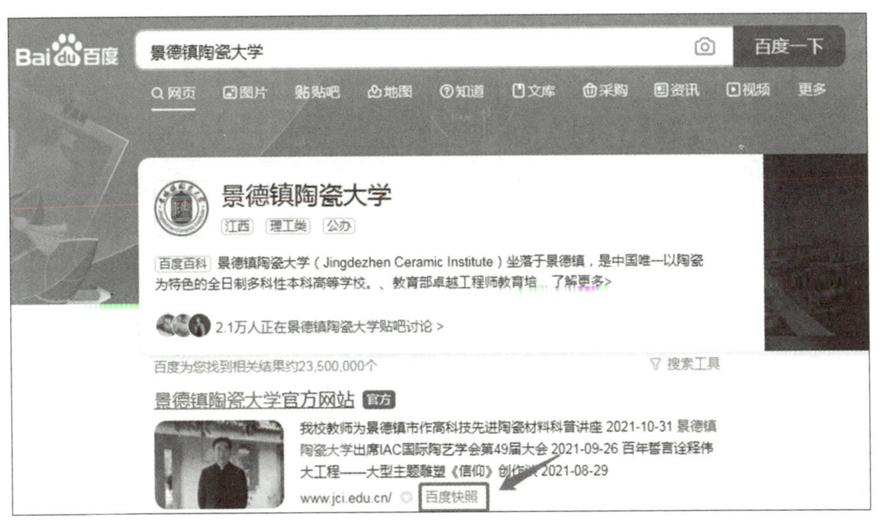

图 5-12　百度快照

图 5-13　百度图片界面

百度翻译支持全球 28 种热门语言互译，包括中文（简体）、中文（繁体）、英语、日语、韩语、西班牙语、法语、阿拉伯语、俄语、德语等，覆盖 756 个翻译方向。百度翻译界面如图 5-14 所示。

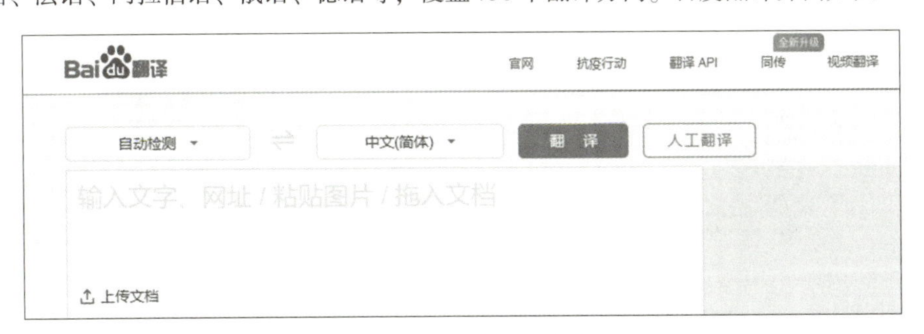

图 5-14　百度翻译界面

2. 必应（https://cn.bing.com/）

必应（Bing）是微软公司 2009 年推出的用以取代 Live Search 的全新搜索引擎服务。Bing 中文名称被定为“必应”，其寓意就是“有求必应”。各搜索引擎的基本搜索功能大同小异，鉴于上面已经详细介绍了百度，这里我们就简单介绍下必应的搜索功能，并着重分析必应与百度不同的地方，便于读者进行比较，更好地选择适合自己的搜索工具。

必应的检索界面分为“国内版”和“国际版”，如图 5-15 所示。

图 5-15　必应的检索界面

未经注册登录的用户也可以在首页上直接设置首页美图、界面动画效果以及菜单栏是否显示等，非常方便。

以中文必应为主界面介绍。

中文必应提供网页、图片、视频、地图、词典和学术等六大类型资源的检索。

（1）网页搜索。

必应同样支持汉字纠错、拼音输入、搜索提示等功能，必应网页搜索如图 5-16 所示，通过对比在百度和必应输入相同的检索词所获得的结果界面，我们可知：

①必应的检索结果界面按照一定的规则做过归类，如百科网站结果、论坛结果等归纳在一起，而百度的检索结果则没有这样的排列；

②必应的搜索结果下面只提供一个相应网址的链接，而没有类似“百度快照”的功能；

③必应的搜索结果中大部分来自百度，所以这些结果信息一般排列在其他网页结果之前；

④百度支持上传图片搜索相关信息，必应则没有这项功能。

图 5-16　必应网页搜索

（2）图片搜索。

必应的图片搜索功能提供了有关许可证筛选条件和使用方式的选项，除了包含百度提供的筛选图片尺寸、颜色、类型的功能外，必应还增加了版式、人物、日期、授权等筛选条件，尤其是授权筛选既可以保护知识产权，又为用户使用图片的权限提供了很大的便利，如图 5-17 所示。

（3）视频搜索。

必应视频提供检索、浏览、观看以及与好友分享功能，如图 5-18 所示。

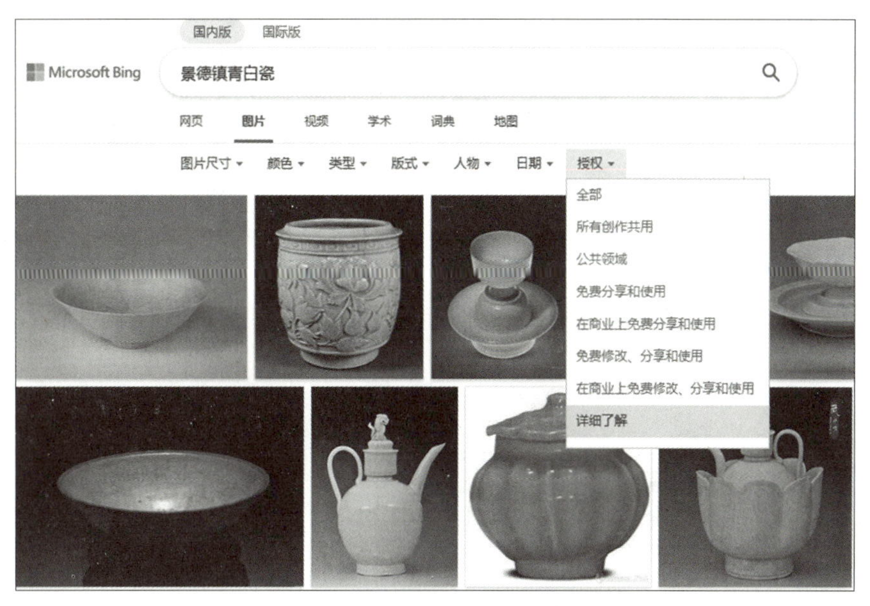

图 5-17　必应的图片搜索

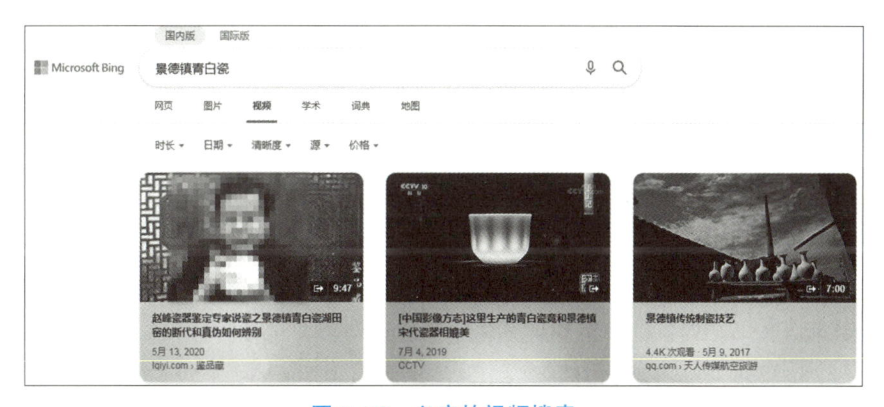

图 5-18　必应的视频搜索

（4）地图搜索。

必应地图是卫星航拍图，没有百度地图渲染色彩那样浓厚鲜艳，必应地图比较接近真实的色彩，利用必应地图可定位自己的位置、跟踪找到的路线、浏览场地地图及浏览位置和图标、添加和管理自己的企业名录、创建自定义地图等，如图 5-19 所示。

图 5-19　必应的地图搜索

（5）词典搜索。

必应的英汉双解词典在语言处理能力和速度方面是优于百度的，特别是必应支持近音词搜索、近义词比较、词性百搭、拼音搜索、搭配建议等功能，如图 5-20 所示。

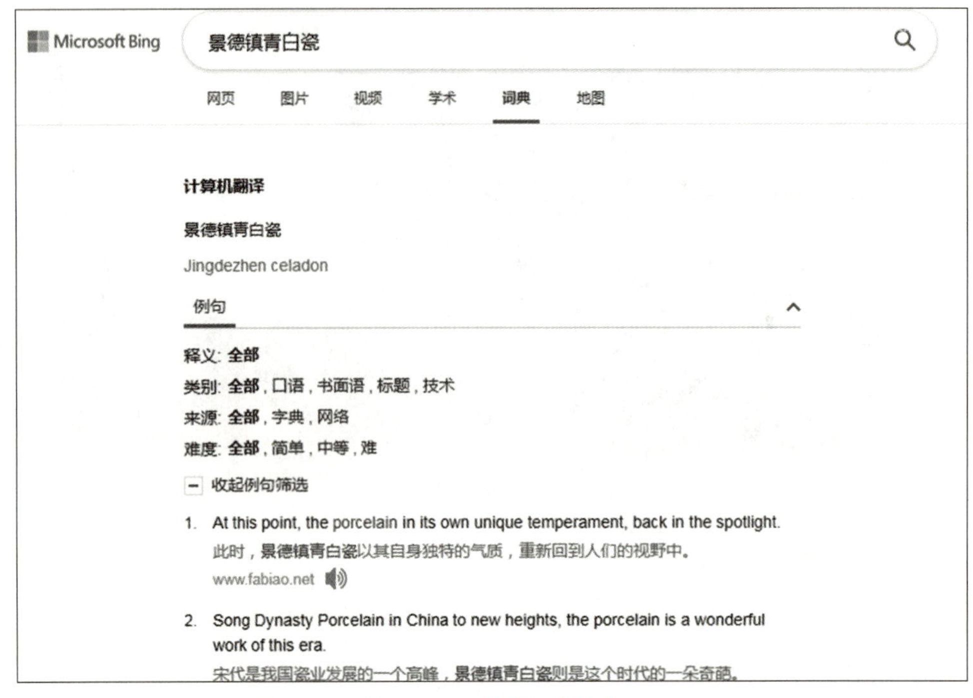

图 5-20　必应的词典搜索

（6）学术搜索。

必应学术的前身是微软学术，目前只是实现了最基本的检索功能，英文搜索无法与谷歌学术相比，中文搜索也不如百度学术和百度文库好用，如图 5-21 所示。

图 5-21　必应的学术搜索

从用户的体验角度来说，必应和百度相同之处很多，如搜索记录保存、搜索结果收藏、个性界面设置等功能。但两者也有各自的优点和不足之处，如必应采取零广告政策、无痕式安全搜索、多语言版本搜索等功能都是百度不具备的，但是百度贴吧、百度知道等产品提供的用户非常喜欢的交互式平台功能必应也做不到。用户可以在了解其各自的长处之后，按照自己的需求选择适合的搜索工具。

3. 谷歌、雅虎搜索引擎

谷歌（Google）创建于 1998 年，是目前规模最大、网络信息资源最丰富、用户数最多、全球公认的最佳搜索引擎。该平台界面出色，功能强大，支持多种语言进行搜索，检索速度极快，特点突出，技术先进。谷歌使用的 PageRank TM（网页级别）技术可确保始终将最重要、最有用的网页搜索结果首先呈现给用户。

谷歌已于 2010 年 3 月 23 日，宣布关闭在中国大陆市场的搜索服务，用户在其他地区使用不受影响。

雅虎（Yahoo）是互联网上最早的搜索引擎，是全球第一家提供互联网导航服务的网站，也是世界上最早的分类目录搜索引擎。作为网络目录的典范，雅虎在主题分类、目录结构、检索界面等方面颇具代表性。随着搜索技术的发展，雅虎除了继续保留对网站的分类标引外，也采用网页搜索技术，对网页进行全文搜索。

自 2021 年 11 月 1 日起，雅虎中国正式关闭，用户无法从中国大陆使用雅虎的产品与服务。

所以，本书不再对谷歌和雅虎做详细介绍。

5.2　开放存取（OA）资源

5.2.1　开放存取的概述

1. 开放存取

开放存取（Open Access，OA），又称“开放获取”“开放共享”“开放使用”等，是国际学术界、出版界、图书情报界为了推动科研成果，利用互联网自由传播而采取的行动。其初衷是解决当前的“学术期刊出版危机”，充分利用互联网自由传播推动科研成果转化，促进学术信息的广泛交流与出版，提升科学研究的公共利用程度，保障科学信息的长期保存，提高科学研究的效率。

对于开放存取的概念，许多机构、组织和学者对其都有过不同的阐述，但其核心精神都是一致的，即体现出基于网络的学术交流和学术传播的自由、快速、共享的核心理念，使任何人在任何地方、任何时间都能平等、免费地获取学术资源和使用学术成果。目前，被广泛引用、较为权威的开放存取定义就是著名的“3B（BBB）定义”，即“BOAI 宣言（Budapest Open Access Initiative，布达佩斯开放存取先导计划）、BSOAP 宣言（Bethesda Statement on Open Access Publishing，关于开放存取出版的贝塞斯达宣言）、BDOA 宣言（Berlin Declaration on Open Access to Knowledge in the Sciences and Humanities，关于自然科学与人文科学知识开放存取的柏林宣言）”，各宣言内容彼此互补。

开放存取是指某文献在互联网公共领域里可以被免费获取，允许任何用户阅读、下载、复制、传递、打印、检索、超级链接该文献，并为之建立索引，用作软件的输入数据或其他任何合法用途，对其复制和传递的唯一限制，或者说版权的唯一作用应是使作者有权控制其作品的完整性及作品被准确地接受和引用。

开放存取是在基于订阅的传统出版模式以外的另一种选择。通过新的数字技术和网络化通信，开放存取可以使任何人都能及时、免费、不受任何限制地通过网络获取各类文献，包括经过同行评议过的期刊文章、参考文献、技术报告、学位论文等全文信息。这是一种新的学术信息交流的方法，作者提交作品不期望得到直接的金钱回报，而是提供这些作品使公众可以在公共网络上利用。

2. 开放存取资源

开放存取资源是指符合开放存取的原则并能够为人所免费使用的资源。能够开放存取的文献应该是学者提供给世界的文献，他们不指望取得任何报酬。一般来说，开放存取文献大多是经过同行评议的期刊论文，但也包括没有经过同行评议的预印本。这些文献的作者希望通过互联网广泛征求意见或者提醒同行注意自己的研究成果。

3. 开放存取必备的要素

（1）文章以电子方式保存，通过互联网传播。

（2）作者不以获取稿费为目的。

（3）使用者可以免费获取。

（4）使用者在保护其作品完整性、表达适当的致谢并注明出处后，可不受限制地自由使用。

4. 数字资源开放存取的意义

（1）提高国家科研的投资效益。

（2）推动科学研究发展。

（3）促进全球高等教育的合作与质量提升。

（4）扩大科研人员及其所在机构的影响。

（5）促进资源发现，提高文献的利用率。

（6）扩大期刊的影响。

5.2.2 开放存取资源的特征

开放存取是一种不同于传统学术传播的全新学术交流机制，在尊重作者权益的前提下，利用互联网为用户免费提供学术信息和研究成果的全文服务。开放存取在以下 6 个方面具有明显特征。

1. 内容格式方面：内容丰富、形式多样

开放存取提供学术交流平台，对具体交流的信息只有质量上的控制，而没有内容和格式上的严格限制。其内容覆盖不同学科、不同领域、不同地域、不同语言的信息资源，既有开放图书、开放期刊、书目数据、学位论文、音像及影像制品、电子教学资料、开放百科全书、会议录、工作报告、专利文献，也有开放源代码、模拟模块等资源；其格式可以是文本、图像、声音、影像、超链接与其他多媒体标准等，是多媒体、多语种、多种类型信息的混合体。

2. 出版模式方面：两种出版模式

开放存取主要有两种出版模式，一种为自存档方式，这种出版模式是由作者本人将论文以特定的格式放到文档服务器上，论文通常没有经过同行评议，作者基本不用支付费用。其缺点是由于缺乏有效的控制手段，论文质量参差不齐。另一种出版方式为“发表付费、阅读免费”，这种出版模式通过作者付费的方式支付论文的同行评议、稿件编辑加工、电子期刊出版等费用，作者发表论文的费用大多来自基金项目或研究单位的经费支持。

3. 使用权限方面：免费

开放存取是指学术信息免费向公众开放，它消除了价格障碍，同时极大地扩展了读者对

学术文献的使用权限。只要基于合法目的并在使用作品时注明相应的引用信息，任何人都可以以任何形式阅读、下载、复制、打印、传播、演示和在原作品的基础上进行再创作或演绎作品。用户可以使用的内容是全文而不是部分内容，更不是特定的摘要或大纲。

4. 交流效率方面：时效性与交互性强

网络投稿、网络发表、文献自动化处理程度提高，省去了传统学术作品评审、编辑、出版、发行等冗长的过程，大大缩短了学术作品的出版周期。另外，开放存取重视信源与信宿之间直接的、交互式的交流，实现作者、用户、出版机构之间一对一、一对多、多对多的一体化交流。

5. 获取途径方面：随时、随地（网络环境下）

开放存取强调开放与自由，允许任何人平等、免费、自由、无障碍地获取和使用学术作品，在任何时间和任何地点以合法的途径进行。它同时强调开放传播，其信息交流的范围覆盖整个互联网，没有国家和地域的限制，并且打破学术作品获取的价格障碍，用户只要具备连接互联网的软硬件环境，就可以方便地获取学术资源的全文，无须付费订购。

6. 知识产权方面：尊重知识产权

知识产权作者认同是开放存取出版的法律基础，开放存取充分尊重作者的权益，并不违背知识产权的精神。在开放存取环境下，作者长期拥有自身作品的知识产权，并通过申明或协议的方式自愿放弃作品的部分权利，以保证任何人对作品的自由传播和使用。基于开放存取传播的作品不一定都是“公共领域作品”，它并没有要求作者放弃对作品的全部权利，作者可以基于不同法律文本和授权协议（如创作共用协议）对作品版权进行取舍。

5.2.3　开放存取资源的类型

一般来说，一切在开放存取精神下或符合开放存取原则的文献和服务都可以纳入开放存取资源的范畴。从正规的网络出版物（如开放存取期刊、开放存取仓储）到个性化的网络学术交流方式，如个人网站、学术论坛等，从专业论文到博客、维基、SNS，从文字作品到多媒体影像、音、视频资源等，只要是符合开放存取的原则并且能够被人免费使用的，都是开放存取资源。所以，开放存取资源可以分为以下3种类型。

1. 开放存取期刊

开放存取期刊（Open Access Journal，OAJ）是指在互联网上可即时免费访问的、经过同行评议的学术期刊，它是实现开放存取学术传播的重要形式之一。根据访问方式和访问权限，可将OAJ分为完全型、部分型和延时型3类。

完全型OAJ：由作者付费或机构资助方式支付期刊论文的同行评议、编辑加工和出版等费用，作者保留版权，发表后用户可以即时免费获取的期刊论文。

部分型OAJ：只对部分内容开放存取，即作者付费发表的论文为开放存取论文，传统方式发表的论文需要用户付费使用，如Springer实施Choice政策，允许作者自由选择论文的开发权。

延时型OAJ：在出版后的一定时期内实行“订购存取”模式，超过预先设定的时间段之后，采取开放存取模式，如High Wire Press的多数期刊。

2. 开放存取仓储

开放存取仓储（Open Access Repository，OAR），也称开放存取文档库、开放存取知识库、机构典藏库，是一种基于网络的免费在线资源库，收集、存放由某一个或多个机构或个人产生的知识资源和学术信息资源，供用户免费访问和使用。开放存取仓储包括电子文档、实验数据、技术报告、教学资源、多媒体资源、电子演示文稿等任何类型的数字文档。其中，电子文档是以数字形式存储的研究性文章，包括两种：一种是预印本（Preprint），另一种是后印本（Postprint）。

预印本是指科研工作者的研究成果还未在正式出版物上发表，而出于与同行的交流目的自愿先在学术会议上或通过互联网发布的科研论文、科技报告等文章。与刊物发表的论文相比，预印本具有交流速度快、利于学术争鸣、可靠性高的特点。后印本指经过同行评议，并已经正式发表的文章。

目前，开放存取仓储主要有学科仓储和机构仓储两种类型。学科仓储（Subject Repository）又称为“学科知识库”“学科开放存取仓储”或“学科库”，是指按照学科范围存储某一学科或相近学科的数字化研究作品（如学术论文、研究报告等）的数据库。学科仓储通常由学术科研机构或学术组织创建和管理，保证所存储的学术信息的稳定性和有效检索，并支持作者自我存档和元数据创造。机构仓储（Institutional Repository）也称为“机构知识库”“机构信息库”“机构典藏库”“机构资料库”等，通常由一个或多个机构（多为大学、大学图书馆、研究所和政府部门等）联合创建、维护和管理。机构仓储侧重于收集和保存相关机构所产生的科研作品，存储范围包括各种形式的数字学术信息，如电子论文、预印本、各类型的学术报告等，机构多利用自身的硬件设备和人员条件，采用开源软件自主地进行知识库建构，并免费提供给机构内外的用户获取和使用。

开放存取仓储大量收录论文预印本，克服了科研成果的出版时滞，提高了科学信息交流的效率；收录那些不便以传统出版物形式发表和出版但又对科学发现和科学研究有着重要支撑作用的资料，改进了科学信息交流机制，拓展了科学信息获取途径，扩大了科学信息传播范围。对科研人员而言，通过开放存取仓储，不但可以利用自存档技术提交、存储自己的论文，方便研究工作，而且存放在开放存取仓储中的研究成果能够被尽可能多的读者阅读、引用，可以提高研究者的学术声誉和影响力。

3. 其他开放存取资源

除上述两种形式外，各种其他形式的开放存取资源也陆续涌现，如个人网站、电子图书、博客、学术论坛、文件共享网络等。但这些资源的发布较为自由，缺乏严格的质量保障机制，较前两类开放存取出版形式而言，随意性更强，学术价值参差不齐。

5.2.4 国内外开放存取资源介绍

1. Socolar（http://www.socolar.com）

Socolar是开放存取资源的一站式检索服务平台，其首页如图5-22所示。平台由中国教育图书进出口公司开发，于2007年7月推出，旨在全面收录来自世界各地、各种语种的重要开放存取资源，并优先收录经过开放存取质量控制的期刊（如经同行评议后的期刊），为用户提供开放存取资源检索和全文链接服务。截至2021年11月，该平台共收录多语种、全学科覆盖的逾1 500万篇外文开放获取文章和近6 000万篇外文付费期刊文章资源。可按字母顺序和出版社名称浏览期刊，还可从标题、作者、作者单位、摘要、关键词、来源出版物、出版社名称、ISSN/ISBN、DOI等字段名称对期刊进行检索。

用户在使用Socolar时，注册不是必需的步骤，但建议用户注册使用。一方面，注册用户可以享受该平台提供的个性化增值服务，如推荐认为应该被Socolar收录但尚未被收录的开放存取资源，发表对某种OAJ的评价，还可以建立权威的开放存取知识宣传平台和知识交流阵地，可了解开放存取及其发展动态，也可以与他人进行互动交流等；另一方面，根据不同用户（如用户的学历、所从事的研究领域）对资源使用情况的统计分析结果，可以不断提高平台现有资源的质量，以更好地满足用户对开放存取资源的使用需求。基于开放存取理念并根据具体OAJ和OAA（Open Application Architecture，开放应用体系架构）的规定，只要用户基于合法目的并注明相应的引用信息，便可以免费阅读、下载、复制、传播通过该平台检索到的文献。

图 5-22 Socolar 首页

2. 中国科技论文在线（http://www.paper.edu.cn）

中国科技论文在线是国内唯一免费的全文期刊库，由中华人民共和国教育部主管。该平台将服务的对象分为注册用户和非注册用户两类。非注册用户只能以访客的身份，对本网站进行部分检索、浏览和下载。注册用户可以使用本网站的所有功能，享受更多便捷的服务，包括投稿、评论、定制、添加私人标签、收藏站内外各类资讯、加入感兴趣的学术圈子等用户个性化功能。其首页如图 5-23 所示。

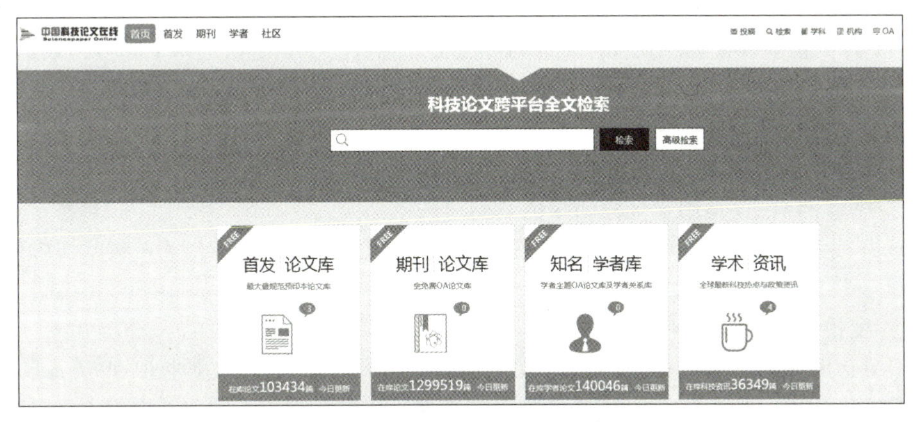

图 5-23 中国科技论文在线首页

本系统资源共包含四大内容（统计数字截至 2021 年 11 月）。

首发 /论文库：提供作者投稿途径及查询功能，首发论文总数逾 100 000 篇。

期刊 /论文库：本库按自然科学、工程技术、医药卫生、农业科学和人文科学五大类共收录 850 家期刊、近 130 万篇科技论文文献，并且已有 41 所高校将在中国科技论文在线发表的论文认可为符合研究生毕业和职称评定要求的论文。

知名/学者库：本库收录了近 13 000 位学者信息，逾 140 000 项成果开放共享。

学术/资讯：提供数理科学、地球资源与环境、生命科学、医药健康、化学化工与材料、工程与技术、经济管理和信息科学八大领域的学术资讯，社区资源总数近 40 000 篇。

中国科技论文在线已加入 OpenDOAR（开放存取知识库目录）。

3. OA 图书馆（https://www.oalib.com）

OA 图书馆（OALib）是 Open Access Library 的简称，即开放存取图书馆，致力于为学术研究者提供全面、及时、优质的免费阅读科技论文。其首页如图 5-24 所示。

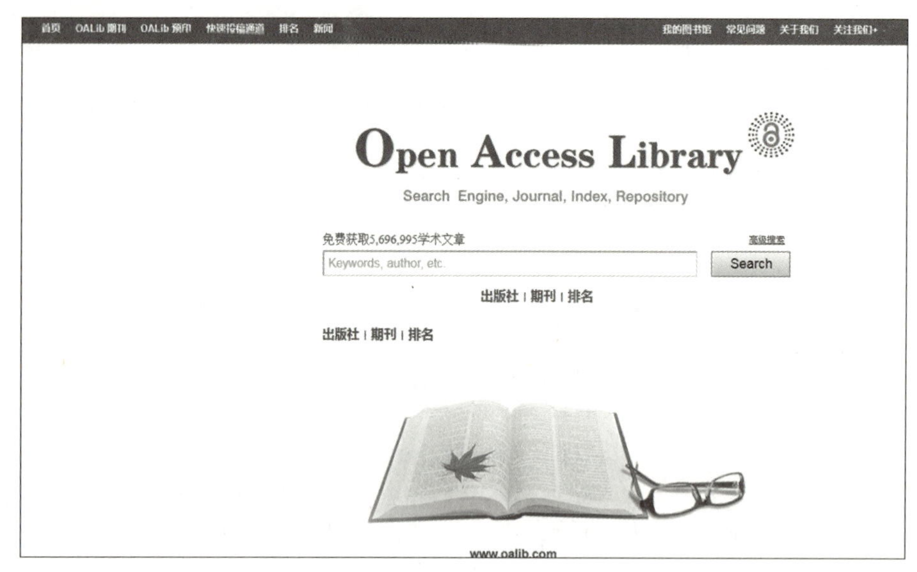

图 5-24　OA 图书馆首页

OALib 包含：基于一个开放存取的元数据库的搜索引擎、OALib 期刊、OAJ 论文检索、OALib Preprints 以及外来预印本和后印本的存储 4 个部分。其中，OALib 提供的开源论文超过 5 696 995 篇，涵盖所有学科，所有文章均可免费下载；OALib 期刊是一个同行评议的学术期刊，覆盖科学、科技、医学以及人文社科的所有领域，所有发表在 OALib 期刊上的文章都收录在 OALib 中。

OALib 提供的服务如下。

（1）一般的 OA（适用于金色和绿色 OA）。

OALib 搜索：致力于开放存取的文章搜索。网络上一切可以抓取的 OA 文章均可搜索，但只对可全文查看的论文提供元数据。

（2）金色 OA（Journals）。

①OALib 期刊：为稿件提供同行评议、排版和出版服务，每篇文章收取 99 美元的版面费。

②OALib 检索：作者在其他 OAJ 已发表的文章且愿意及早被开源数据库检索，可提交论文的元数据和发表链接到 OALib 申请检索服务。其他非论文作者也可主动提交作品并申请检索服务。OALib 检索服务对公众免费。

（3）绿色 OA（学科资源库）。

①作者可以提交稿件到 OALib Preprints 发表，并存储在 311 个学科领域资料库内。(免费)

②作者可以提交其他期刊的预印本元数据存储到 OALib 学科资料库，并存储在 311 个学科领域资料库内。(免费)

③作者可以提交其他期刊的后印本存储到 OALib 学科资料库，并存储在 311 个学科领域资料库内。(免费)

4. 中国预印本服务系统（https://preprint.nstl.gov.cn）

中国预印本服务系统是由中国科学技术信息研究所与国家科技图书文献中心联合建设的以提供预印本文献资源服务为主要目的的实时学术交流系统，是国家科学技术部科技条件基础平台上项目的研究成果。目前，预印本服务系统的用户信息已经并入国家科技图书文献中心（National Science and Techology Library，NSTL）网络服务系统之中，如果要提交或者管理个人论文，需返回 NSTL 系统首页进行登录，然后再访问预印本服务系统；同时，新用户的注册也要到 NSTL 系统首页完成。中国预印本服务系统首页如图 5-25 所示。

图 5-25　中国预印本服务系统首页

该系统实现了用户自由提交、检索、浏览预印本文章全文、发表评论等功能。用户可以经过简单注册后直接提交自己的文章电子稿，并随后根据自己的需要和改动情况追加、修改所提交的文章。系统将严格记录作者提交文章和修改文章的时间，便于作者在第一时间公布自己的创新成果。由于中国预印本服务系统只对作者提交的文章进行简单审核，因而具有交流速度快、可靠性高的优点，避免了由于学术意见不同等原因而导致的某些学术观点不能公之于众的情况。

该系统收录的内容主要是国内科研工作者自由提交的科技文章，一般只限于学术性文章。科技新闻和政策性文章等非学术性内容不在收录范围之内。系统的收录范围按学科分为五大类：自然科学，农业科学，医药科学，工程与技术科学，图书馆、情报与文献学，除图书馆、情报与文献学外，其他每一个大类再细分为二级子类，如自然科学又分为数学、物理学、化学等。

本服务系统资源全免费。

5. DOAJ（http://doaj.org）

DOAJ 是 2003 年由瑞典隆德（Lund）大学图书馆创建的开放存取期刊目录文献检索系统，它提供多学科、多语种、可免费获取的电子期刊全文服务，是对全球 OAJ 的收集和规范，是全球权威的开放存取期刊目录系统，DOAJ 首页如图 5-26 所示。

DOAJ 作为专门的 OAJ 的文献检索系统，其参考开放存取学术出版商协会（Open Access Scholarly Publishers Association，OASPA）的会员规范和标准，并结合知名出版商在学术出版透明度方面的实践经验，对拟收录期刊制订了严格的质量控制流程和标准。DOAJ 收录的期刊涵盖科学、技术、医学、社会科学、艺术和人文科学的所有领域，包括很多 SCI 收录的期刊，属于目前较好的开放存取期刊目录网站之一。截至 2021 年 11 月，DOAJ 共收录来自 130 个国家或地区的 171 68 种期刊，论文总数 670 多万篇。

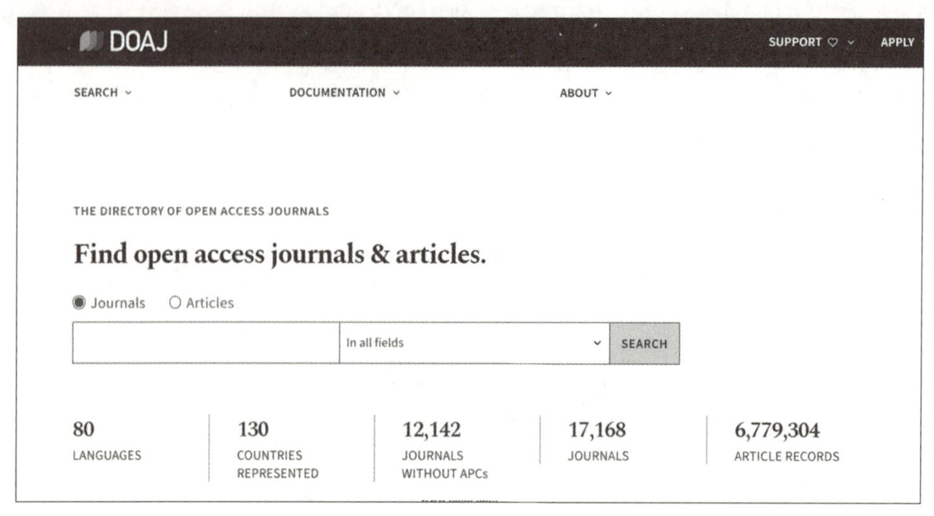

图 5-26　DOAJ 首页

6. arXiv（http://www.arxiv.org）

arXiv——美国预印本文献库，是美国国家科学基金会和美国能源部资助的项目，是由物理学家保罗·金斯帕（Paul Ginsparg）于 1991 年在美国洛斯阿拉莫斯国家物理实验室建立的电子印本仓储。从 2001 年起，该库由康奈尔大学维护和管理，是当今全世界物理学研究者最重要的交流平台。目前，该库在俄罗斯、德国、日本等 17 个国家或地区设立了镜像站点，在我国的站点设在中国科学院理论物理研究所。arXiv 首页如图 5-27 所示。

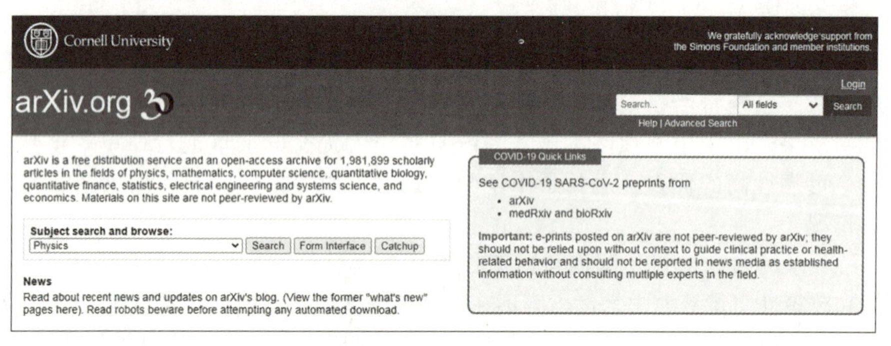

图 5-27　arXiv 首页

随着用户和提交量的急剧增长，其覆盖领域也从单一的物理学扩展为涵盖数学、计算机科学、定量生物学、定量金融、统计学、电气工程和系统科学以及经济学 8 个学科领域。截至 2021 年 11 月，arXiv 可开放获取的学术文章数高达 200 万篇。

注册用户可以向 arXiv 提交发布的文章，文章提交不收取任何费用或成本。向 arXiv 提交的内容需要经过平台审核并检查其学术价值。但文章不经平台同行评议，向 arXiv 提交的内容完全由提交者负责，并且“按原样”呈现，平台不做任何保证。

7. OpenDOAR（http://opendoar.org/index.html）

开放存取知识库目录（The Directory of Open Access Repositories，OpenDOAR）首页如图 5-28所示，2005 年 2 月由英国的诺丁汉（Nottingham）大学和瑞典的隆德大学共同创建，提供有关机构知识库、学科资源库等资源的目录列表。用户可以通过知识库的地点、类型、收藏资料类型等方式检索和使用这些知识库。目前，开放存取知识库目录提供知识库检索和内容检索。该知识库可以选择知识库的学科类别、主题类型、机构类型、国家、语言等检索选项。开放存取知识库目录还提供知识库列表浏览功能，可按照国家和地区进行更进一步的浏览。

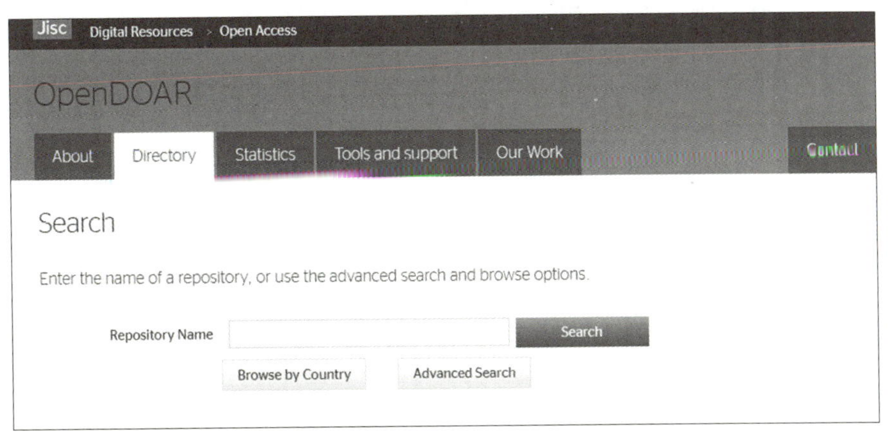

图 5-28　OpenDOAR 首页

习　题

1. 搜索引擎的分类体系有哪些？
2. 利用百度搜索出近一个月与本专业领域最新技术的发展及趋势相关的新闻网页。
3. 利用文中介绍的任意一个开放存取平台检索出跟自己本专业相关的文献并下载打开全文。

第6章 常用网络学术资源数据库

6.1 中国知网（CNKI）

国家知识基础设施（National Knowledge Infrastructure，NKI）的概念由世界银行《1998年度世界发展报告》提出。1999年3月，以全面打通知识生产、传播、扩散与利用各环节信息通道，打造支持全国各行业知识创新、学习和应用的交流合作平台为总目标，王明亮提出建设中国知识基础设施工程（China National Knowledge Infrastructure，CNKI），也称为中国知网，并将其列为清华大学重点项目。中国知网是由清华大学、清华同方股份有限公司发起，利用网络技术整合知识信息资源，并根据市场的需求开发的综合文献信息资源网站。中国知网的数据涵盖自然科学、工程技术、医学、农业、生物、文学、历史、哲学、政治、经济、法律、教育等领域。

6.1.1 资源简介

中国知网收录的文献种类非常齐全，有学术期刊论文、博士学位论文、硕士学位论文、会议论文、报纸论文、外文文献、年鉴、百科全书、统计数据、专利、标准等。其代表性的数据库有《中国学术期刊网络出版总库》《中国博士学位论文全文数据库》《中国优秀硕士学位论文全文数据库》《中国重要会议论文全文数据库》及一些专题数据库和数据仓库。中国知网按资源内容分为10个专辑，即基础科学、工程科技Ⅰ、工程科技Ⅱ、农业科技、医药卫生科技、哲学与人文科学、社会科学Ⅰ、社会科学Ⅱ、信息科技、经济与管理科学。10个专辑下分为168个专题、近3 600个子栏目，其主页如图6-1所示。

《中国学术期刊网络出版总库》是世界上最大的连续动态更新的中国学术期刊全文数据库，是“十一五”国家重大网络出版工程的子项目，是《国家“十一五”时期文化发展规划纲要》中国家“知识资源数据库”出版工程的重要组成部分。其以学术、技术、政策指导、高等科普及教育类期刊为主，内容覆盖自然科学、工程技术、农业、哲学、医学、人文、社会科学等各个领域，共收录国内学术期刊8 550多种，含北大核心期刊1 970余种，网络首发期刊2 240余种，最早回溯至1915年，共计5 880余万篇全文文献；外文学术期刊包括来自80个国家及地区900余家出版社的期刊7.5万余种，覆盖JCR期刊的96%，Scopus期刊的90%，最早回溯至19世纪，共计1.0余亿篇外文题录，可链接全文。

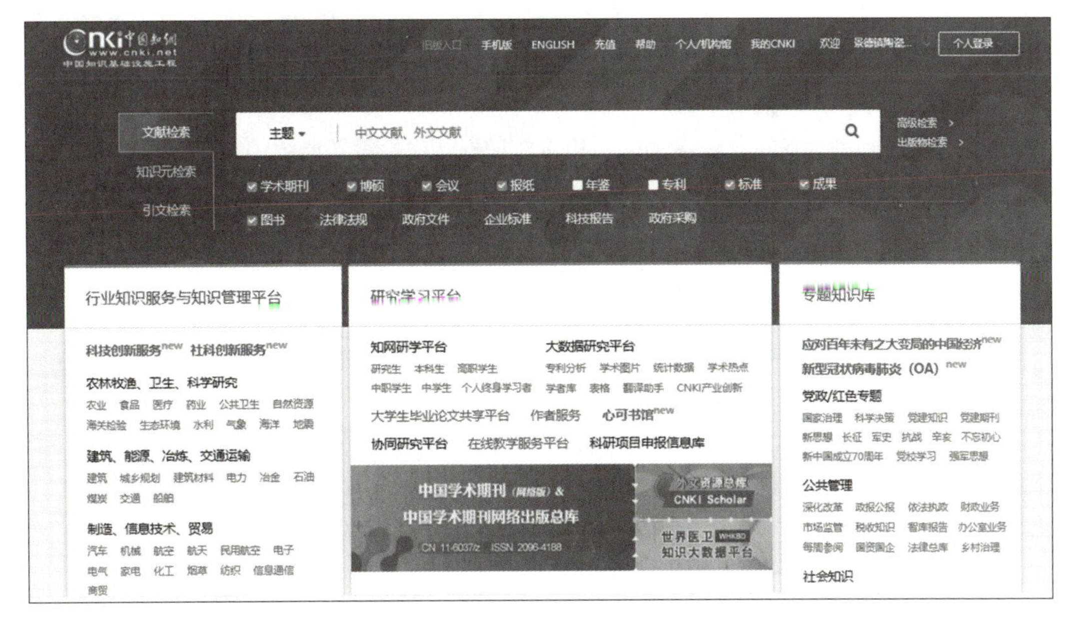

图 6-1　中国知网首页

《中国博士学位论文全文数据库》（CDFD）是国内内容最全、质量最高、出版周期最短、数据最规范、最实用的博士学位论文全文数据库。内容覆盖基础科学、工程技术、农业、医学、哲学、人文、社会科学等各个领域。收录从 1984 年至今，全国 985、211 工程等重点高校，中国科学院，社会科学院等 400 多家研究院所的博士学位论文 18 万多篇。

《中国优秀硕士学位论文全文数据库》（CMFD）是国内内容最全、质量最高、出版周期最短、数据最规范、最实用的硕士学位论文全文数据库。内容覆盖基础科学、工程技术、农业、医学、哲学、人文、社会科学等各个领域。收录从 1984 年至今，来自 600 多家硕士培养单位的优秀硕士学位论文 150 多万篇。重点收录 985、211 高校，中国科学院，社会科学院等重点院校高校的优秀硕士论文、重要特色学科（如通信、军事学、中医药等专业）的优秀硕士论文。

《中国重要报纸全文数据库》（CCND）是收录 2000 年至今，国内公开发行的 700 多种重要报纸刊载的学术性、资料性文献的连续动态更新的数据库，累积出版报纸全文1 000多万篇，年新增文章约 120 万篇。

《中国重要会议论文全文数据库》收录了由国内重要会议主办单位或论文汇编单位书面授权，并投稿到“中国知网”进行数字出版的会议论文，是《中国学术期刊（光盘版）》子杂志社编辑出版的国家级连续电子出版物。重点收录 1999 年以来，中国科协系统及国家二级以上的学会、协会，高校、科研院所，政府机关举办的重要会议以及在国内召开的国际会议上发表的文献，部分重点会议文献回溯至 1953 年，目前，已收录国内会议、国际会议论文集 4 万本，累计文献总量 350 余万篇。

中国知网界面简单，操作方便。检索系统提供“AND”“OR”“NOT”的逻辑组配功能。全文浏览分 CAJ 和 PDF 两种格式。要浏览全文需提前下载并安装浏览器，即 CAJ 浏览器或 PDF 浏览器。系统推荐使用 CAJ 浏览器。CAJ 浏览器既可以浏览 CAJ 格式全文，也可以浏览 PDF 格式全文。

6. 1. 2　检索方式

输入网址 http：//www. cnki. net，即可进入中国知网首页。中国知网检索界面简洁方便，分为初级检索（一框式检索）、高级检索、专业检索、作者发文检索、句子检索等，系统默认的检索界面为初级检索界面。

1. 初级检索（一框式检索）

初级检索界面非常简单，仅提供一个检索对话框，将检索功能浓缩至“一框”中，根据不同检索项的需求特点采用不同的检索机制和匹配方式，体现智能检索优势，操作便捷，检索结果兼顾检全和检准。系统提供的检索项有主题、关键词、篇名、全文、作者、第一作者、通讯作者、作者单位、基金、摘要、参考文献、分类号、文献来源。中国知网初级检索界面如图 6-2 所示。

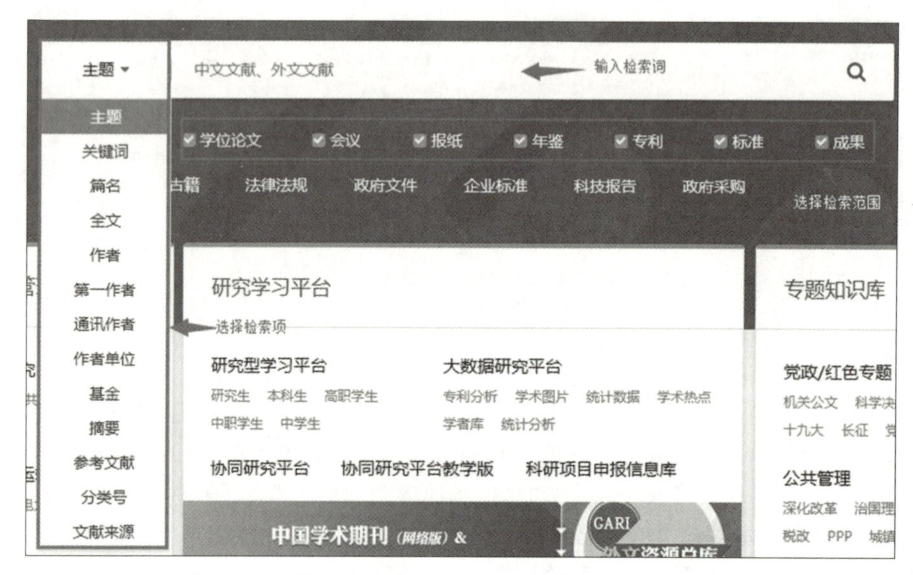

图 6-2 中国知网初级检索界面

(1) 主题检索。

主题检索是在中国知网标引出来的主题字段中进行检索，该字段内容包含一篇文章的所有主题特征，同时在检索过程中嵌入了专业词典、主题词表、中英对照词典、停用词表等工具，并采用关键词截断算法，将低相关或微相关文献进行截断。

(2) 关键词检索。

关键词检索的范围包括文献原文给出的中、英文关键词，以及对文献进行分析计算后机器标引出的关键词。机器标引的关键词基于对全文内容的分析，结合专业词典，解决了文献作者给出的关键词不够全面准确的问题。

(3) 篇名检索。

期刊、会议、学位论文、辑刊的篇名为文章的中、英文标题。报纸文献的篇名包括引题、正标题、副标题。年鉴的篇名为条目题名。专利的篇名为专利名称。标准的篇名为中、英文标准名称。成果的篇名为成果名称。古籍的篇名为卷名。

(4) 全文检索。

全文检索指在文献的全部文字范围内进行检索，包括文献篇名、关键词、摘要、正文、参考文献等。

(5) 作者检索。

期刊、报纸、会议、学位论文、年鉴、辑刊的作者为文章中、英文作者。专利的作者为发明人。标准的作者为起草人或主要起草人。成果的作者为成果完成人。古籍的作者为整书著者。

（6）第一作者检索。

当只有一位作者时，该作者即为第一作者。当有多位作者时，将排在第一个的作者认定为文献的第一责任人。

（7）通讯作者检索。

目前，期刊文献对原文的通讯作者进行了标引，可以按通讯作者查找期刊文献。通讯作者指课题的总负责人，也是文章和研究材料的联系人。

（8）作者单位检索。

期刊、报纸、会议、辑刊的作者单位为原文给出的作者所在机构的名称。学位论文的作者单位包括作者的学位授予单位及原文给出的作者任职单位。年鉴的作者单位包括条目作者单位和主编单位。专利的作者单位为专利申请机构。标准的作者单位为标准发布单位。成果的作者单位为成果第一完成单位。

（9）基金检索。

根据基金名称，可检索受到此基金资助的文献。支持基金检索的资源类型包括期刊、会议、学位论文、辑刊。

（10）摘要检索。

期刊、会议、学位论文、专利、辑刊的摘要为原文的中、英文摘要，原文未明确给出摘要的，提取正文内容的一部分作为摘要。标准的摘要为标准范围。成果的摘要为成果简介。

（11）参考文献检索。

检索参考文献里含检索词的文献。支持参考文献检索的资源类型包括期刊、会议、学位论文、年鉴、辑刊。

（12）分类号检索。

通过分类号检索，可以查找到同一类别的所有文献。期刊、报纸、会议、学位论文、年鉴、标准、成果、辑刊的分类号指中图分类号。专利的分类号指专利分类号。

（13）文献来源检索。

文献来源指文献出处。期刊、辑刊、报纸、会议、年鉴的文献来源为文献所在的刊物。学位论文的文献来源为相应的学位授予单位。专利的文献来源为专利权利人/申请人。标准的文献来源为发布单位。成果的文献来源为成果评价单位。

初级检索根据检索项的特点，采用不同的匹配方式。

相关度匹配：采用相关度匹配的检索项为主题、篇名、全文、摘要、参考文献、文献来源。根据检索词在该字段的匹配度，得到相关度高的结果。

精确匹配：采用精确匹配的检索项为关键词、作者、第一作者、通讯作者。

模糊匹配：采用模糊匹配的检索项为作者单位、基金、分类号。

2. 高级检索

在中国知网首页单击“高级检索”按钮进入高级检索界面，如图 6-3 所示，或在初级检索结果页单击“高级检索”按钮进入高级检索界面，如图 6-4 所示。

图 6-3　中国知网高级检索界面入口（1）

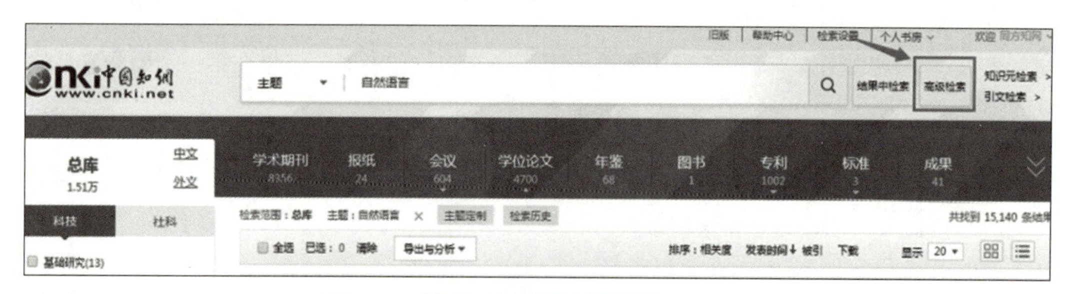

图 6-4　中国知网高级检索界面入口（2）

同时，在高级检索界面单击标签可切换至高级检索、专业检索、作者发文检索、句子检索，如图 6-5 所示。

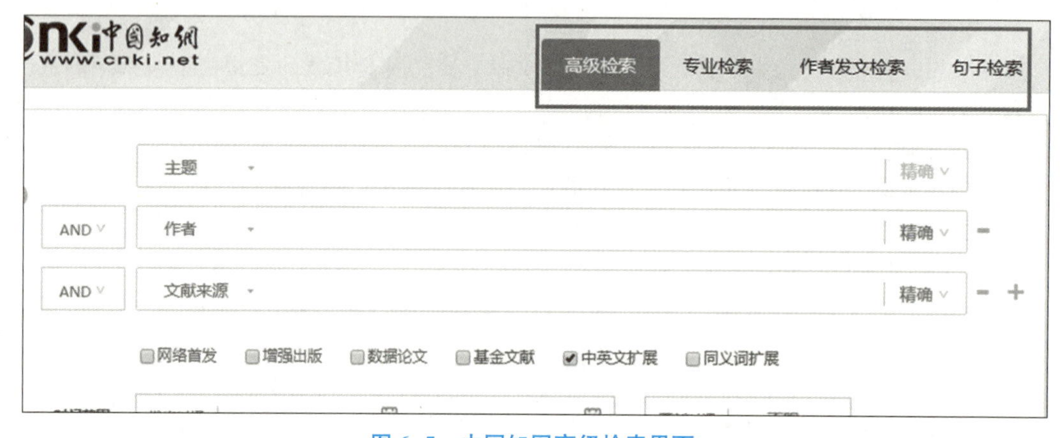

图 6-5　中国知网高级检索界面

高级检索支持多字段逻辑组合，并可通过选择精确或模糊的匹配方式、检索控制等方法完成较复杂的检索，得到符合需求的检索结果。多字段组合检索的运算优先级，按从上到下的顺序依次进行。

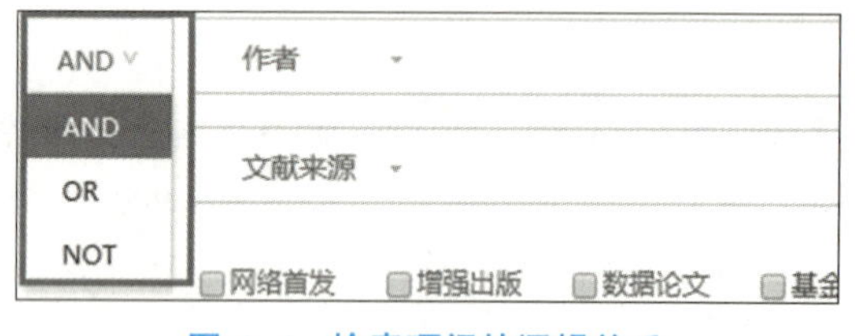

图 6-6　检索项间的逻辑关系

检索区主要分为两部分，上半部分为检索条件输入区，下半部分为检索控制区。

（1）检索条件输入区。

检索条件输入区默认显示主题、作者、文献来源 3 个检索框，可自由选择检索项、检索项间的逻辑关系，如图 6-6 所示，检索词匹配方式如图 6-7 所示。

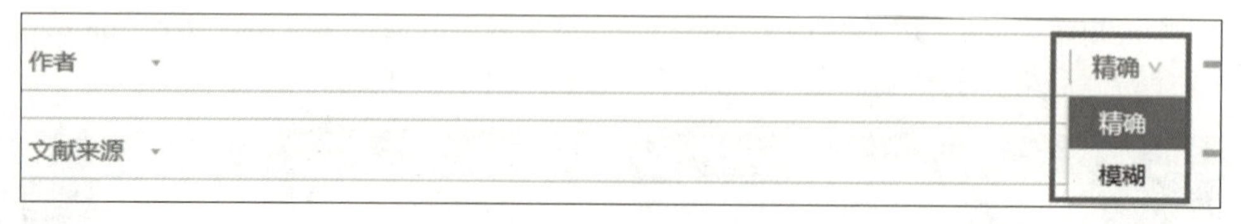

图 6-7　检索词匹配方式

单击检索框后的 + 、 - 按钮可添加或删除检索项，最多支持 10 个检索项的组合检索。

（2）检索控制区。

检索控制区的主要作用是通过条件筛选、时间选择等，对检索结果进行范围控制。

控制条件包括出版模式、基金文献、时间范围、检索扩展。检索控制区如图 6-8 所示。

图 6-8　检索控制区

检索时默认进行中英文扩展，如果不需要中英文扩展，则手动取消勾选。

高级检索提供多个检索项，满足不同的检索需求。检索项包括主题、关键词、篇名、全文、作者、第一作者、通讯作者、作者单位、基金、摘要、参考文献、分类号、文献来源。

3. 专业检索

在高级检索界面单击“专业检索”标签，切换至专业检索界面，可进行专业检索，如图 6-9 所示。

图 6-9　中国知网专业检索界面

专业检索用于图书情报专业人员查新、信息分析等工作，使用运算符和检索词构造检索式进行检索。

专业检索的一般流程：确定检索字段并构造一般检索式，借助字段间关系运算符和检索值限定运算符可以构造复杂的检索式。

专业检索表达式的一般式：<字段><匹配运算符><检索值>

在专业检索中提供以下可检索字段：SU=主题，TI=题名，KY=关键词，AB=摘要，FT=全文，AU=作者，FI=第一责任人，RP=通讯作者，AF=机构，JN=文献来源，RF=参考文献，YE=年，FU=基金，CLC=分类号，SN=ISSN，CN=统一刊号，IB=ISBN，CF=被引频次。

4. 作者发文检索

在高级检索界面单击“作者发文检索”标签，切换至作者发文检索界面，可进行作者发文检索，如图 6-10 所示。作者发文检索通过输入作者姓名及其单位信息，检索某作者发表的文献，功能及操作与高级检索基本相同。

5. 句子检索

在高级检索界面单击“句子检索”标签，切换至句子检索界面，可进行句子检索，如图 6-11 所示。

图 6-10　中国知网作者发文检索界面

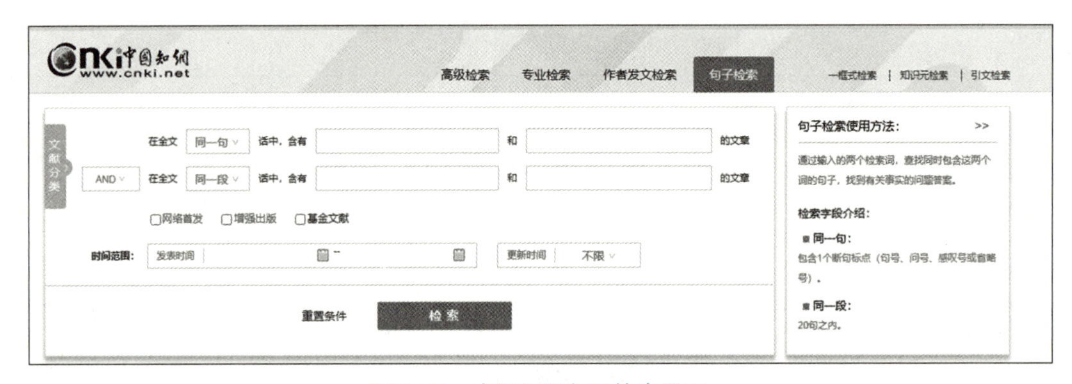

图 6-11　中国知网句子检索界面

句子检索是通过输入的两个检索词，在全文范围内查找同时包含这两个检索词的句子，找到有关事实的问题答案。

句子检索不支持空检，同句、同段检索时必须输入两个检索词。

6.2　超星数字图书馆（汇雅书世界）、读秀、百链

超星数字图书馆（汇雅书世界）、读秀和百链都是超星公司的产品。下面分别对这 3 个检索平台做简单介绍。

6.2.1　超星数字图书馆（汇雅书世界）

超星数字图书馆于 1993 年由超星公司创立，1999 年正式开通，2000 年被列入国家“863”计划中国数字图书馆示范工程，是目前我国最大的中文电子图书数据库。

1. 资源介绍

超星数字图书馆电子图书数据按照《中图法》多级类目，分为文学、历史、法律、军事、经济、科学、医药、工程、建筑、交通、计算机、环保等 22 个大类；收录 1977 年至今的资料，包括 200 多万种的电子图书，500 多万篇论文，全文总量 13 亿余页，超 8 万个学术视频；拥有超过 35 万授权作者，5 300 位名师，并且每天仍在不断增加与更新。超星数字图书馆所收录的学科范围非常广泛，主要有哲学、法律、政治、军事、经济、艺术、信息传播、数理化、医学等众多类目，是一个综合性图书数据库。

目前，超星数字图书馆所提供的特色专题数据库有《医学文献数据库》《中外标准数据库》《中国文史资料专题数据库》《计算机精品库》《中国年鉴数据库》《中国地方志专题数据库》《中小学专题库》《国家档案文献数据库》《中国高等教育参考资料文献数据库》《中国专利说明书全文数据库》《超星名师讲坛视频数据库》等。

2. 检索方式

超星数字图书馆为用户提供了 3 种服务方式：第 1 种是通过超星公众服务主站（www. ssreader. com）提供检索与浏览，第 2 种是通过机构团体服务站点（www. sslibrary. com）提供检索与浏览，第 3 种是通过超星公司为用户定制的镜像站点提供检索与浏览。登录超星数字图书馆，其首页如图 6-12 所示，该平台提供读秀学术搜索的快捷搜索以及图书快速搜索。

图 6-12　超星数字图书馆首页

下面以景德镇陶瓷大学为例，介绍超星数字图书馆的检索平台与检索方法。该检索平台使用方便、易操作，分为分类浏览、基本检索和高级检索 3 种检索方式。

（1）分类浏览。

超星数字图书馆将图书按《中国法》分成 22 个子图书馆，即 22 个大类，下面再分二级类、三级类等，末级分类显示的是图书信息。如果用户需要查找雕塑类的图书，直接单击首页左侧图书分类中的“艺术”类目，所弹出结果均为艺术类图书，如图 6-13 所示。

单击该结果界面左侧图书分类中“艺术”类目左侧的“+”，则会弹出二级类目信息，单击界面左侧图书分类中“雕塑”类目左侧的“+”，则会弹出三级类目信息，即所弹出结果均为雕塑类图书，如图 6-14 所示。单击“书名”链接，即可阅读图书全文。

（2）基本检索。

基本检索平台提供“书名”“作者”“目录”“全文检索”4 个检索字段，系统默认检索字段为“书名”。超星数字图书馆的基本检索界面如图 6-15 所示。

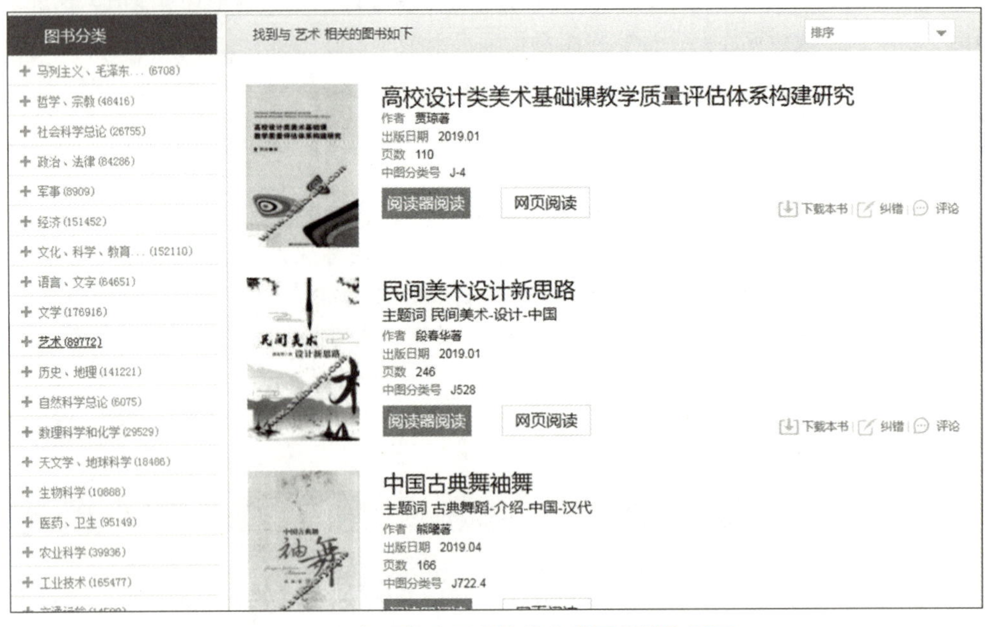

图 6-13 超星数字图书馆艺术类图书浏览界面

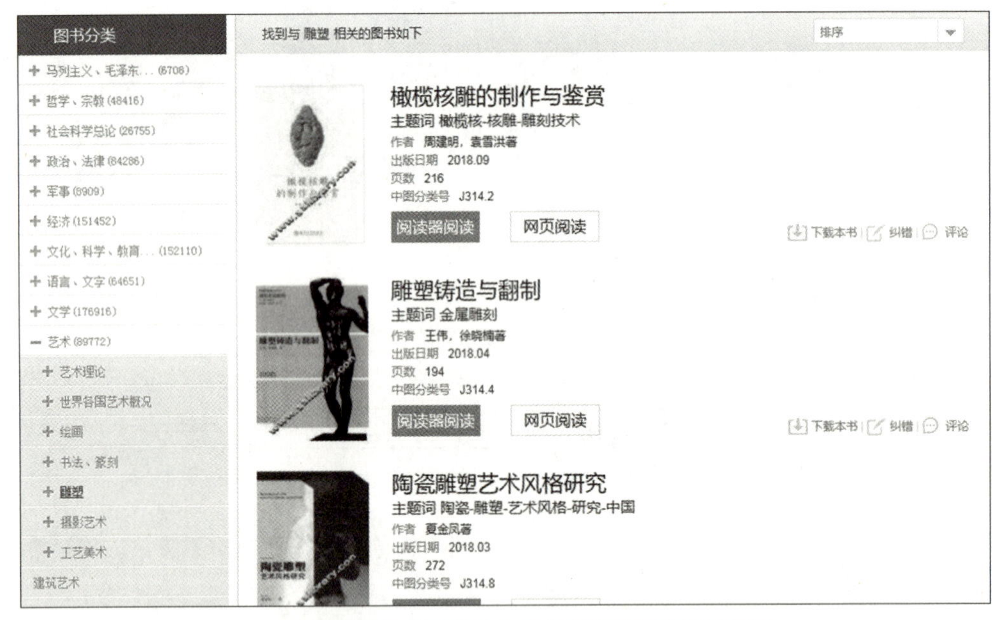

图 6-14 超星数字图书馆艺术之雕塑类图书浏览界面

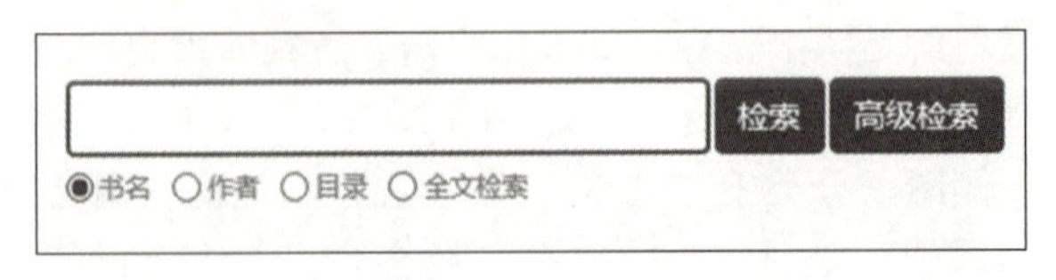

图 6-15 超星数字图书馆的基本检索界面

其检索步骤如下。

①根据检索需求，选择检索字段“书名”“作者”“目录”或“全文检索”。其中，“全文检索”指对图书的书名、作者、页数、出版社、出版日期、目录等字段信息进行检索。

②在检索项内输入关键词，如“陶瓷”“陶瓷文化”。多个关键词之间以一个空格隔开，表示检索词之间为逻辑“与”的关系，如“陶瓷 文化”，即要求命中文献包含“陶瓷”与“文化”两个词。

③单击“检索”按钮，检索到的图书将显示在网页上。为便于查阅，关键词以醒目的红色显示。检索结果还可以按“书名”“作者”“出版日期”进行排序。

（3）高级检索。

单击主页上的“高级检索”按钮，即可进入高级检索界面，如图 6-16 所示。通过提供的检索项“书名”“作者”“主题词”“年代”“中图分类号”还可以选择分类，在对应的检索输入框中按要求输入检索词，单击“检索”按钮，即可获得检索结果。

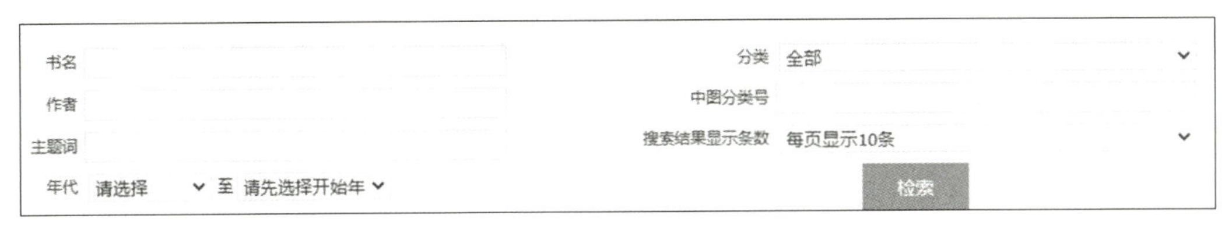

图 6-16　超星数字图书馆的高级检索界面

3. 超星阅读器介绍

超星数字图书馆还拥有具备自主知识产权的图书阅览器。超星阅读器是一款超星网电子书阅读及下载管理的客户端软件。超星阅读器支持在图书原文上做多种标注及添加书签，并导出保存；高速下载图书，便捷的图书管理，手动导入、导出图书；图片文字识别；图书文本编辑；多种个性化设置。

超星阅读器支持下载图书离线阅读，并支持其他图书资料导入阅读，支持的图书资料文件格式有 pdg、pdz、pdf、htm、html、txt 等多种常用格式。

超星阅读器具有以下比较有特色的功能。

（1）添加个人书签、标注。

对于一些阅读频率较高的图书，在超星数字图书镜像站点中可以添加“个人标签”，这样可以免去每次检索的麻烦。

（2）书评功能。

在每本图书的书目下方都有一个“发表评论”的入口，单击进入后会看到书评发表的信息栏。

（3）资源的采集。

超星阅读器提供采集窗口供编辑制作超星 pdg 格式 e-book，具有资料的采集，文件的整理、加工、编辑、打包等功能。

（4）个人版扫描。

把纸质图书、图片资料经过扫描仪扫描，存储为超星格式的 pdg 图片文件。超星阅读器还具有文字识别、图像剪贴、自动滚屏、资料扫描、更换背景等功能。

6.2.2　读秀学术搜索

1. 资源简介

读秀学术搜索是由北京世纪超星有限责任公司研发，由海量图书、期刊、报纸、会议论文、学位论文等文献资源组成的庞大的知识系统，是一个可以对文献资源及其全文内容进行深度检索，并且提供原文传送服务的平台。读秀现收录 590 万种中文图书题录信息，310 万种中文图书原文，可搜索的信息量超过 16 亿页，为读者提供深入到图书内容的全文检索，其首页如图 6-17 所示。其资源访问地址为 www. duxiu. com。

图 6-17　读秀学术搜索首页

目前，该馆已经实现了购买的纸质图书和超星电子图书数据库电子图书的整合，同时实现了资源的一站式检索，即输入检索词，检索结果可延展到相关图书、期刊、会议论文、学位论文、报纸等文献资源，并且提供了图书封面页、目录页，以及部分正文内容的试读。该馆购买的资源，用户可以通过该馆馆藏的纸书资源的借阅、电子资源的挂接获取全文，未购买的资源可以通过文献传递、按需印刷等途径获取，让用户找到即能得到。

2. 检索方式

该检索平台使用方便、易操作，向用户提供了分类浏览、基本检索、高级检索、专业检索等 4 种检索方式。

（1）分类浏览。

读秀学术搜索和超星数字图书馆一样，将图书按《中国法》分成 22 个子图书馆，即 22 个大类，如图 6-18 所示。大类下再分二级类、三级类等，末级分类显示的是图书信息，如图 6-19 所示。单击“书名”链接，即可阅读图书全文。

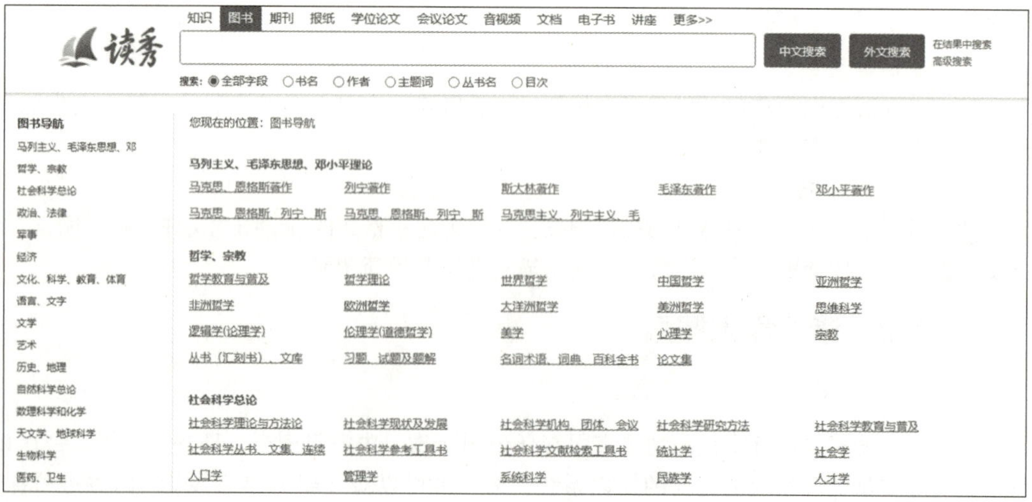

图 6-18　读秀学术搜索的主分类界面

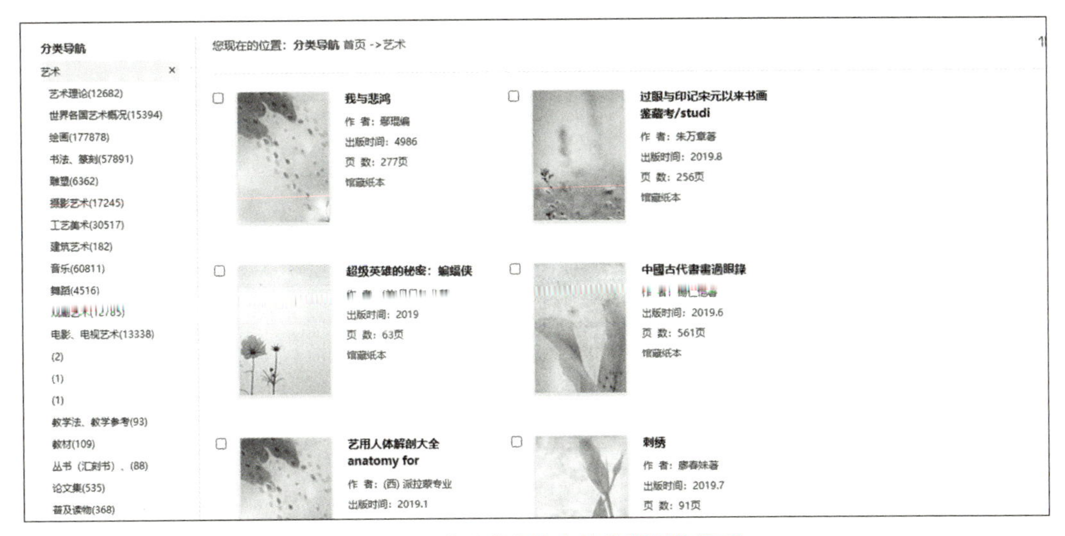

图 6-19　读秀学术搜索的分类浏览界面

（2）基本检索。

基本检索方式提供对“知识”“图书”“期刊”“报纸”“学位论文”“会议论文”“音视频”和“文档”等文献资源的检索，如图 6-20 所示。

图 6-20　读秀学术搜索的基本检索界面

读秀基本检索步骤如下。

①根据检索需求，选择检索文献种类。

②在检索输入框内输入检索词。

③按〈Enter〉键或单击“搜索”按钮，搜索到的文献资料将显示在网页上。为便于查阅，检索词将以醒目的红色显示。

（3）高级检索。

读秀学术搜索平台只有“图书”“期刊”“报纸”“学位论文”“会议论文”支持高级检索。

选定需要检索文献的种类，单击主页上的“高级搜索”按钮，即可进入高级检索界面，如图 6-21 所示。高级检索提供书名、作者、主题词、出版社、ISBN、中图分类号与图书出版年代的组合查询功能，同时可以限定检索结果界面每页显示条数。

（4）专业检索。

读秀学术搜索平台只有“图书”“期刊”“报纸”“学位论文”“会议论文”支持专业检索。

在高级检索界面单击“切换至专业检索”标签，可进行专业检索，如图 6-22 所示。

图 6-21　读秀学术搜索中文图书高级检索界面

图 6-22　读秀学术搜索中文图书专业检索界面

专业检索用于图书情报专业人员查新、信息分析等工作，使用运算符和检索词构造检索式进行检索。

专业检索的一般流程：确定检索字段并构造一般检索式，借助字段间关系运算符和检索值限定运算符可以构造复杂的检索式。

专业检索表达式的一般式：<字段><匹配运算符><检索值>

在专业检索中提供以下可检索字段。

（1）图书：T=书名，A=作者，K=关键词，Y=年（出版发行年），S=摘要，BKp=出版社（出版发行者），BKc=目录。

(2) 期刊：T=题名，A=作者（责任者），K=关键词（主题词），Y=年（出版发行年），O=作者单位，JNj=刊名，S=文摘（摘要）。

(3) 学位论文：T=题名，A=作者（责任者），K=关键词（主题词），Y=年（学位年度），S=文摘（摘要），F=指导老师，DTn=学位，DTu=学位授予单位，Tf=英文题名，DTa=英文文摘。

(4) 报纸：T=题名，A=作者（责任者），K=关键词（主题词），NPd=出版时间，NPn=报纸名称。

(5) 会议论文：T=题名，A=作者（责任者），K=关键词（主题词），Y=年（会议年度），S=文摘（摘要），C=分类号，CPn=会议名称。

6.2.3　百链

1. 资源简介

百链是资源补缺型服务产品。目前，百链实现了 410 个中外文数据库系统集成，利用百链云服务可以获取到 1 800 多家图书馆几乎所有的文献资料，为读者提供更加方便、全面的获取资源服务。

百链拥有 8.8 亿条元数据（包括中外文图书、中外文期刊、中外文学位论文、会议论文、专利、标准等），并且数据数量还在不断增加中。百链可以通过 410 个中外文数据库获取元数据，其中收录中文期刊 11 200 万篇元数据，外文期刊 28 300 万篇元数据。利用百链整合图书馆现有资源，实现统一检索，不仅可以获取到图书馆所有的文献资料，如中外文图书、期刊、论文、标准、专利和报纸等，还可以通过文献传递方式获取到图书馆中没有的文献资料。中文资源的文献传递满足率可以达到 96%，外文资源的文献传递满足率可以达到 90%。百链首页如图 6-23 所示。百链资源访问地址为 www. blyun. com。

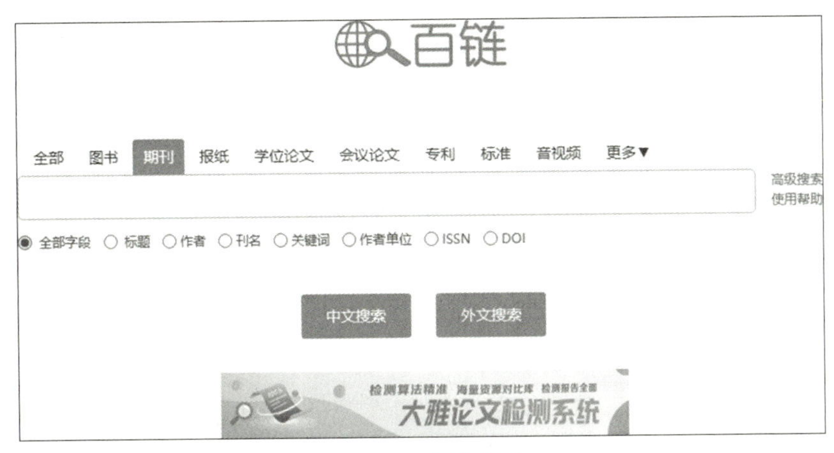

图 6-23　百链首页

2. 检索方式

该检索平台使用方便、易操作，向用户提供了简单检索、高级检索和专业检索 3 种检索方式。

(1) 简单检索。

简单检索方式提供对“全部”“图书”“期刊”“报纸”“学位论文”“会议论文”“专利”“标准”和“音视频”等文献资源的中文检索以及除“报纸”和“音视频”外的文献资源的外

文检索，如图 6-24 所示。

百链
全部
图书
期刊
报纸
学位论文
会议论文
专利
标准
音视频
更多▼
中文搜索
外文搜索

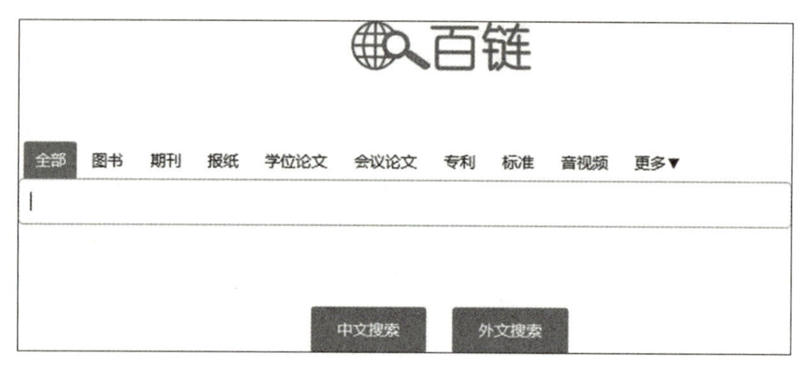

图 6-24　百链简单检索界面

百链基本检索步骤如下。

①根据检索需求，选择检索文献种类。

②在检索输入框内输入检索词。

③按〈Enter〉键或单击“搜索”按钮，搜索到的文献资料将显示在网页上。为便于查阅，检索词将以醒目的红色显示。

（2）高级检索。

百链平台只有“图书”“期刊”“报纸”“学位论文”“会议论文”和“专利”支持高级检索。

选定需要检索文献的种类，单击主页上的“高级搜索”按钮，即可进入高级检索界面，如图 6-25 所示。高级检索提供书名、作者、主题词、出版社、ISBN、中图分类号与图书出版年代的组合查询功能，同时可以限定检索结果界面每页显示条数。

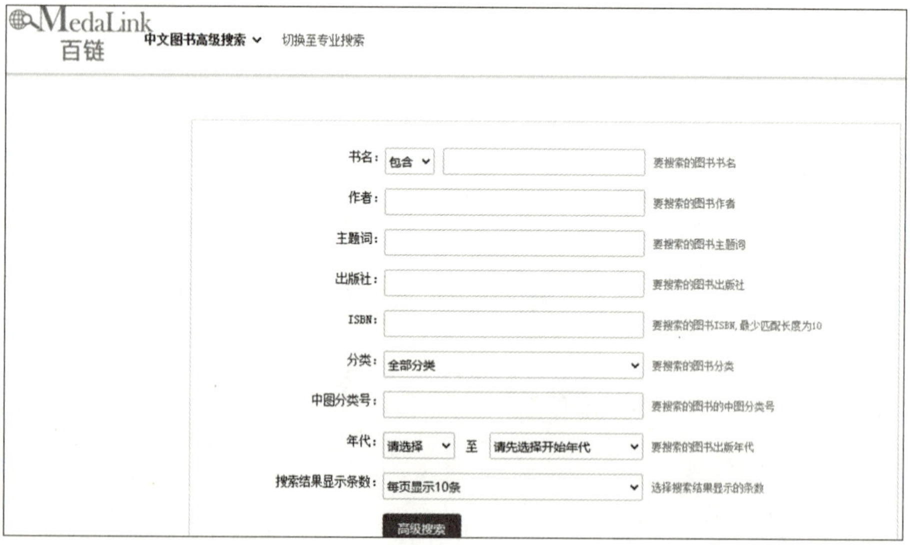

MedaLink
百链
中文图书高级搜索
切换至专业搜索
书名：
包含
要搜索的图书书名
作者：
要搜索的图书作者
主题词：
要搜索的图书主题词
出版社：
要搜索的图书出版社
ISBN：
要搜索的图书ISBN，最少匹配长度为10
分类：
全部分类
要搜索的图书分类
中图分类号：
要搜索的图书的中图分类号
年代：
请选择
至
请先选择开始年代
要搜索的图书出版年代
搜索结果显示条数：
每页显示10条
选择搜索结果显示的条数
高级搜索

图 6-25　百链高级检索界面

（3）专业检索。

百链平台只有“图书”“期刊”“报纸”“学位论文”“会议论文”支持专业检索。

在高级检索页单击“切换至专业检索”标签，可进行专业检索，如图 6-26 所示。

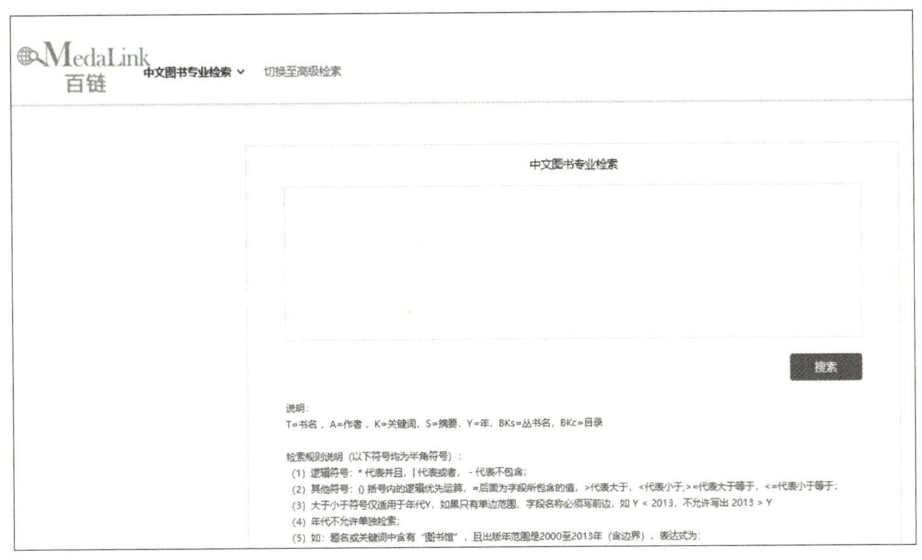

图 6-26　百链专业检索界面

专业检索用于图书情报专业人员查新、信息分析等工作，使用运算符和检索词构造检索式进行检索。

专业检索的一般流程：确定检索字段并构造一般检索式，借助字段间关系运算符和检索值限定运算符可以构造复杂的检索式。

专业检索表达式的一般式：<字段><匹配运算符><检索值>

在专业检索中提供以下可检索字段。

（1）图书：T=书名，A=作者，K=关键词，Y=年（出版发行年），S=摘要，BKp=出版社（出版发行者），BKc=目录。

（2）期刊：T=题名，A=作者（责任者），K=关键词（主题词），Y=年（出版发行年），O=作者单位，JNj=刊名，S=文摘（摘要）。

（3）学位论文：T=题名，A=作者（责任者），K=关键词（主题词），Y=年（学位年度），S=文摘（摘要），F=指导老师，DTn=学位，DTu=学位授予单位，Tf=英文题名，DTa=英文文摘。

（4）报纸：T=题名，A=作者（责任者），K=关键词（主题词），NPd=出版时间，NPn=报纸名称。

（5）会议论文：T=题名，A=作者（责任者），K=关键词（主题词），Y=年（会议年度），S=文摘（摘要），C=分类号，CPn=会议名称。

6.3　SpringerLink 外文数据库

德国 Springer-Verlag（斯普林格）出版社是世界上著名的科技出版集团，通过 SpringerLink 系统提供其学术期刊及电子图书的在线服务，该数据库包括了各类期刊、丛书、图书、参考工具书以及回溯文档。SpringerLink 收录内容涵盖生命科学、医学、数学、化学、计算机科学、经济、法律、工程学、环境科学、地球科学、物理学、天文学等多个学科，是科研人员获取所需信息的重要信息源。

6.3.1 资源简介

SpringerLink 是通过 WWW 发行的电子全文期刊检索系统，该系统目前包括 2 900 多种期刊的电子全文，其中 200 多种为开放存取期刊。根据期刊涉及的学科范围，SpringerLink 将这些电子全文期刊划分成 12 个在线图书馆，分别是化学、计算机科学、经济学、工程学、环境科学、地理学、法学、生命科学、数学、医学、物理学和天文学。SpringerLink 的服务范围涵盖各个研究领域，提供超过 1 900 种同行评议的学术期刊、不断扩展的电子参考工具书、电子图书、实验室指南、在线回溯数据库以及更多内容。其首页如图 6-27 所示。SpringerLink 资源访问地址为 https://link.springer.com/。

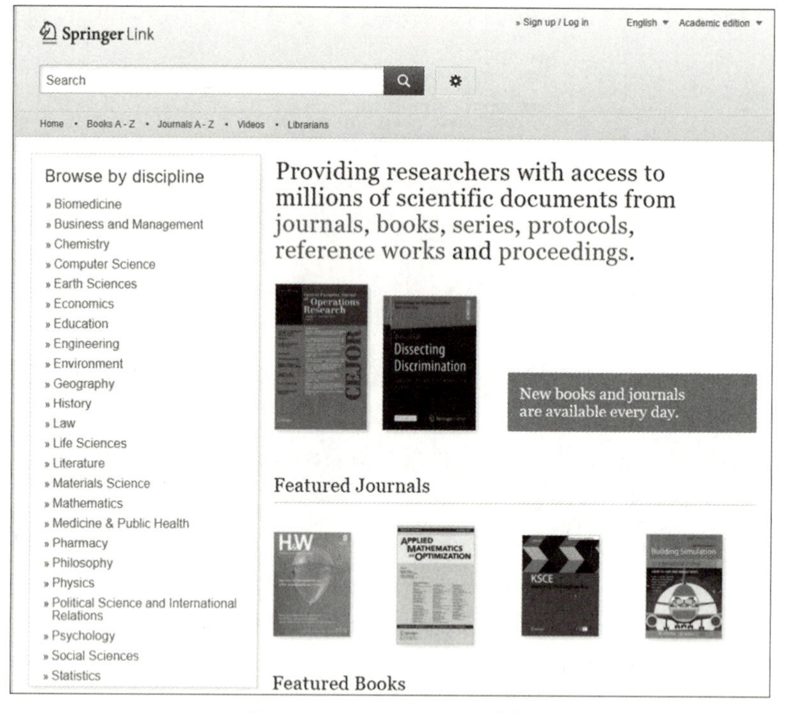

图 6-27 SpringerLink 首页

6.3.2 检索方式

SpringerLink 资源系统分为检索和浏览两大模块，主页的上方为检索模块，分为简单检索（按关键词全文检索）和高级检索两种，用户可以通过在系统提供的检索对话框内输入检索指令检索所需信息；主页的下方为浏览模块，用户可以通过单击左下方的不同学科进行浏览，也可以通过单击右下方的文献类型选择性浏览。

1. 分类浏览

SpringerLink 资源系统可按学科或内容类型浏览。

（1）按学科浏览。

用户单击感兴趣的学科，即可进入检索结果界面，显示该领域的所有内容。例如，选择“Materials Science”（材料科学），可以得到该领域的所有内容。按学科浏览如图 6-28 所示。

（2）按内容类型浏览。

用户可以通过文章、章节、参考文献条目、图书、会议论文集、期刊、实验室指南、丛书、参考文献等内容类型进行浏览，如图 6-29 所示。

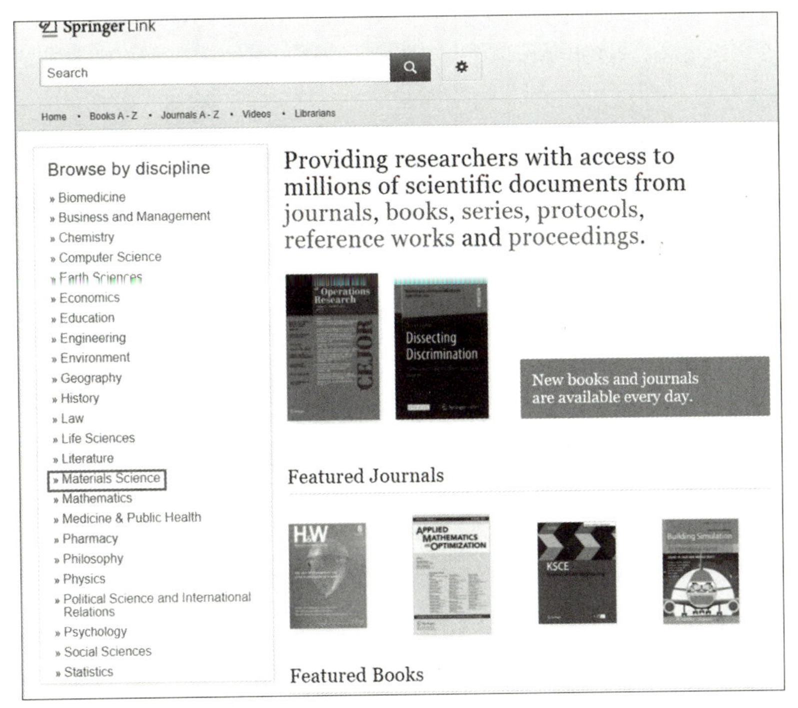

图 6-28　按学科浏览

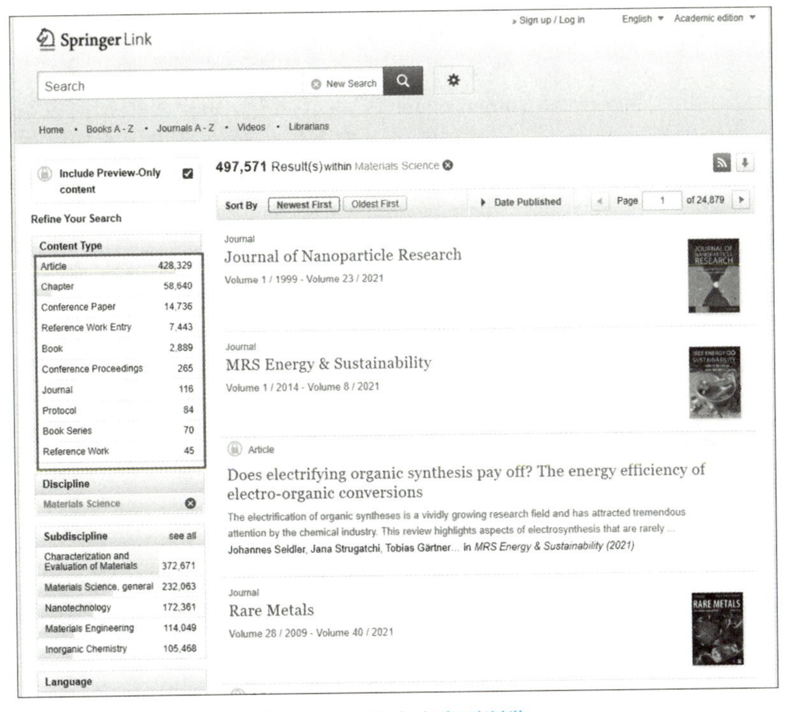

图 6-29　按内容类型浏览

2. 简单检索

简单检索界面非常简单，仅提供一个检索对话框，用户直接在检索对话框内输入检索指令，单击按钮，即可得出检索结果。简单检索有两种检索方式，即直接输入检索词进行检索和输入检索表达式进行检索。简单检索界面如图 6-30 所示。

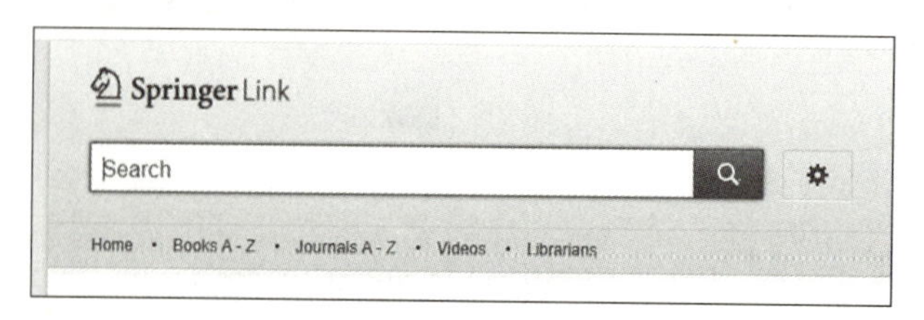

图 6-30　简单检索界面

（1）输入检索词进行检索。

简单检索不提供检索字段。字段默认值为全部，各检索词之间可根据需要运用逻辑“AND”“OR”“NOT”进行组配，空格相当于逻辑“AND”。如果用户对检索词所出现字段没有具体要求，则直接在检索对话框内输入检索词，然后单击按钮，即可得出结果。由于检索字段为系统默认的全部字段，因而采用这种方式检索得出结果的查全率最高，但查准率最低。

（2）输入检索表达式进行检索。

如果用户对检索结果有具体要求，则直接在检索对话框内输入满足检索需要的检索表达式，然后单击按钮，即可得出检索结果。

3. 高级检索

直接单击首页上方的按钮，选择“Advanced Search”，如图 6-31 所示，即可进入高级检索界面，如图 6-32 所示。高级检索界面提供 6 个检索对话框，前 4 个检索对话框所对应的指令为所输入检索词之间的逻辑组配关系，分别为“with all of the words”（逻辑“与”）、“with the exact phrase”（精确检索）、“with at least one of the words”（逻辑“或”）、“without the words”（逻辑“非”）；后 2 个检索对话框所对应的指令为检索项，分别为“Where the title contains”（标题）和“Where the author/editor is”（作者）。用户可根据需要在相应的检索对话框内输入相应的检索词，单击“Search”按钮，即可得出检索结果。高级检索界面各检索对话框之间的关系是系统默认的逻辑关系“AND”。

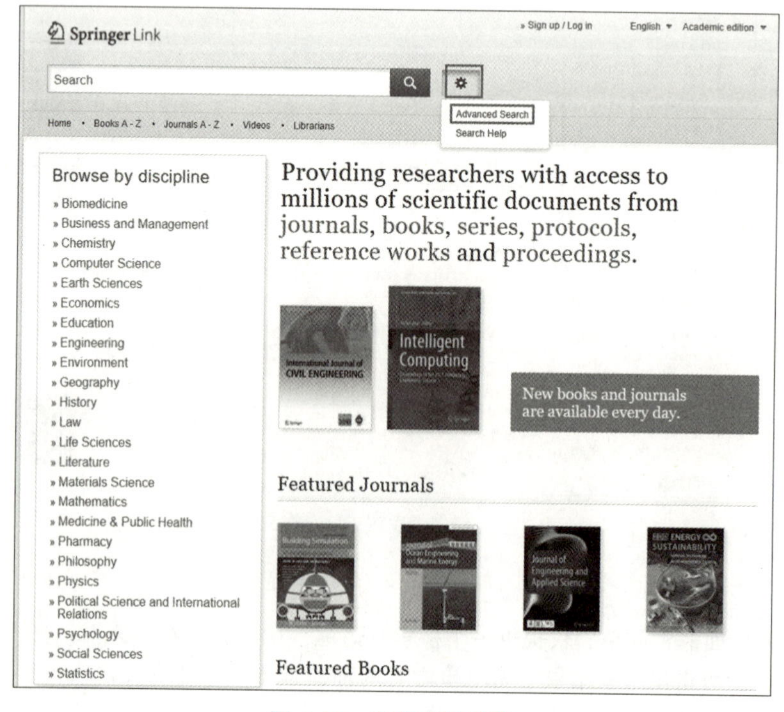

图 6-31　选择高级检索

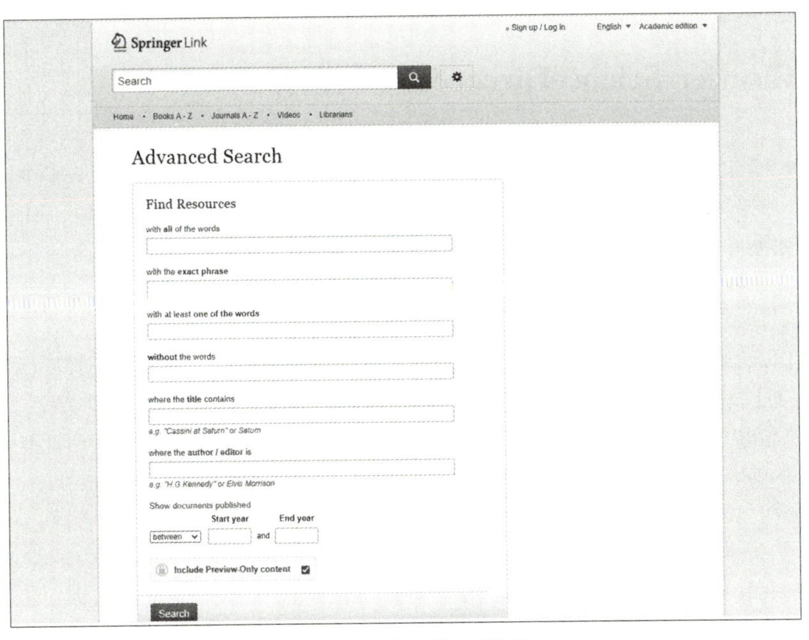

图 6-32　高级检索界面

检索结果中标题左上角无锁形图标的，用户才有权打开全文；结果标题左上角加锁形图标的，表示用户无权浏览全文。单击检索结果的文章名称，即进入浏览该篇文章详细文摘和全文预览页的界面；单击“Download Pdf”链接，即可浏览标题左上角无锁形图标的论文全文（必须先下载安装支持 PDF 格式的阅读器）。

用户如果希望仅查看自己的机构有访问权限的内容，可以取消勾选黄色复选框“Include Preview-Only content”，如图 6-33 所示。

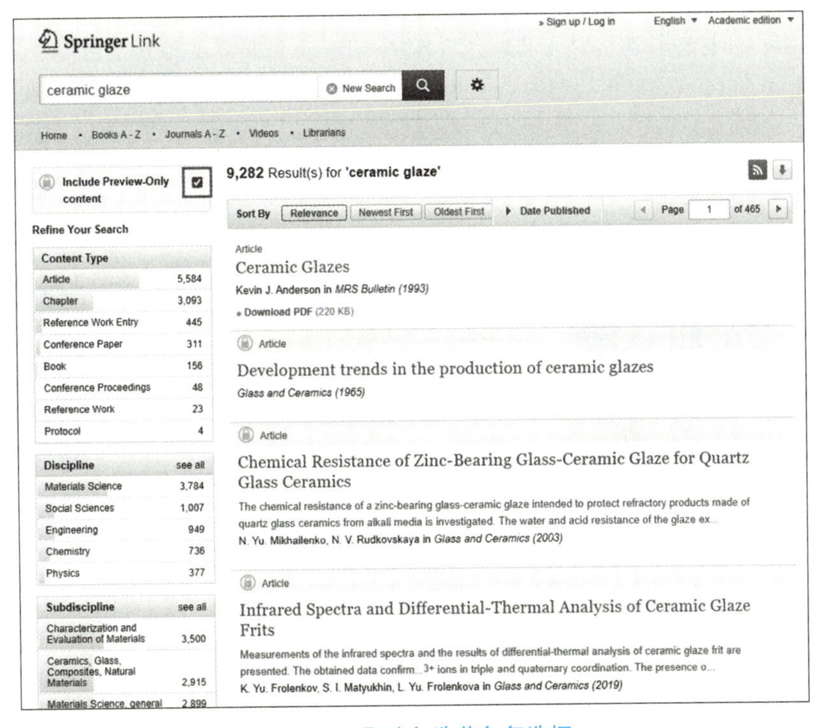

图 6-33　取消勾选黄色复选框

6.4 Elsevier ScienceDirect 外文数据库

荷兰爱思唯尔（Elsevier）出版集团是全球较大的科技与医学文献出版发行商之一，已有 180 多年的历史。产品包含 3 200 多种高质量的学术期刊，大部分期刊都是被 SCI、Ei 等国际公认的权威大型检索数据库收录的各个学科的核心学术期刊，涵盖了科学、技术以及医学领域的 24 个学科。

6.4.1 资源简介

ScienceDirect 数据库是爱思唯尔公司的核心产品，是全世界最大的 STM（科学、科技、医学）全文与书目电子资源数据库，包含超过 3 800 种同行评议期刊（其中活跃期刊约2 500种）与 35 000 多本电子书，共有 1 400 余万篇文献，包括全球影响力极高的《细胞》和《柳叶刀》等。在 ScienceDirect 平台上可以浏览 100 余位诺贝尔奖获得者的学术研究成果。这些文章来自权威作者的研究，由著名编辑群管理，并受到全球各地的研究人员的阅读和青睐。

爱思唯尔秉承严格的出版标准，遵循国际同行评议制度，提供全球顶尖的学术研究文章。根据 2018 年的 JCR 报告，ScienceDirect 自由全文库所含期刊有 82%被 SCI 收录，在 234 个细分学科中，有 66 本期刊占据第一位，668 本位列前十。

ScienceDirect 提供覆盖自然科学与工程、生命科学、健康科学、社会科学与人文科学 4 个领域 24 个学科的优质学术内容，涉及了化学工程、化学、计算机科学、地球与行星学、工程、能源、材料科学、数学、物理学与天文学、农业与生物学、生物化学、遗传学和分子生物学、环境科学、免疫学和微生物学、神经系统科学、医学与口腔学、护理与健康、药理学、毒理学和药物学、兽医科学、艺术与人文科学、商业、管理和财会、决策科学、经济学、计量经济学和金融、心理学、社会科学，以及学科交叉研究领域。

6.4.2 检索方式

下面以工程和材料科学学科为例来介绍 ScienceDirect 数据库的检索平台。输入网址：http://www.sciencedirect.com/，就可以打开 ScienceDirect 数据库的首页，如图 6-34 所示。

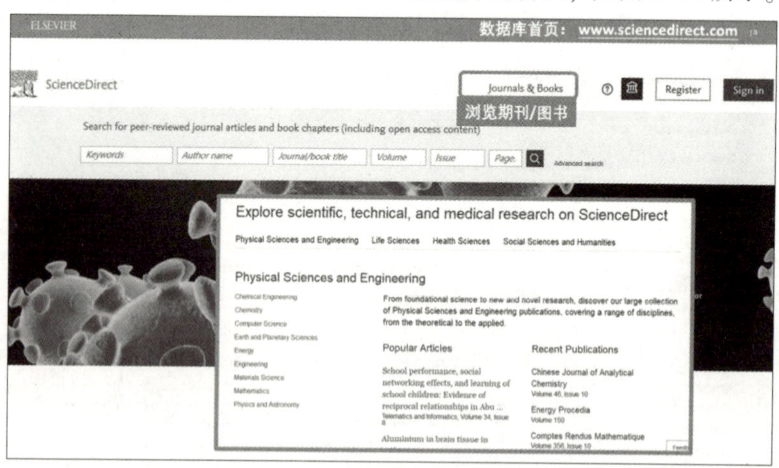

图 6-34 ScienceDirect 数据库首页

ScienceDirect 数据库检索界面简洁方便，分为简单检索和高级检索两种。

1. 简单检索

系统默认的检索界面就是简单检索界面，提供了"关键词""作者""刊名/书名""卷"

“期”和“页码”6 个检索字段，如图 6-35 所示。

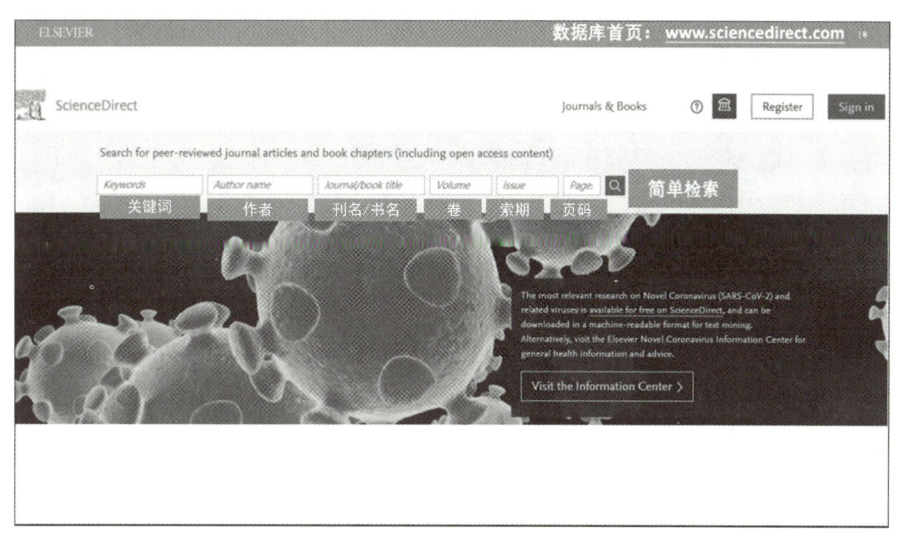

图 6-35　ScienceDirect 数据库简单检索界面

2. 高级检索

单击首页右上的“Advanced search”按钮即可进入高级检索界面，如图 6-36 所示。

图 6-36　ScienceDirect 数据库高级检索界面

高级检索提供了“全文中检索（支持检索式）”“刊名/书名”“年份”“作者”“作者机构”“卷”“期”“页码”“标题、文摘、关键词中检索”“标题”“参考文献”“指定期刊/图书”12 个检索字段，如图 6-37 所示。用户可根据需求同时选择多个检索字段进行检索。

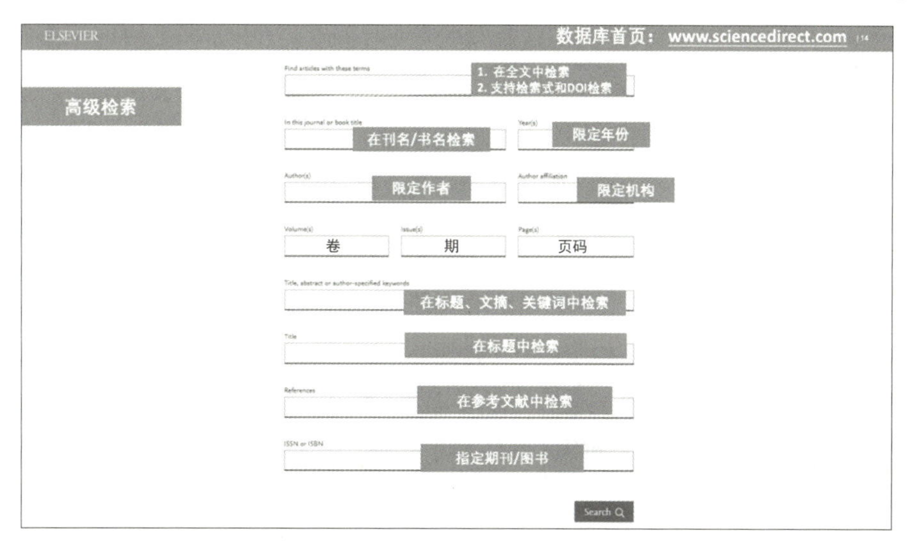

图 6-37　ScienceDirect 数据库高级检索界面

6.5 其他文献数据库

6.5.1 中华数字书苑图片库

中华数字书苑是方正阿帕比公司推出的华文数字内容整合服务平台，收录的资源包括电子书、数字报、工具书、年鉴、艺术图片库、对外经贸数据库等，可为用户提供在线阅读、全文检索、离线借阅、移动阅读、下载、打印等服务。

中华数字书苑图片库收录了数十万能代表世界艺术成就的艺术精品建立的艺术图片，其收录的图片清晰、精度高、还原好、数量多，并配有完整的文字说明。

中华数字书苑图片库覆盖美术、书法、考古、历史设计等艺术领域，分为中国美术馆、中国书法馆、中国民间美术馆、中国红色艺术馆、世界美术馆、中国出土器精品馆、中国老照片馆、中国古代设计馆、世界经典摄影艺术馆、中国经典画谱馆、中国珍贵古籍插图馆、中国历代服饰馆、世界经典商标设计馆、世界经典标识设计馆、中国近现代平面设计馆、美术字设计馆等艺术分馆，每个分馆下又再设若干个子馆。各用户访问中华数字书苑图片库的网址均不同，景德镇陶瓷大学用户输入 http://www.apabi.com/jcijx/? pid=picture.index 即可访问，景德镇陶瓷大学用户有中国美术馆、世界美术馆、中国出土器精品馆等 3 个艺术分馆的使用权，如图 6-38 所示。

图 6-38 中华数字书苑图片库

该平台提供初级检索与高级检索两种检索方式。初级检索界面即图片库首页的检索界面，在检索输入框中直接输入检索词或检索式即可进行检索。可以运用逻辑“与”运算符，用空格或 AND 作为逻辑运算符。检索结果提供按相关度、人名、标题排序的功能。在图片库首页单击“高级检索”按钮，即进入高级检索方式，检索项有标题、内容、作者，可以实现多项逻辑组合检索功能。

6.5.2　北大法宝数据库

北大法宝数据库是由北大英华科技有限公司和北京大学法制信息中心共同开发和维护的法律数据库产品。目前“北大法宝”6.0 版是最新版本，包括“法律法规”“司法案例”“法学期刊”“律所实务”“专题参考”“法宝视频”“英文译本”“检察文书”“司法考试”九大检索系统。北大法宝数据库首页如图 6-39 所示。

图 6-39　北大法宝数据库首页

1. 法律法规库

法律法规库的内容、更新、来源、检索方式和法宝联想如表 6-1 所示。

表 6-1　法律法规库的内容、更新、来源、检索方式和法宝联想

项目	说明
内容	收录自 1949 年至今的全部法律法规，包括中央法规司法解释、地方法规规章、法律动态、立法背景资料、合同与文书范本、中外条约、外国法律法规、港澳台法律法规、法规编注共 9 个子库
更新	每日更新 600 余篇，法律、行政法规发布后 3 日内更新，中央文件发布后 7 日内更新，地方文件 15 日内更新
来源	立法法认可的官方网站、政府公报、法规汇编，有关合作单位提供的文件

续表

项目	说明
检索方式	标题与全文关键词、日期、发布部门、法规分类、效力级别、时效性，多种条件组合检索，在检索结果中检索
法宝联想	提供法规或某法条的立法沿革，相关法规、案例、期刊论文，提供该法规英文译本标题；相关资料可以再次检索和筛选

2. 司法案例库

司法案例库的内容、更新、来源、检索方式和法宝联想如表 6-2 所示。

表 6-2　司法案例库的内容、更新、来源、检索方式和法宝联想

项目	说明
内容	收录中国大陆法院和裁决机构公布的裁决和案例，包括案例与裁判文书、案例报道、仲裁裁决与案例、公报案例、案例要旨 5 个子库
更新	司法案例实时更新，平均每日更新 3 万余篇
来源	精选收录全国各级人民法院公布的各类裁判文书，主要包括最高人民法院和最高人民检察院（简称两高）发布的指导案例、两高从创刊号开始至今出版的公报上登载的案例、全国公开出版的上百余种案例类书籍中的裁判文书及社会关注度高的热点案例、案例报道及仲裁裁决案例
检索方式	根据用户需求提供全方位检索、检索结果筛选功能，并独家推出个案系统呈现、案例关联帮助系统
法宝联想	直接印证案例中引用的法律法规和司法解释，还可链接与本法规或某法条相关的所有法律法规、司法解释、案例、条文释义、法学期刊、英文译本等

3. 法学期刊库

法学期刊库的内容、更新、来源和检索方式如表 6-3 所示。

表 6-3　法学期刊库的内容、更新、来源和检索方式

项目	说明
内容	收录 131 种专业法学刊物，大部分为国内双核心期刊，各刊内容覆盖创刊号至今发行的所有文献
更新	每月数据更新 1~2 次，月更新数量 600 余篇
来源	收录期刊的标准主要依据以下 4 种版本：①南京大学与中国社会科学研究评价中心联合编辑出版的《中文社会科学引文索引》；②北京大学图书馆与北京高校图书馆期刊工作研究会联合编辑出版的《中文核心期刊要目总览》；③中国社会科学院的《中国人文社会科学核心期刊要览》；④武汉大学编辑的《武汉大学 RCCSE 核心期刊目录》
检索方式	用户可以按照文章标题、作者、作者单位、法学类别、期刊名称、期刊年份等进行导航浏览，可按照标题、作者、作者单位、分类、关键词、摘要、期刊年份、期号内容、期刊名称进行检索

4. 律所实务库

律所实务库的内容、更新、来源和检索方式如表 6-4 所示。

表 6-4　律所实务库的内容、更新、来源和检索方式

项目	说明
内容	整合实务类文献资源，收录杂志社法律实务类刊，律师事务所所刊、出版物、律师文章等。根据所属律所、刊物类别、专业领域、学科类别等分类导航

续表

项目	说明
更新	每月数据更新 1~2 次，月更新数量 1 000 余篇
来源	合作机构有《中国律师》杂志社、金杜律师事务所、北京岳成律师事务所、北京市盈科律师事务所、北京市中凯律师事务所等 63 家律所，文章 22 106 篇
检索方式	可按照标题、全文、刊物名称、律师名称、律所名称、专业领域、学科分类、刊物年份、期号、中文关键词、摘要进行检索

5. 专题参考库

专题参考库的内容、更新、来源、检索方式和法宝联想如表 6-5 所示。

表 6-5　专题参考库的内容、更新、来源、检索方式和法宝联想

项目	说明
内容	内容涵盖裁判标准、办案艺术与技巧、法律依据与精要、实务专题、法学文献、中国法律年鉴及法学教程
更新	根据出版物合作更新，法学文献实时更新
来源	最高人民法院专家型法官编写的《民商事裁判标准》系列丛书、专家点评的案例、著名法学家学术论文、核心法学教程丛书
检索方式	标题与全文关键词、主题分类，多种条件组合检索，高级检索，在检索结果中检索
法宝联想	提供实务专题中法规英文译本标题，且提供法规或某法条的立法沿革、相关法规、案例、期刊论文等相关资料，相关资料可以再次检索和筛选

6. 法宝视频库

法宝视频库汇集实习律师和执业律师职业素能、专业知识和实务操作等精讲视频，荟萃知名律师实战经验，网罗各级司法机关办案实务，云集学术最新理论与研究的精品演讲课程。根据资源使用的不同对象及群体特征，其分为法学学科、法律部门、企业法律顾问、律师业务、法院业务、检察业务、职业素能 7 个大类，32 个子类。

7. 英文译本库

英文译本库包括法律法规、司法判例、中外税收协定、公报、法律新闻、中国白皮书、法律期刊、中国法律年鉴等数据的英文译本。内容包括以下 3 个方面：①法律、行政法规、司法解释，涉外、涉及重要领域改革开放的法规性文件、部门规章、地方性法规、地方政府规章，规范性文件；②指导性案例、最高法院公报创刊以来刊登的所有案例、重要涉外商事海事案例、知识产权典型案例；③中英文期刊、英文期刊、中文期刊英文目录、中国法律年鉴英文版、中外税收协定、白皮书、英文公报目录。其提供中英文检索、标题与全文关键词、日期、发布部门、主题分类、效力级别、时效性，多种条件组合检索，在检索结果中检索。

8. 检察文书库

检察文书库包括法律文书和案件信息两个子库，收录了各级人民检察院陆续公布的检察法律文书和重要案件信息，涉及反贪、反渎、侦监、公诉、申诉、民事、死刑复核、铁路检察、刑事执行等九大类案件，目前数据总量为 6 764 234 篇，日更新量为 1 000 篇左右。除对数据进行精细整理外，还将检察文书与裁判文书、专题参考等进行关联，具有更好的集聚效应，为用户提供更加便捷的专业信息服务。

9. 司法考试库

司法考试库包括在线答题、重点法条、法律汇编、考试大纲、法律文书、视频资料、我的法考等7个部分，将真题、法律法规、重点法条相互链接，方便查询与测试。在线答题系统，全真模拟考试现场，真题和模拟题全部以整张试卷形式展示，考试计时、提醒交卷、强制交卷等完全模拟法考的真实考场，方便考生真实地完成法考的自我测试。其还提供收藏试卷、试题、错题和重点法条的强大功能，题目浏览切换便捷。

输入网址 http://www. pkulaw. com/即可进入北大法宝数据库。该平台提供多种检索方式：基础检索、检索结果筛选、结果中检索、高级检索。除支持各子库单库检索外，还支持全库检索。

基础检索：可选择标题检索，检索框中输入检索关键词，即可检索出标题中含有检索关键词的数据。北大法宝可选择全文检索方式，文件全文内容中包含所输入关键词的都会被检索出来，在全文检索条件下，勾选“同段”，检索框中输入的两个及两个以上关键词必须同时出现在同一段中。若勾选“同句”，即所有检索词必须同时出现在同一句中。

检索结果筛选：界面左侧设置聚类分组，直接单击分组标题即可对右侧检索结果数据进行筛选。如法律法规库中通过标题检索“民事诉讼法”，单击左侧“发布年份”中“2021”，右侧即只显示2021年有关民事诉讼法的法律法规。

结果中检索：在上一次检索结果的基础上，再进行一次关键词检索，进而进行结果筛选。

高级检索：设置不同字段，通过字段设置限制检索结果。同时，高级检索支持自定义设置保存，检索框中输入或者选择条件，单击下方“保存检索条件”按钮，命名后即显示在“我的检索条件”中，以便下次使用。

北大法宝数据库支持使用逻辑运算符，在使用标题和全文关键词查询时，可以运用逻辑运算符来精确检索结果，如表6-6所示。

表6-6 北大法宝数据库查询

查询要求	逻辑运算符	范例
包含所有多个关键词	*或空格	在标题查询框中输入：证券*上市，查询结果为所有标题中同时包含“证券”和“上市”两个关键词的文件
至少包含多个关键词之一	+	在法规全文或文件全文框中输入：证券+上市，查询结果为所有正文中至少包含“证券”和“上市”其中一个关键词的文件
不包含运算符后的关键词	!	在法规全文或文件全文框中输入：证券！上市，查询结果为所有正文中至少包含“证券”但不包含“上市”的文件

在两个检索词之间输入“~N”，表示检索结果两个检索词之间间隔不能超过 N 个汉字，标题、全文和定位检索都可以限定。例如，“合同~2 纠纷”即表示两词之间不可超过2个汉字。

6.5.3 新东方多媒体学习库

新东方多媒体学习库是由新东方在线推出的“一站式”综合学习平台。该平台凝聚了新东方教育科技集团多年的教学精华，内容涵盖国内考试、应用外语、出国考试、实用技能、大学生求职和职业认证与考试等6个大类，可以满足在校大学生考试、外语学习、出国、求职等多种实际需求。新东方多媒体学习库首页如图6-40所示。

新东方多媒体学习库的课程由新东方面授班原课堂录制下来并经过后期多媒体技术制作而成，互动性强，采用音频、视频形式，由新东方名师讲授，能满足不同层次读者的不同学习需求。其具体课程如下。

（1）国内考试类：大学英语四级、大学英语六级、考研英语、考研政治、考研数学。

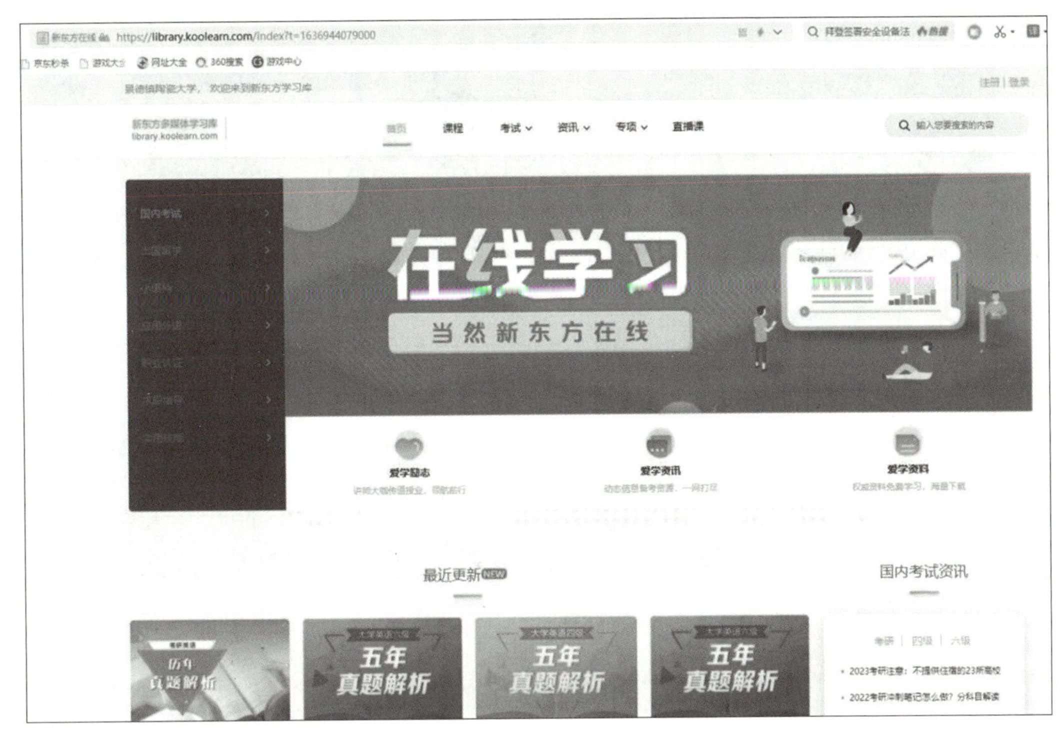

图 6-40　新东方多媒体学习库首页

（2）应用外语类：新概念英语、英语语法、英语词汇、英语口语、商务英语、日语、韩语、德语、法语、西班牙语。

（3）出国考试类：TOEFL 课程、GRE 课程、GMAT 课程、IELTS 课程、出国文书写作。

（4）职业认证/考试类：大学生求职指导、大学生实用技能、程序设计、平面设计、三维设计、网络管理、网页设计、英文法律法规等。

（5）实用技能与求职类：IT 实用课程、英文法规和求职指导。

输入网址 http://library. koolearn. com 即可进入新东方多媒体学习库，该平台提供检索与浏览功能。

新东方多媒体学习库的课程可按照课程名称进行检索，在检索框中输入关键词可以搜索到名称中含有该关键词的所有课程。

新东方多媒体学习库的课程可以按照“国内考试”“出国留学”“小语种”“应用外语”“职业认证”“求职指导”“实用技能”等大类或子类进行浏览。

6. 5. 4　全球案例发现系统

全球案例发现系统（Global Cases Discovery System，GCDS）是由北京华图新天科技有限公司研发的大型案例文献数据库集群。GCDS 整合了世界众多知名案例研究机构的研究成果，定位于为从事案例开发和案例教学的用户提供一站式检索和传送服务，其首页如图 6-41 所示。

GCDS 提供案例全文、案例素材和案例索引 3 种类型的文献数据，以满足用户在案例教学和案例开发中的全面需求，由以下 7 个数据库组成。

（1）工商管理专业类：《中国工商管理案例库》《工商管理案例素材库》《全球工商管理案例在线》。

（2）公共管理专业类：《中国公共管理案例库》《公共管理案例素材库》《全球公共管理案例在线》。

图 6-41　GCDS 首页

（3）图书情报：《图书情报案例库》。

输入网址 www. htcases. com 即可进入 GCDS，该平台提供了简单检索和高级检索两种检索途径。

简单检索是类似搜索引擎的检索方式，检索者只需要输入所要找的检索词，不限于标题、作者、关键词等内容，单击“检索”按钮进行检索，就可查到与检索词相关的文献。

高级检索功能包括字段检索、布尔逻辑检索（与、或、非）等，实现精确查找数据的功能。检索字段有标题、作者、关键字、出版日期、摘要、文章来源等。

6. 5. 5　大成老旧刊全文数据库

大成老旧刊全文数据库收录了清末到 1949 年近百年间中国出版的 7 000 多种期刊，共 14 万余期，目前最早收录期刊的年限可以追溯到 1892 年。资源按照《中国法》进行分类，主要的学科有晚清民国史、近代文学史、教育学、近代艺术、汉语文化、思想史、社会学、经济学、新闻史、政治学、法律、哲学、科技史等。

输入网址 http://ibe. cei. cn/即可进入数据库首页，包括《大成故纸堆全文数据库》《大成民国图书全文数据库》《大成近现代报纸数据库》《中国各地古方志集》《大成古籍文献全文数据库》《中共党史期刊数据库（—1949）》《大成老照片数据库》等 7 个数据库，可以选择单库进行检索。首页具有 3 个功能，分别是检索功能、子库跳转功能和辅助工具区，如图 6-42 所示。首页的检索框和检索结果界面的检索框的检索范围是除老照片库外所有子库内容。检索字段有全部、题名、作者。检索条件如果选择全部则检索的关键词包涵了文章名、作者名、文章来源等。检索关键词：检索关键词可以使用单个检索关键词，如“民国”，也可以使用复合检索关键词，如“民国 北平”。

大成老旧刊全文数据库提供分类浏览和检索两种功能。分类浏览按照《中国法》进行分类，共 21 个大类，单击“分类”后即可跳转到该类的刊名列表界面。检索平台分为“按篇检索”和

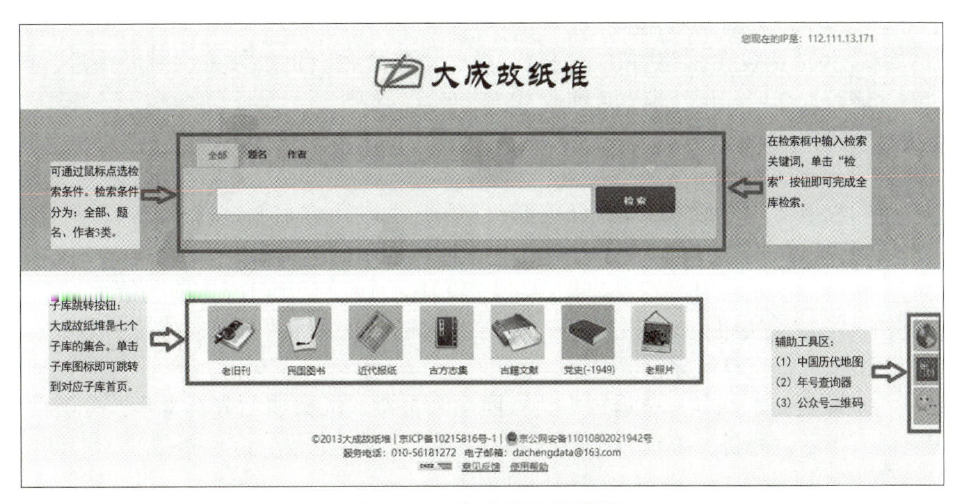

图 6-42　大成故纸堆首页

“按刊检索”两大类。“按篇检索”的条件下，选择“题名”“作者”“刊名”；“按刊检索”的条件下，选择“刊名”“年代”“创刊地”“出版者”，高级检索方式可以实现多个检索字段的布尔逻辑检索。

6.5.6　中经专网

中经专网（中国经济信息网）由国家信息中心主办，内容涉及经济的监测、分析、研究、数据、政策、商情等各方面，分为 188 个大类、1 200 个小类。中经专网分别从宏观、行业、区域等角度，全方位监测和诠释经济运行态势，为政府、企事业、金融、学校等机构把握经济形势、实现科学决策，提供信息服务，如图 6-43 所示。

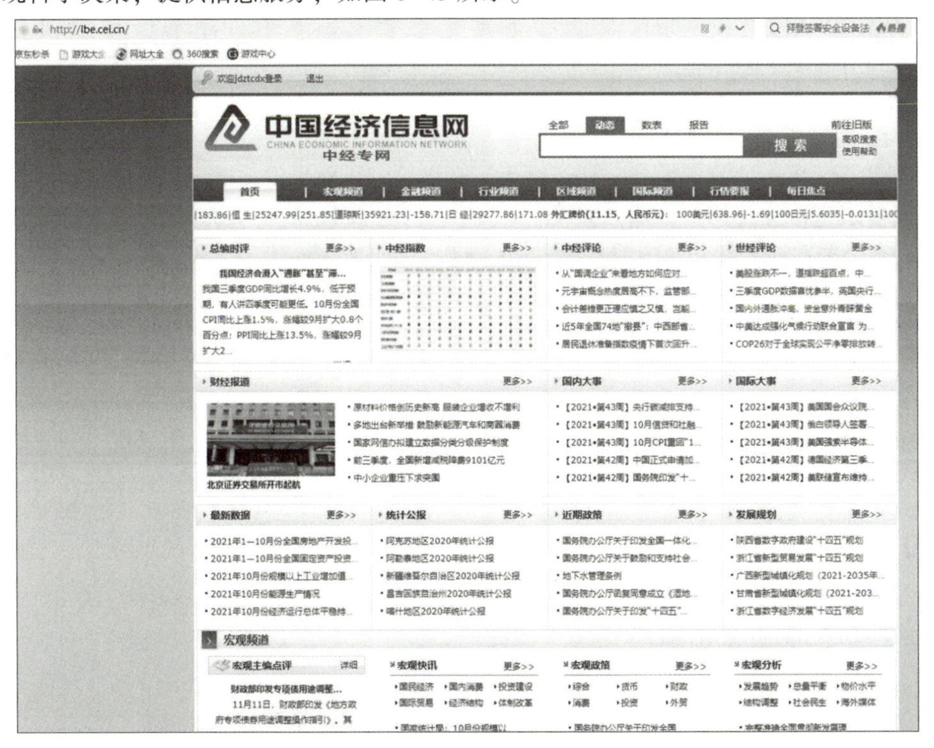

图 6-43　中经专网首页

中经专网包括以下信息内容。

（1）综合频道：包含总编时评、中经指数、中经评论、世经评论、财经报道、国内大事、国际大事、最新数据、统计公报、近期政策、发展规划等栏目，反映整体经济领域态势，汇集国内外著名研究机构的分析观点。

（2）宏观频道：汇编宏观经济报道、经济政策，点评宏观经济运行中的热点问题，及时发布典型分析和权威部门公布的各类统计数据和指数。分类内容主要包括主编点评、提示、分析、统计、指数、快讯、政策、周评等。

（3）金融频道：汇编金融运行中若干热点问题和报道。分类内容主要包括主编点评、提示、分析、统计、指数、快报、政策、周评；同时按照银行、基金、外汇、保险、信托、股票、期货、债券、票据、黄金等细分领域组织信息内容。

（4）行业频道：汇编各行业运行中热点问题和报道，汇集典型分析文章。分类内容主要包括主编点评，提示，分析，统计，指数（景气指数、信心指数、运价指数），快讯，政策，周评；同时，按照 15 个国标行业分类组织信息内容。

（5）区域频道：汇集国家经济信息系统提供的经济分析文章，发布国家统计局、各省区市统计局、副省级城市和计划单列市统计局等权威部门公布的统计数据，以及著名研究机构的区域经济分析文献；同时，按照行政区划组织信息内容。

（6）国际频道：提供著名新闻机构时政新闻、国际权威机构分析预测、国际市场动向和国际经济统计数据。分类内容主要包括各类国际经济指数、国际经济快讯、各国经济政策信息和国际经济点评分析等。

（7）行情要报：包括 CPI/PPI、证券、资金、外汇、大宗商品等的市场行情及趋势，聚焦价格波动，使用户迅速、全面了解市场最重要的行情变化和趋势走向。

（8）每日焦点：注重信息重要性和时效性；以中央部委和国内外重要媒体信息为素材，以长期经济研究积淀为支撑，每个工作日提炼整合数十篇短小精悍的财经资讯，使用户能掌握当日最重要的财经动态。

输入网址 http://ibe. cei. cn/即可进入检索系统。该检索平台提供初级检索、高级检索、在结果中检索 3 个功能。

初级检索：按事物的属性分为全部、动态、数表、报告 4 个方面。直接在输入框中输入搜索的关键词，按“搜索”按钮即可。

高级检索：单击“高级检索”按钮进入，高级检索界面提供关键词、栏目、排序、发布时间 4 个方面的限定。关键词可以输入多个，多个关键词之间是或的关系用“，”隔开，如“经济，信息”；多个关键词之间是且的关系用“；”隔开，如“经济；信息”。

在结果中搜索：在检索结果界面，勾选“在结果中查询”的复选框，再输入关键词进行搜索，就会在已有的结果集中查询。

6.6 慕课（MOOC）

6.6.1 MOOC 的概念

MOOC 英文直译为大规模在线开放课程，我国学者一般称为“慕课”。其中，“M”是 Massive 的缩写，即大规模的意思。大规模包括 3 层含义：①课程的内容庞杂；②课程所容纳的学生数量多；③影响力扩大，学习该课程的人数越来越多。传统课程只有不足几百或者更少的学生来听课，而 MOOC 则不同，在网络上可以做到上万人观看学习，目前最多的已经达到 16 万人。“O”为 Open 的首字母，即为开放，也就是说，课程在网络上向所有人开放，只要想学习就可通过网络来获得课程参与权，不分年龄、地域、层次，只需通过邮箱注册就可以参与其中进行学习。第二个“O”表示 Online，是在线的意思，这些课程都是借助于多媒体提供可观看的视频和可交流的社区等平台，使用户能同时在线学习。“C”是 Courses 的缩写，即课程的意思。

MOOC 是一种全新的在线教育形式，无论在世界的任何角落，只要有网络，任何人都能免费注册，自由选择想要修读的课程，享受与哈佛、耶鲁一样的优质教学资源，具有与线下课程类似的作业评估体系和考核方式，按时完成作业和考试的学习者还可能获得课程证书。MOOC 的概念最早在 2008 年由一位加拿大学者提出。到 2012 年，随着 Coursera、edX 等几大课程平台的崛起，MOOC 迅速成为全球热门的教育话题之一，给予传统教育模式以极大冲击，并掀起了全球 MOOC 热潮，至今仍有愈演愈烈的趋势。2013 年开始陆续有中国高校加入 Coursera 和 edX 平台。

6.6.2 MOOC 的特点

1. 大规模

MOOC 的规模之大，一是体现在其丰富的在线课程资源上，在 MOOC 提供商 Coursera、edX 等平台上，可以接触到来自全球各个顶尖高校的大量课程，涉及高等教育的各个学科；二是体现在其工具资源多元化上，MOOC 课程整合多种社交网络工具和多种形式的数字化资源，形成多元化的学习工具资源；三是体现在其课程受众面广，突破传统课程人数限制，能够满足大规模课程学习者的学习需求，热门课程动辄有十几万人注册，同时有数万人在线同步听课、讨论、完成作业。

2. 系统的教学体系

这是 MOOC 区别于其他视频公开课的特征所在。Coursera、edX 等平台上的课程非常接近于传统课堂，有开课和结课时间，有相应的课程作业和期末考试，老师和同学可以在线交流，它强调完整的在线教学过程。如同在实体大学一样，学生需注册后才能看到课程视频和资料，通常每周一章，平时学生一周需要花上 3~10 h 听课、学习、做作业、进行作业互评。全部课程结束之后，如果分数达到要求，就可以获得结课证书。有些学校已经开始考虑或接受 MOOC 学分。在 LinkedIn 上，用户可以上传 MOOC 证书，作为继续教育资历或专业能力的一种证明。公开课和开放课件、开放教材一样是一种“学习资源”，而 MOOC 是一种“学习服务”。MOOC 与公开课最大的不同就在这里。

3. 注重学习体验的教学设计

MOOC 课程绝不是单纯地把线下的课程搬到线上这么简单，而是需要重新设计课程，以适应线上的学习模式。因为大型开放式网络课程有相当高的学生/教师比例，需要能促进大量回应和互动的教学设计。在 MOOC 里，为了保证学生线上学习的专注，单个视频常被切割到 10~20 min，甚至更短。同时，在讲课期间，通常会穿插一些提问，学生只有在视频上作答之后，才能继续观看。论坛是 MOOC 非常重要的环节，课程作业也需要精心设计，MOOC 平台真正起到了将大学、讲师、学习者和社会连接到一起的作用。

6.6.3 国内外 MOOC 平台

1. 中国大学 MOOC（http://www.icourse163.org）

中国大学 MOOC 是由网易与高等教育出版社携手推出的在线教育平台，承接教育部国家精品开放课程任务，向大众提供中国知名高校的 MOOC 课程，上线于 2014 年 5 月。在这里，每一个有意愿提升自己的人都可以免费获得更优质的高等教育。平台有来自 39 所 985 高校的优质课程，使学习者与名师零距离。中国大学 MOOC 是全新完整的在线教学模式，定期开课，简短视频，提交作业，与同学、老师交流，进度随用户掌握。当用户完成课程学习后，可以获得讲师签名证书。这些证书不仅仅是一种荣耀，更是用户成长的里程碑。

中国大学 MOOC 平台有 PC 版和移动版，PC 版首页如图 6-44 所示，移动版首页如图 6-45

所示，注册后可学习课程。

图 6-44 中国大学 MOOC 平台首页（PC 版）

图 6-45 中国大学 MOOC 平台首页（移动版）

2. 学堂在线（http://www.xuetangx.com）

慕华（北京）网络技术有限公司旗下的学堂在线是免费公开的 MOOC 平台，是教育部在线教育研究中心的研究交流和成果应用平台，致力于通过来自国内外一流名校，如清华大学、麻省理工学院（MIT）、莱斯大学（Rice）、加州大学伯克利分校（UC Berkeley）、韦尔斯利学院（Wellesley）等学校开设的免费网络学习课程，为公众提供系统的高等教育，让每一个中国人都有机会享受优质的教育资源。通过与清华大学在线教育研究中心以及国内外知名大学的紧密合作，学堂在线将不断增加课程的种类和丰富程度。

学堂在线平台 PC 版首页如图 6-46 所示，注册后可学习课程。

图 6-46　学堂在线平台首页（PC 版）

3. 好大学在线（http://www.cnmooc.org）

好大学在线是上海交大自主研发的中文 MOOC 联盟的官方网站，致力于打造中国顶尖的 MOOC 学习平台，好大学在线平台首页（移动版）如图 6-47 所示，2014 年 4 月 8 日正式上线。联盟是部分中国高水平大学间自愿组建的开放式合作教育平台，为公益性、开放式、非官方、非法人的合作组织，旨在通过交流、研讨、协商与协作等活动，建设具有中国特色的、高水平的大规模在线开放课程平台，向成员单位内部和社会提供高质量的 MOOC 课程。

图 6-47　好大学在线平台首页（移动版）

好大学在线平台首页（PC版）如图6-48所示，好大学在线平台首页（移动版）如图6-49所示，注册后可学习课程。

图6-48　好大学在线平台首页（PC版）

4. Coursera（http://www.coursera.org）

Coursera是2012年7月斯坦福大学的两位计算机教授达夫妮·科勒（Daphne Koller）和安德鲁·恩格（Andrew Ng）创办的，该平台致力于开展免费大型公开在线课程项目，旨在与世界顶尖大学合作，在线提供免费的网络公开课程。Coursera的每门课程都由来自世界上最好的大学和教育机构的顶尖教师授课。课程包括录制视频讲座、自动评分和同行评议的作业，以及社区讨论论坛。完成课程后，用户将收到可共享的电子课程证书。Coursera的首批合作大学包括斯坦福大学、密歇根大学、普林斯顿大学、宾夕法尼亚大学等美国名校。科目包括有计算机科学、数学、商务、人文、社会科学、医学、工程学和教育等。

Coursera平台首页（PC版）如图6-50所示，注册后可学习课程。

5. edX（http://www.edx.org）

edX是麻省理工学院和哈佛大学在2012年共同创办的非营利性组织，目标是与世界一流的顶尖名校合作，建设全球范围内影响力最大、最为著名的在线课程。edX课程讲师皆出自一流大学，具有较高水平的科研和教学经验，能够充分、有效地开发在线课程资源，资源主要包括非视频资源与视频资源。这些资源一般由教学大纲、教学进度和教学课件等组成，有些平台还提供在线测试、作业、在线问答、虚拟实验、电子材料、动画模拟等丰富的补充讲座内容。平台课程主题涵盖生物、数学、统计、物

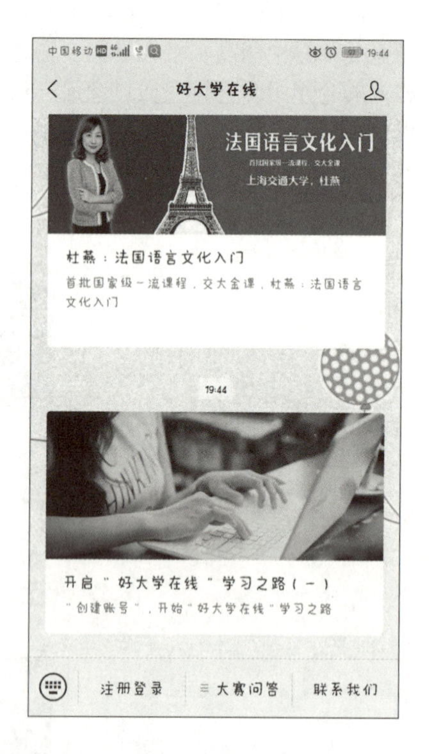

图6-49　好大学在线平台首页（移动版）

图 6-50　Coursera 平台首页（PC 版）

理、化学、电子、工程、计算机、经济、金融、文学、历史、音乐、哲学、法学、人类学、商业、医学、营养学等多个学科。

edX 平台首页（PC 版）如图 6-51 所示，注册后可学习课程。

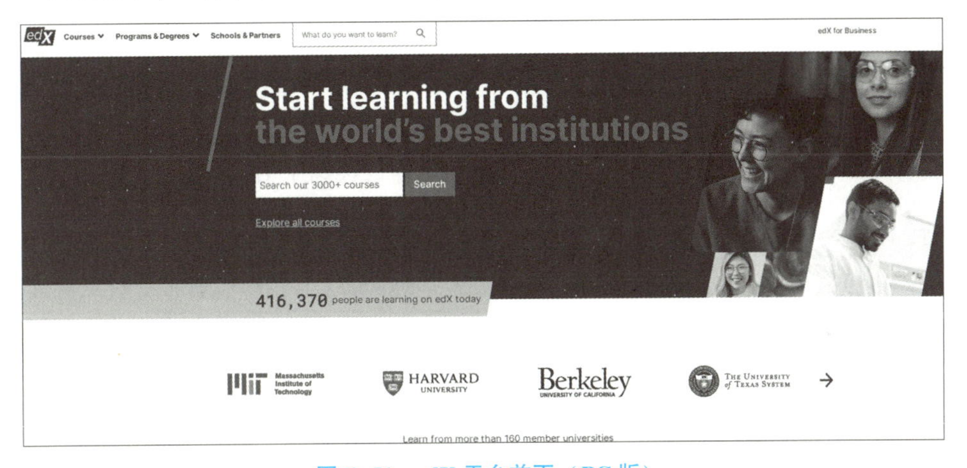

图 6-51　edX 平台首页（PC 版）

习　题

1. 了解中国知网、汇雅书世界、SpringerLink、Elsevier ScienceDirect 等数据库，熟悉各个平台的检索界面及主要检索方式。
2. 列举学校图书馆拥有使用权限的中国知网数据库名称及其收录的主要内容。
3. 在中国知网全文期刊数据库中查找学校的一位老师被该数据库收录的学术论文情况。
4. 如何利用中国知网查找本专业的中文核心期刊？
5. 如何使用超星阅读器和 CAJ 阅读器中的文本识别或图像识别工具？

第 7 章

专利文献数据库

7.1 专利基础知识

1474 年 3 月，威尼斯共和国颁布了世界上第一部专利法。英国于 1624 年、美国于 1790 年也通过了专利法。随后，法国于 1791 年，俄国于 1870 年，德国于 1877 年，日本于 1885 年都相继建立了专利制度。据统计，全世界实行专利制度的国家和地区 1900 年有 45 个，1958 年有 99 个，1980 年有 158 个，到目前已达 175 个。

我国于 1980 年 1 月经国务院批准成立专利局。1983 年 8 月国务院常务会议审查通过经多次研究修改的专利法（草案），1984 年 3 月在第六届人大常委会第四次会议上正式通过了《中华人民共和国专利法》，1985 年 4 月 1 日起正式生效。1992 年 9 月对专利法作了第一次修正，修正后的专利法于 1993 年 1 月 1 日起实施。2000 年 8 月对专利法作了第二次修正，修正后的专利法于 2001 年 7 月 1 日起实施。2008 年 12 月对专利法作了第三次修正，修正后的专利法于 2009 年 10 月 1 日起实施。

7.1.1 专利

1. 专利的基本概念

专利是专利法中最基本的概念。公众对它的认识一般有 3 种：一是指专利权，二是指受到专利权保护的发明创造，三是指专利说明书。

（1）专利权。

从法律角度来说，专利权是指由国务院专利行政部门依照专利法的规定，对符合授权条件的专利申请的申请人，授予一种实施其发明创造的专有权。

（2）受专利法保护的发明创造。

受专利法保护的发明创造也就是专利技术，它有 2 个特点：一是它必须具备专利法规定的新颖性、创造性和实用性条件，二是它的技术内容必须详细记录于专利说明书中。专利说明书由各国专利行政部门公开出版发行，任何人均可购买订阅。因此，从技术的角度来说，专利技术是不保密的，任何人都可以得到，但却是不能随意使用或仿造的技术。

（3）专利说明书。

专利说明书记载着发明创造的详细内容和受专利法保护的技术范围，它既是法律文件，又是价值较高的技术情报。

2. 专利权的特点

专利权是知识产权的一种，属于无形财产，它与有形财产的产权相比有其独特的特点。

(1) 专有性。

专有性又称独占性。专有性是指专利权人对其发明创造所享有的独占性的制造、使用、销售和进口的权利。也就是说任何单位或者个人未经专利权人许可，都不得实施其专利，即不得以生产经营为目的制造、使用、许诺销售、销售、进口其专利产品，或者使用其专利方法以及使用、许诺销售、销售、进口依照该专利方法直接获得的产品。否则，就是侵犯专利权。

(2) 时间性。

专利权的时间性是指专利权只在其保护期限内有效，期限届满或专利权已经终止的就不再受专利法保护，该发明创造就成了全社会的共同财富，任何人都可以自由利用。我国专利法规定发明专利权的保护期限为 20 年，实用新型专利权和外观设计专利权的保护期限为 10 年，均自申请日起计算。

(3) 地域性。

专利权的地域性是指一个国家授予的专利权，只在该授予国的法律管辖的地域内有效，对其他国家没有任何法律约束力。每个国家所授予的专利权，其效力是互相独立的。

7.1.2　专利法

专利法是一个独立部门法，由国家制定，在本国地域内有效。各国专利法不仅都规定了专利权的产生、变更、消失等的必要条件以及申请人、专利权人等应尽的义务，同时也规定了有关专利权的申请、审查、批准的手续以及有关实施专利和公开发明内容的方式、方法等。

1. 专利的归属

专利的归属就是明确专利权授予谁的问题，也就是专利法的主体。

(1) 专利申请人、专利权人及发明人。

专利申请人、专利权人及发明人是不同的概念。专利申请人是专利申请阶段权利的主体；专利权人是专利权授予后权利的主体；而发明人是对发明项目做出创造性贡献的人，其他辅助人员不能作为发明人。

一般情况下，专利权人与专利申请人是一致的，即其专利申请被授予专利权后，专利申请人就成为专利权人。但并不是每件专利的申请都能被授予专利权，有些专利申请人若其专利未被授予专利权就不能成为专利权人。如果申请人在专利权授予之前就将取得专利的权利转让给另一个人，那么后者则成为专利权人。

发明人的发明若属于职务发明，则发明人不能作为专利申请人，也就不能成为专利权人；若其发明属于非职务发明则可作为专利申请人。

(2) 职务发明与非职务发明。

①职务发明。

我国专利法规定：发明人或设计人在执行本单位的任务或者主要是利用本单位的物质技术条件所完成的发明创造为职务发明创造。

对于职务发明，我国专利法规定，申请专利的权利属于该单位；申请被批准后，该单位为专利权人。但同时还规定，若单位与发明人或设计人另订有合同，对申请专利的权利和专利权的归属做出约定的，从其约定。

②非职务发明。

非职务发明是指发明人或设计人在其单位业务范围外，在没有得到单位的任何物质条件帮助之下做出的发明创造。

非职务发明创造，申请专利的权利属于发明人或者设计人；申请被批准后，该发明人或者设计人为专利权人。

（3）合作完成或受委托完成的发明创造。

我国专利法规定，两个以上单位或者个人合作完成的发明创造、一个单位或者个人接受其他单位或者个人委托所完成的发明创造，除另有协议的以外，申请专利的权利属于完成或者共同完成的单位或者个人；申请被批准后，申请的单位或者个人为专利权人。

（4）先申请原则与先发明原则。

专利权是一种独占权、排他权，如果同样的发明创造有两个或两个以上的人分别申请专利时，专利权究竟授予谁，各国专利法都有相应的规定，常用的有以下两种原则。

①先申请原则：谁先申请就把专利权授予谁，不管发明是谁先完成的。也就是说，有两个或两个以上的申请人分别就同样的发明创造申请专利的，专利权授予最先申请的人，而其他的申请一律驳回。我国采用的就是先申请原则。日本、德国、法国、英国等大多数国家也采用这一原则。

②先发明原则：谁先发明就把专利权授予谁。只要能证明该项发明在他人之先，尽管申请在后，也能取得专利权。加拿大、美国等少数国家采用这一原则。

（5）优先权。

专利申请人与专利权人在一定条件下享有优先权，这种优先权有两种。

①公约优先权。

根据巴黎公约的规定，成员国的自然人与法人均享有优先权。

公约优先权指巴黎公约成员国的自然人或法人第一次向其中一个成员国正式提出专利申请后，在一定期限内（一般为6~12个月），又向其他成员国正式提出专利申请时，仍以首次申请的日期作为后继申请的日期。

我国专利法规定，申请人自发明或者实用新型在外国第一次提出专利申请之日起12个月内，或者自外观设计在外国第一次提出专利申请之日起6个月内，又在中国就相同主题提出专利申请的，依照该外国同中国签订的协议或者共同参加的国际条约，或者依照相互承认优先权的原则，可以享有优先权。

②国内优先权。

国内优先权是指申请人就相同主题发明创造在本国第一次提出专利申请之日起12个月内，又向本国专利行政部门提出专利申请的可以享受优先权。专利行政部门把首次申请的日期作为本专利的申请日。

我国专利法规定，申请人自发明或者实用新型在中国第一次提出专利申请之日起12个月内，又向国务院专利行政部门就相同主题提出专利申请的，可以享有优先权。本国优先权不包括外观设计专利。

优先权的设立，方便了申请人，使申请人不仅有了1年的时间可以考虑是否要向其他国家提交专利申请或向本国专利行政部门再次提出申请，而且该申请人可在优先权时间范围内，在其原始申请的基础上，对其原始申请保护的技术方案做出改正，或在保证发明单一性的原则下，把几个相关申请（发明或实用新型）作为一项申请提出。这种制度有效地保护了申请人的合法权益，避免或减少了不必要的重复申请。

2. 专利的种类及保护期限

我国专利法保护的专利有发明专利、实用新型专利和外观设计专利3种类型，并规定发明专利保护期限为20年，实用新型专利、外观设计专利保护期限为10年，均自申请日起计算。

（1）发明专利。

专利法所称发明，是指对产品、方法或者其改进所提出的新的技术方案。

专利法保护的发明有 4 种类型。

①物品发明：人工制造的各种制品或产品，如机器、设备等各种各样的产品。

②方法发明：把一个对象或某一物质改变成另一种对象或物质所利用的手段的发明，如化学方法、机械方法等。

③物质发明：以任何方法所取得的两种或两种以上元素的合成物。

④应用发明：对已知物品、方法或物质的新的利用。

（2）实用新型专利。

实用新型是指对机器、设备、装备、用具等产品的形状、构造或组合的重新设计，亦称“小发明”“小专利”。专利法所称实用新型，是指对产品的形状、构造或者其结合所提出的适于实用的新的技术方案。

（3）外观设计专利。

专利法所称外观设计，是指对产品的形状、图案或者其结合以及色彩与形状、图案的结合所作出的富有美感并适于工业应用的新设计。因此，外观设计专利的保护对象是产品的装饰性或艺术性的外形和外表设计，这种设计可以是平面图案，也可以是立体造型，还可以是二者的结合，以及色彩与图案、形状的结合。例如，日用瓷、卫生洁具等产品的造型，釉面砖的装饰图案等均可申请外观设计专利。

申请外观设计专利必须符合以下条件。

①外观设计要具有人的视力能够感觉到的外观特点，即肉眼可见的设计才能称得上是外观设计。从外部看不见的、物品内部结构的设计，不是外观设计。

②外观设计必须和物品结合在一起，应用在具体的物品上。因此，外观设计的对象必须是工业产品，单纯的图案设计题材不能作为外观设计专利保护的对象，这就是它与绘画和工艺美术作品的区别所在。

③外观设计专利所指的产品应具有独立性和完整性，且富有美感。

外观设计专利与实用新型专利都涉及产品的形状，但其有根本的区别，其区别在于：外观设计是保护产品外表的形状、图案、色彩或它们的结合，一般与工业上的技术无关；而实用新型专利保护的是形状、构造、组合的设计，与技术相关。

3. 授予专利权的条件

（1）授予发明和实用新型专利权的条件。

一项发明创造要获得专利保护必须符合专利法规定的条件。我国专利法规定要取得专利必须同时具备新颖性、创造性和实用性，也称之为专利三性，它是授予发明专利权与实用新型专利权必需的条件。

①新颖性。

新颖性是指在申请日以前没有同样的发明或者实用新型在国内外出版物上公开发表过、在国内公开使用过或者以其他方式为公众所知，也没有同样的发明或者实用新型由他人向国务院专利行政部门提出过申请并且记载在申请日以后公布的专利申请文件中。

确定新颖性主要有以下 3 条客观标准。

- 公开标准：公开主要是指书面公开、使用公开和口头公开的方式。
- 时间标准：以申请日的时间为标准。
- 地区标准：书面公开与使用公开上都采用了绝对世界性地区标准，也就是说在文献上申请日前任何国家或地区的文献上都没有记载过，在使用上申请日前也没有公开过，否则就失去了新颖性。

考虑到实际情况，我国专利法还规定申请专利的发明创造在申请日前6个月内，有下列情形之一的，不丧失新颖性。

- 在中国政府主办或者承认的国际展览会上首次展出的。
- 在规定的学术会议或者技术会议上首次发表的。
- 他人未经申请人同意而泄露其内容的。

这里所指的国际展览会，包括国务院、各部委主办或国务院批准由其他机关或者地方政府举办的国际展览会及国务院、各部委承认的在外国举办的展览会。这里所指的学术会议或技术会议是指国务院有关主管部门或全国性学术团体、组织召开的学术会议或技术会议。

②创造性。

创造性是指发明比同一领域的现有技术先进，具有独创性，不是所属技术领域的普通技术人员显而易见的。

我国专利法规定，创造性是指同申请日以前已有的技术相比，该发明有突出的实质性特点和显著的进步，该实用新型有实质性特点和进步。

③实用性。

实用性是指该发明或者实用新型能够制造或者使用，并且能够产生积极效果。

（2）授予外观设计专利权的几个实质条件。

我国专利法规定，授予专利权的外观设计，应当同申请日以前在国内外出版物上公开发表过或者国内公开使用过的外观设计不相同和不相近似，并不得与他人在申请日前已经取得的合法权利相冲突。

获得专利权的外观设计应当具备新颖性和独创性，并且富有美感以及适用于工业应用的条件。

①新颖性。

外观设计的新颖性，是指同申请日以前的外观设计相比，没有同样的设计。外观设计不存在口头公开的问题，它仅仅指外观设计图片或者照片在公开发行的出版物上发表过，而且还必须是外观设计被应用于公开销售和公开流通的工业品外表上。只有这样的外观设计才算公开了。如果是在一般公众不能得到的内部资料中使用过或者只在某种场合口头传播过，不算公开，不影响外观设计的新颖性。

②独创性。

外观设计的独创性就是与已有的外观设计相比有明显的特点，或者不相近似。不能和已有的外观设计的基本组成部分相同，如果两种外观设计看起来近似，那就不具有独创性。

③富有美感。

从美学的角度讲，美感是人们对美的事物的一种主观感受。专利法所称的富有美感，是指表现在物品表面的图案、色彩等而产生的美感。

④适于工业应用。

取得专利权的外观设计必须适于工业上的应用。在工业上应用是指外观设计能够应用于可以销售、流通的产品上面，包括半成品、中间产品等。

4. 专利法规定不授予专利权的内容

我国专利法规定不能授予专利权的有以下8个方面的内容。

（1）违反国家法律、社会公德或者妨害公共利益的发明创造。

（2）违反法律、行政法规的规定获取或者利用遗传资源，并依赖该遗传资源完成的发明创造。

（3）科学发现。
（4）智力活动的规则和方法。
（5）疾病的诊断和治疗方法。
（6）动物和植物的品种。
（7）用原子核变换方法获得的物质。
（8）对平面印刷品的图案、色彩或者二者的结合作出的主要起标识作用的设计。

5. 专利的申请和审查流程

（1）专利的申请。

①专利申请前的决策分析。

专利申请需要花费大量的时间、精力和财力。因此，申请人在申请前必须对申请专利的利弊得失、申请的时机和申请的国别等问题进行决策分析，这样才有可能在取得专利权后获得较大的利益。

- 经济利益的分析。

专利申请人申请专利的目的是获得经济上的利益。因此，专利申请人在申请专利前应对其专利技术或产品的市场需求大小及申请费用占获得利益的比例进行分析。对市场需求量大、申请费用仅占获得专利权带来的利益很小部分的，应申请专利保护。

- 技术分析。

当专利申请人确信其申请的专利能带来经济利益时，就需要进一步对其专利申请能否获得专利权进行分析，也就是判断其申请的专利是否符合获得专利权的条件，即专利的“三性”（新颖性、创造性、实用性）。因此，申请人必须对国内外的专利及科技文献进行检索，以确定其申请的专利是否具有新颖性，同时还应判断与同类技术或产品相比是否具有一定的先进性。

- 专利类别的分析与选择。

专利申请人应根据 3 种专利保护的对象及特点来确定自己申请的专利应选择哪一种专利类型。

- 申请日的选择。

我国采用的是先申请原则，同时申请日又是判断其专利是否具备新颖性的日期。因此，申请日的选择十分重要，但也不能说，申请日选择越早越好，因为我国专利法规定，在提出专利申请后，申请人对其专利申请文件的修改不得超出原说明书记载的范围，否则就得重新申请，原申请无效。因此，申请人对申请日的选择一般在发明基本完成，发明的基本构思和请求保护的范围十分明确后。

- 申请国的选择。

一项发明专利只在其申请的国家得到保护，若一项发明技术或产品能获得较大经济效益，在国外也有较大市场，那么还应考虑在国外申请专利。具体在哪些国家申请，要依据其市场来决定。

②申请发明专利、实用新型专利应提交的申请文件。

发明或者实用新型专利应当提交的申请文件有请求书、说明书、权利要求书及其摘要等文件。

- 请求书。

请求书应当写明发明或者实用新型的名称，发明人或者设计人的姓名，申请人姓名或者名称、地址，以及其他事项。

- 说明书。

说明书应当对发明或者实用新型作出清楚、完整的说明，以所属技术领域的技术人员能够实现为准；必要的时候，应当有附图。

- 权利要求书。

权利要求书应当说明发明或实用新型的技术特征，清楚和简要地表述请求保护的范围，它是专利申请中的重要文件。它以说明书为依据，用以限定专利申请的保护范围，同时也是日后发生侵权纠纷时，判断是否侵权的法律依据。

- 摘要。

摘要是发明或实用新型专利说明书公开内容的简要概括。摘要本身不具有法律效力，但是摘要方便公众对专利文献的检索，属于一种技术情报性的文件。

③申请外观设计专利应提交的申请文件。

申请外观设计专利，应当提交请求书以及该外观设计的图片或者照片等文件，并且应当写明使用该外观设计的产品及其所属的类别。

（2）专利申请的审查流程。

①发明专利申请的审查流程。

- 受理。

申请提出后，国务院专利行政部门根据所收到的申请文件和办理的申请手续进行简单的形式审查，以决定受理不受理。对决定受理的申请，国务院专利行政部门给予一个顺序号，这个顺序号称为申请号，表明申请已被受理。国务院专利行政部门把收到专利文件之日作为申请日，申请人还要向国务院专利行政部门缴纳申请费。

- 形式审查。

国务院专利行政部门受理专利申请后，进一步对专利申请文件的形式条件以及是否属于专利保护范围和是否符合单一性要求等进行审查。对符合形式审查要求的专利申请，国务院专利行政部门按国际专利分类法（International Patent Classification，IPC）对其进行分类，以便确定进行实质性审查时文献检索的范围和具体审查部门。

- 早期公开。

发明专利申请通过形式审查后，国务院专利行政部门一般自申请日起满 18 个月（如请求优先权，则自优先权起 18 个月）即行公布（应做保密处理的除外），即把发明专利申请载于专利公报及出版发明专利申请公开说明书。同时，对此项申请专利的发明给予临时保护。

- 请求实质性审查。

发明专利申请必须提出实质性审查请求后才能交付实质性审查。申请人可以在提交申请的同时，也可以在自申请日起 3 年内，提出实质性审查请求。请求实质性审查应向国务院专利行政部门提交规定的实质性审查请求书和缴纳审查费。申请人逾期不请求实质性审查的，即被视为撤回申请。

- 实质性审查。

国务院专利行政部门收到实质性审查请求后，即将专利申请案转入实质性审查部门，按发明内容的类别，分派给有关审查员，审查员对发明进行实质性审查，审查该发明是否具备新颖性、创造性和实用性。实质性审查时间一般要超过 1 年。

审查员的审查结果将以书面形式通知申请人或其代理人。如果国务院专利行政部门否定该发明的专利性，决定不授予专利，则必须列举理由。若申请人不服，可在 3 个月内请求复审，若对复审结果不服，还可在 3 个月内向法院提出起诉。

- 专利权的授予。

发明专利申请经实质审查没有发现驳回理由的，由国务院专利行政部门作出授予发明专利权的决定，发放发明专利证书，同时予以登记和公告。发明专利权自公告之日起生效。

②实用新型和外观设计专利申请的审查流程。

实用新型和外观设计专利申请经初步审查没有发现驳回理由的，由国务院专利行政部门作出授予实用新型专利权或者外观设计专利权的决定，发放相应的专利证书，同时予以登记和公告。实用新型专利权和外观设计专利权自公告之日起生效。

(3) 专利的复审程序。

国务院专利行政部门设立专利复审委员会。专利申请人对国务院专利行政部门驳回申请的决定不服的，可以自收到通知之日起 3 个月内，向专利复审委员会请求复审。专利复审委员会复审后，作出决定，并通知专利申请人。

(4) 专利权的无效宣告。

我国专利法规定：自国务院专利行政部门公告授予专利权之日起，任何单位或者个人认为该专利权的授予不符合本法有关规定的，可以请求专利复审委员会宣告该专利权无效。专利复审委员会对宣告专利权无效请求应当及时审查和作出决定，并通知请求人和专利权人。宣告专利权无效的决定，由国务院专利行政部门登记和公告。

对专利复审委员会宣告专利权无效或者维持专利权的决定不服的，可以自收到通知之日起 3 个月内向人民法院起诉。人民法院应当通知无效宣告请求程序的对方当事人作为第 3 人参加诉讼。

6. 专利权人的权利与义务

我国专利法规定：在专利有效期限内（发明专利的期限为 20 年，实用新型和外观设计专利的期限为 10 年，均自申请日起计算），专利权人享有一定的权利，并承担一定的义务。

(1) 专利权人的权利。

①专有与排他权，即独占权。

独占权主要表现在，只有专利权人有权制造、使用、销售其专利产品，其他任何人未经专利权人的许可，不得为生产经营的目的制造、使用、许诺销售、销售、进口其专利产品，或者使用其专利方法以及使用、许诺销售、销售、进口依照该方法直接获得的产品，否则将视为侵权行为，要受到法律制裁。

②转让权。

专利权是一种财产权，具有商品属性，因此专利权人还具有转让其专利权的权利。

专利权人将其专利权转让给他人，需签订合同，其合同需经国务院专利行政部门登记，合同一经生效，发明专利的所有权即行转移，从此专利权人就丧失其独占权，而受让人获得独占权。

③许可权。

专利权人不仅可以自己实施其专利，还可以允许他人实施其专利，这就是所谓的许可权。

许可时，专利权人与被许可方应签订书面合同，也就是许可证。许可证应规定双方的权利和义务，并经国务院专利行政部门和有关部门登记、公告后方能生效。合同生效后，被许可方需向专利权人缴纳一定的使用费，许可证一般分为以下 5 种。

- 独占许可证：在规定的时间和地域内，专利权人把专利卖给一家，使其对专利享有独占使用权，专利权人在该时间和地域内不仅不能再把专利卖给第三方，连专利权人自己也不能使用其专利。
- 独家许可证：在合同限定的时间和地域内，只有买主和专利权人可使用该专利，专利权人不能再卖给第三方。
- 普通许可证：专利权人可把专利卖给不同的使用者，可与多人签约。
- 分许可证：被许可方在限定的时间和地域内有权将许可证使用权再转让给任何第三方。
- 交叉许可证：指两个专利权人互相许可使用价值相当的专利发明。

④放弃权。

专利权人可以放弃其专利权。放弃的方式有两种：一是不缴纳专利年费，二是书面说明，登记在专利公报上。专利权人放弃专利后，其发明创造成为社会的共同财富，任何人都可以自由使用。

⑤标记权。

专利权人有权在其专利产品或该产品的包装上标明专利标记和专利号。

⑥起诉权。

当有人没有得到专利权人的许可证而使用了他的发明时，专利权人可以要求侵权人停止使用和赔偿损失。若侵权人不听劝告继续使用，专利权人可以向法院起诉，状告其侵权行为。侵权行为只能从专利权生效日起，而不是从申请日起。

（2）专利权人的义务。

专利权人在专利有效期内保持各项权利，必须履行下列义务。

①实施专利发明的义务。

实施专利发明不仅是专利权人的权利，也是专利权人的义务。许多国家专利法都规定：专利权人在获得专利权后超过若干年（一般为 3 年或 4 年），没有正当理由而不实施或未充分实施其专利发明时，就必须允许他人实施。

②缴纳专利年费的义务。

专利权人除在申请阶段缴纳各项费用外，专利批准后还要向国务院专利行政部门缴纳一定的专利年费。如不按期缴纳，就自动撤销其专利权。

7.2 专利文献

专利文献是指实行专利制度的国家及国际性专利组织在审批专利过程中产生的官方文件及出版物的总称。

随着科学技术的飞速发展与社会经济的进步，世界经济的全球化与资源共享的国际化程度日益提高，各国对知识产权的保护也日益重视，绝大多数的新技术都按法定的程序申请了专利，由此产生的专利文献每年以百万件的速度增长。

7.2.1 专利文献的范围

专利文献的概念有广义与狭义之分。狭义的专利文献仅指专利说明书，包括专利申请说明书和授权后的正式专利说明书。

广义的专利文献，除专利说明书外，还包括专利公报、专利文摘、索引刊物、国际专利分类表等专利检索工具书，以及专利案例和与专利申请、专利保护有关的出版物等。

（1）专利说明书。

专利说明书是专利文献的主体，可分为发明专利说明书和实用新型专利说明书（外观设计一般不单独出版说明书，各国均只在专利公报上报道）。

专利说明书的内容一般包括扉页、权利要求书、说明书正文和附图 4 个部分。

①扉页的著录项目包括专利申请日期、申请号、公开（公告）号、公布日期、分类号、发明人（或设计人）、申请人（或专利权人）、优先权、代理人姓名和地址、发明（或实用新型）名称、说明书摘要以及具有代表性的附图或化学公式等。

②权利要求书是专利申请的核心，也是该发明创造要求法律给予保护的范围，是判定侵权

的依据。未写入权利要求书中的发明创造内容，专利法不予保护。

③说明书正文包括发明创造的背景、所属技术领域、现有技术水平、发明创造的目的、发明创造的细节描述、发明创造的效果和最佳实施方案等。

④附图是发明创造构思的示意图，绘制尺寸无严格的比例要求。能用文字表达清楚的发明专利申请说明书可以不带附图，但实用新型专利申请说明书必须带附图。

（2）专利公报。

专利公报是报道专利申请或审批等事项的定期连续出版物，大多数国家每周出版一次。阅读专利公报是了解专利最新情况和一个国家专利的快速方法。

（3）年度索引。

年度索引由一年内公开或公告的专利的重要著录项目编辑而成，并注明公布这些内容的专利公报的卷、期号，据此可查阅相应卷、期的专利公报，以便浏览更多的信息项，并阅读摘要。

年度索引一般分为《专利分类索引》和《申请人、专利权人索引》。

（4）专利分类文摘。

专利分类文摘按照国际专利分类表或各国出版机构自己的专利分类法对专利文献分类，以分册形式出版。其摘要内容大多来源于专利说明书的摘要。

（5）国际专利分类表。

国际专利分类表是目前国际唯一通用的专利文献分类法。

7.2.2　专利文献的分类

1. 概述

经济国际化、资源共享国际化导致了专利制度的国际化。人们需要一种统一的分类标准，作为标识与检索专利文献的依据，IPC应运而生。它是目前国际唯一通用的专利文献分类工具。现除美、英等少数国家仍按本国的专利分类法对专利文献进行分类外（也标明IPC号），大多数国家采用IPC。因此，采用IPC对专利文献进行分类是大势所趋。

IPC由世界知识产权组织（World Intellectual Property Organization，WIPO）根据《国际专利分类斯特拉斯堡协定》编制而成。它从1968年开始出版，此后为了改进分类系统和适应技术的不断发展，定期修订，一般每5年修订一次。因此，每版IPC都有相应的有效时间段，第1版有效期为1968年9月1日至1974年6月30日，第2版有效期为1974年7月1日至1979年12月31日，第6版有效期为1995年1月1日至1999年12月31日，第7版有效期为2000年1月1日至2004年12月31日。第8版（2006），自2006年1月1日开始实行，而且从第8版开始将不定期修订。检索专利文献应注意IPC的时效性，查阅相应版次的分类表。为了使读者了解各版次类目的修订情况，IPC在类目后标注了[2][3][4][5][6][7][8]，分别表示该类目是第2、3、4、5、6、7、8版修订的。

国际专利分类的主要目的是便于技术主题的检索。专利文献的技术主题分为方法（如聚合、发酵、分离等）、产品（如化合物、组合物、织物等）、设备（如化学或物理工艺设备、各种工具、各种器具等）。IPC的分类原则是同样的技术主题都归在同一分类位置上，并且应能从这一位置检索到它，也就是力图保证分类位置与技术主题形成一一对应的关系。IPC的分类规则是保证与其发明实质上相关的任何技术主题尽可能作为一个整体来分类，而不是将它们的各组成部分分别分类。IPC的发明技术的分类方式主要分为功能分类和应用分类两种。

例：C04B35/00　　　以成分为特征的陶瓷成型制品。
　　　35/01　•　以氧化物为基料[6]
　　　35/51　•　以稀土化合物为基料[2]

35/515 • 以非氧化物为基料［6］

例：C04B41/00 砂浆、混凝土、人造石或陶瓷的后处理。

41/45 • 涂覆或浸渍［4］

41/46 • • 用有机材料［4］

41/50 • • 用无机材料［4］

41/52 • • 多次涂覆或浸渍［4］

前一个例子按陶瓷成型制品的化学组成的成分特征分类，属于功能分类。后一个例子按砂浆等涂覆或浸渍方式和所用材料分类，属于应用分类。

2. IPC 分类体系

IPC 分类体系采用等级制。类目等级包括部、大类、小类、大组和小组 5 级。每级主题类目有效范围包括其所有下一级的类目范围，现将 IPC 类目各等级格式简述如下。

（1）部。

IPC 将世界上现有的专利技术领域文献进行总体分类，把它分成 8 个部。每个部的类号，分别由 A~H 的 8 个大写字母表示，每个字母表示的技术主题如下。

A：生活需要

B：作业、运输

C：化学、冶金

D：纺织、造纸

E：固定建筑物

F：机械工程、照明、加热、武器、爆破

G：物理

H：电技术

IPC 按每个部出版一个分册。

（2）大类。

大类由部的类号及其后加的两位数字组成。

例：C04 水泥、混凝土、人造石、陶瓷、耐火材料。

（3）小类。

小类由大类类号加一个大写的拉丁字母组成。

例：C04B 石灰、氧化镁、矿渣、水泥及它们的组合物，如砂浆、混凝土或类似的建筑材料，人造石、陶瓷、耐火材料、天然石的处理。

（4）大组。

大组由小类类号加上一个 1~3 位的数及“/00”组成。

例：C04B2/00 石灰、氧化镁或白云石。

C04B33/00 黏土制品。

（5）小组。

小组由两位或两位以上数字替代大组末尾的“00”组成。

例：C04B33/30 • 干燥方法

小组也有不同的等级，但它从类号上无法判断，而是由小组类目前的圆点数表示，称为一点小组、二点小组……。

例：IPC 第 8 版，C 分册。

C04B35/00 以成分为特征的陶瓷成型制品（多孔制品入 C04B38/00；以特殊造型为特征的制品见相关类，如熔铸桶的衬里、中间包、浇口杯或类似物入 B22D41/02）。陶瓷组合物（含有不用作宏观增强剂的，粘接在碳化物、金刚石、氧化物、硼化物、氮化物、硅化物上的游离金属，如金属陶瓷或其他金属化合物，如氧氮化合物或硫化物的入 C22C）。准备制造陶瓷制品的无机化合物的加工粉末（无机化合物粉末的化学制备入 C01）［4］。

例：C04B35/00 以成分为特征的陶瓷成型制品。

35/01	•	以氧化物为基料的 [6]
35/03	• •	以用白云石生成的氧化镁、氧化钙或氧化物混合物为基料的 [6]
35/035	• • •	用含非氧化物耐火材料，如碳的粒度混合物制造的耐火材料 [6]
35/04	• • •	以氧化镁为基料的 [6]
35/043	• • • •	用粒度混合物制造的耐火材料 [6]
35/047	• • • • •	含氧化铬或铬矿的 [6]
35/05	• • • •	熔铸法耐火材料 [6]
35/053	• • • •	精细陶瓷 [6]
35/057	• • •	以氧化钙为基料的 [6]
35/06	• • •	以用白云石生成的氧化物混合物为基料的 [6]
35/08	• •	以氧化铍为基料的 [6]
35/10	• •	以氧化铝为基料的 [6]
35/101	• • •	用粒度混合物制造的耐火材料 [6]
35/103	• • • •	含非氧化物耐火材料的，如碳（C04B 35/106 优先）[6]
35/105	• • • •	含氧化铬或铬矿的 [6]
35/106	• • • •	含氧化锆或锆英石（$ZrSiO_4$）的 [6]
35/107	• • •	熔铸法耐火材料 [6]
35/109	• • • •	含氧化锆或锆英石（$ZrSiO_4$）的 [6]
35/111	• • •	精细陶瓷 [6]
35/113	• • • •	以 β-氧化铝为基料的 [6]
35/115	• • • •	半透明制品或透明制品 [6]

上例中，C04B35/053 与 C04B35/111 中都含有“精细陶瓷”的技术主题，C04B35/053 为小组中四级类目，它的小组上级类目依次是 C04B35/04、C04B35/03、C04B35/01、C04B35/00；而 C04B35/111 为小组中三级类目，它的上级类目依次是 C04B35/10、C04B35/01、C04B35/00。小组类目的含义在其各级上位类内容限定范围内，因此下级类目应与其所有上级类目结合起来理解。上例中两个精细陶瓷的类目，根据其上级类目可判断：前一个精细陶瓷是以白云石生成的氧化镁为基料的精细陶瓷成型品；后者是以氧化铝为基料的精细陶瓷成型品。

当使用 IPC 时，明确每个类目的含义非常重要，判断方式除根据各类目之间内容的层层隶属关系而限定之外，还应根据相应类目的附注说明、参照项来明确。IPC 类目系统有着详尽的附注说明，其表述精确且具体。

另外，每一版 IPC 都配有一本单独出版的《国际专利分类表关键词索引》，用以帮助用户确定技术主题的分类范围和准确的分类号。

IPC 的一个完整分类号可以到大组级也可以到小组级。

例：C04B35/00（至大组级）

C04B35/04（至小组级）

7.2.3　中国专利文献

中国专利文献主要指各种专利申请文件、专利说明书、专利公报、专利分类表、专利索引等。知识产权出版社公开正式出版的专利文献主要有中国专利公报、中国专利索引和专利说明书。

专利公报以快捷的方式刊登向国家知识产权局申请专利和被授予专利的产品或技术的有关信息。专利索引则为读者快速查找有关专利信息及专利说明书提供了一个简明的检索途径。专利说明书包括对这些产品或技术的权利要求及对专利产品或技术内容的详尽描述。

(1) 专利公报。

①专利公报的出版情况及内容。

《专利公报》于1985年创刊，由知识产权出版社出版，初为月刊，后改为周刊，一年称为一卷，在每期《专利公报》封面上印有“第×卷　第×号”，表示其卷期号，如“第13卷 第32号”，表示1997年第32周出版，又称第32期。根据我国的专利类型，知识产权出版社出版的专利公报有3种，即《发明专利公报》《实用新型专利公报》和《外观设计专利公报》，这3种专利公报是检索近期中国专利最有效的工具。

- 《发明专利公报》。

《发明专利公报》为文摘型周刊，自1985年9月10日起公开出版发行，1986年7月前为月刊，1986年7月起改为周刊，是国家知识产权局对申请的发明专利通过形式审查后，一般自申请日起满18个月，即在《发明专利公报》上给予公开，对已授予专利权的专利给予公告。《发明专利公报》先报道发明专利申请公开，国际专利申请公开，再报道发明专利授予情况，每项文摘正文按照文献号（公开号或公告号）的顺序及专利的第一个IPC号顺序编排，发明专利权授予没有摘要内容。最后还报道发明专利事务，如专利申请的驳回、专利权的撤销、专利权的无效宣告、专利权的终止等项。每期文摘后还附有供读者检索的索引，包括申请公开索引和授权公告索引等内容。申请公开索引有IPC索引、申请号索引、申请人索引；授权公告索引有IPC索引、专利号索引、专利权人索引。

- 《实用新型专利公报》。

《实用新型专利公报》为文摘型周刊，自1985年9月10日起公开出版发行，1986年1月前为月刊，1986年1月起改为周刊。国家知识产权局对实用新型专利授予专利权后，即在《实用新型专利公报》上给予公告。《实用新型专利公报》的文摘正文按照文献号（公告号）顺序及专利的第一个IPC号顺序编排。《实用新型专利公报》主要报道实用新型专利权授予，同时也报道实用新型专利事务。文摘后附有授权公告索引（含IPC索引、专利号索引、专利权人索引和授权公告号/专利号对照表索引）。

- 《外观设计专利公报》。

《外观设计专利公报》自1985年9月10日起公开出版发行，1987年12月前为月刊，1988年1月起改为半月刊，1990年1月起改为周刊。国家知识产权局对申请的外观设计专利授予专利权后即在《外观设计专利公报》上给予公告，并把专利申请人按要求向国家知识产权局提交的外观设计图全部在专利公报上公布，同时也报道了外观设计专利事务及授权公告索引等事项。因此，外观设计专利不另外再出版专利说明书。《外观设计专利公报》正文按文献号（公告号）和外观设计分类号的顺序编排。

②专利公报的著录内容。

专利公报著录的内容主要有国际专利分类号、公开号（公告号）、申请号、专利号、申请日、公开日（公告日）、优先权项、申请人（专利权人）、发明人、专利代理机构、发明人、发明名称、摘要等内容。3种专利公报的著录格式分别如下。

a. 发明专利公报。

s 发明专利申请公开著录样例。

[51] Int. Cl. ^{6} C04B 35/18

[11]公开号 CN1228395A

[21]申请号 99101289.5

[22]申请日 99.1.26

[43]公开日 99.9.15

[30]优先权

[31]62192/98　　[32]99.2.26

[33]JP　　[33]JP　　[31]271085/98

[71]申请人　株式会社小原

　　　　地址　日本神奈川县

[72]发明人　后藤直雪　中岛耕介　石冈顺子

[74]专利代理机构　中国专利代理（香港）有限公司

　　　　代理人　卢新华　钟守期

[54]发明名称　用于磁信息存储媒体的高刚性玻璃陶瓷基片

[57]摘要　本发明涉及一种用于磁信息存储媒体的高刚性玻璃陶瓷基片，其杨氏模量与比重的比率为37%～63%，它含 Al_2O_3 的量为10%～20%。该玻璃陶瓷基片的主要结晶相由选自β－石英、β－石英固溶体、顽辉石、顽辉石固溶体、镁橄榄石和镁橄榄石固溶体的一种或多种晶体组成。

国际专利申请公开著录样例。

[51]Int. Cl. C03C 12/02

[11]公开号 CN1252042A

[21]申请号 98803947.8

[22]申请日 1998.4.17

[43]公开日 2000.5.3　　[30]优先权

[32]1997.4.18　　[33]JP　　[31]101499/1997

[86]国际申请 PCT/US98/07618　1998.4.17

[87]国际公布 WO98/47830　英 1998.10.29

[85]进入国家阶段日期 1999.10.8

[71]申请人　美国3M公司

　　　　地址　美国明尼苏达州

[72]发明人　笠井纪宏　　K·D·布德

　　　　　　S·L·利德　　J·A·莱尔德

　　　　　　横山周史　　小野博彦

　　　　　　松本研二　　H·欧诺

[74]专利代理机构　上海专利商标事务所

　　　　代理人　白益华

[54]发明名称　透明微球和它们的制造方法

[57]摘要　本发明提供透明熔凝实心微球。在一个实施方案中，微球含氧化铝、氧化锆和二氧化硅，以熔凝实心微球总重量为基准，它们的总含量至少约为70%（重量），其中氧化铝和氧化锆总含量高于二氧化硅含量，所述微球的折射率至少为1.6，它可用作镜片单元。

发明专利授权公告著录样例。

[51]Int. Cl. ^{6}H01L 41/187　H01L 41/22

　　　　H01B 3/12　　C04B 35/00

[11]授权公告号 CN1031537C

[21]申请号 93112369.0

专利号 ZL93112369.0

[22]申请日 93.3.16

[24]颁证日 96.2.18

[73]专利权人　中国科学院上海硅酸盐研究所

地址　200050 上海市长宁区长宁路 865 号

[72]发明人　李承恩　卢永康　周家光

王志超　朱为民　赵梅瑜

倪焕尧

[74]专利代理机构　中国科学院上海专利事务所

代理人　聂淑仪

[54]发明名称　改性偏铌酸铅高温压电陶瓷材料及其制备方法

b. 实用新型专利公报。

实用新型授权公告著录样例。

[51] Int. Cl.^{6}F16J 15/10

[11]专利公告号 CN2301581Y

[21]申请号 97234948.0

专利号 ZL97234948.0

[22]申请日 97.7.2

[24]颁证日 98.11.7

[45]授权公告日 98.12.23

[73]专利权人　侯小斌

地址　201400　上海市贤南桥军民路 12 号

[72]设计人　侯小斌

[74]专利代理机构　上海市东方专利事务所

代理人　叶克英

[54]实用新型名称　一种卫生洁具排出口密封圈

[57]摘要　本实用新型涉及一种卫生洁具排出口密封圈，包括橡胶圈，其特征是橡胶卷内有一发泡材料环，本实用新型的优点是能有效密封卫生洁具排出口，避免卫生洁具陶瓷被水泥胀裂，引起卫生洁具陶瓷漏水。

c. 外观设计公报。

外观设计授权公告著录样例

[11]授权公告号 CN3137882D

分类号 11-02-T0353

[21]申请号 99311362.1

专利号 99311362.1

[22]申请日 1999.8.17

[24]颁证日 2000.1.22

[45]授权公告日 2000.2.9

[73]专利权人　唐山亚利陶瓷有限公司

地址　063300 河北省唐山市丰南开发区

[72]设计人　雷娜土恩

[74]专利代理机构　唐山专利事务所
　　　　代理人　杨聚楼
[54]使用外观设计的产品名称　小摆设（陶瓷工艺品托盘442）
说明：

专利公报的著录中，每一项前有一个方括号，里面有两位数字的标注，它是国际标准代码（Internationally agreed Numbers for the Identification of Data，INID），每一个代码代表一种著录项目，如[51]表示国际专利分类号，[21]表示专利申请号，[30]表示优先权项。

国际专利分类号（International Patent Classification，Int. cl.）右上角的阿拉伯数字代表国际专利分类表的版次，如Int. cl.^{6}代表第6版。从2006年起在分类号后圆括号内指示版本的年代，如C04B33/00（2006.01）。

公开号是发明专利申请给予公开时给的一个号码，公告号是授予专利权后给的一个号码。公开号、公告号也称文献号，是提取说明书的号码，它是由国别代码、专利类型代码、流水号、文献类型代码4个部分组成的，如CN1228395A，CN是中国的国别代码，第一位数字代表3种不同的专利类型（1表示发明专利，2表示实用新型专利，3表示外观设计专利），后面6位数字表示各种专利申请公开或授权公告的顺序号，最后一位英文大写字母表示专利说明书的类型（A表示发明申请公开说明书，C表示授予专利权的发明专利说明书，Y表示实用新型专利说明书，D表示外观设计专利权授予）。例如，CN1228395A向国家知识产权局提取的是一份在中国申请的发明专利申请公开说明书。

国家知识产权局对专利申请号与专利号采取一致性原则，即专利申请时给的专利申请号在授予专利权后就成为专利号，只不过在专利号前一般冠以“ZL”标志，专利申请号是由8位数字与小数点后的一位数字或字母组成。例如，97234948.0的前面两位数字代表专利申请的年份，第3位数字代表3种不同专利类型（1表示发明专利，2表示实用新型专利，3表示外观设计专利），后面5位数字是流水号，小数点后一位是计算机校验号。例如，专利号ZL97234948.0表示是1997年申请的实用新型专利。

在《专利公报》中，国际专利款目中还含有优先权一项，如[30]优先权，[32]98.2.26，[33]JP，[31]6219218。其中，[32]表示优先申请日期，[33]表示优先申请国（JP代表日本），[31]表示优先申请号。

“专利合作条约”（Patent Cooperation Treaty，PCT）是巴黎公约下的一个专利领域的专门性国际公约。我国自1994年1月1日起就成为PCT成员国。它规定了一个发明在几个国家取得保护的“国际申请”问题，在申请人自愿选择的基础上，通过一次国际申请即可获得部分缔约国或全部缔约国的专利权。这样的国际申请与分别向每个国家提出的申请具有同等效力。

国际申请是指PCT成员国的国民要在PCT成员国中的多个国家申请专利时，只要提交一份国际申请，指定想在哪些国家获得专利权，世界知识产权国际局指定国际审查单位对其专利进行审查，审查后并给予国际公布。最后各国专利局根据国际审查的结果决定是否授予专利权。

（2）中国专利索引。

《中国专利索引》从1985年开始出版发行。该索引是将当年3种专利公报上公布的发明专利申请公开、发明专利权授予、实用新型专利权授予和外观设计专利权授予等有关内容按半年度或季度汇集在一起的题录型检索工具书，便于读者快速查找有关专利文献内容。该索引的著录项目有国际专利分类号（国际外观设计分类号）、申请号（专利号）、公开号（公告号）、申请人（专利权人）、专利名称、卷期号6项。

（3）专利说明书。

国家知识产权局在出版专利公报的同时，除外观设计专利外，均出版相应的专利说明书单行本，即《发明专利公报》中发明专利申请公开栏中公布的每件专利均出版有《发明专利申请公开说明书》单行本，发明专利授权公告栏中公布的每件已授权专利均出版有《发明专利说明书》单行本。《实用新型专利公报》中公布的每件专利均出版有《实用新型专利说明书》单行本，因此在专利公报中检索到的专利均可获取相应的说明书。

（4）中国专利文献种类代码。

① 发明专利申请公开说明书，文献种类代码为 A。

② 发明专利申请审定说明书，文献种类代码为 B（1993 年以后不出版）。

③ 发明专利说明书，文献种类代码为 C（1993 年以后出版）。

④ 实用新型专利申请说明书，文献种类代码为 U（1993 年以后不出版）。

⑤ 实用新型专利说明书，文献种类代码为 Y（1993 年以后出版）。

⑥ 外观设计专利申请公告（专利公报），文献种类代码为 S（1993 年以后不出版）。

⑦ 外观设计授权公告（专利公报），文献种类代码为 D（1993 年以后出版）。

（5）中国专利文献的编号。

中国专利文献的编号变化经历了 3 个阶段，第 1 阶段为 1985—1988 年，第 2 阶段为 1989—1992 年，第 3 阶段为 1993 年以后，2003 年 10 月 1 日专利申请号开始实施行业标准 ZC 0006-2003 专利申请号标准。

①1985—1988 年专利编号的特点。

- 3 种专利申请号均由 8 位数字组成，按年编排，如 88100001。前 2 位数字表示申请年份；第 3 位数字表示要求专利保护的类型，1——发明，2——实用新型，3——外观设计；后 5 位数字表示当年该类专利申请的顺序号。
- 一号多用，所有文献号沿用申请号。专利号前的 ZL 为汉语“专利”的声母组合。

②1989—1992 年专利编号的特点。

- 自 1989 年开始出版的专利文献中，3 种专利申请号都由 9 位组成，按年编排。前 8 位数字的含义不变，增加小数点及 1 位数字或字母计算机校验码。
- 自 1989 年开始出版的所有专利说明书的文献号均由 7 位数字组成，按各自流水号序列顺排，逐年累计。

起始号如下。

- 发明专利申请公开号自 CN1030001A 开始。
- 发明专利申请审定号自 CN1003001B 开始。
- 实用新型专利申请公告号自 CN2030001U 开始。
- 外观设计专利申请公告号自 CN3003001S 开始。

首位数字表示要求专利保护的类型：1——发明，2——实用新型，3——外观设计。

③1993 年以后专利编号的特点。

- 进入中国国家阶段的 PCT 申请均给予国家申请号，其仍由 9 位数字组成。1994—1997 年间，前 2 位数字表示申请年代；第 3 位数字表示 PCT 申请要求专利保护的类型；第 4 位数字 8 或 9 表示进入中国国家阶段的 PCT 申请；后 4 位数字表示进入中国国家阶段的顺序编号；小数点后第 9 位数字为校验位。
- 自 1998 年开始，将 9 位数字中的第 3 位用于表示进入中国国家阶段的 PCT 申请：8——进入中国国家阶段的 PCT 发明专利申请，9——进入中国国家阶段的 PCT 实用新型专利申请。
- 国内 3 种专利申请的申请号组成及含义与前一阶段相同。
- 自 1993 年开始出版的发明专利说明书、实用新型专利说明书、外观设计专利公告的编号都称为授权公告号，分别延续原审定号或原公告号序列，文献种类标识代码相应改为 C、Y、D。

进入中国国家阶段的 PCT 申请出版时的说明书名称以及文献编号均纳入相应的说明书及文献编号序列，不再另行编排。

ZC 0006-2003 专利申请号标准的生效时间为 2003 年 10 月 1 日。

ZC 0006-2003 专利申请号标准的特点如下。

专利申请号用 12 位阿拉伯数字表示，包括年号、申请种类号和申请流水号 3 个部分。专利申请号中的第 1~4 位数字表示受理专利申请的年号。第 5 位数字表示专利申请的种类：1——发明，2——实用新型，3——外观设计，8——进入中国国家阶段的 PCT 发明专利申请，9——进入中国国家阶段的 PCT 实用新型专利申请。第 6~12 位数字（共 7 位）为流水号，表示受理专利申请的相对顺序。

（6）专利文献著录项目统一代码（INID）。

为便于公众识别专利文献著录项目，也为便于计算机管理，巴黎联盟专利局间情报检索国际合作委员会（ICIREPAT）为专利文献著录项目制订了统一代码（INID）。这种代码由圆圈或括号所括的两位阿拉伯数字表示，现介绍如下：

[10]文献标志

[11]文献号（或专利号）

[12]文献类别

[13]公布专利文献的国家或机构

[20]国内登记项目

[21]专利申请号

[22]专利申请日期

[23]其他登记日期

[24]所有权生效日期

[30]国际优先权案项目

[31]优先申请号

[32]优先申请日期

[33]优先申请国家

[40]公布日期

[41]未经审查和尚未批准专利的说明书，向公众提供阅览或接受复制日期

[42]经审查但尚未批准专利的说明书，向公众提供阅览或接受复制日期

[43]未经审查和尚未批准专利的说明书出版日期

[44]经审查但尚未批准专利的说明书出版日期

[45]经审查批准专利的说明书出版日期

[46]专利申请中权利要求的出版日期

[47]已批准专利的说明书向公众提供阅览或复制的日期

[50]技术情报项目

[51]国际专利分类号（International Patent Classification，缩写成 Int. cl），右上角的阿拉伯数字代表《国际专利分类表》的版本，如 Int. cl^{6} 代表第 6 版。

[52]本国专利分类号

[53]国际十进制分类号

[54]发明题目

[55]关键词

[56]已发表过的有关技术水平的文献
[57]文摘及专利权项
[58]审查时所需检索学科的范围
[60]其他法定的有关国内专利文献的参考项目
[61]增补专利
[62]分案申请
[63]继续申请
[64]再公告专利
[70]与专利文献有关的人事项目
[71]申请人姓名（或公司名称）
[72]发明人姓名
[73]受让人姓名（或公司名称）
[74]律师或代理人的发明人姓名
[75]同是申请人的发明人姓名
[76]既是发明人也是申请人和受让人的姓名
[80]国际组织有关项目
[81]专利合条约的指定国
[82]选定国
[84]EPO 指定国
[86]国际申请著录项目，如申请号、出版文种及申请日期
[87]国际专利文献号、文种及出版日期
[88]欧洲检索报告的出版日期
[89]相互承认保护文件协约的起源国别及文件号

上述代码的统一使用，使专利文献的著录实现了国际统一化标准。

7.3 国家知识产权局专利检索及分析系统

互联网上的专利数据库很多，大多是国际专利组织或各国专利局提供的，也有少部分由信息服务机构推出，提供的检索服务绝大多数是免费的，而且大多能得到全文。中国专利数据库主要有国家知识产权局的专利检索及分析系统（http://pss-system.cnipa.gov.cn）、中国知识产权网的专利信息服务平台（http://search.cnipr.com）、中国知网与万方的中外专利数据库、国家科技图书文献中心的专利数据库等。

下面详细介绍国家知识产权局的专利检索及分析系统。

7.3.1 资源介绍

国家知识产权局的专利检索及分析系统新版于 2016 年 7 月 26 日正式上线。截至 2021 年 11 月 30 日，其收录国内外专利资源数如图 7-1 所示。

该系统是集专利检索与专利分析于一身的综合性专利服务系统，依托丰富的数据资源，提供了简单、方便、快捷、丰富的专利检索与分析功能，丰富的接口服务和工具性功能也为检索和分析业务提供了强有力的支撑。

数据收录范围

1.数据收录范围

专利检索及分析系统共收集了103个国家、地区和组织的专利数据，同时还收录了引文、同族、法律状态等数据信息。

主要国家的收录数据范围说明如下：

国家/地区/组织	数据范围	数据量	国家/地区/组织	数据范围	数据量
CN	19850910~20211123	78081335	US	17900731~20210708	18904737
JP	19130206~20210708	43506592	KR	19731023~20210630	6634908
GB	17820704~20210714	[illegible]	FR	[illegible]	[illegible]
DE	18770702~20210715	7891872	RU	19921015~20210625	1488409
CH	18880109~20210630	731478	EP	19781220~20210714	7307079
WO	19781019~20210708	5640431	其他	18270314~20210713	18064316

图 7-1　收录国内外专利资源数

该系统平台提供了门户服务、专利检索服务及专利分析服务，其核心功能如图 7-2 所示。

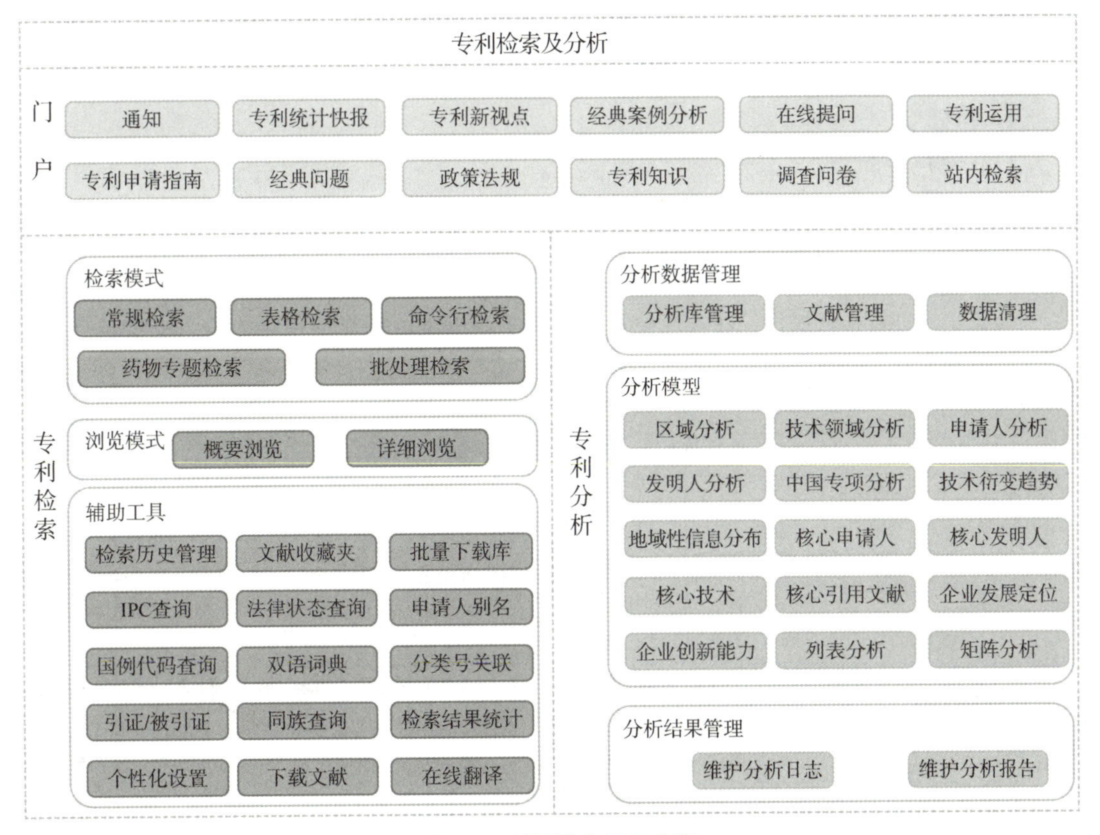

图 7-2　系统平台核心功能

7.3.2　检索平台

国家知识产权局网站的专利检索及分析系统平台提供常规检索、高级检索、导航检索、药物检索、命令行检索 5 种检索方式及热门工具的使用和专利分析功能，其中热门工具又包含同族查询、引证/被引证查询、法律状态查询、国别代码查询、关联词查询、双语词典、分类号关联查询、申请人别名查询、CPC 查询。检索方式如图 7-3 所示。

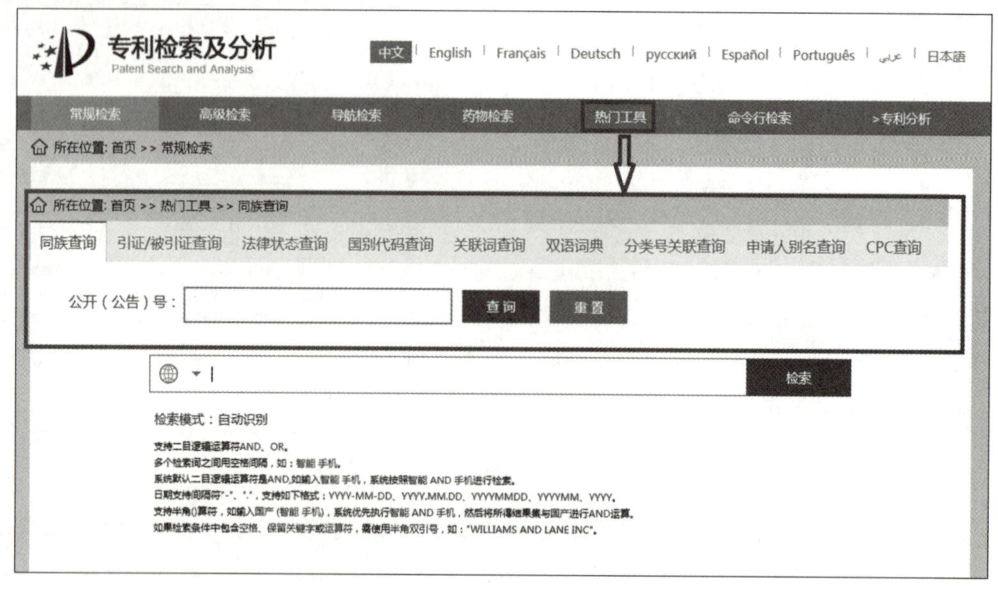

图 7-3　检索方式

1. 检索方式

（1）常规检索。

常规检索主要提供了一种方便、快捷的检索模式，能快速定位检索对象（如一篇专利文献或一个专利申请人等）。如果检索目的十分明确，或者初次接触专利检索，可以以常规检索作为检索入口进行检索。

为了便于进行检索操作，在常规检索中提供了基础的、智能的检索入口，主要包括自动识别、检索要素、申请号、公开（公告）号、申请（专利权）人、发明人以及发明名称。常规检索的检索入口介绍如表 7-1 所示。

表 7-1　常规检索的检索入口介绍

序号	字段名称	字段介绍
1	自动识别	选择该字段进行检索，系统将自动识别输入的检索要素类型，并自动完成检索式的构建，识别的类型包括号码类型（申请号、公开号），日期类型（申请日、公开日），分类号类型（IPC、ECLA、UC、FI \ FT），申请人类型，发明人类型，文本类型
2	检索要素	选择该字段进行检索，系统将自动在标题、摘要、权利要求和分类号中进行检索
3	申请号	选择该字段进行检索，系统自动在申请号字段进行检索，该字段支持带校验位的申请号或者专利号进行检索。该字段支持模糊检索，并自动联想提示国别代码信息
4	公开（公告）号	选择该字段进行检索，系统自动在公开号字段进行检索，该字段支持模糊检索，并自动联想提示国别代码信息
5	申请（专利权）人	选择该字段进行检索，系统自动在申请人字段进行检索，该字段根据输入的关键词自动联想推荐申请量较高的相关申请人信息
6	发明人	选择该字段进行检索，系统自动在发明人字段进行检索，该字段根据输入的关键词自动联想推荐申请量较高的相关发明人信息
7	发明名称	选择该字段进行检索，系统自动在发明名称字段进行检索，该字段根据输入的关键词自动联想推荐相关的发明名称信息

常规检索中支持的各类检索字段除了检索含义不同，其操作方式基本相同，接下来以自动识别和检索要素为例介绍具体的功能应用。

①“自动识别”字段检索。

在进入专利检索及分析界面后，系统默认显示常规检索界面，如图 7-4 所示。

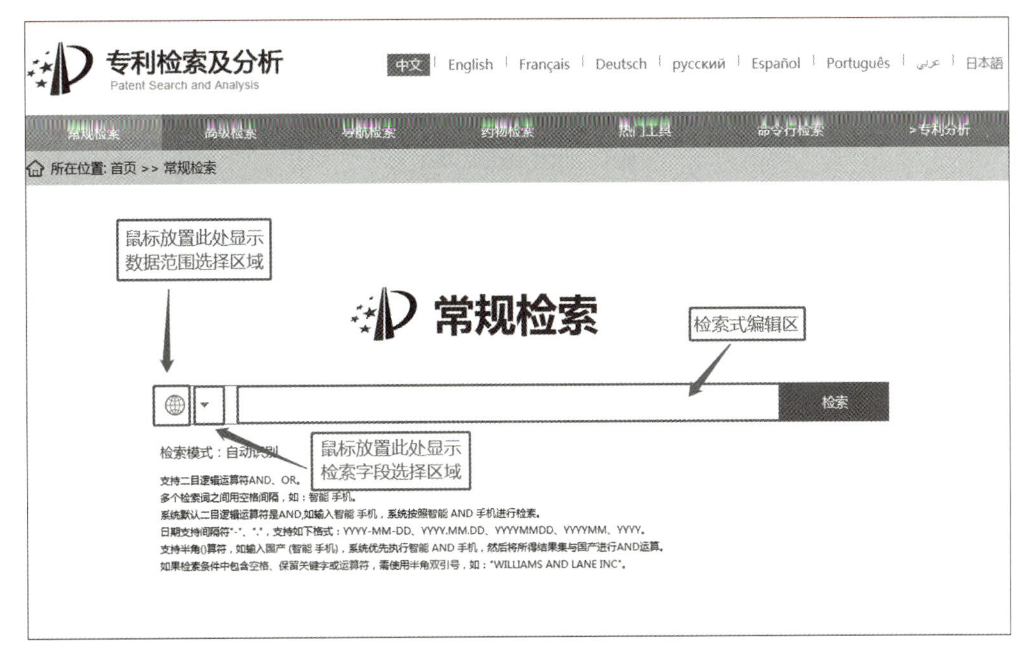

图 7-4　常规检索界面

常规检索界面的数据范围选择区域如图 7-5 所示。

图 7-5　数据范围选择区域

常规检索界面的检索字段选择区域如图 7-6 所示。

在常规检索界面中，选择检索字段为“自动识别”，然后在检索式编辑区输入“翻盖手机”，最后单击“检索”按钮，系统执行检索操作并显示检索结果，如图 7-7 所示。

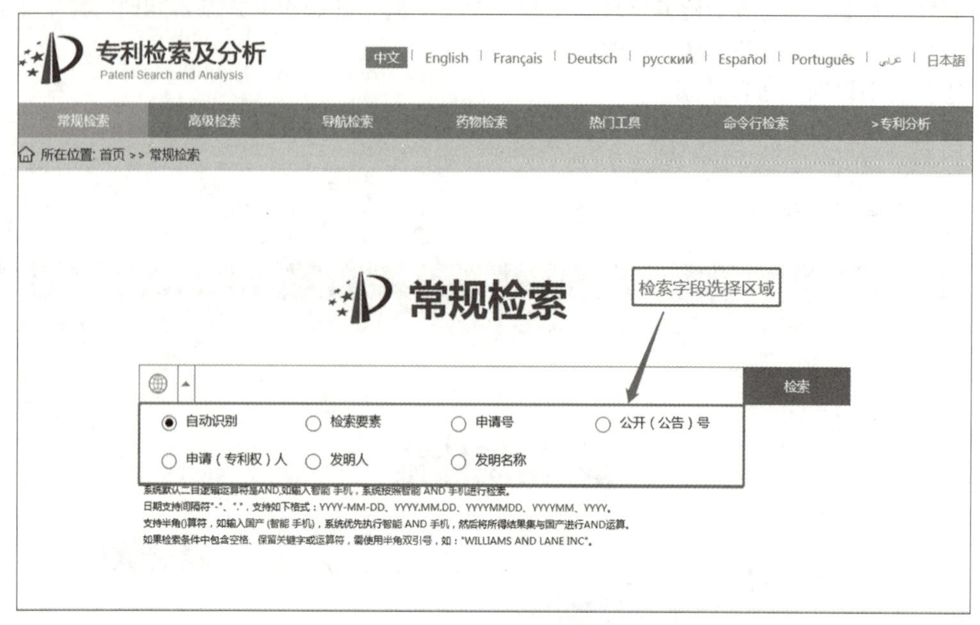

图 7-6　检索字段选择区域

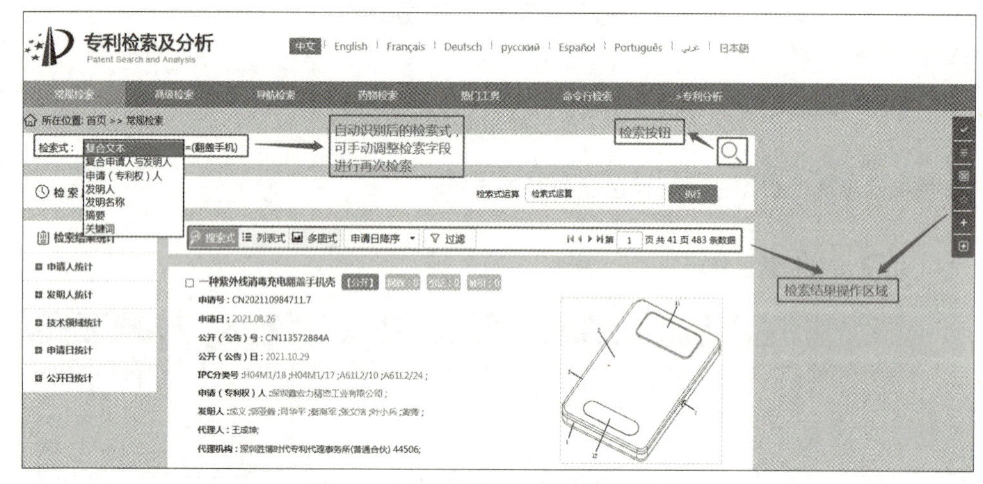

图 7-7　“自动识别”字段检索结果

在浏览检索结果的过程中，用户可以调整系统自动识别的检索式信息，重新进行检索；也可利用检索结果操作区域的操作工具设置检索结果的显示信息和方式。

②“检索要素”字段检索。

在常规检索界面中，选择检索字段为“检索要素”，如图 7-8 所示。

用户在选择检索字段为“检索要素”之后，在检索式编辑区输入检索式“陶瓷”，最后单击“检索”按钮，系统执行检索操作并显示检索结果，如图 7-9 所示。

在浏览检索结果的过程中，用户可以重新编辑检索式信息进行再次检索；也可利用辅助工具设置检索结果的显示信息和方式。

（2）高级检索（注册用户才能使用该功能）。

在专利检索及分析首页，选择检索方式菜单导航中的“高级检索”，进入高级检索界面，如图 7-10 所示。

图 7-8　“检索要素”字段检索

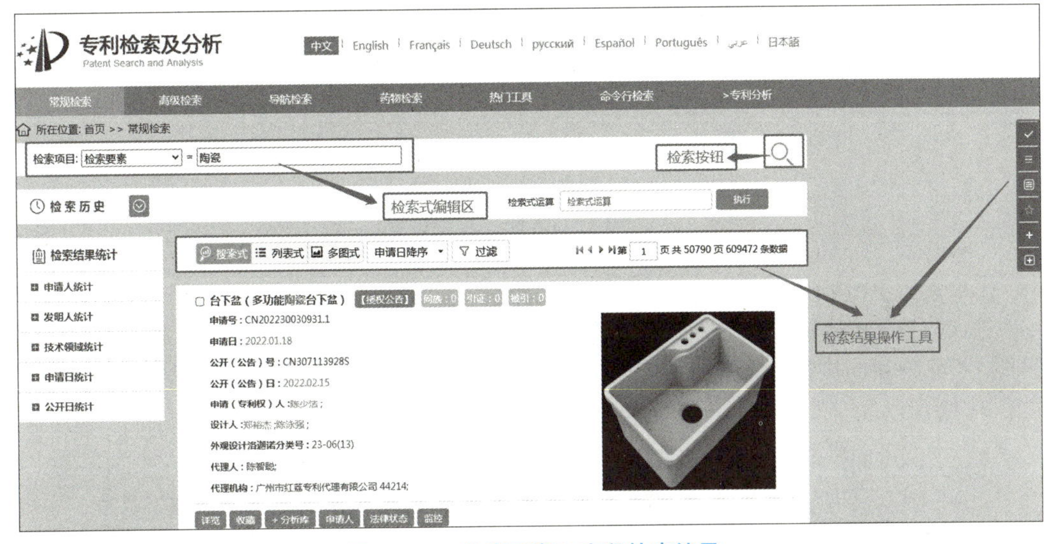

图 7-9　“检索要素”字段检索结果

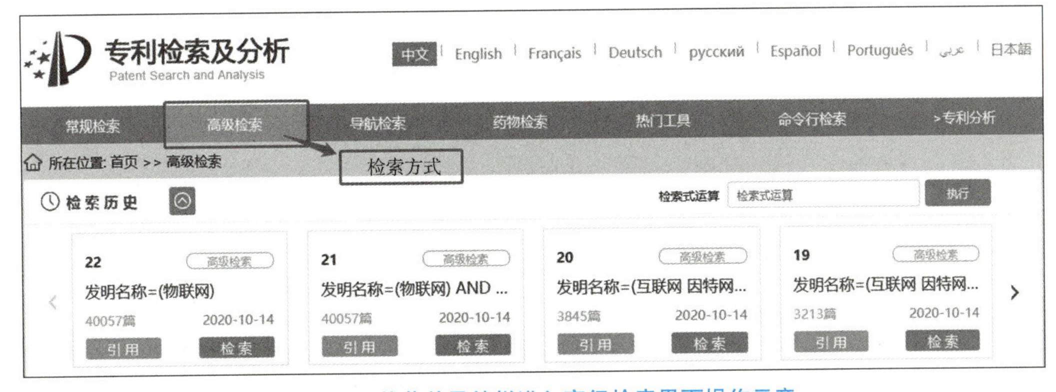

图 7-10　从菜单导航栏进入高级检索界面操作示意

在单击“高级检索”按钮之后，系统显示高级检索界面，其主要包含4个区域：检索历史、范围筛选、高级检索和检索式编辑区，如图7-11所示。

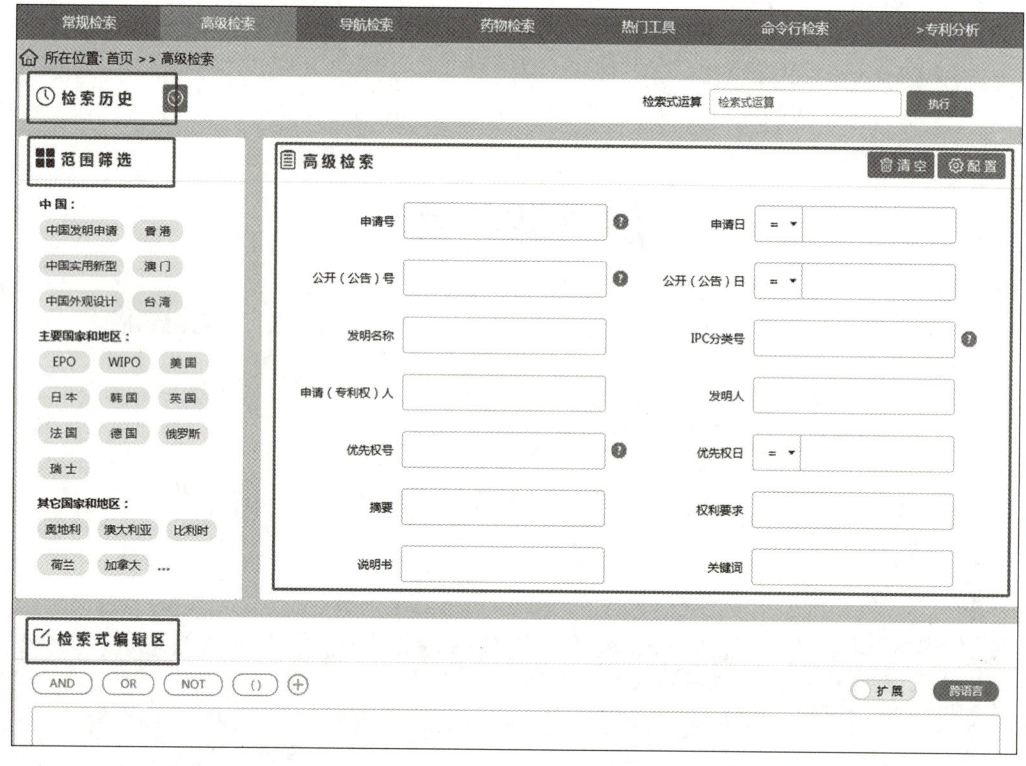

图7-11　高级检索界面

①检索历史(注册用户可用)。

进入高级检索界面，最上方区域为检索历史区域。在该区域中，用户可以查看当前注册用户下所有检索模块的检索式历史相关信息，单击左右两个箭头可以对检索历史信息进行翻页查看，如图7-12所示。

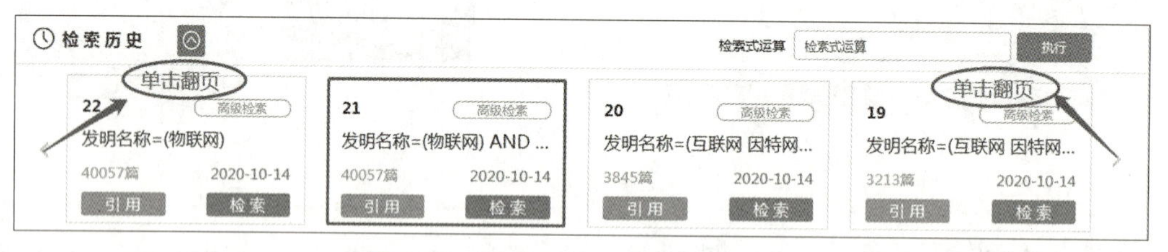

图7-12　检索历史区域操作界面(1)

单击“显示/收起”按钮，可显示/收起检索历史区域内容。将光标移动到检索式运算输入框中，可以查看检索式输入规则，如图7-13所示。

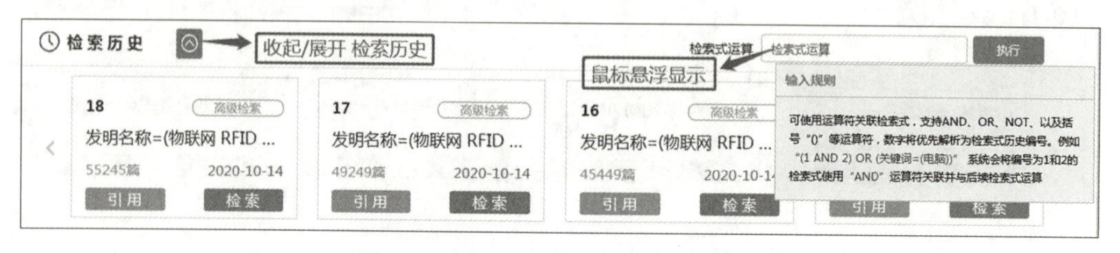

图7-13　检索历史区域操作界面(2)

单击“执行”按钮，可将检索历史中存在的检索式序号之间进行 AND 操作，并在界面下方显示检索统计结果，如图 7-14 所示。

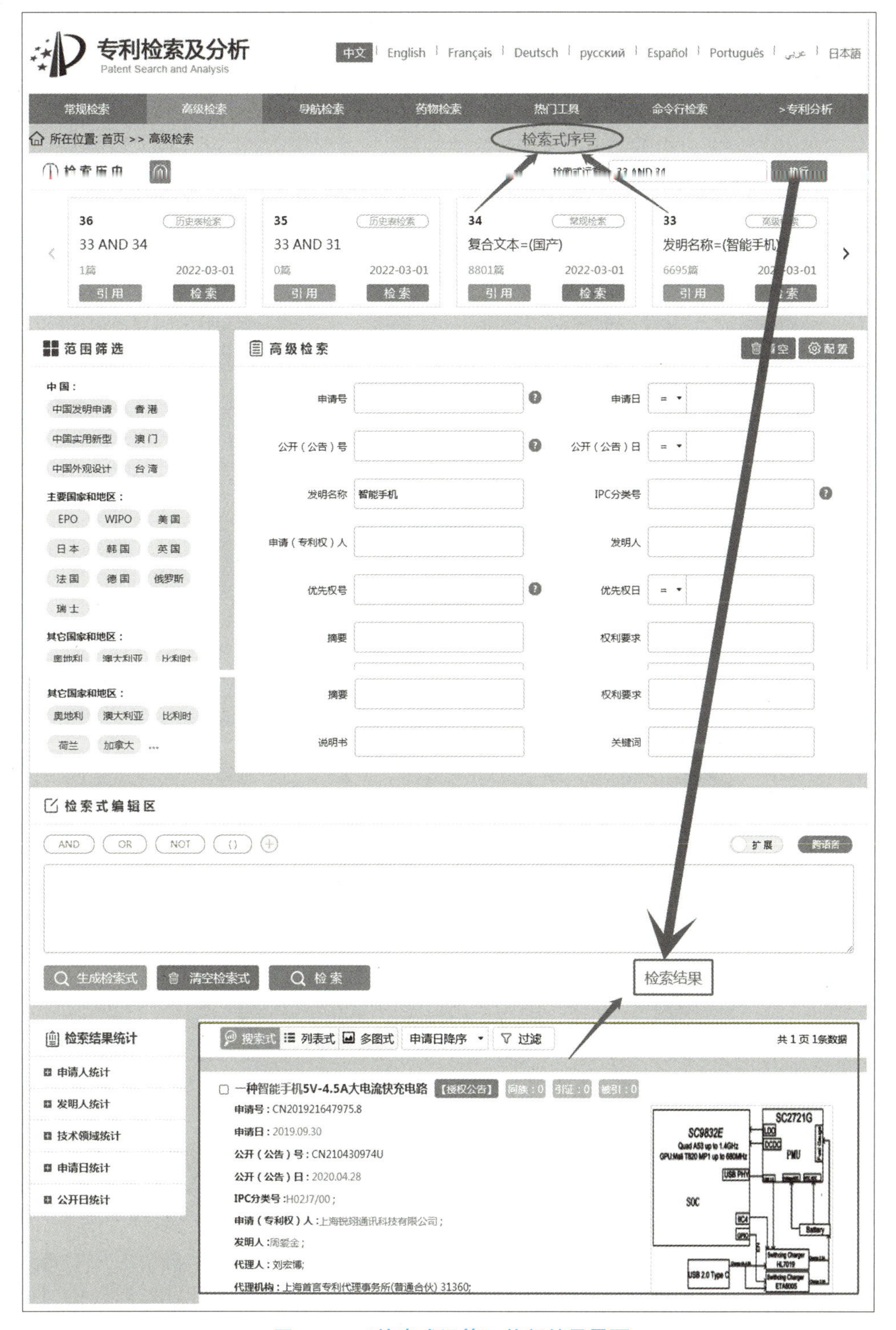

图 7-14　“检索式运算”执行结果界面

单击“引用”按钮，可引用当前所选择的检索式，并将其添加到检索式编辑区域中，如图 7-15 所示。

图 7-15　检索历史引用操作界面

单击“检索”按钮，系统对当前检索式进行检索，并在界面下方显示检索统计结果，如图 7-16所示。

②高级检索区域。

通过将光标移动到检索表格项区域查看检索字段的应用说明信息，如图 7-17 所示。

在“高级检索”表格项中，申请号、公开（公告）号、优先权号 3 项，存在操作助手按钮“?”，单击即可打开国别代码界面，具体操作如图 7-18 所示。

单击后的“国别代码”界面如图 7-19 所示，以“中国”为例，单击“应用”链接可以将对应的国别代码“CN”追加到表格项输入框中，单击“查询”按钮可以查询其他国家的国别代码。

“高级检索”表格项中，IPC 分类号也存在操作助手按钮，单击“?”按钮，可以打开 IPC 分类号查询表，具体操作如图 7-20 所示。

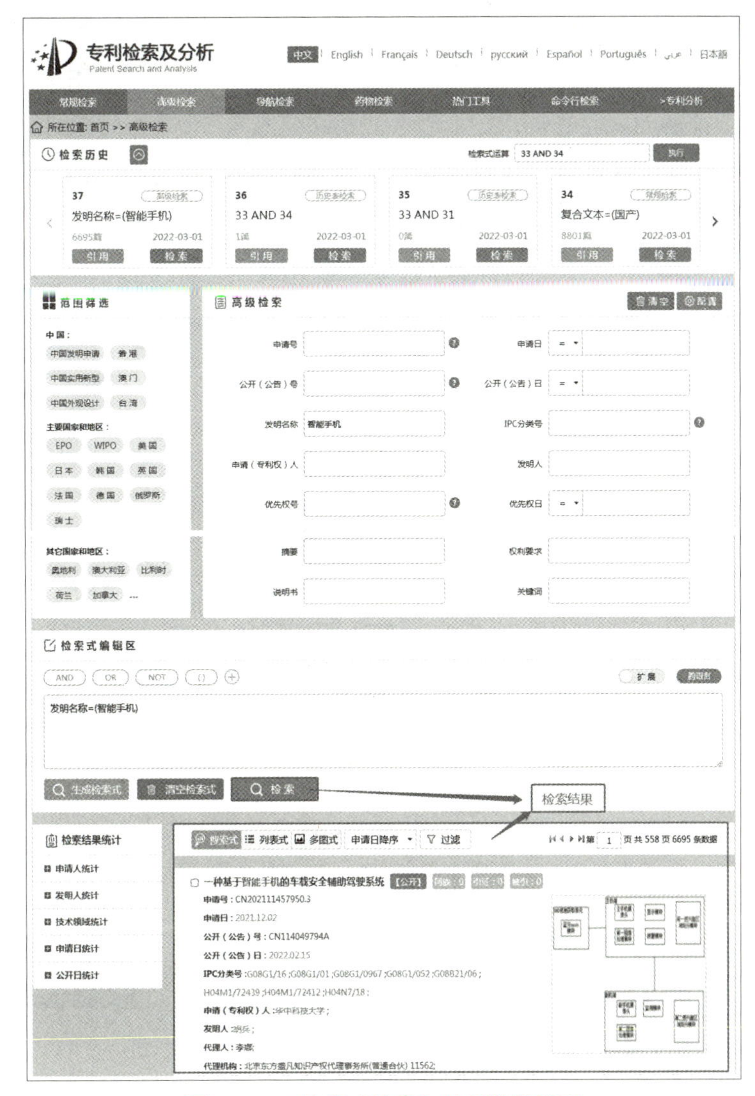

图 7-16　“检索式检索”执行结果界面

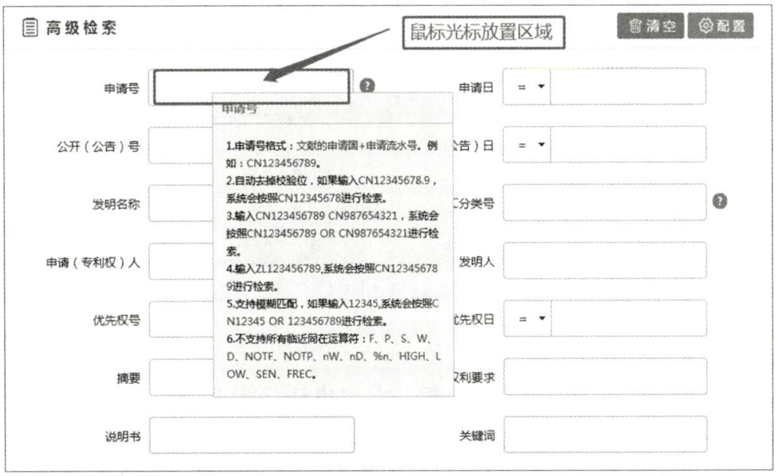

高级检索　　鼠标光标放置区域　　清空　配置

申请号　申请日
公开(公告)号　公开(公告)日
发明名称　IPC分类号
申请(专利权)人　发明人
优先权号　优先权日
摘要　权利要求
说明书　关键词

申请号

1.申请号格式:文献的申请国+申请流水号。例如:CN123456789。
2.自动去掉校验位,如果输入CN123456678.9,系统会按照CN12345678进行检索。
3.输入CN123456789 CN987654321,系统会按照CN123456789 OR CN987654321进行检索。
4.输入ZL123456789,系统会按照CN123456789进行检索。
5.支持模糊匹配,如果输入12345,系统会按照CN12345 OR 123456789进行检索。
6.不支持所有临近同在运算符:F、P、S、W、D、NOTF、NOTP、nW、nD、%n、HIGH、LOW、SEN、FREC。

图 7-17　查看检索表格项说明操作示意

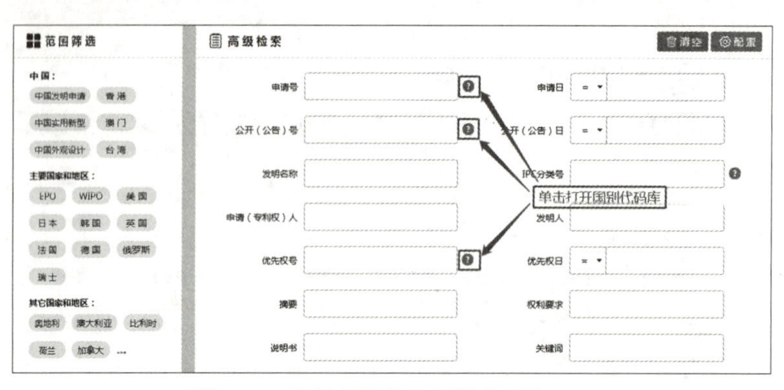

图7-18　表格项操作助手操作示意(1)

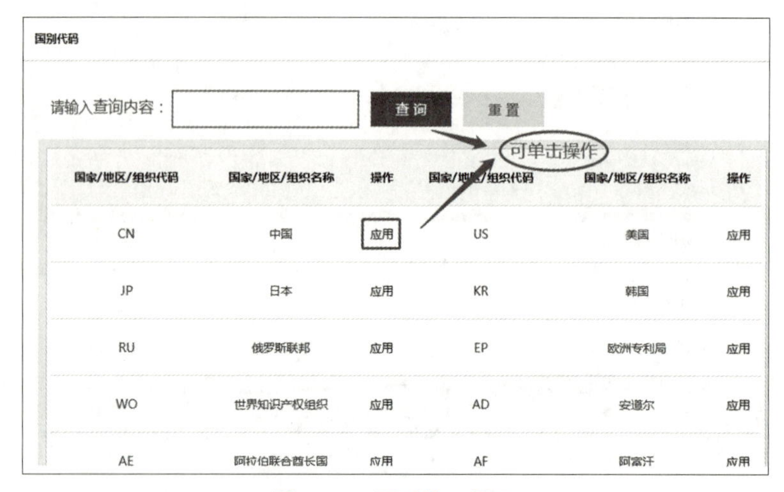
国别代码

请输入查询内容：　查询　重置

可单击操作

国家/地区/组织代码	国家/地区/组织名称	操作	国家/地区/组织代码	国家/地区/组织名称	操作
CN	中国	应用	US	美国	应用
JP	日本	应用	KR	韩国	应用
RU	俄罗斯联邦	应用	EP	欧洲专利局	应用
WO	世界知识产权组织	应用	AD	安道尔	应用
AE	阿拉伯联合酋长国	应用	AF	阿富汗	应用

图 7-19　国别代码界面

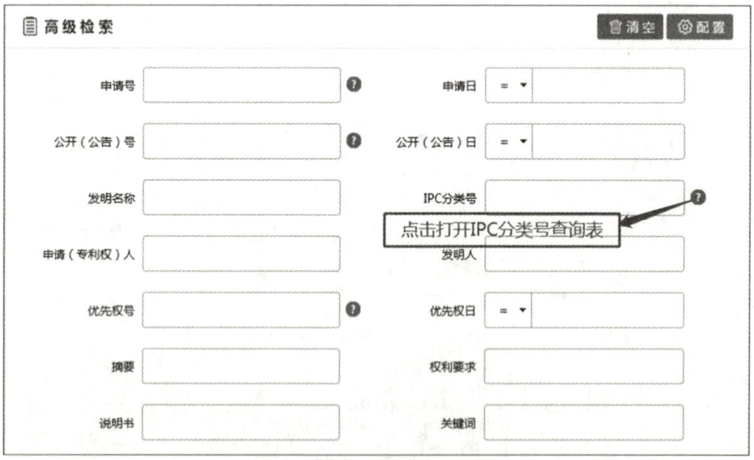

图7-20　表格项助手操作示意图(2)

IPC 分类号查询界面如图 7-21 所示。

在了解各个检索表格项的应用说明之后，在“申请（专利权）人”字段中输入关键词“三星”，在“发明名称”字段中输入关键词“手机”，如图 7-22 所示。

在输入检索关键词之后，用户可以通过单击检索字段名称和运算符按钮的方式完成检索式的构建，构建后的检索式显示在检索式编辑区，如图 7-23 所示。

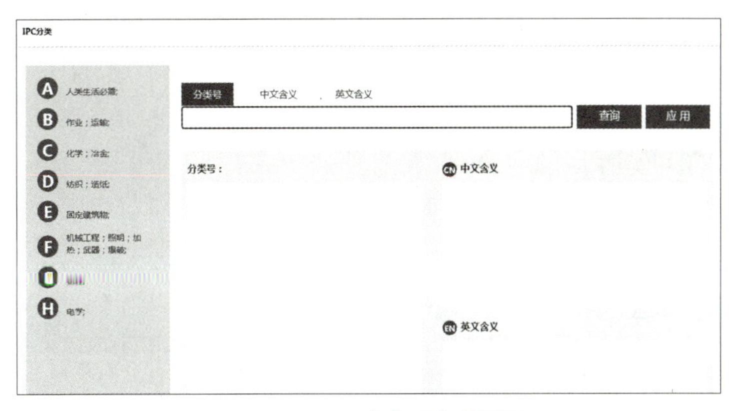

图 7-21　IPC 分类号查询界面

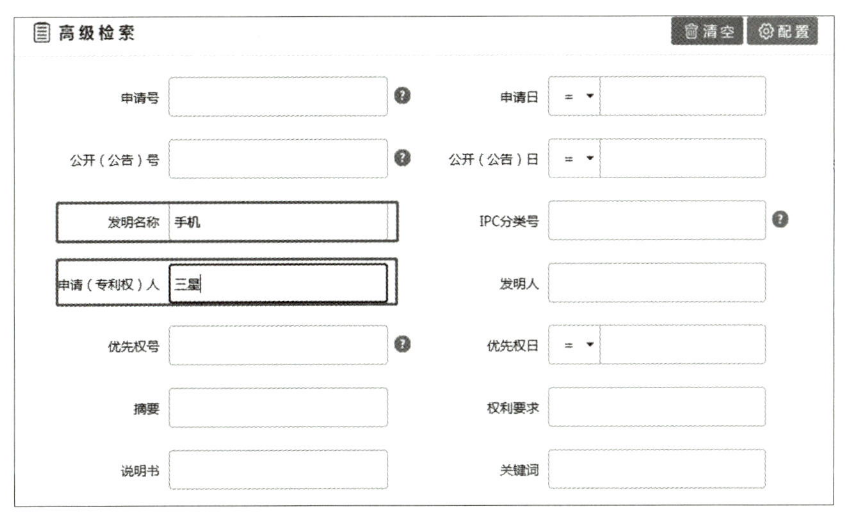

图7-22　输入检索关键词操作示意

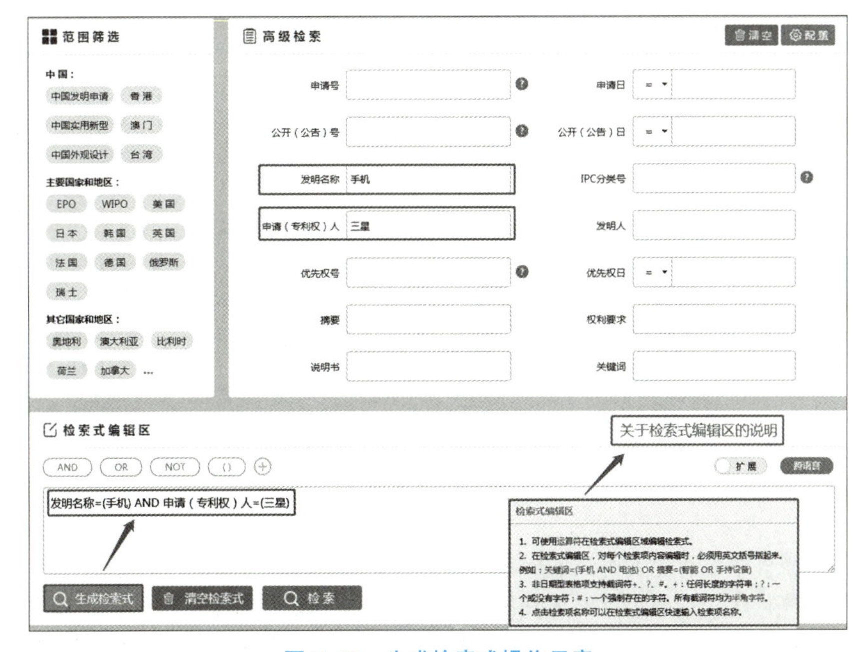

图 7-23　生成检索式操作示意

在编辑完成检索式之后，单击“检索”按钮，系统执行检索操作并在界面下方显示检索统计结果，如图 7-24 所示。

图 7-24　检索结果界面

用户在浏览检索结果的过程中，可以根据检索结果重新调整检索式进行检索。

③范围筛选。

在检索过程中，可以为检索式拼接特定的筛选条件，如选择“中国发明申请”和“台湾”，如图 7-25 所示。

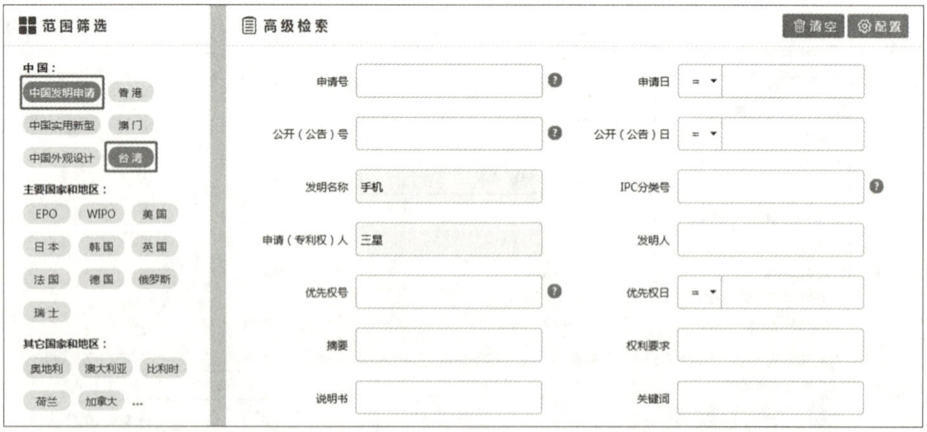

图 7-25　范围筛选操作示意

如果筛选条件中没有想要筛选的国家名称，可以单击“…”按钮查看更多国家名称，默认按名称首字母升序排序。选择想要添加到界面中的国家，单击“保存”按钮，如图 7-26 所示。

在输入框中输入“巴”，可以筛选出国家名称中包含“巴”的国家，如图 7-27 所示。

图 7-26　所有国家界面

图7-27　“查询国家”操作示意

④配置表格项（注册用户可用）。

在高级检索界面中，可以通过单击“配置”按钮配置自己的常用表格项，如图 7-28 所示。

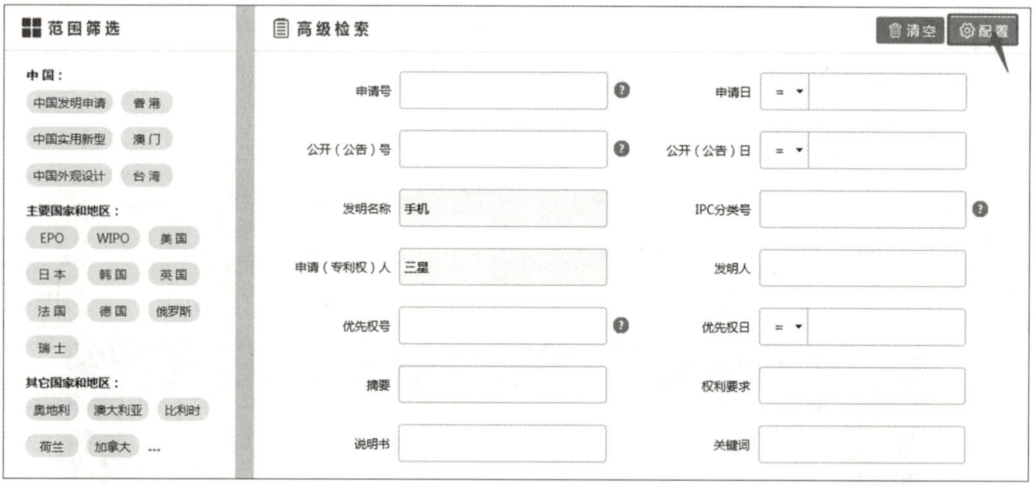

图 7-28　配置表格项操作示意

在配置表格项界面中，用户可以根据自己的检索习惯和策略配置自己的常用检索表格项。单击“配置”按钮后弹出可配置表格项界面，灰色框内是系统提供的默认表格项，用户不可修改。空白框内是用户选择想要配置到表格项中的内容，单击“保存”按钮，保存用户配置，如图 7-29 所示。

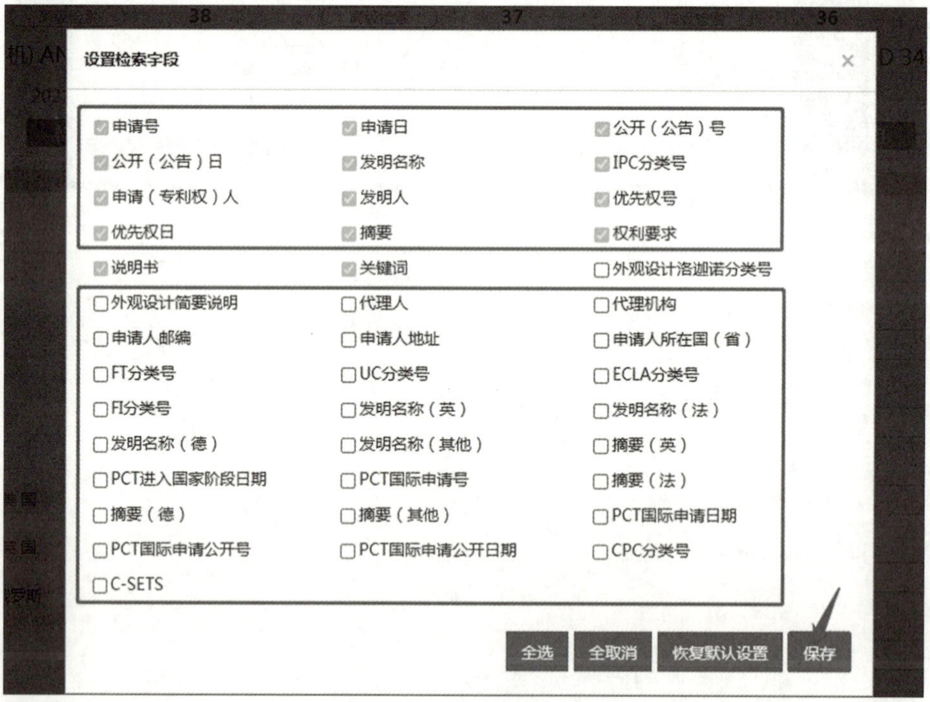

图 7-29　配置表格项界面

⑤跨语言检索（注册用户可用）。

用户可以通过“跨语言”功能实现构建一种语言（中、英、日）检索式同时在中、英、日 3 种语言专利文献中进行检索，“跨语言”功能设置界面如图 7-30 和图 7-31 所示。以“发明名称=手机”为例介绍“跨语言”功能应用，如图 7-32 所示。

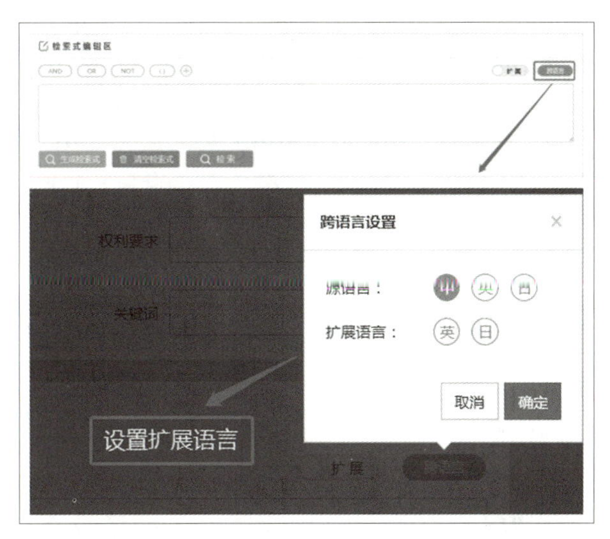

图 7-30　“跨语言”功能设置界面（1）

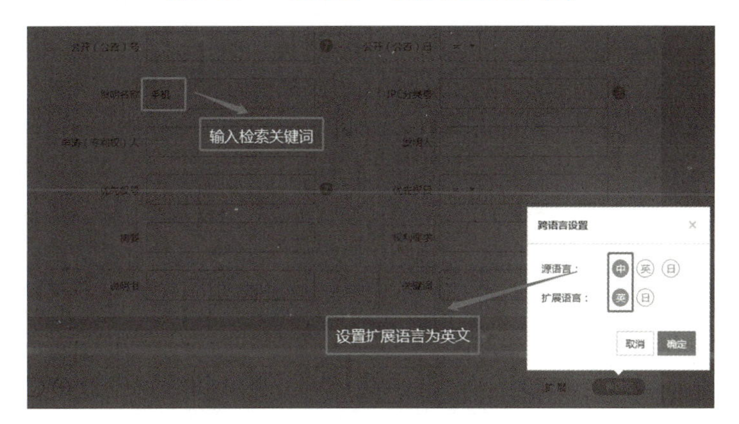

图 7-31　“跨语言”功能设置界面（2）

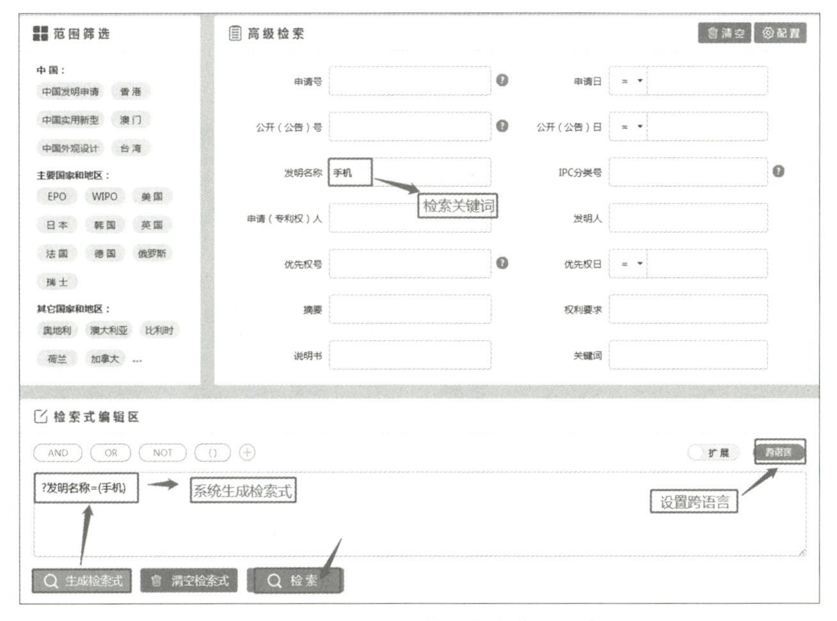

图 7-32　“跨语言”功能应用示意

首先在“发明名称”检索字段中输入关键词“手机”，然后单击“跨语言”按钮，在跨语言设置区域中选择扩展语言为“英文”并单击“确定”按钮，最后单击“生成检索式”按钮，在检索式编辑区中生成检索式“？发明名称＝（手机）”。生成检索式之后，可以通过单击“检索”按钮执行检索。应用“跨语言”功能的检索结果如图 7-33 所示。

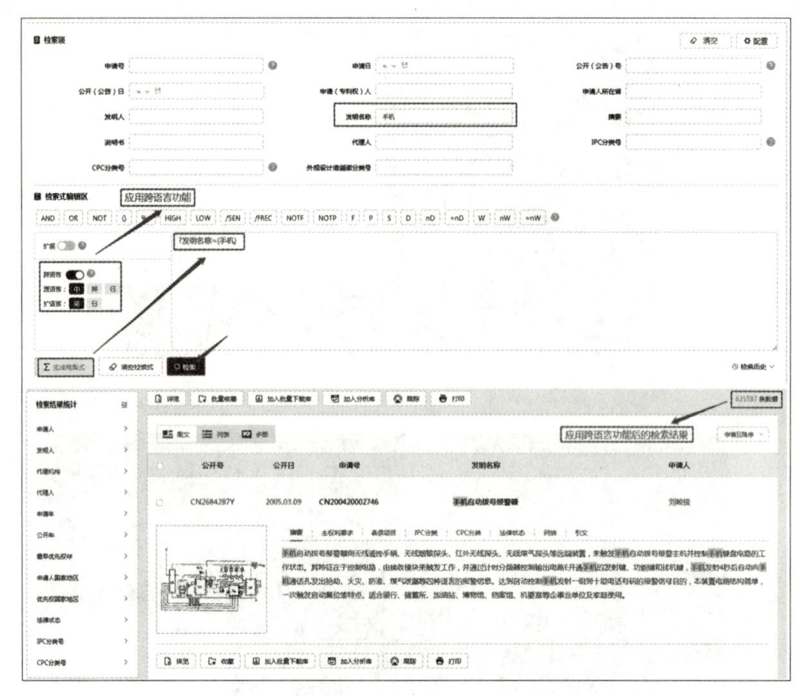

图 7-33　应用“跨语言”功能的检索结果

未应用跨语言功能的检索结果如图 7-34 所示。

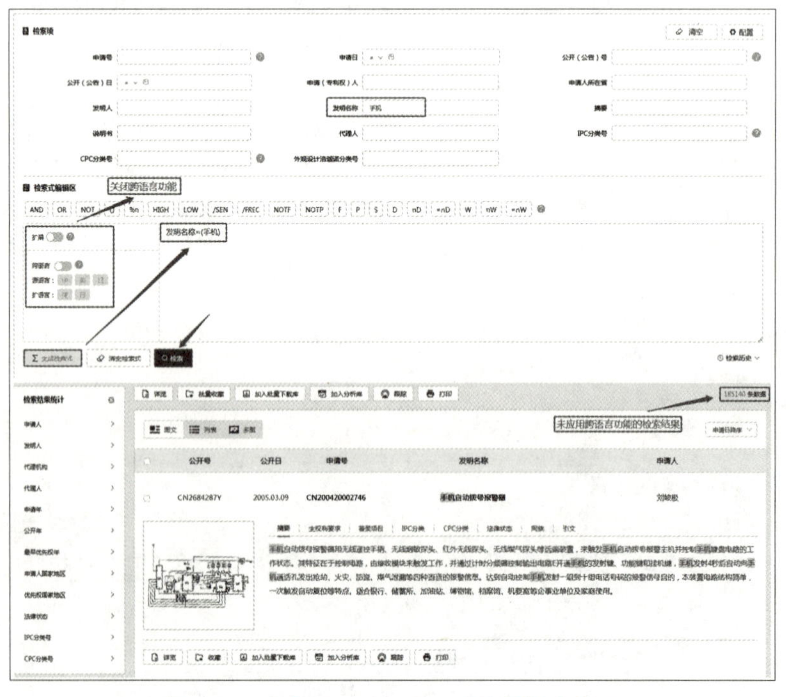

图 7-34　未应用“跨语言”功能的检索结果

检索式“发明名称=（手机）”在使用“跨语言”功能之后，命中文献数量为635 597篇；未使用“跨语言”功能的情况下，命中文献数量为185 140篇。

⑥扩展检索（注册用户可用）。

在高级检索中，为了便于用户通过构建简单的检索式获取最全面的专利文献信息，系统提供了“扩展”功能。系统能够自动根据用户输入的检索要素按照业务规则扩展为含义相近的关键词等信息，并进行检索。扩展检索界面如图7-35所示。

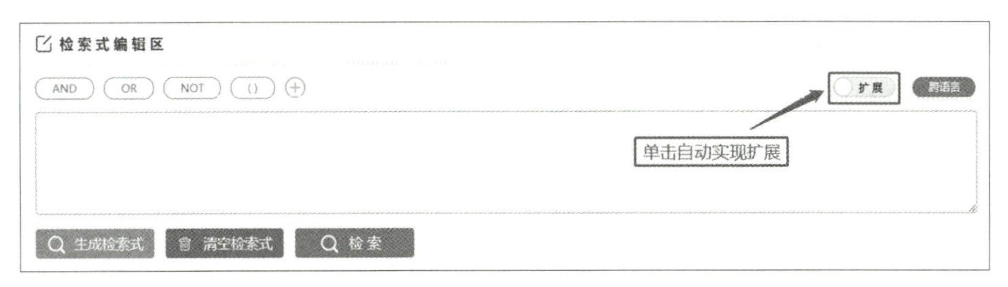

图7-35　扩展检索界面

以“发明名称 = 手机”为例介绍“扩展”功能应用。

首先在“发明名称”检索字段中输入关键词“手机”，然后选中“扩展”单选按钮，最后单击“生成检索式”按钮，生成检索式“＊发明名称=（手机）”。生成检索式之后，可以通过单击“检索”按钮执行检索。扩展检索应用示意如图7-36所示。

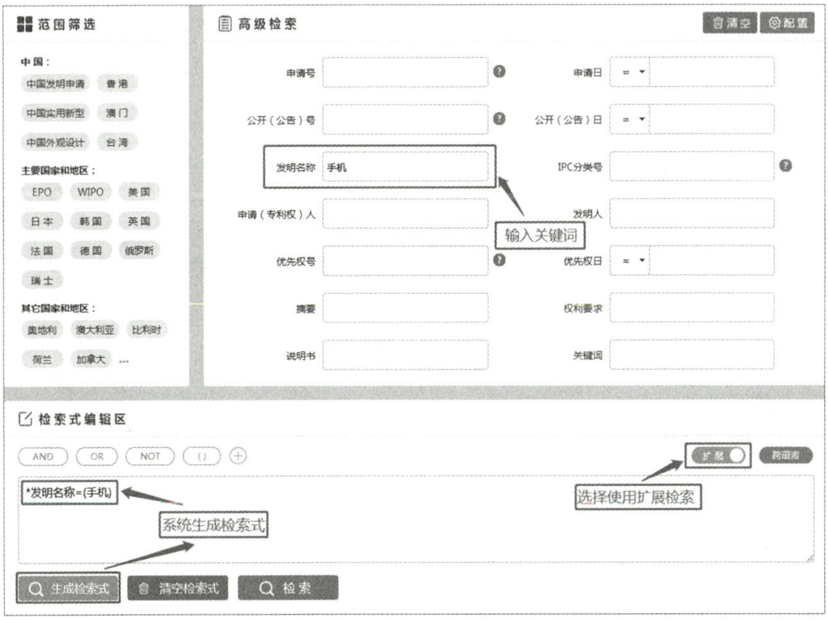

图7-36　扩展检索应用示意

检索式“发明名称=（手机）”在使用“扩展”功能之后，命中文献数量为292 666篇，如图7-37所示；未使用“扩展”功能的情况下，命中文献数量为182 985篇，如图7-38所示。

⑦检索式编辑区。

检索式编辑区中为用户提供了常用的逻辑运算符点选功能，单击“+”按钮，可以显示更多的逻辑运算符，如图7-39所示。

用户可以单击“清空检索式”按钮，清空检索式编辑区中的所有内容，如图7-40所示。

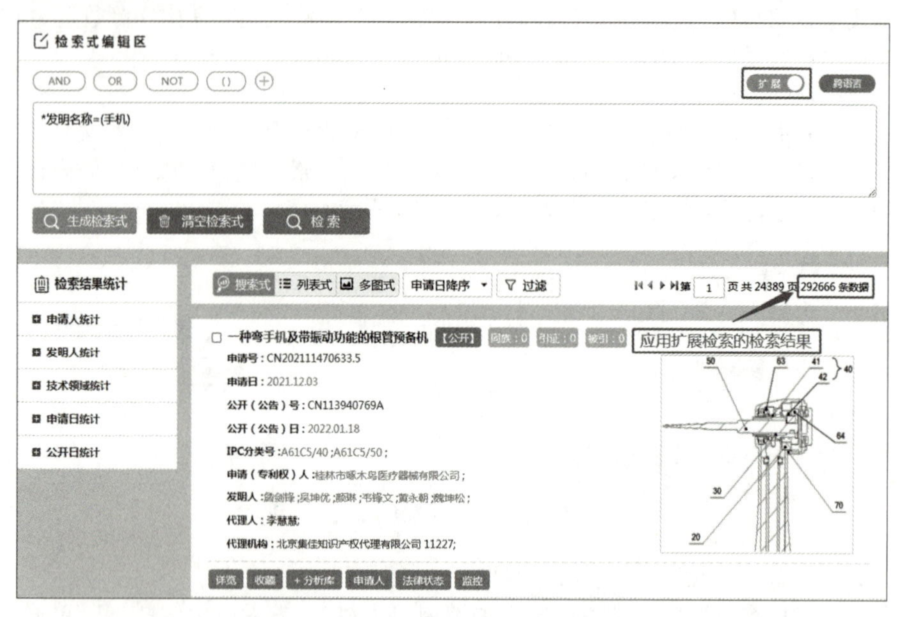

图 7-37 应用“扩展”功能的检索结果

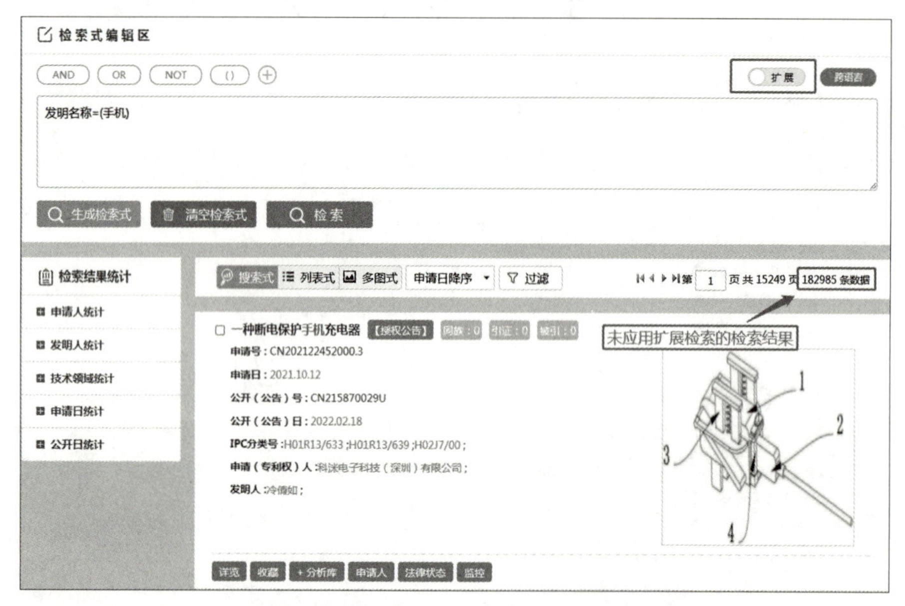

图 7-38 未应用“扩展”功能的检索结果

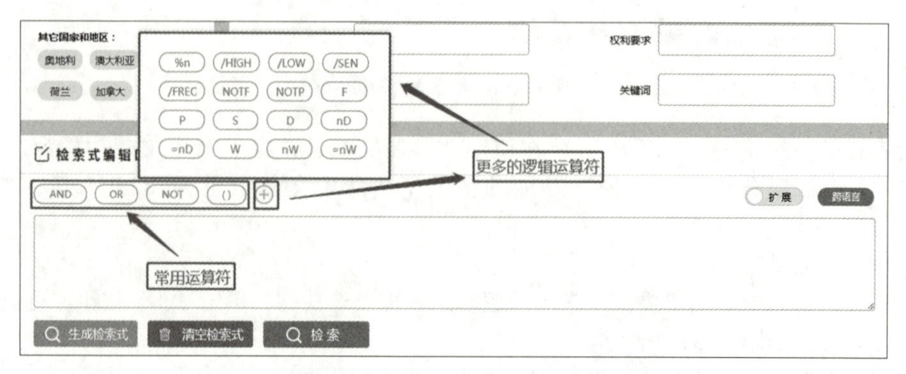

图 7-39 检索式编辑区操作示意

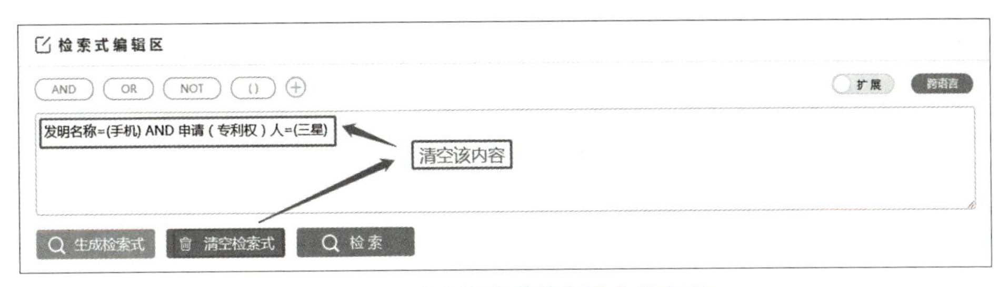

图7-40　清空检索式编辑区中的内容

(3) 药物检索。

药物检索包括高级检索、方剂检索和结构式检索 3 种检索模式，介绍如下。

①高级检索。

在药物检索专题界面，系统默认显示高级检索界面，如图 7-41 所示。

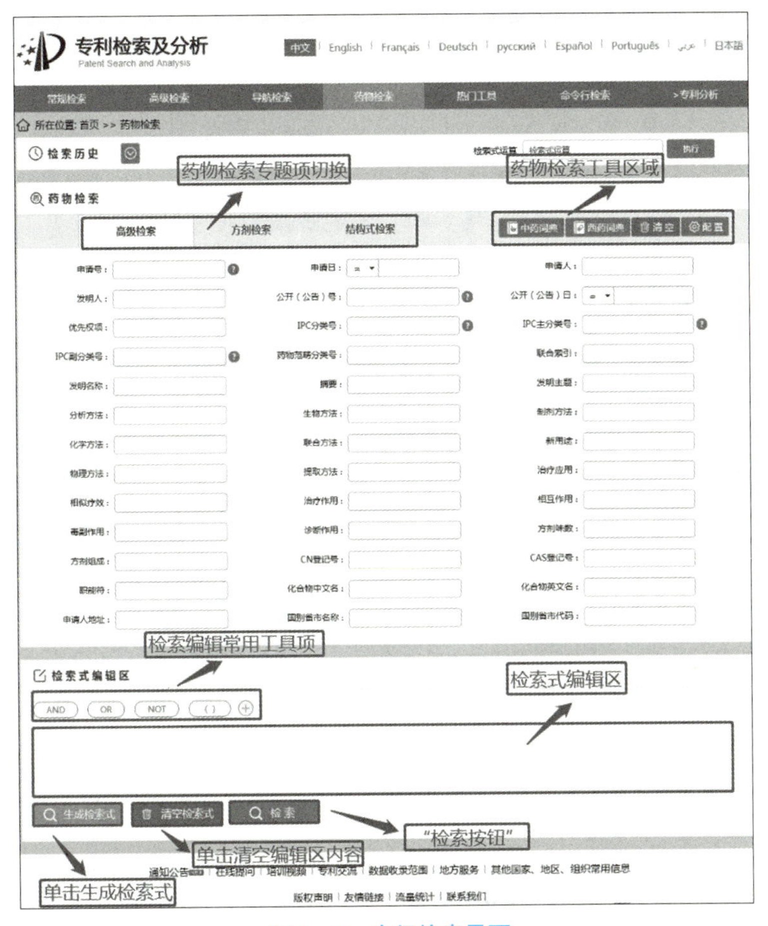

图 7-41　高级检索界面

在对应输入框输入查询内容，或者在检索式编辑区编辑检索式，单击“检索”按钮，系统执行检索操作并显示检索结果界面，如图 7-42 所示。

在检索结果界面，可以进行显示设置操作过滤文献，或者使用详览功能。

②方剂检索。

在药物检索专题界面，单击“方剂检索”按钮，进入方剂检索界面，如图 7-43 所示。

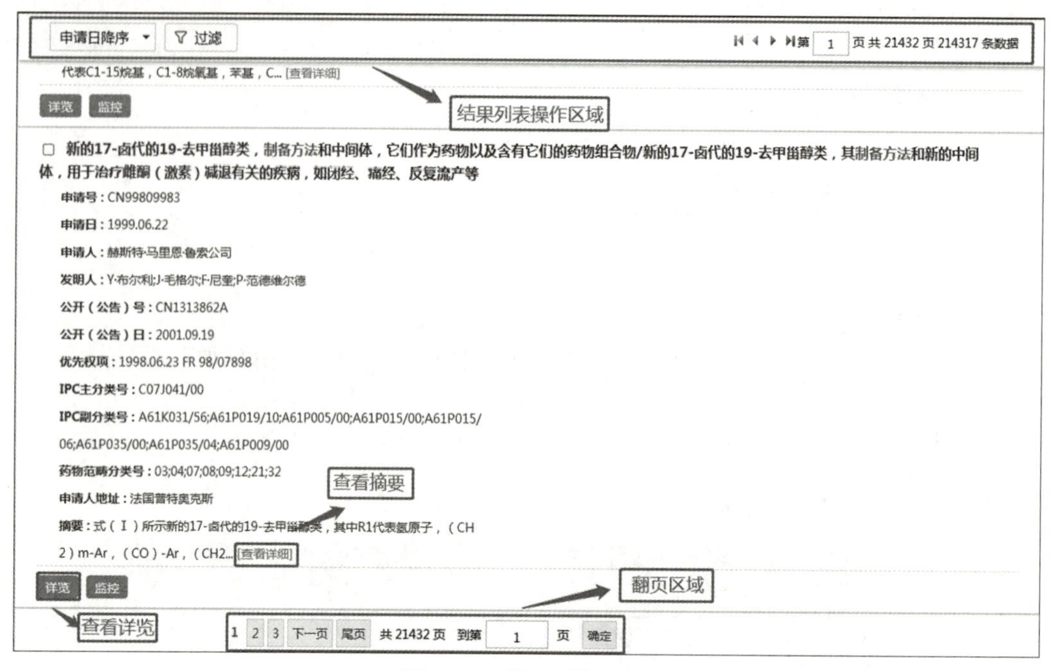

图 7–42　结果列表界面

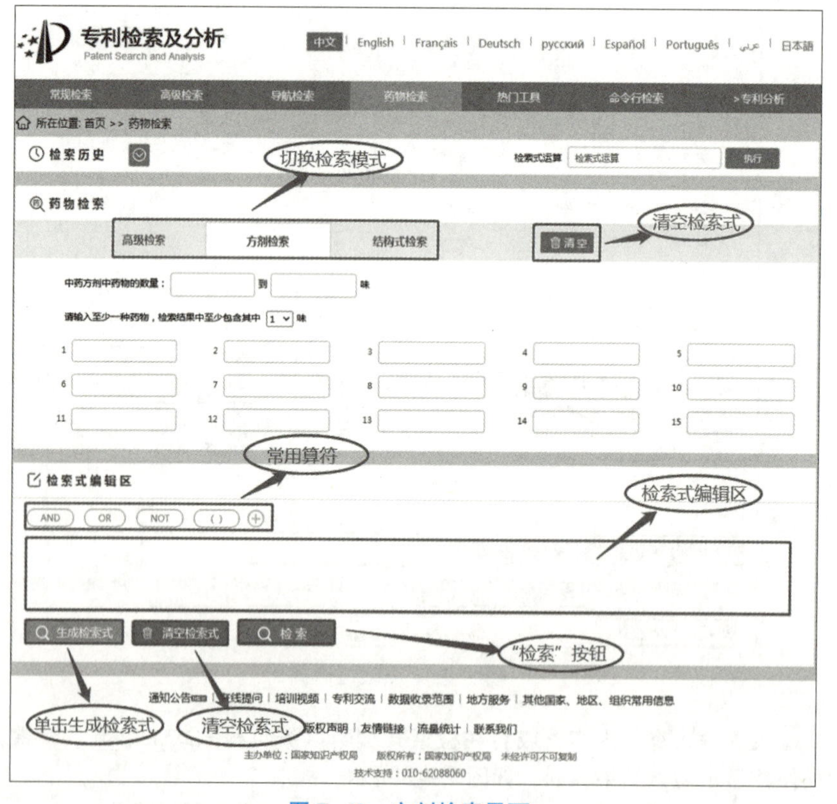

图 7–43　方剂检索界面

在对应输入框输入查询内容，或者在检索式编辑区编辑检索式，单击“检索”按钮，系统执行检索操作并显示检索结果界面，如图 7–44 所示。

在检索结果界面，可以进行显示设置操作过滤文献，或者使用详览功能。

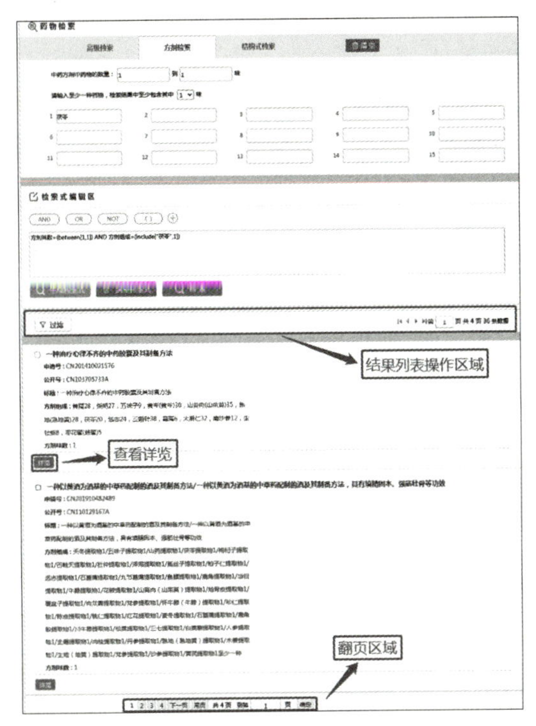

图 7-44　结果列表界面

③结构式检索。

在药物检索专题界面，单击“结构式检索”按钮，进入结构式检索界面，如图 7-45 所示。

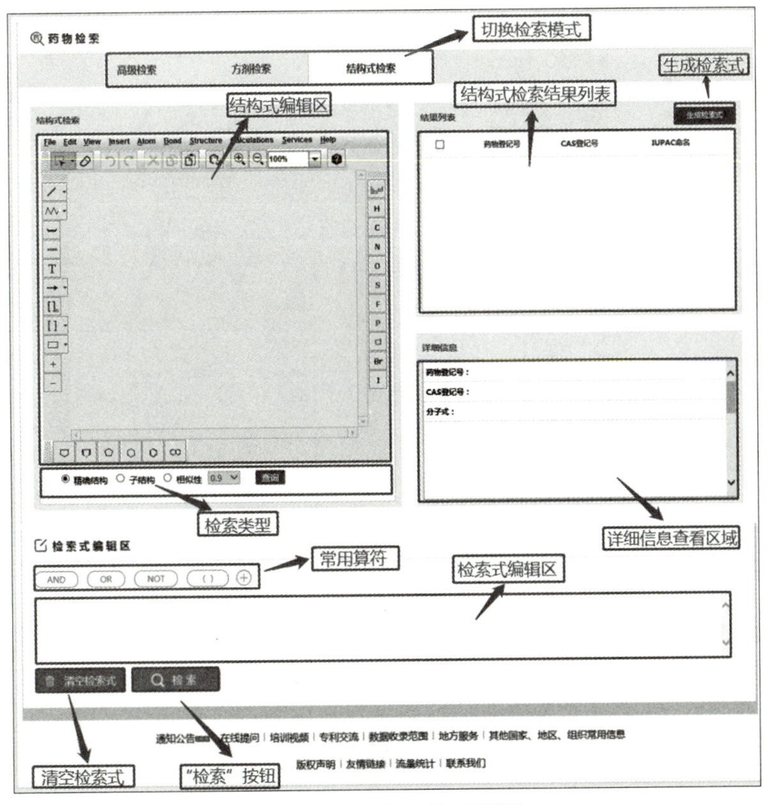

图 7-45　结构式检索界面

用户在结构式编辑区编辑化合物结构式，选择检索类型，单击“查询”按钮，结果列表区域将显示化合物列表，如图 7-46 所示。

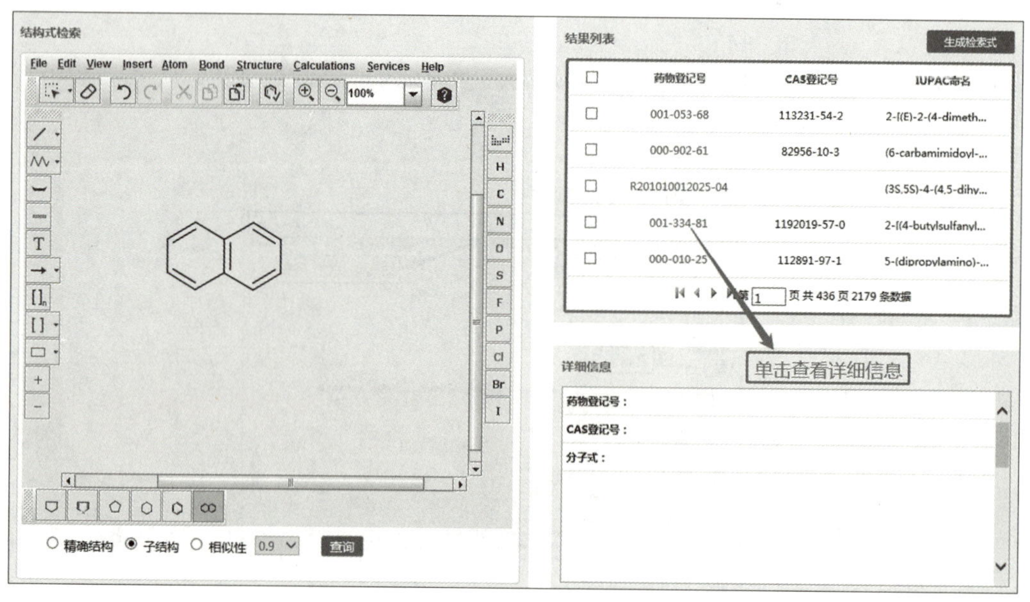

图 7-46　结果列表界面

单击上图中“药物登记号”链接，系统将刷新右下区域显示详细信息，如图 7-47 所示。

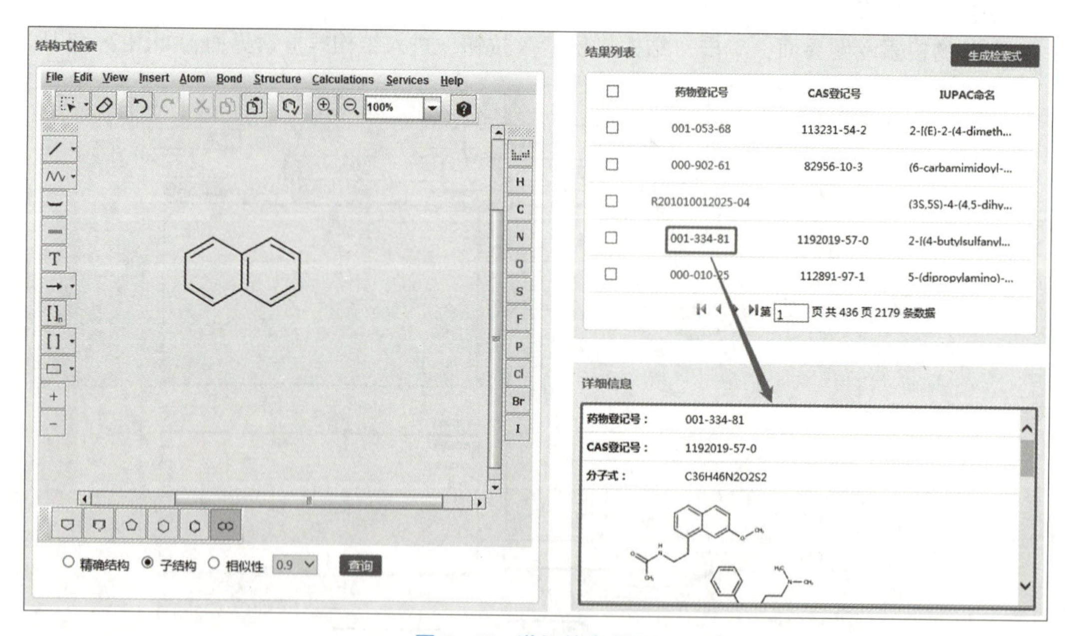

图 7-47　详细信息界面

“生成检索式”功能将选择的记录以药物登记号或文本形式生成检索式，辅助检索，如图 7-48 所示。单击“生成检索式”按钮后，弹出选择药物职能窗口，如图 7-49 所示。完成上述操作后，将会在界面的检索式编辑区生成检索式，如图 7-50 所示。

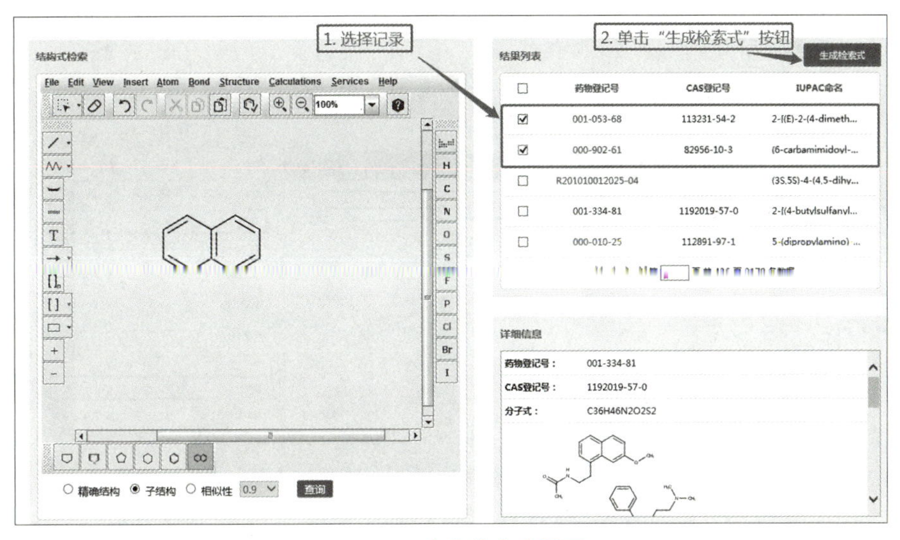

图 7-48　生成检索式界面

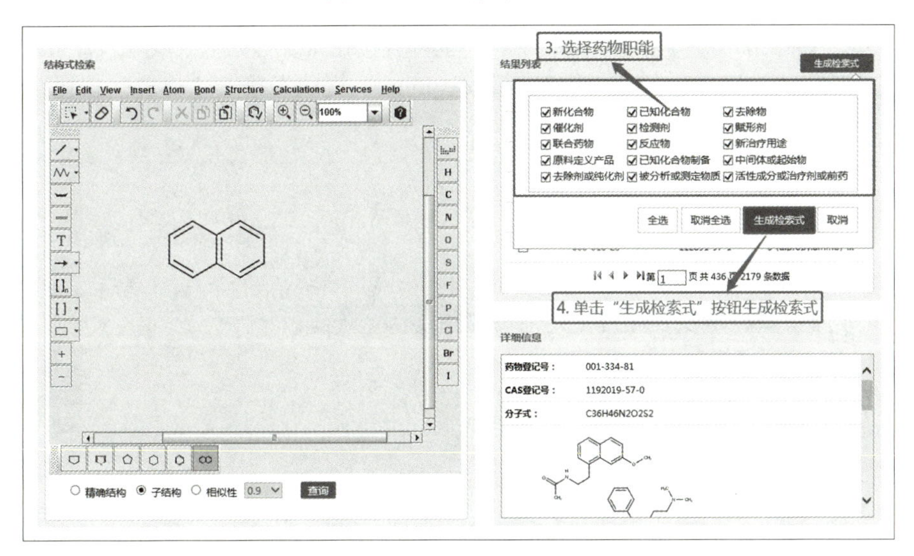

图 7-49　选择药物职能界面

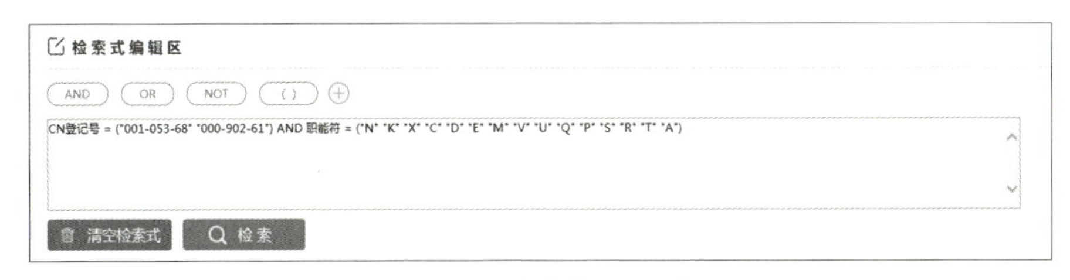

图 7-50　生成检索式结果界面

（4）命令行检索。

①命令行检索概述。

命令行检索是面向行业用户提供的专业化的检索模式，该检索模式支持以命令的方式进行检索、浏览等操作功能。以检索式“发明名称=（手机）AND　摘要 =（翻盖）”为例，演示命令行检索中的部分功能应用，命令行检索编辑检索示意如图 7-51 所示。

在字符命令中单击“发明名称”，在命令编辑区中单击“( )”，并在括号中输入关键词“手

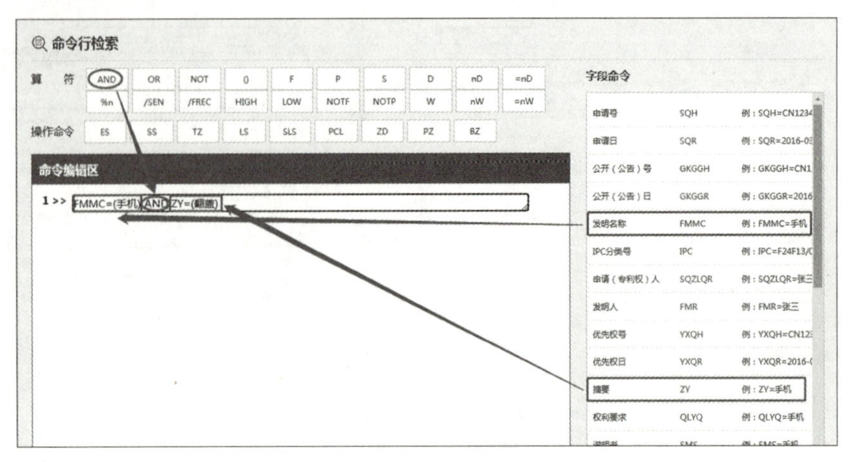

图 7-51　命令行检索编辑检索式示意

机”，然后单击算符“AND”，系统自动将其加入命令行编辑区，最后在字符命令中单击“摘要”，在命令编辑区中单击“( )”，并在括号中输入关键词“翻盖”。以上操作便完成了基本检索式的构建（如果用户对检索字段比较了解，也可直接在命令行编辑区域输入检索式）。

在完成检索式构建之后，用户可以直接按〈Enter〉键或者单击“检索”按钮，系统执行检索操作。检索后的命令编辑区如图 7-52 所示。

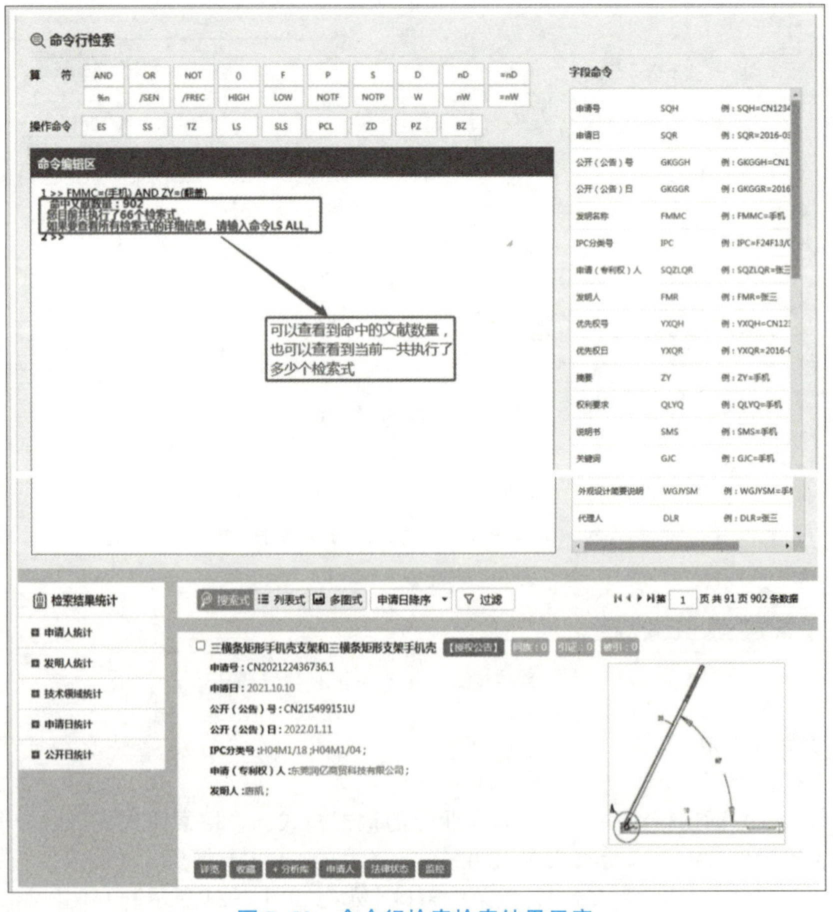

图 7-52　命令行检索检索结果示意

在浏览检索结果的过程中，如果需要进一步缩小检索范围，可以从操作命令按钮区域中选取检索命令“ES（二次检索）”，然后再输入检索式编号 67（表示在第 67 号检索式基础上进行二次检索），最后输入“申请（专利权）人 =（三星）”，如图 7-53 所示。

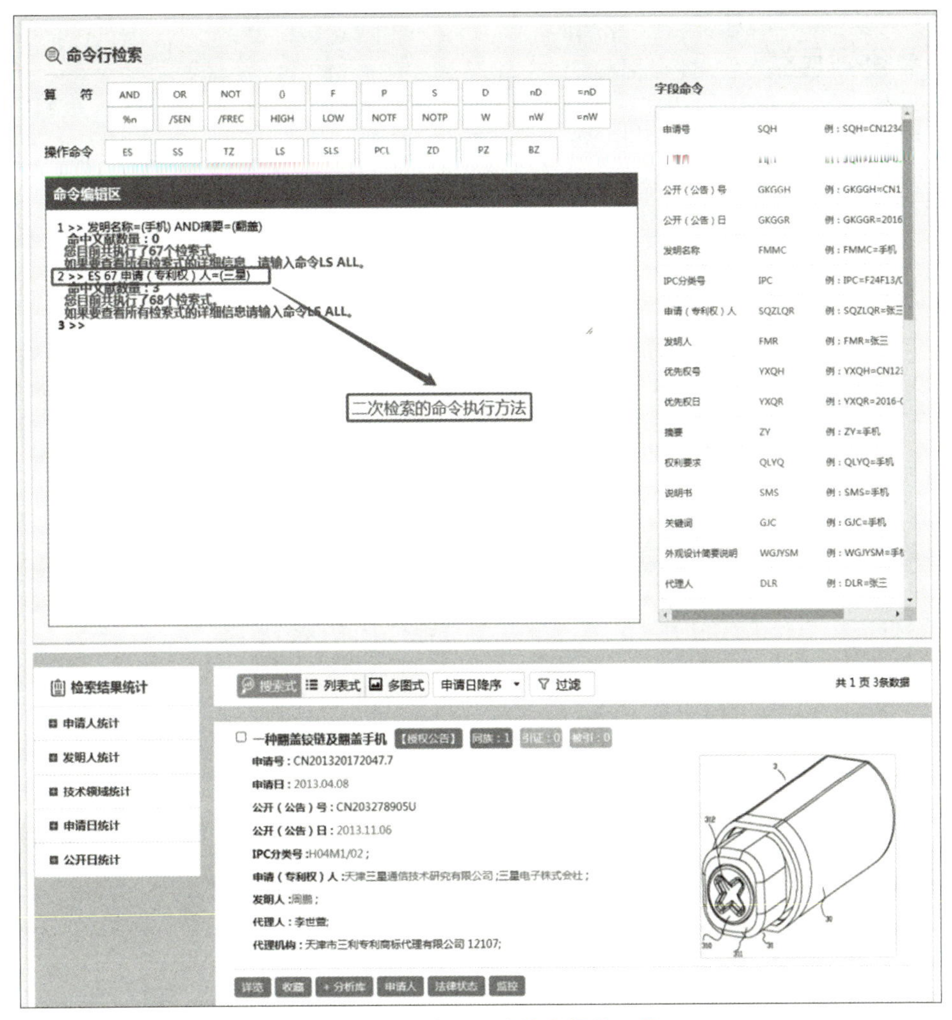

图 7-53　命令行二次检索操作示意

在执行二次检索之后，命中文献数量缩小到 3 篇。

②批处理管理。

批处理管理主要为用户提供存储已有的固化思路的工具。在检索过程中，针对某一业务目标的检索，往往存在相同的检索思路，针对这些固定的检索思路，用户可以通过批处理管理功能统一管理，以便工作时随时使用。由于批处理文件的执行主要是在命令行检索中运用，因此，接下来主要介绍批处理管理功能的应用。

- 创建批处理文件。

用户可以通过单击“创建”按钮创建新的批处理文件，如图 7-54 所示。

图 7-54　创建批处理文件操作示意

在创建批处理文件界面中，如图 7-55 所示，用户可以通过命令选择区域选择命令，将其快速加入编辑区域，在编辑区域输入相应的批处理文件内容，编辑完成之后，单击“确定”按钮，系统保存文件信息，如图 7-56 所示。

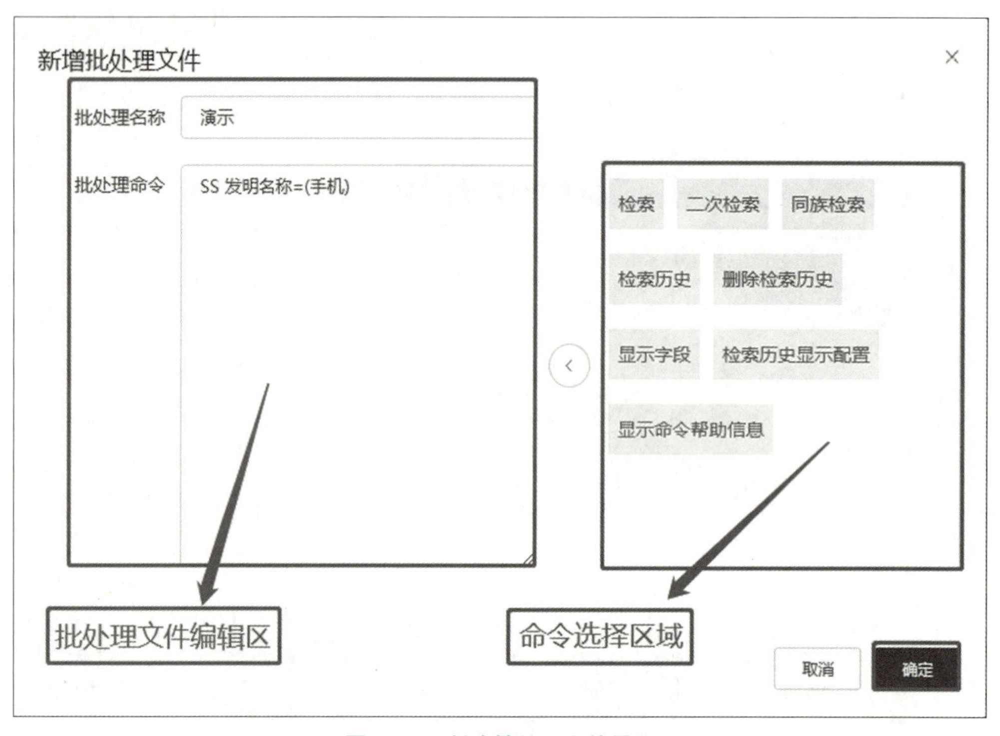

图 7-55　创建批处理文件界面

图 7-56　批处理文件保存效果图

- 删除批处理文件。

在管理批处理文件的过程中，对于无用的批处理文件，可以选择需要删除的批处理文件，然后单击“删除”按钮，系统将删除批处理文件，如图 7-57 所示。

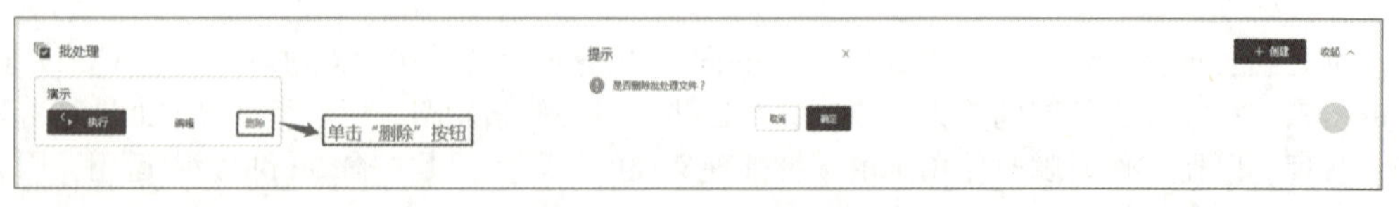

图 7-57　删除批处理文件操作示意

- 执行批处理文件。

在管理批处理文件的过程中，如果需要执行某个批处理文件，可以单击“执行”按钮，系统将执行该批处理文件，执行效果如图 7-58 所示。

- 修改批处理文件。

在管理批处理文件的过程中，如果需要修改某个批处理文件，可以再次单击“编辑”按钮修改该批处理文件，如图 7-59 所示。

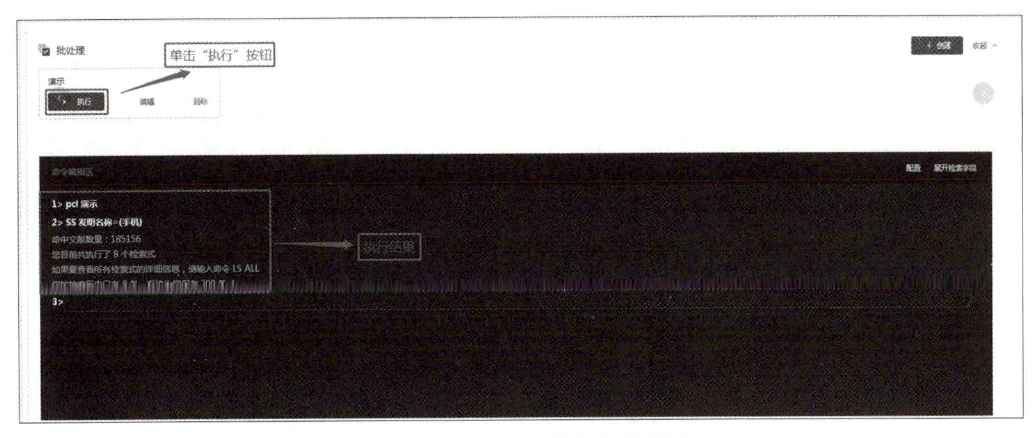

图 7-58　批处理命令执行结果图

图 7-59　修改批处理文件操作示意

在修改批处理文件界面中，可以通过命令选择区域选择命令，将其快速加入编辑区域，在编辑区域输入相应的批处理文件内容，编辑完成之后，单击“确定”按钮，系统保存文件信息，如图 7-60 所示。

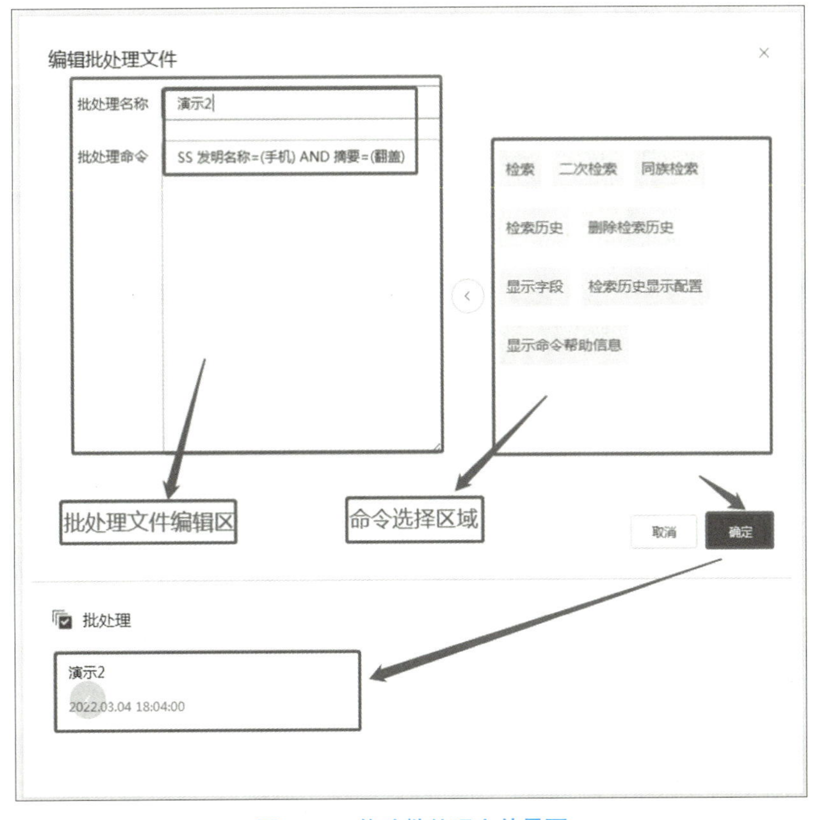

图 7-60　修改批处理文件界面

2. 专利分析

该检索系统平台的专利分析功能非常强大，使用规则烦琐。由于篇幅限制，本节不再详述，有兴趣的读者可以参考平台的“帮助中心”界面中有关于专利分析的使用指南（http://pss-system.cnipa.gov.cn/sipopublicsearch/sysmgr/uishowHelp-forwardShowHelpPage.shtml）。

习　题

1. 什么是专利？专利权的特点有哪些？

2. 什么是《专利法》？《专利法》中主要规定了哪些内容？

3. 简述专利的种类及其保护期限。

4. 什么是专利文献？查询相关资料，熟悉专利文献的分类体系。

5. 利用国家知识产权局的专利检索与分析系统平台，检索出学校申请的有关于“釉料”方面的有效专利。

第 8 章

综合课题检索实例分析

8.1 中文图书文献检索实例分析

检索实例：查找关于景德镇陶瓷的图书（以汇雅电子图书为例）。

基本检索步骤如下。

(1) 分析课题主题，提取检索词。

①利用汇雅电子图书简单检索或高级检索方式，为获得较高的检准率，检索项选择书名，在检索词输入框中输入“景德镇 陶瓷”进行预检，如图 8-1 和图 8-2 所示。检索词“景德镇”和“陶瓷”之间的空格为系统默认的逻辑“AND”关系。

图 8-1 汇雅电子图书简单检索界面

②单击“检索”按钮，得出检索结果如图 8-3、图 8-4 和图 8-5 所示。

通过阅读大量文献，初步得出表示陶瓷概念的相关检索词有陶瓷、瓷器、青花、粉彩、青白瓷、古彩、五彩、斗彩、釉里红、颜色釉等。

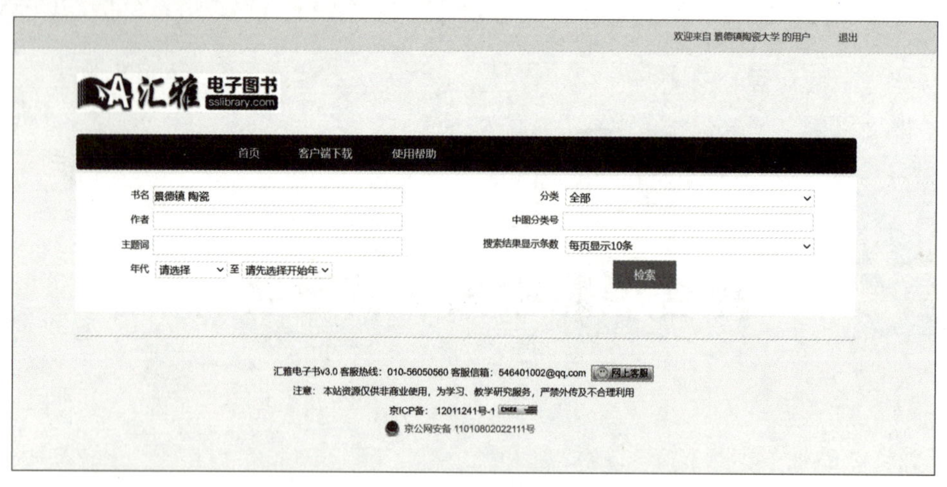

图 8-2　汇雅电子图书高级检索界面

图 8-3　汇雅电子图书简单检索结果

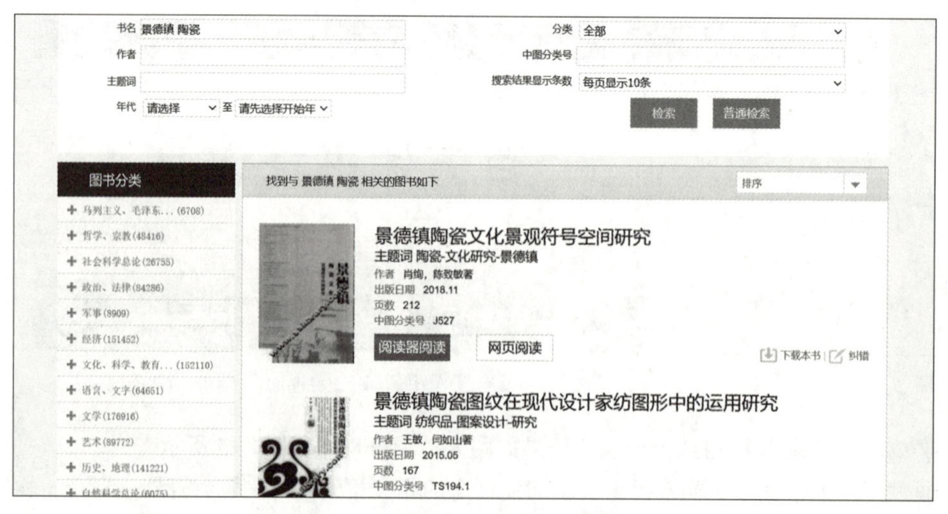

图 8-4　汇雅电子图书高级检索结果

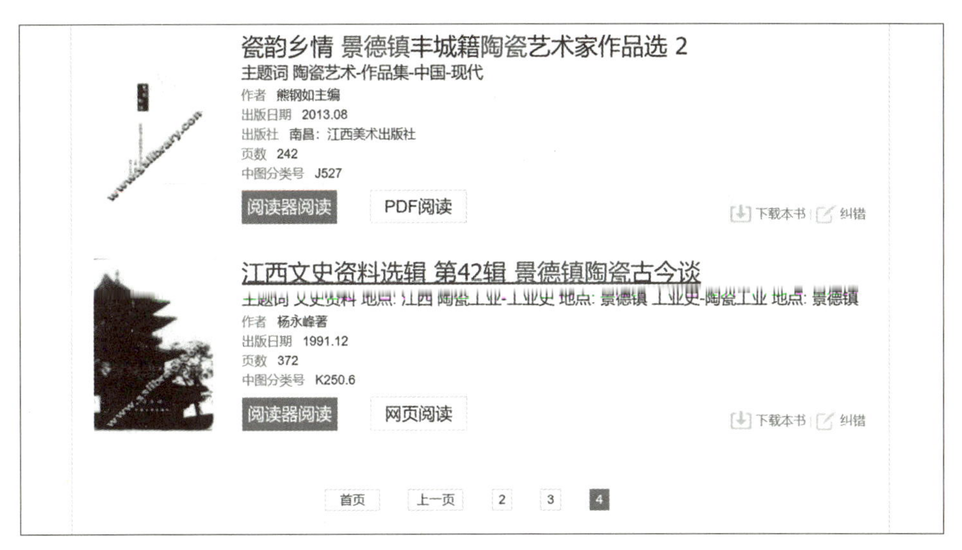

图 8-5 检索结果

（2）选择检索途径。

为获得较好的查准率和查全率，根据检索需要，可选择书名或目录等检索途径。一般地，为提高查准率，检索项可选择书名字段；为提高查全率，检索项可选择目录字段。

（3）构建检索表达式。

检索表达式的构建可根据实际检索需要制订。一般地，如果对检索结果的准确率有较高的要求，可限制各检索要素均在书名字段出现，如检索表达式 1~6；如果对检索结果的全面率有更高要求，则应根据多次试检情况，不断调整检索表达式，将检索要素限定在目录字段，如检索表达式 7。

检索表达式 1：

书名 = 景德镇 并且 陶瓷

通过简单检索，在检索框中输入“景德镇 陶瓷”，如图 8-1 所示。

单击“检索”按钮，得出检索结果如图 8-3 所示。

检索表达式 2：

书名 = 景德镇 并且 瓷器

通过简单检索，在检索框中输入“景德镇 瓷器”，如图 8-6 所示。

图 8-6 检索表达式 2

单击“检索”按钮，得出检索结果如图 8-7 所示。

图 8-7　检索表达式 2 的检索结果

检索表达式 3：

书名 = 景德镇　并且　青花

通过简单检索，在检索框中输入“景德镇 青花”，如图 8-8 所示。

图 8-8　检索表达式 3

单击“检索”按钮，得出检索结果如图 8-9 所示。

图 8-9　检索表达式 3 的检索结果

检索表达式 4：

书名 = 景德镇　并且　粉彩

通过简单检索，在检索框中输入“景德镇 粉彩”，如图 8-10 所示。

图 8-10　检索表达式 4

单击“检索”按钮，得出检索结果如图 8-11 所示。

图 8-11　检索表达式 4 的检索结果

检索表达式 5：

书名 = 景德镇　并且　颜色釉

通过简单检索，在检索框中输入“景德镇 颜色釉”，如图 8-12 所示。

图 8-12　检索表达式 5

单击“检索”按钮，得出检索结果如图 8-13 所示。

图 8-13　检索表达式 5 的检索结果

检索表达式 6：

书名＝景德镇　并且　青白瓷

通过简单检索，在检索框中输入“景德镇 青白瓷”，如图 8-14 所示。

图 8-14　检索表达式 6

单击“检索”按钮，得出检索结果如图 8-15 所示。

图 8-15　检索表达式 6 的检索结果

在检索过程中，要将提取的检索词扩充，以使检索结果更为全面。

检索表达式 7：

目录 = 景德镇　并且　陶瓷

通过简单检索，在检索框中输入“景德镇 陶瓷”，检索字段选择“目录”，如图 8-16 所示。

图 8-16　检索表达式 7

单击“检索”按钮，得出检索结果如图 8-17 所示。

图 8-17　检索表达式 7 的检索结果

（4）浏览分析图书书目信息，根据需要选择较为理想的检索结果。

（5）浏览所选图书全文并深入分析，把符合检索要求的图书列入检索结果中。

（6）检索结果的处理。

无论是简单检索还是高级检索，检索结果显示均为简单的书目信息，即书名、作者、页数、出版日期、主题词等，如图 8-18 所示。整本书的浏览分 4 种方式，即网页阅读、阅读器阅读、PDF 阅读和 EPUB 阅读，不同的图书提供的浏览方式不同。

单击“网页阅读”按钮，可直接打开整本书，如图 8-19 所示。选择网页阅读全文时，如果要对部分内容进行复制处理，可以单击“文字摘录”按钮，可复制所需文字内容，如图 8-20 所示。

图 8-18 图书的书目信息

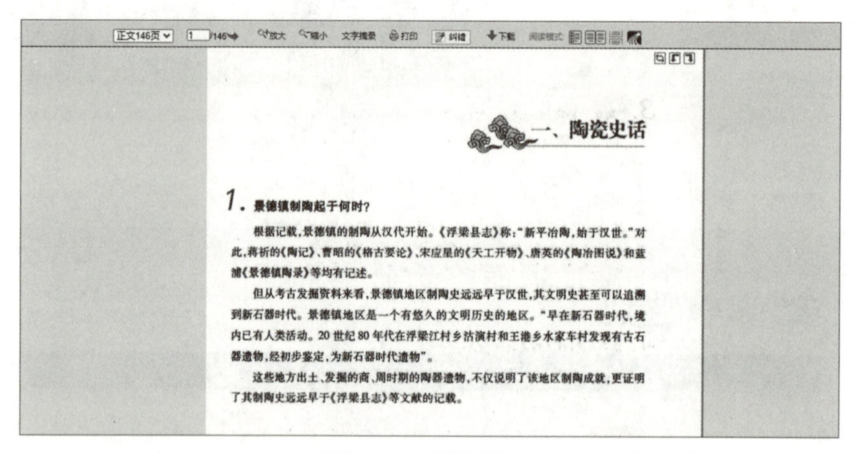

图 8-19 网页阅读

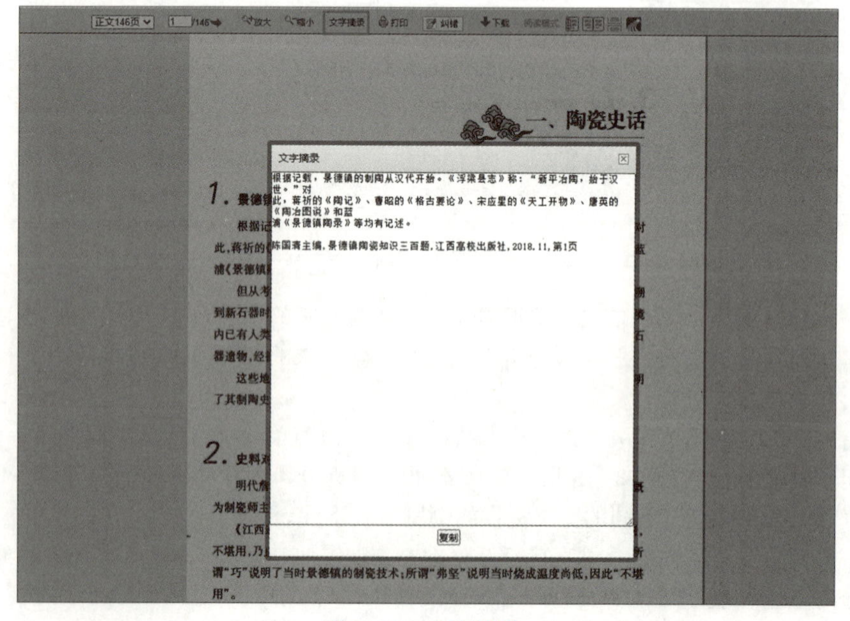

图 8-20 文字摘录

单击“阅读器阅读”按钮，一样可以打开整本书，如图8-21所示。只是选择阅读器阅读需在“客户端下载”处提前下载并安装超星阅读器，如图8-22所示。当选择阅读器阅读全文时，如需对部分内容进行复制，可以利用系统提供的“文字识别”工具。当复制文字时，长按鼠标左键选中所需复制内容，系统会自动将所选中的内容转化为文本格式，如图8-23所示。除此之外，读者还可以根据自己的阅读习惯，选择“标注绘制”工具做读书笔记，如划线或标注文字，如图8-24所示。

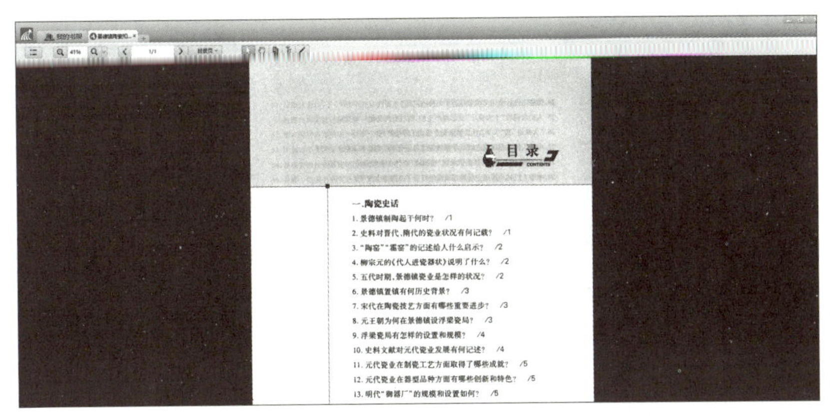

图8-21　阅读器阅读

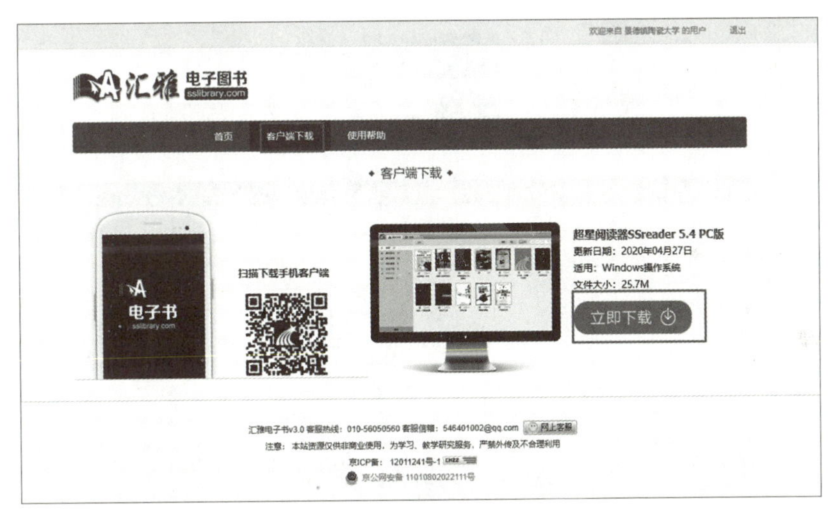

图8-22　客户端下载

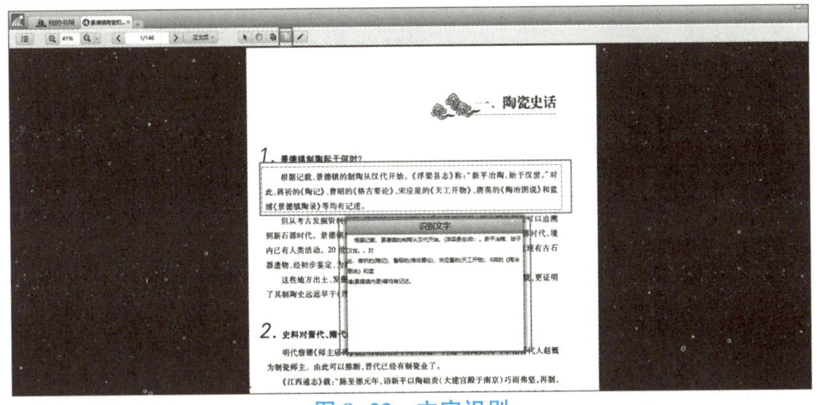

图8-23　文字识别

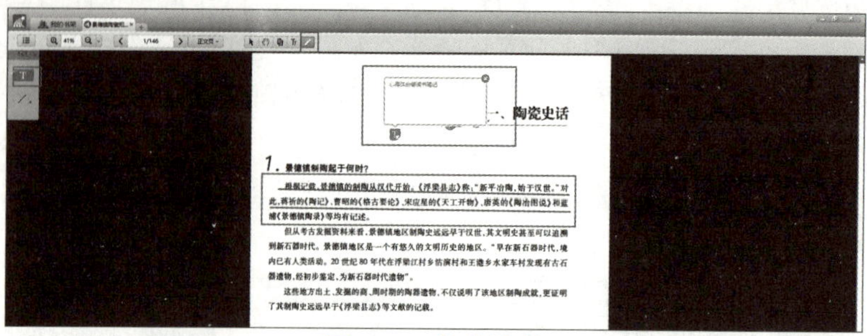

图 8-24　标注绘制

单击“PDF 阅读”按钮，可直接打开整本书，如图 8-25 所示。

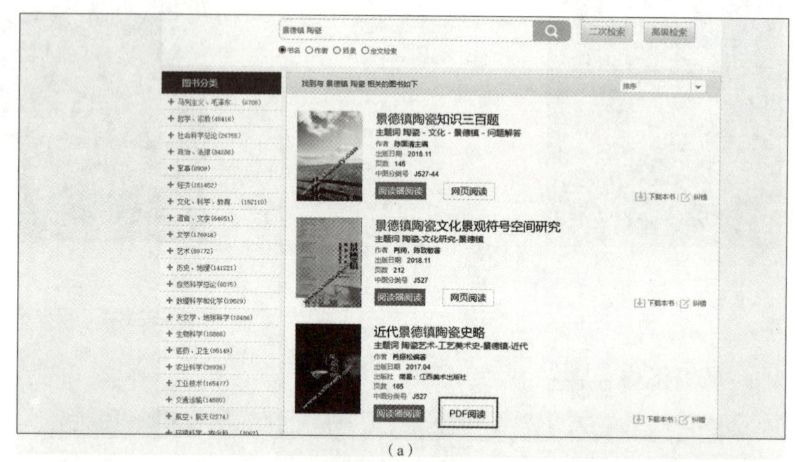

（a）

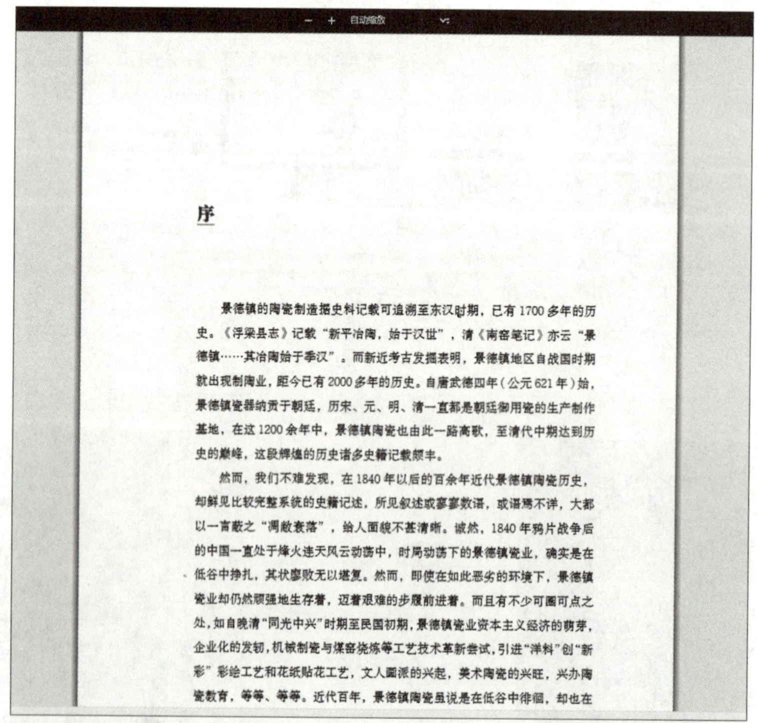

序

景德镇的陶瓷制造据史料记载可追溯至东汉时期，已有 1700 多年的历史。《浮梁县志》记载“新平冶陶，始于汉世”，清《南窑笔记》亦云“景德镇……其冶陶始于季汉”。而新近考古发掘表明，景德镇地区自战国时期就出现制陶业，距今已有 2000 多年的历史。自唐武德四年(公元 621 年)始，景德镇瓷器纳贡于朝廷，历宋、元、明、清一直都是朝廷御用瓷的生产制作基地，在这 1200 余年中，景德镇陶瓷也由此一路高歌，至清代中期达到历史的巅峰，这段辉煌的历史诸多史籍记载颇丰。

然而，我们不难发现，在 1840 年以后的百余年近代景德镇陶瓷历史，却鲜见比较完整系统的史籍记述，所见叙述或寥寥数语，或语焉不详，大都以一言蔽之“凋敝衰落”，给人面貌不甚清晰。诚然，1840 年鸦片战争后的中国一直处于烽火连天风云动荡中，时局动荡下的景德镇瓷业，确实是在低谷中挣扎，其状凋敝无以堪复。然而，即使在如此恶劣的环境下，景德镇瓷业却仍然顽强地生存着，迈着艰难的步履前进着。而且有不少可圈可点之处，如自晚清“同光中兴”时期至民国初期，景德镇瓷业资本主义经济的萌芽，企业化的发轫，机械制瓷与煤窑烧炼等工艺技术革新尝试，引进“洋料”创“新彩”彩绘工艺和花纸贴花工艺，文人画派的兴起，美术陶瓷的兴旺，兴办陶瓷教育，等等、等等。近代百年，景德镇陶瓷虽说是在低谷中徘徊，却也在

（b）

图 8-25　PDF 阅读

（a）查找界面；（b）全文

单击“EPUB 阅读”按钮，可直接打开整本书，如图 8-26 所示。

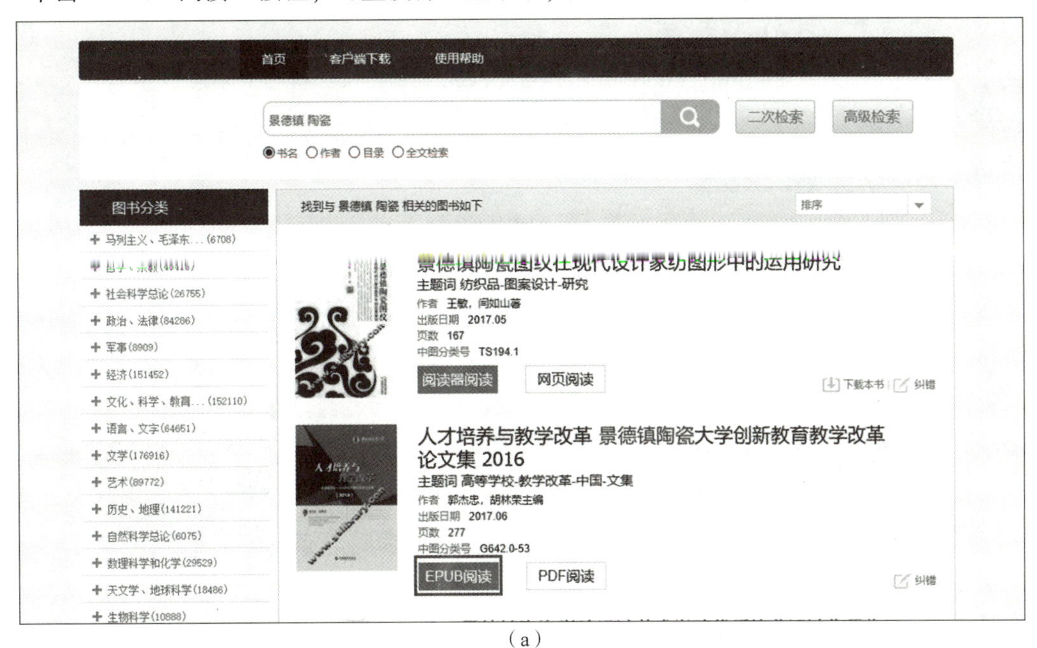

（a）

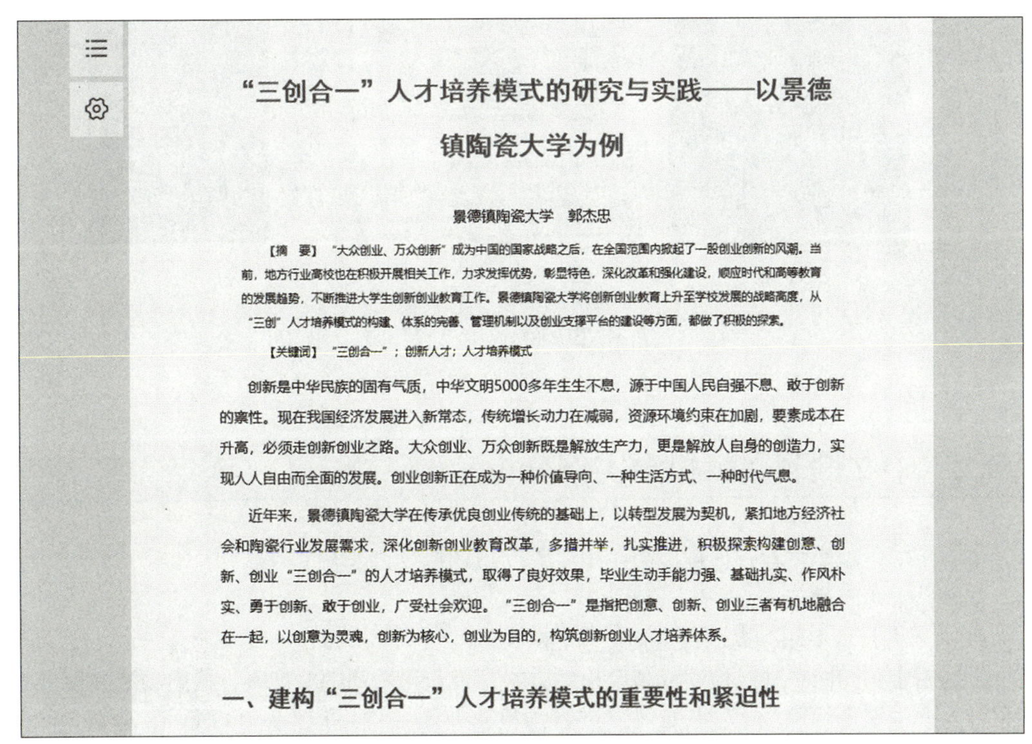

“三创合一”人才培养模式的研究与实践——以景德镇陶瓷大学为例

景德镇陶瓷大学　郭杰忠

【摘　要】“大众创业、万众创新”成为中国的国家战略之后，在全国范围内掀起了一股创业创新的风潮。当前，地方行业高校也在积极开展相关工作，力求发挥优势，彰显特色，深化改革和强化建设，顺应时代和高等教育的发展趋势，不断推进大学生创新创业教育工作。景德镇陶瓷大学将创新创业教育上升至学校发展的战略高度，从“三创”人才培养模式的构建、体系的完善、管理机制以及创业支撑平台的建设等方面，都做了积极的探索。

【关键词】“三创合一”；创新人才；人才培养模式

创新是中华民族的固有气质，中华文明5000多年生生不息，源于中国人民自强不息、敢于创新的禀性。现在我国经济发展进入新常态，传统增长动力在减弱，资源环境约束在加剧，要素成本在升高，必须走创新创业之路。大众创业、万众创新既是解放生产力，更是解放人自身的创造力，实现人人自由而全面的发展。创业创新正在成为一种价值导向、一种生活方式、一种时代气息。

近年来，景德镇陶瓷大学在传承优良创业传统的基础上，以转型发展为契机，紧扣地方经济社会和陶瓷行业发展需求，深化创新创业教育改革，多措并举，扎实推进，积极探索构建创意、创新、创业“三创合一”的人才培养模式，取得了良好效果，毕业生动手能力强、基础扎实、作风朴实、勇于创新、敢于创业，广受社会欢迎。“三创合一”是指把创意、创新、创业三者有机地融合在一起，以创意为灵魂，创新为核心，创业为目的，构筑创新创业人才培养体系。

一、建构“三创合一”人才培养模式的重要性和紧迫性

（b）

图 8-26　EPUB 阅读

（a）查找界面；（b）全文

用户如果需要下载电子图书，需单击“下载本书”按钮，选择合适的路径进行下载保存，如图 8-27 所示。下载图书之前，用户需在“客户端下载”处提前下载并安装超星阅读器。打开全文后，同样可以复制文字、做读书笔记，请参照上文“阅读器阅读”的操作步骤。

（a）

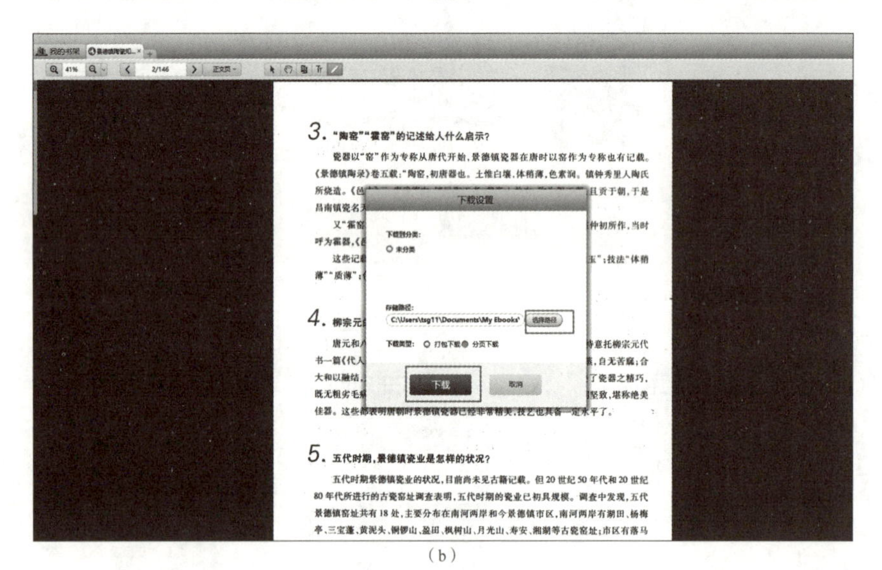

（b）

图 8-27　下载本书

（a）下载界面；（b）下载设置

8.2　中文期刊文献检索实例分析

检索实例：陶瓷膜在水处理中的应用研究（以中国知网为例）。

基本检索步骤如下。

（1）分析技术主题，提取检索词。

①利用中国知网一框式检索或高级检索方式，为获得较高的检准率，检索项选择篇名，在检索词输入框中输入“陶瓷 膜 水处理”进行预检，如图 8-28 和图 8-29 所示。检索词“陶瓷”“膜”和“水处理”之间的空格为系统默认的逻辑“AND”关系。

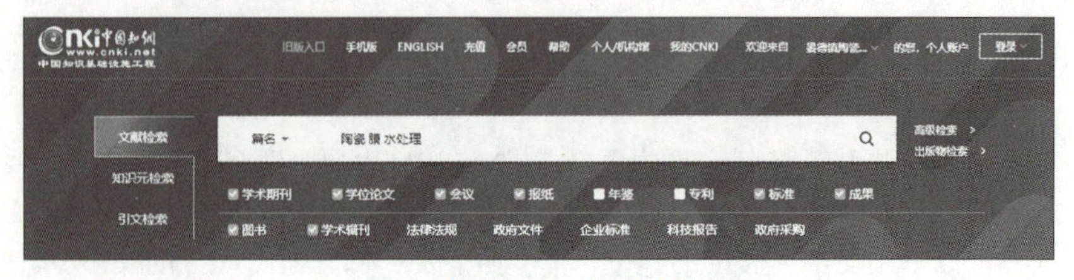

图 8-28　中国知网一框式检索界面

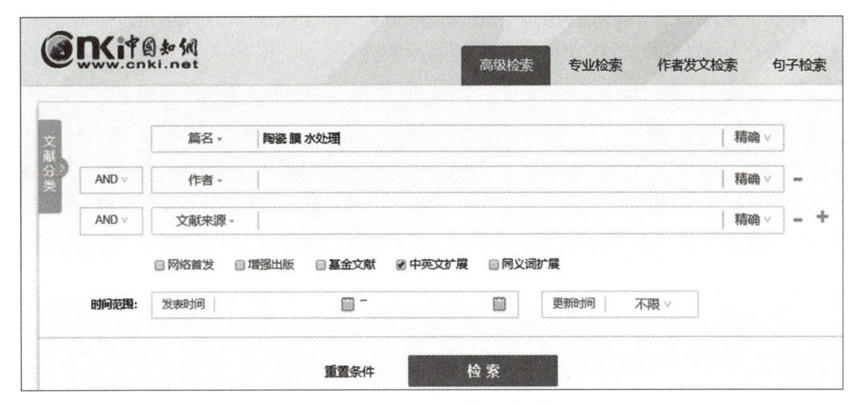

图 8-29　中国知网高级检索界面

②单击“检索”按钮，得出检索结果如图 8-30 所示。

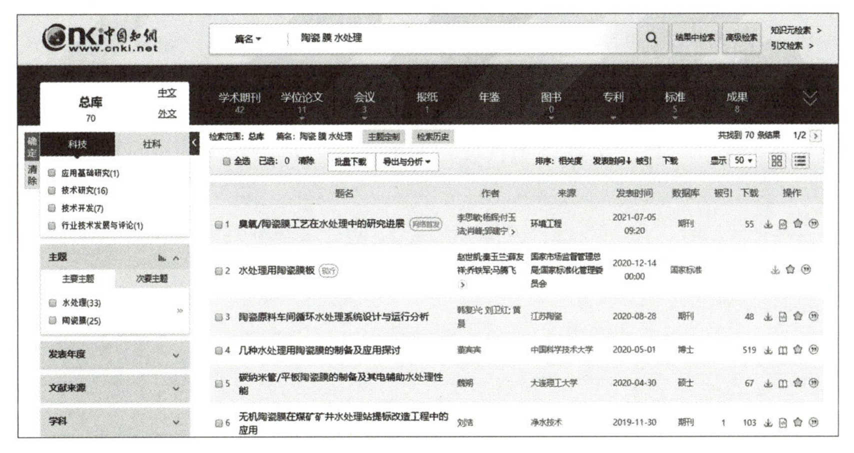

图 8-30　一框式检索或高级检索结果

③单击检索结果界面左下角“文献类型”，选择“综述”类文献优先阅读，以对检索课题有一个大致了解，进而提取课题相关检索词，优选阅读文献如图 8-31 所示。

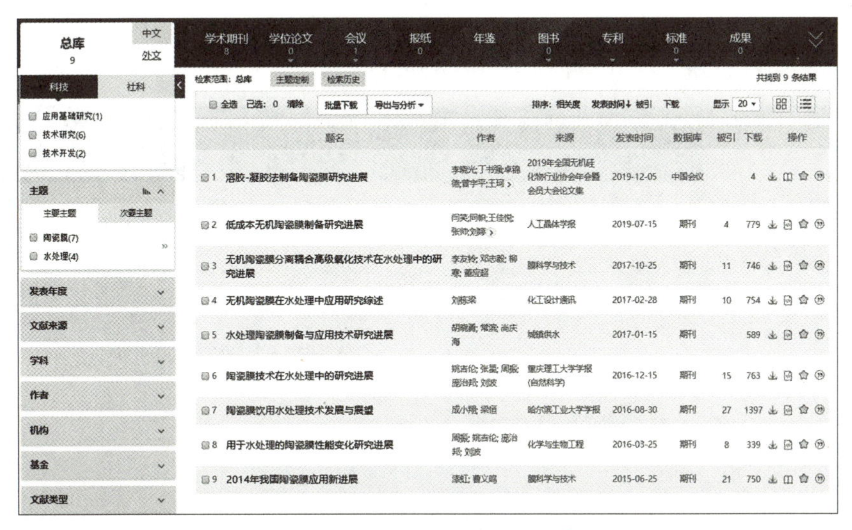

图 8-31　检索结果中优选的综述类文献

④通过阅读大量综述类文献，初步得出表示陶瓷概念的相关检索词有陶瓷、陶、瓷；表示膜概念的相关检索词有微滤膜、纳滤膜、超滤膜、多孔膜、微孔膜、过滤膜、包装膜、电池膜、反应膜、分离膜、微孔滤膜、渗透膜等；表示水处理概念的相关检索词有处理、净化、净水、纯化、提纯、过滤、分离、渗析、浓缩、去杂、去除、吸收、吸附、降解、分解、催化、蒸发、清洗、自清洁、脱除、沉淀、灭菌、除菌、抗菌、杀菌、回收、澄清、反渗透、污染、除污、去污等；表示水概念的相关检索词有废水、污水、海水、水液、滤液、沼液、饮用水、纯水、净水、生活用水、工业用水、产水、雨水、矿井水、烟气水、采出水、生产水、原水、油水、提液等。

（2）选择检索途径。

为获得较好的查准率和查全率，根据检索需要，可选择名称、摘要、主题等检索途径。一般地，对涉及技术领域的检索词检索项可选择摘要字段，而对涉及技术主题的检索词检索项可选择篇名字段。

（3）构建检索表达式。

检索表达式的构建可根据实际检索需要制订。一般地，如果对检索结果的准确率有较高的要求，可限制各检索要素均在篇名字段出现，如检索表达式 1；如果对检索结果的全面率有更高要求，则应根据多次试检情况，不断调整检索表达式，如检索表达式 2~4。

检索表达式 1：

TI=（陶瓷 * 膜 * 水处理）

选择专业检索方式，输入该检索表达式，如图 8-32 所示。

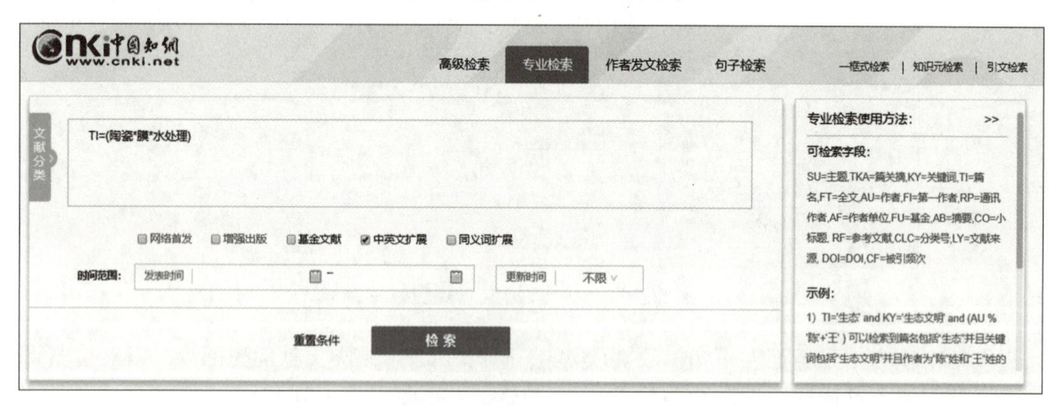

图 8-32　检索表达式 1

单击“检索”按钮，得出检索结果如图 8-33 所示。

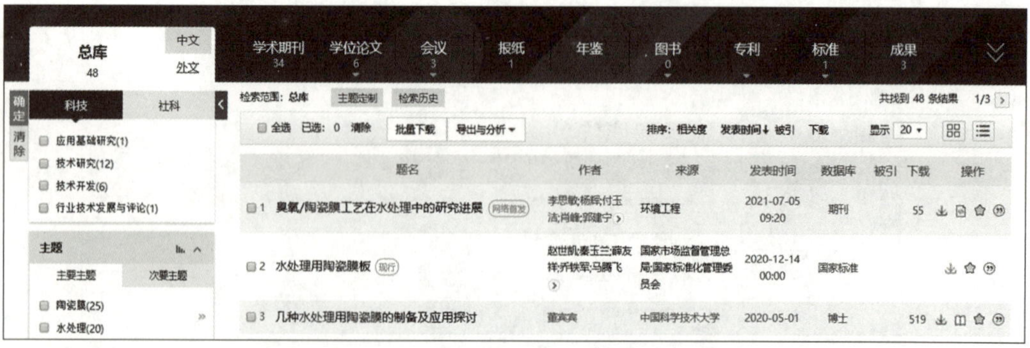

图 8-33　检索表达式 1 的检索结果

检索表达式 2：

TI=（膜+微滤膜+纳滤膜+超滤膜+多孔膜+微孔膜+过滤膜+包装膜+电池膜+反应膜+分离

膜+微孔滤膜+渗透膜）AND AB=（陶瓷+陶+瓷）AND AB=（水+废水+污水+海水+水液+滤液+沼液+饮用水+纯水+净水+生活用水+工业用水+产水+雨水+矿井水+烟气水+采出水+生产水+原水+油水+提液）AND AB=（处理+净化+净水+纯化+提纯+过滤+分离+渗析+浓缩+去杂+去除+吸收+吸附+降解+分解+催化+蒸发+清洗+清洁+脱除+沉淀+灭菌+除菌+抗菌+杀菌+回收+澄清+渗透+污染+除污+去污）

选择专业检索方式，输入该检索表达式，如图 8-34 所示。

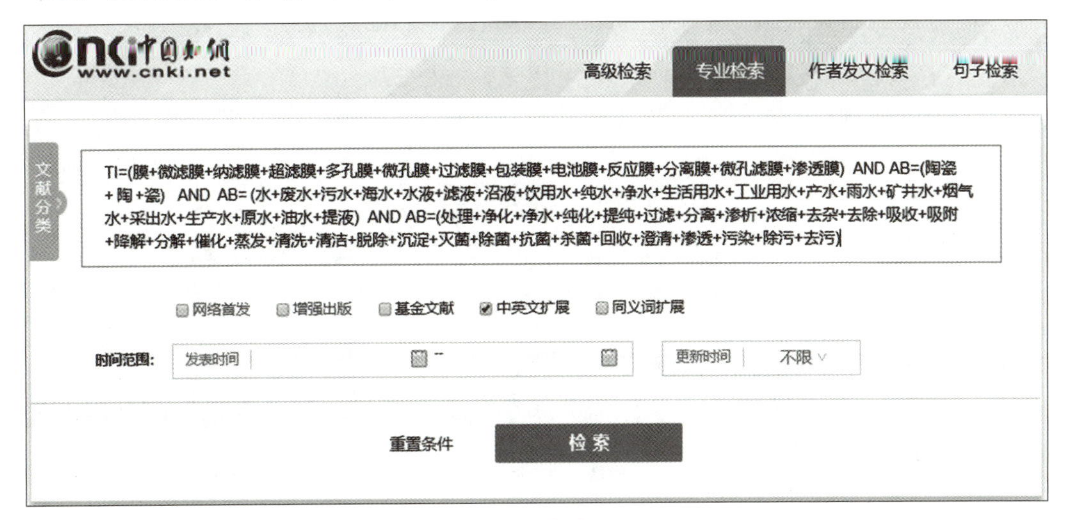

图 8-34　检索表达式 2

单击“检索”按钮，得出检索结果如图 8-35 所示。

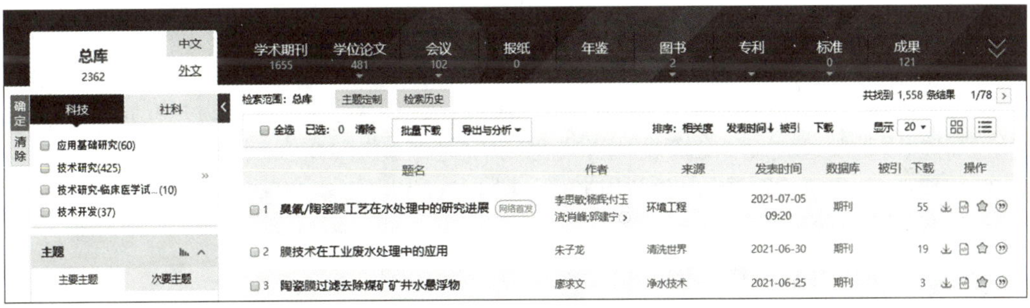

图 8-35　检索表达式 2 的检索结果

检索表达式 3：

TI=（水+废水+污水+海水+水液+滤液+沼液+饮用水+纯水+净水+生活用水+工业用水+产水+雨水+矿井水+烟气水+采出水+生产水+原水+油水+提液）AND AB=（陶瓷+陶+瓷）AND AB=（膜+微滤膜+纳滤膜+超滤膜+多孔膜+微孔膜+过滤膜+包装膜+电池膜+反应膜+分离膜+微孔滤膜+渗透膜）AND AB=（处理+净化+净水+纯化+提纯+过滤+分离+渗析+浓缩+去杂+去除+吸收+吸附+降解+分解+催化+蒸发+清洗+清洁+脱除+沉淀+灭菌+除菌+抗菌+杀菌+回收+澄清+渗透+污染+除污+去污）

选择专业检索方式，输入该检索表达式，如图 8-36 所示。

单击“检索”按钮，得出检索结果如图 8-37 所示。

检索表达式 4：

TI=（处理+净化+净水+纯化+提纯+过滤+分离+渗析+浓缩+去杂+去除+吸收+吸附+降解+分解+催化+蒸发+清洗+清洁+脱除+沉淀+灭菌+除菌+抗菌+杀菌+回收+澄清+渗透+污染+除污+

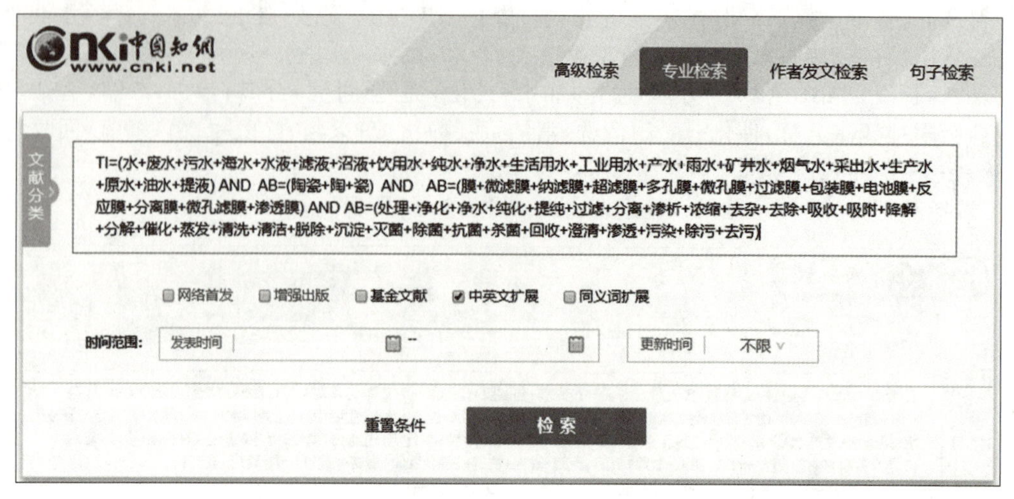

图 8-36　检索表达式 3

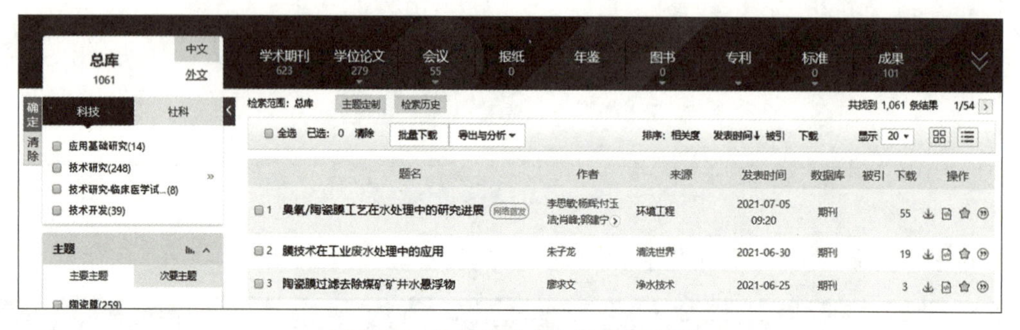

图 8-37　检索表达式 3 的检索结果

去污）AND AB=（陶瓷+陶+瓷）AND AB=（膜+微滤膜+纳滤膜+超滤膜+多孔膜+微孔膜+过滤膜+包装膜+电池膜+反应膜+分离膜+微孔滤膜+渗透膜）AND AB=（水+废水+污水+海水+水液+滤液+沼液+饮用水+纯水+净水+生活用水+工业用水+产水+雨水+矿井水+烟气水+采出水+生产水+原水+油水+提液）

选择专业检索方式，输入该检索表达式，如图 8-38 所示。

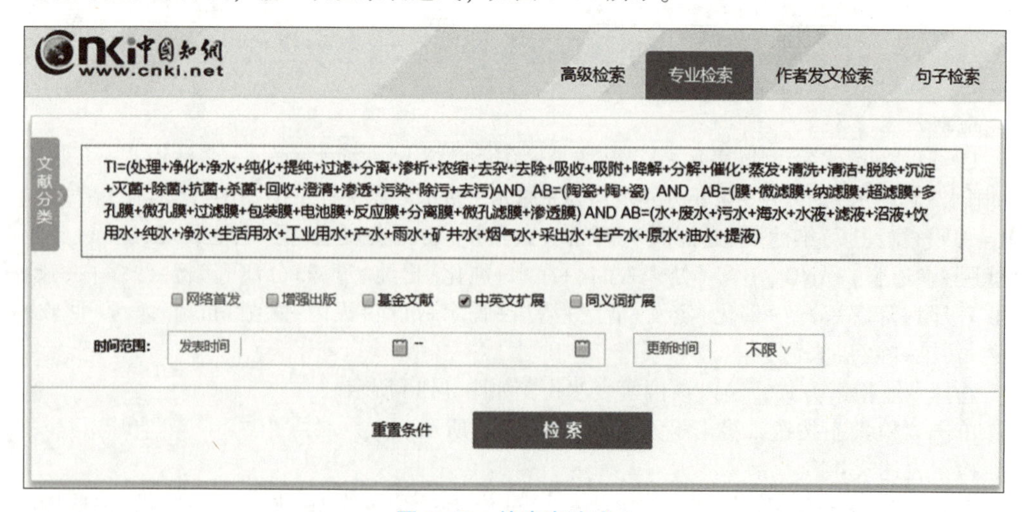

图 8-38　检索表达式 4

单击“检索”按钮，得出检索结果如图 8-39 所示。

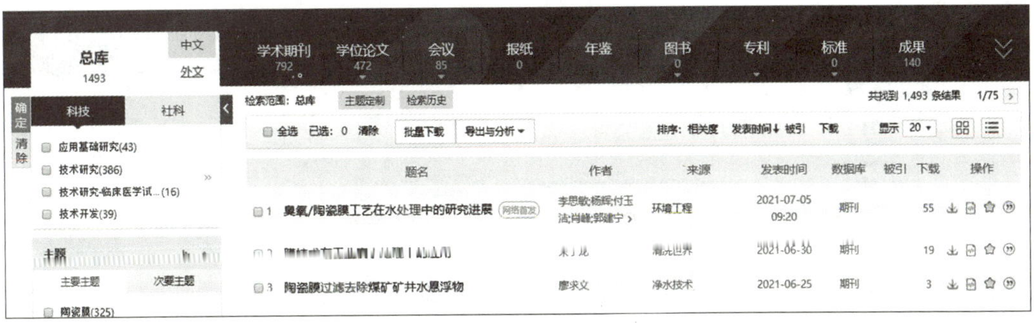

图 8-39　检索表达式 4 的检索结果

综合检索表达式：

检索表达式 1+检索表达式 2+检索表达式 3+检索表达式 4

(TI=（陶瓷 * 膜 * 水处理）) OR (TI=（膜+微滤膜+纳滤膜+超滤膜+多孔膜+微孔膜+过滤膜+包装膜+电池膜+反应膜+分离膜+微孔滤膜+渗透膜）AND AB=（陶瓷+陶+瓷）AND AB=(水+废水+污水+海水+水液+滤液+沼液+饮用水+纯水+净水+生活用水+工业用水+产水+雨水+矿井水+烟气水+采出水+生产水+原水+油水+提液）AND AB=（处理+净化+净水+纯化+提纯+过滤+分离+渗析+浓缩+去杂+去除+吸收+吸附+降解+分解+催化+蒸发+清洗+清洁+脱除+沉淀+灭菌+除菌+抗菌+杀菌+回收+澄清+渗透+污染+除污+去污）) OR (TI=（水+废水+污水+海水+水液+滤液+沼液+饮用水+纯水+净水+生活用水+工业用水+产水+雨水+矿井水+烟气水+采出水+生产水+原水+油水+提液）AND AB=（陶瓷+陶+瓷）AND AB=（膜+微滤膜+纳滤膜+超滤膜+多孔膜+微孔膜+过滤膜+包装膜+电池膜+反应膜+分离膜+微孔滤膜+渗透膜）AND AB=（处理+净化+净水+纯化+提纯+过滤+分离+渗析+浓缩+去杂+去除+吸收+吸附+降解+分解+催化+蒸发+清洗+清洁+脱除+沉淀+灭菌+除菌+抗菌+杀菌+回收+澄清+渗透+污染+除污+去污）) OR (TI=(处理+净化+净水+纯化+提纯+过滤+分离+渗析+浓缩+去杂+去除+吸收+吸附+降解+分解+催化+蒸发+清洗+清洁+脱除+沉淀+灭菌+除菌+抗菌+杀菌+回收+澄清+渗透+污染+除污+去污) AND AB=（陶瓷+陶+瓷）AND AB=（膜+微滤膜+纳滤膜+超滤膜+多孔膜+微孔膜+过滤膜+包装膜+电池膜+反应膜+分离膜+微孔滤膜+渗透膜）AND AB=（水+废水+污水+海水+水液+滤液+沼液+饮用水+纯水+净水+生活用水+工业用水+产水+雨水+矿井水+烟气水+采出水+生产水+原水+油水+提液）)

选择专业检索方式，输入该检索表达式，如图 8-40 所示。

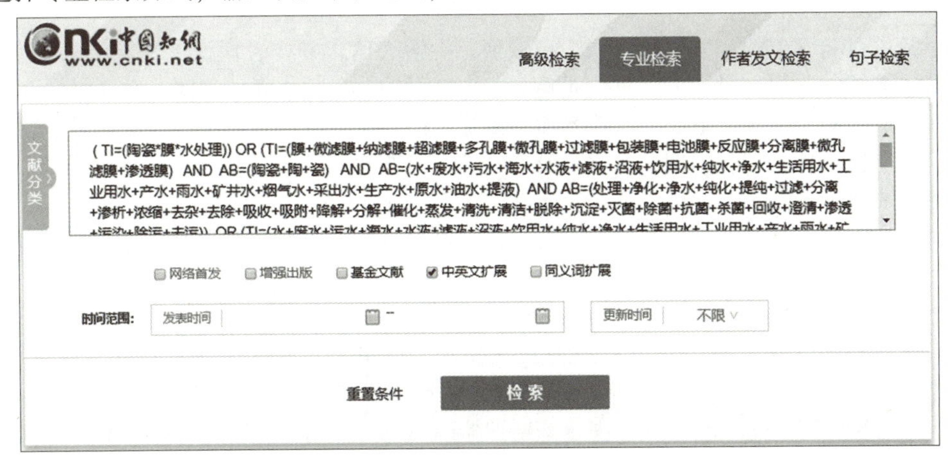

图 8-40　综合检索表达式

单击“检索”按钮，得出检索结果如图 8-41 所示。

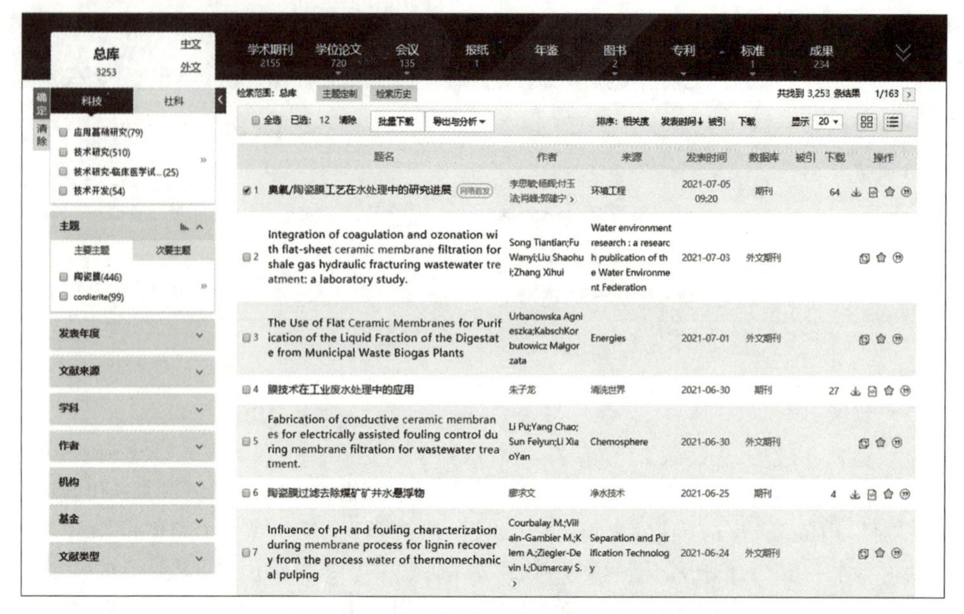

图 8-41　综合检索表达式的检索结果

如仅需浏览中文文献，单击检索结果界面左上角“中文”按钮即可，如图 8-42 所示。

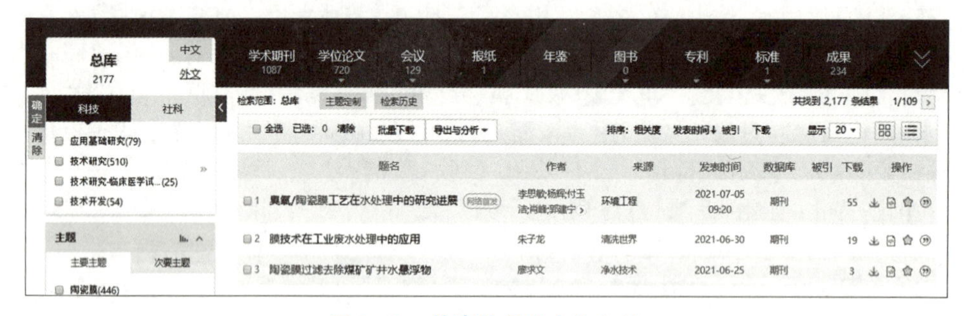

图 8-42　检索结果之中文文献

（4）浏览分析摘要，根据需要不断调整检索表达式，以获得更为理想的检索结果（略）。

（5）浏览所选文献全文并深入分析，把符合检索要求的文献列入检索结果中。

（6）检索结果的处理。

无论哪种检索方式，只要检索词、检索项、检索表达式一样，理论上检索结果都是一样的。各检索方式所得检索结果均为文献题录信息，由文献的题名、作者、来源、发表时间、来源数据库、被引、下载、操作等组成。在该界面，系统提供分组浏览功能，用户可根据需要选择不同类型的文献进行浏览，如学术期刊、学位论文、会议、报纸、年鉴、图书、专利、标准、成果等；用户也可根据需要选择不同语种的文献（中文、外文）、科技、主题、发表年度、文献来源、学科、作者、机构、基金、文献类型等进行分组浏览。对于检索结果的排序，系统提供按相关度、发表时间、被引量和下载量等 4 种排序方式，系统默认的排序为发表时间排序，用户也可根据需要进行选择。系统默认的显示记录为 20 条/屏，用户也可根据需要选择 10 条或 50 条。

对于文献的基本信息，如果用户有具体要求，可单击文献序号前面的标记框，然后单击“导出与分析”的“导出文献”选项，即可进入文献导出界面。用户可根据需要选择不同的引文格式，如 GB/T 7714—2015 格式引文、知网研学（原 E-Study）、CAJ-CD 格式引文、MLA 格式引文、APA 格式引文、查新（引文格式）、查新（自定义引文格式）、Refworks、EndNote、Note-

Express、NoteFirst、自定义等，如图 8-43 所示。

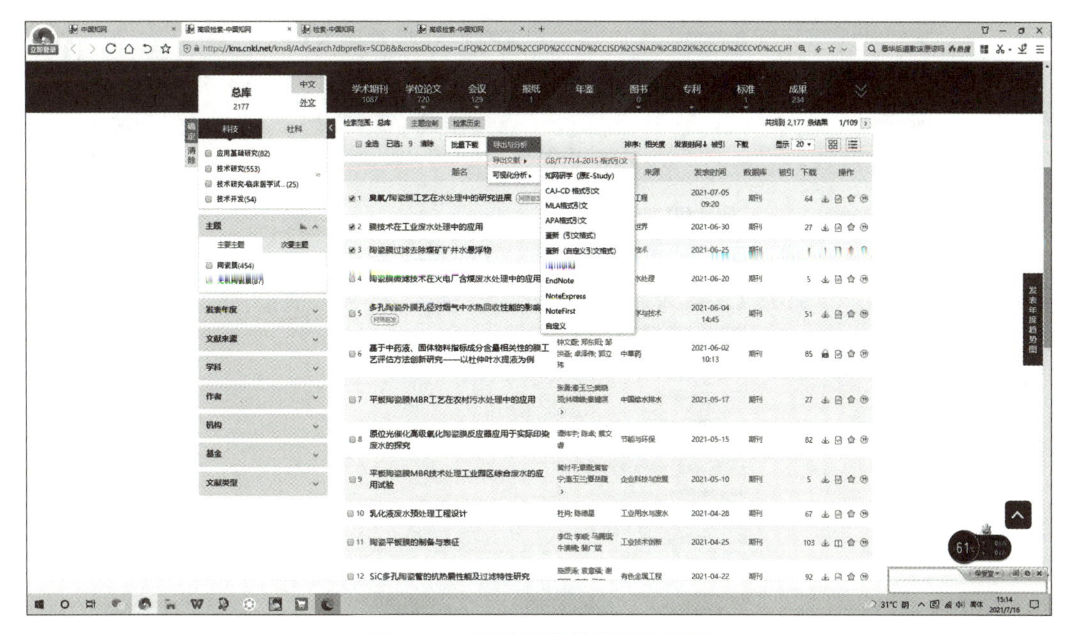

图 8-43　题录信息的导出与分析

如果用户所需题录信息为国标引文格式，则在所需文献前面勾选标记框后，单击“导出与分析”的“导出文献”选项，选择“GB/T 7714—2015 格式引文”即可导出所选文献国标引文格式题录信息，如图 8-43 所示。如果是期刊文献，则题录信息由文献的作者、标题、文献类型代码、文献来源、发表年份、期号、起止页码组成；如果是学位论文，则题录信息由文献的作者、标题、文献类型代码、学位授予单位、学位授予时间组成。题录信息被导出后，用户可通过单击“复制到剪贴板”“打印”“xls”“doc”等按钮进行相应处理，如图 8-44 所示。在该界面，用户可根据需要单击界面左边的不同引文格式进行浏览、复制、保存等处理。如有特殊需求，也可以单击“自定义”按钮，进行个性化处理，如图 8-45 所示。

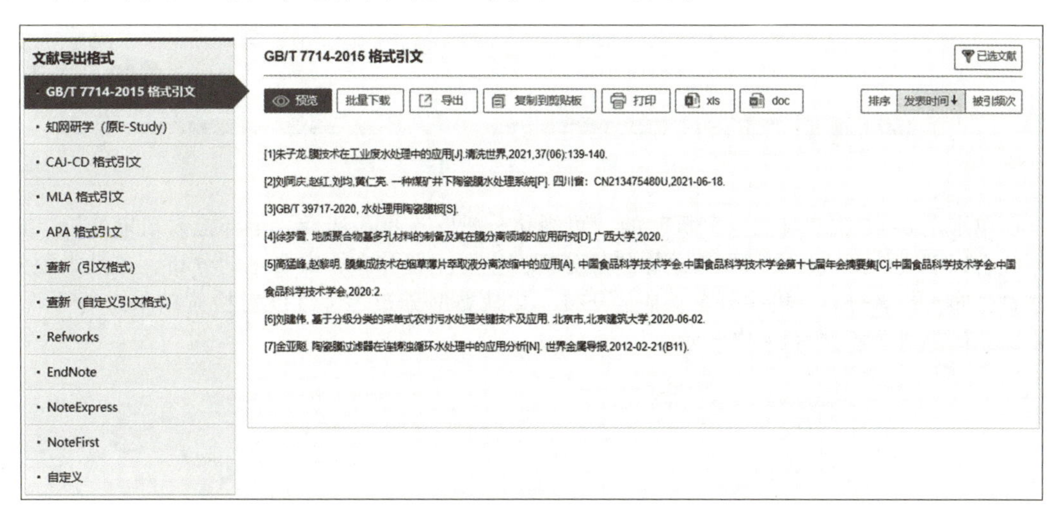

图 8-44　不同类型文献引文格式的题录信息

如果用户需要对该领域论文的发表情况有一个宏观的了解，可以通过可视化分析来实现，如图 8-46 所示。

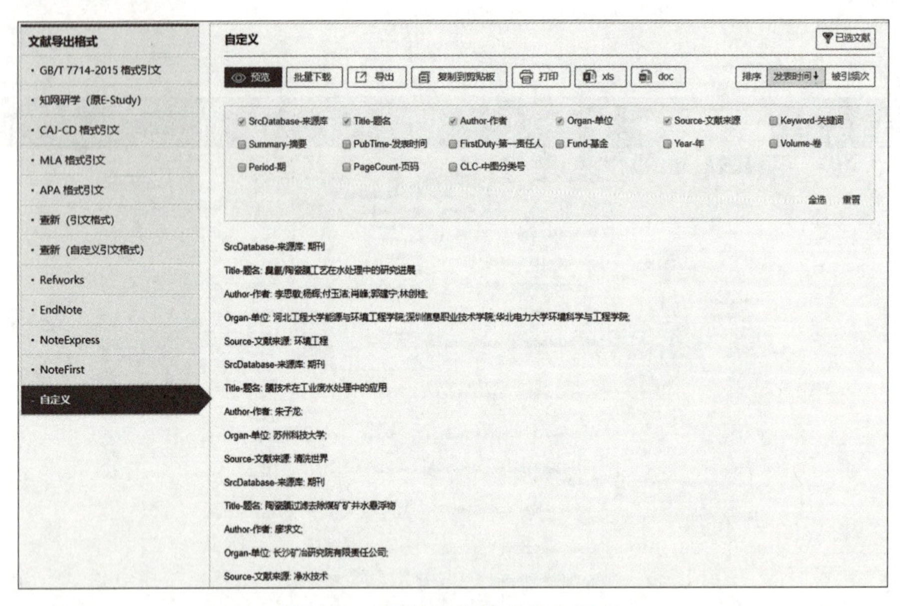

图 8-45　题录信息的自定义导出

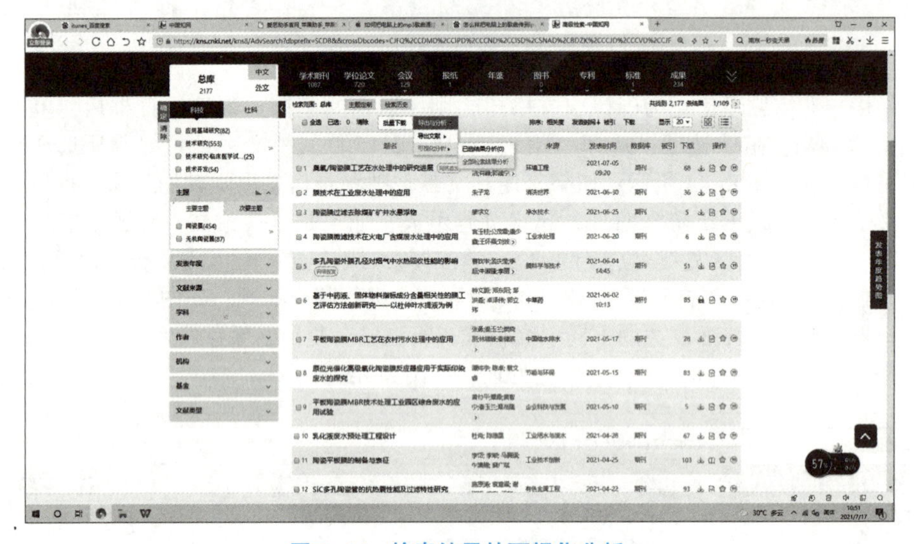

图 8-46　检索结果的可视化分析

单击图 8-46 中“导出与分析”的“可视化分析”选项，选择“全部检索结果分析”选项，系统会以图表的形式从文献发表总体趋势分析、主要主题分布、次要主题分布、文献来源分布、学科分布、作者分布、机构分布、基金分布、文献类型分布等多维度对检索结果进行可视化显示，总体趋势分析如图 8-47 所示。

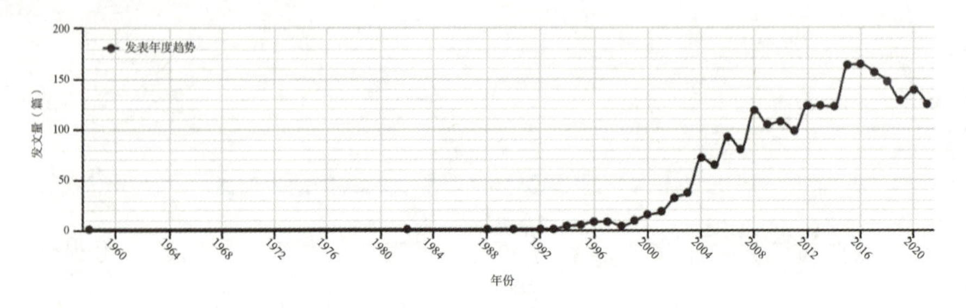

图 8-47　总体趋势分析

主要主题分布如图 8-48 所示。

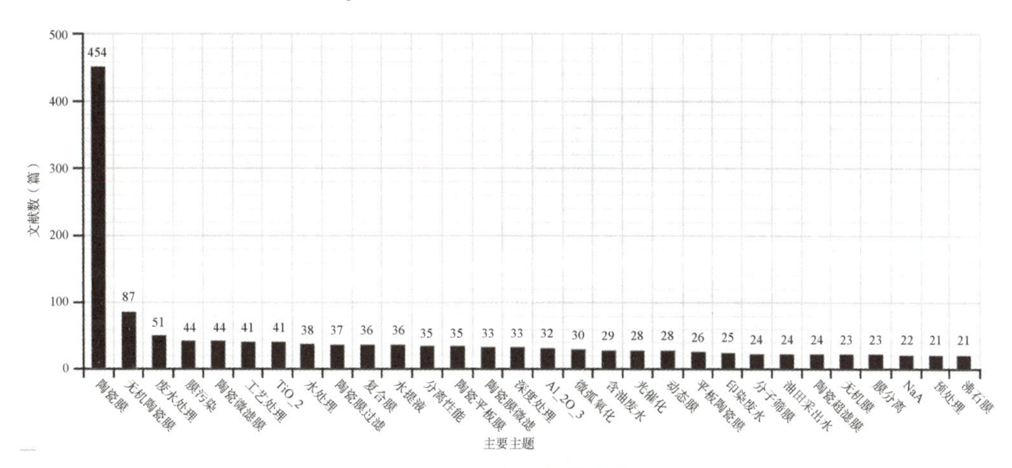

图 8-48　主要主题分布

次要主题分布如图 8-49 所示。

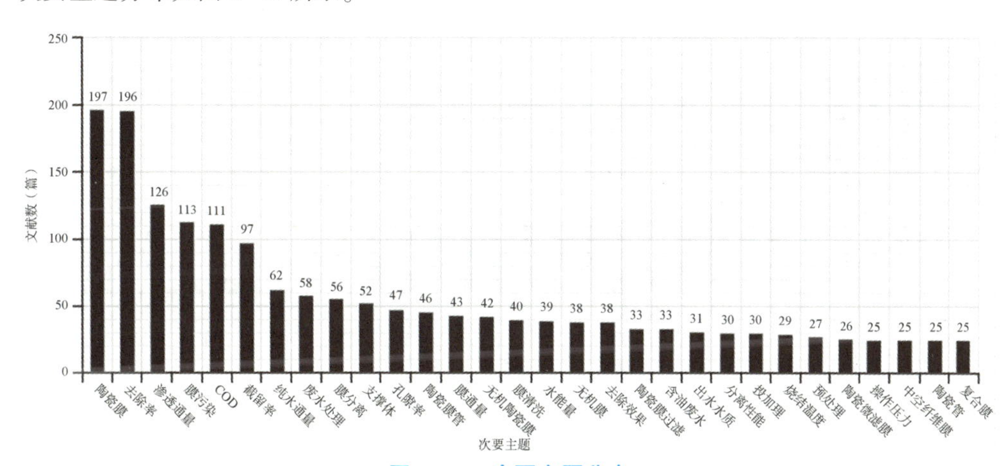

图 8-49　次要主题分布

文献来源分布如图 8-50 所示。

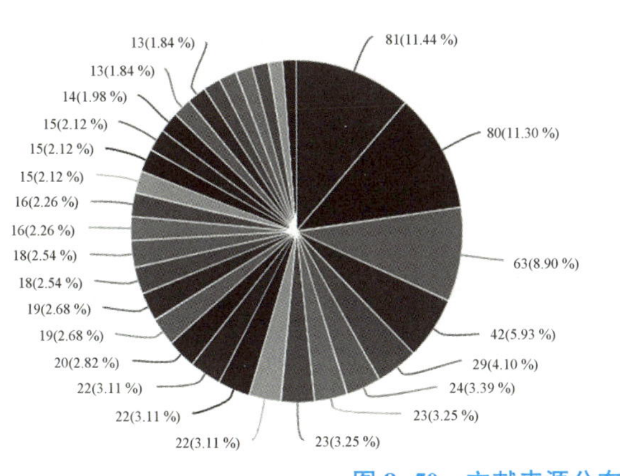

图 8-50　文献来源分布

学科分布如图 8-51 所示。

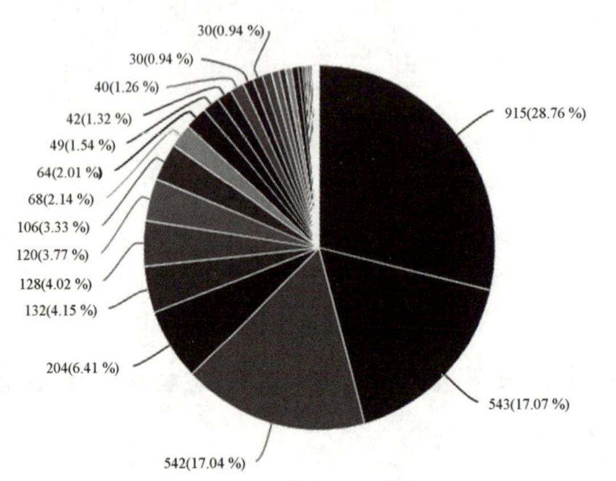

图 8-51 学科分布

作者分布如图 8-52 所示。

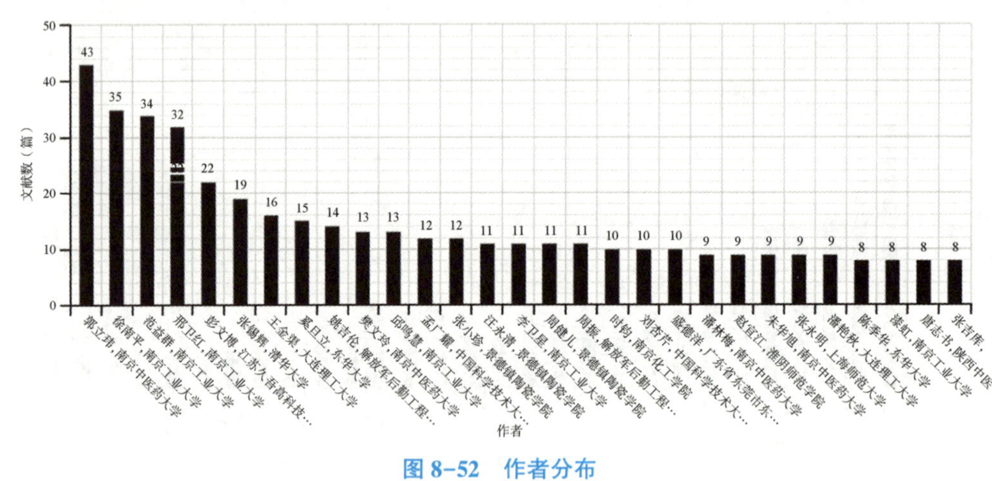

图 8-52 作者分布

机构分布如图 8-53 所示。

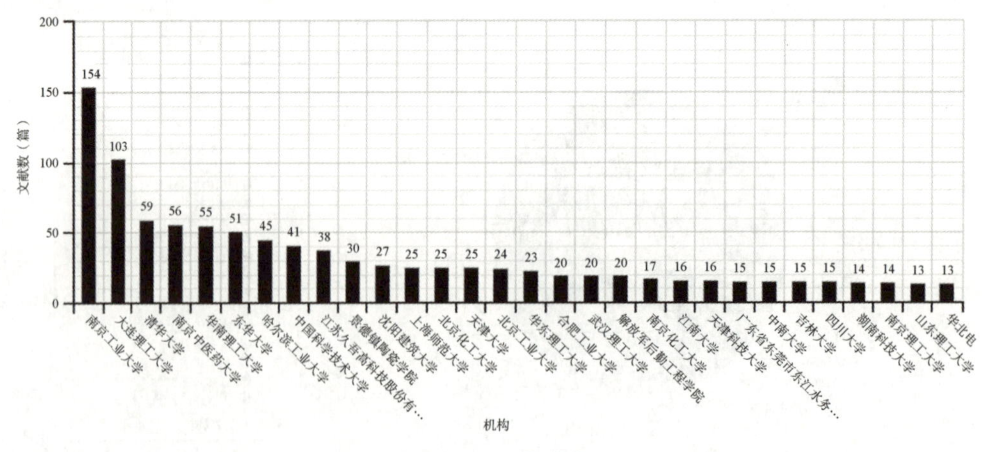

图 8-53 机构分布

基金分布如图 8-54 所示。

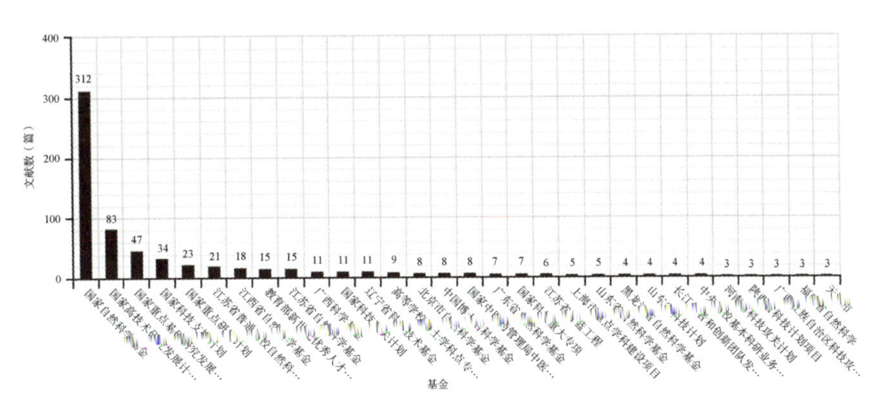

图 8-54　基金分布

文献类型分布如图 8-55 所示。

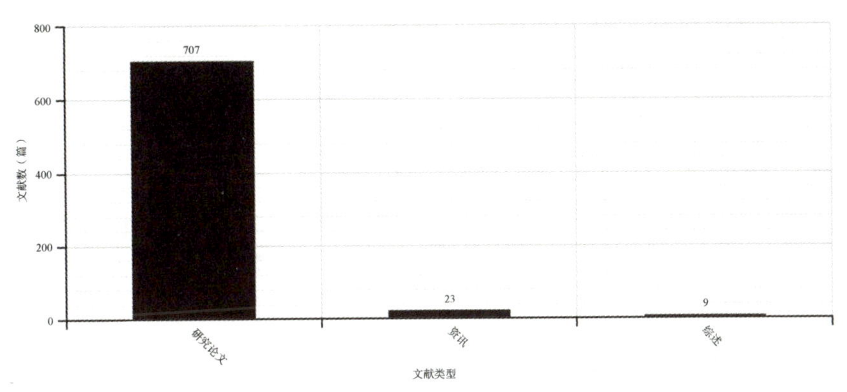

图 8-55　文献类型分布

文献全文的阅读分两种方式：一种是 （HTML 阅读），另一种是 （在线阅读）。HTML 阅读对文献进行了碎片化处理，是目前较为流行的一种阅读方式。用户不仅可以通篇阅读，还可根据需要直接选择论文的某个部分有针对性地快速阅读，如仅阅读引言、结论或文内图表等，如图 8-56 所示。而在线阅读则类似网页快照，用户如需下载全文，可直接单击全文第 1 页右上角的 CAJ全文下载 或 PDF全文下载 图标进行下载，如图 8-57 所示。

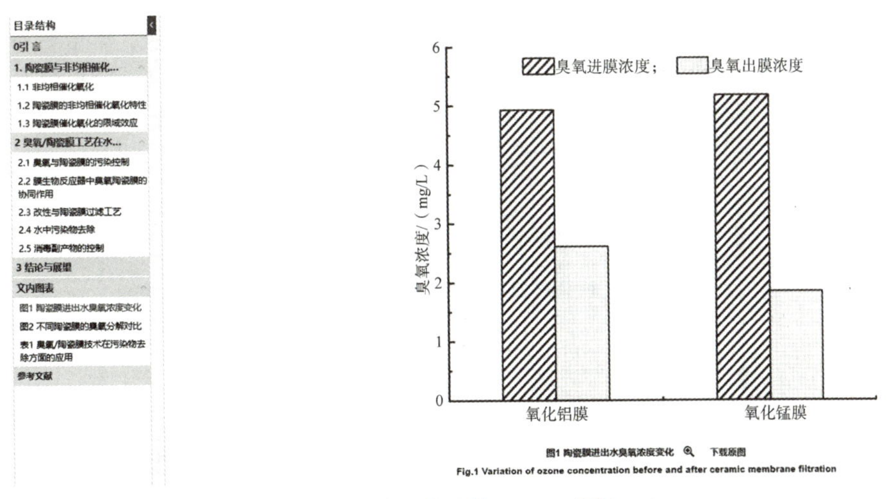

图 8-56　文献全文的 HTML 阅读

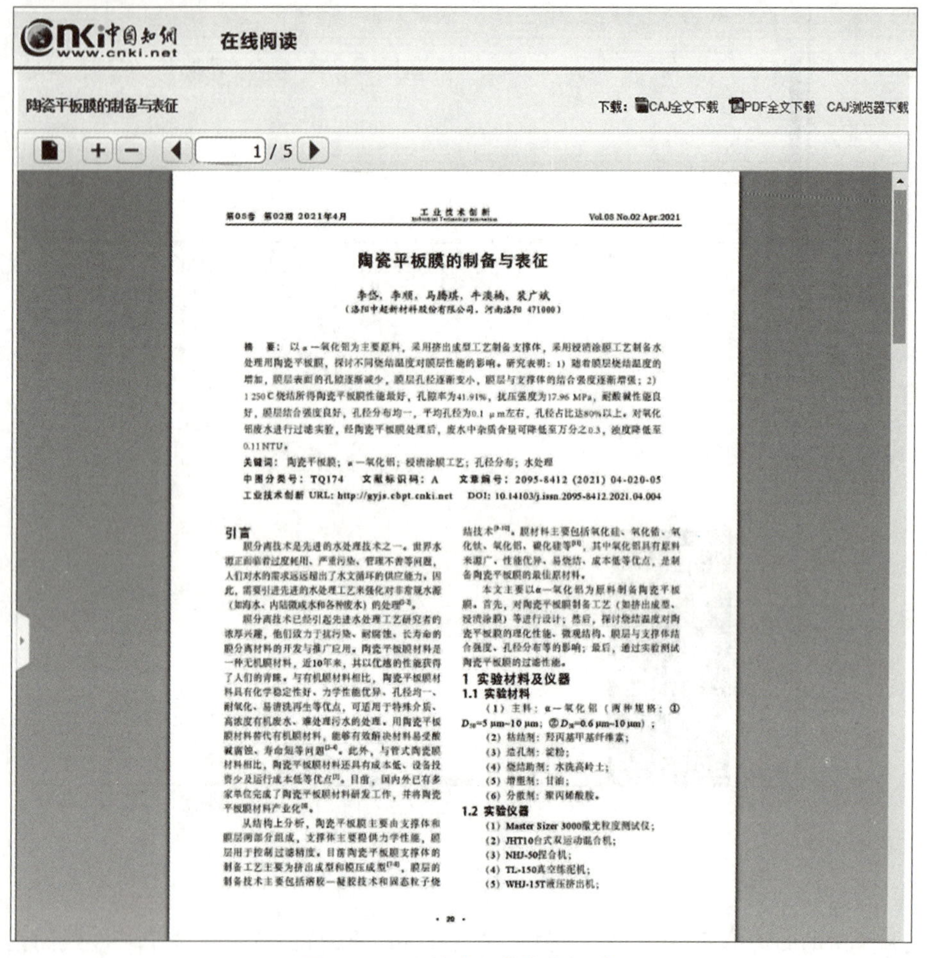

第05卷 第02期 2021年4月　工业技术创新　Vol.08 No.02 Apr.2021

陶瓷平板膜的制备与表征

李岱，李顺，马腾琪，牛浚楠，裴广斌
（洛阳中超新材料股份有限公司，河南洛阳 471000）

摘　要：以α—氧化铝为主要原料，采用挤出成型工艺制备支撑体，采用浸渍涂膜工艺制备水处理用陶瓷平板膜，探讨不同烧结温度对膜层性能的影响。研究表明：1）随着膜层烧结温度的增加，膜层表面的孔隙逐渐减少，膜层孔径逐渐变小，膜层与支撑体的结合强度逐渐增强；2）1 250 ℃烧结所得陶瓷平板膜性能最好，孔隙率为41.91%，抗压强度为17.96 MPa，耐酸碱性能良好，膜层结合强度良好，孔径分布均一，平均孔径为0.1 μm左右，孔径占比达80%以上。对氧化铝废水进行过滤实验，经陶瓷平板膜处理后，废水中杂质含量可降低至万分之0.3，浊度降低至0.11 NTU。

关键词：陶瓷平板膜；α—氧化铝；浸渍涂膜工艺；孔径分布；水处理

中图分类号：TQ174　文献标识码：A　文章编号：2095-8412（2021）04-020-05

工业技术创新 URL: http://gyjs.cbpt.cnki.net　DOI: 10.14103/j.issn.2095-8412.2021.04.004

引言

膜分离技术是先进的水处理技术之一。世界水源正面临着过度耗用、严重污染、管理不善等问题，人们对水的需求远远超出了水文循环的供应能力。因此，需要引进先进的水处理工艺来强化对非常规水源（如海水、内陆微咸水和各种废水）的处理[1-2]。

膜分离技术已经引起先进水处理工艺研究者的浓厚兴趣，他们致力于抗污染、耐腐蚀、长寿命的膜分离材料的开发与推广应用。陶瓷平板膜材料是一种无机膜材料，近10年来，其以优越的性能获得了人们的青睐。与有机膜材料相比，陶瓷平板膜材料具有化学稳定性好、力学性能优异、孔径均一、耐氧化、易清洗再生等优点，可适用于特殊介质、高浓度有机废水、难处理污水的处理。用陶瓷平板膜材料替代有机膜材料，能够有效解决材料易受酸碱腐蚀、寿命短等问题[3-4]。此外，与管式陶瓷膜材料相比，陶瓷平板膜材料还具有成本低、设备投资少及运行成本低等优点[5]。目前，国内外已有多家单位完成了陶瓷平板膜材料研发工作，并将陶瓷平板膜材料产业化[6]。

从结构上分析，陶瓷平板膜主要由支撑体和膜层两部分组成，支撑体主要提供力学性能，膜层用于控制过滤精度。目前陶瓷平板膜支撑体的制备工艺主要为挤出成型和模压成型[7-8]，膜层的制备技术主要包括溶胶—凝胶技术和固态粒子烧结技术[9-10]。膜材料主要包括氧化硅、氧化锆、氧化钛、氧化铝、碳化硅等[11]，其中氧化铝具有原料来源广、性能优异、易烧结、成本低等优点，是制备陶瓷平板膜的最佳原材料。

本文主要以α—氧化铝为原料制备陶瓷平板膜。首先，对陶瓷平板膜制备工艺（如挤出成型、浸渍涂膜）等进行设计；然后，探讨烧结温度对陶瓷平板膜的理化性能、微观结构、膜层与支撑体结合强度、孔径分布等的影响；最后，通过实验测试陶瓷平板膜的过滤性能。

1 实验材料及仪器

1.1 实验材料

（1）主料：α—氧化铝（两种规格：① D_{50}=5 μm~10 μm；② D_{50}=0.6 μm~10 μm）；

（2）粘结剂：羟丙基甲基纤维素；

（3）造孔剂：淀粉；

（4）烧结助剂：水洗高岭土；

（5）增塑剂：甘油；

（6）分散剂：聚丙烯酸胺。

1.2 实验仪器

（1）Master Sizer 3000激光粒度测试仪；

（2）JHT10台式双运动混合机；

（3）NHJ-50捏合机；

（4）TL-150真空练泥机；

（5）WHJ-15T液压挤出机；

· 20 ·

图 8-57　文献全文的在线阅读

文献全文的下载分 3 种方式。

第一种是直接单击图标，系统会弹出“新建下载任务”对话框，提示是“下载并打开”还是“下载”，用户可根据需要进行选择，如图 8-58 所示。当下载图标为蓝色箭头时，表示文献可直接下载，如图 8-59 所示；当下载图标为黄色箭头时，表示未登录，单击后系统会提示用户登录后方可下载（此时可输入统一用户名和密码，也可直接单击 IP 登录）；当下载图标为灰色时，表示并发数已满，暂时无法下载该文献，稍后再试。

图 8-58　单击图标弹出对话框

第二种下载全文的方法：单击文献标题，进入文献摘要信息界面后，单击该界面下方的 CAJ下载 或 PDF下载 图标，如图 8-59 所示。

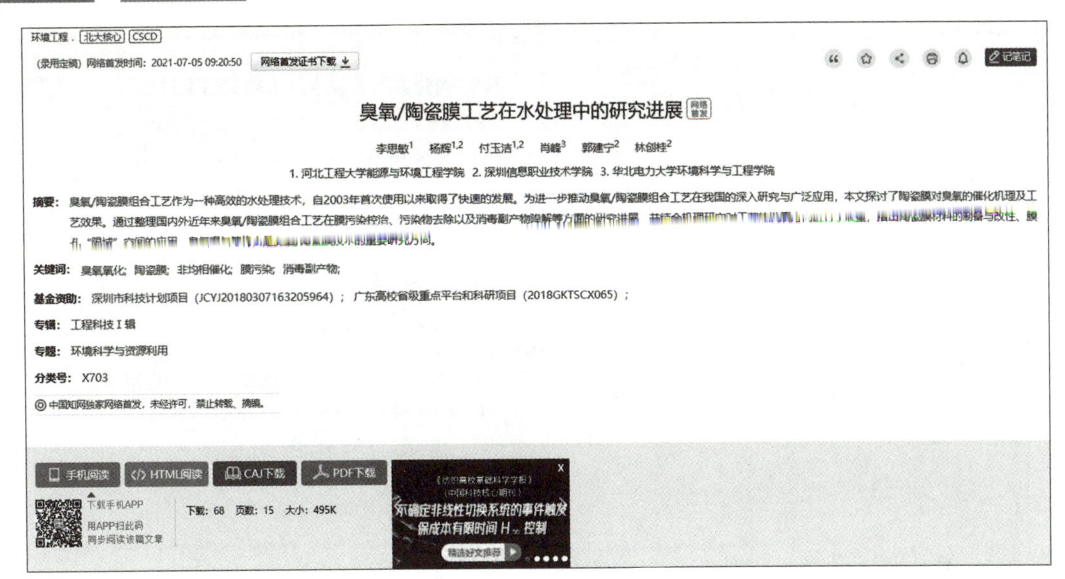

图 8-59　文献摘要界面

第三种下载全文的方法：通过单击 （在线阅读）打开全文后，单击正文第 1 页右上角的 CAJ全文下载 或 PDF全文下载 图标，如图 8-57 所示。

无论选择哪种格式下载，系统都会提示“下载并打开”或“下载”。单击“下载并打开”按钮，可直接打开全文；单击“下载”按钮，可直接将全文保存到本地。CAJ 格式全文如图 8-60 所示，PDF 格式全文如图 8-61 所示，两种格式的全文浏览均需提前下载并安装相应的浏览器。

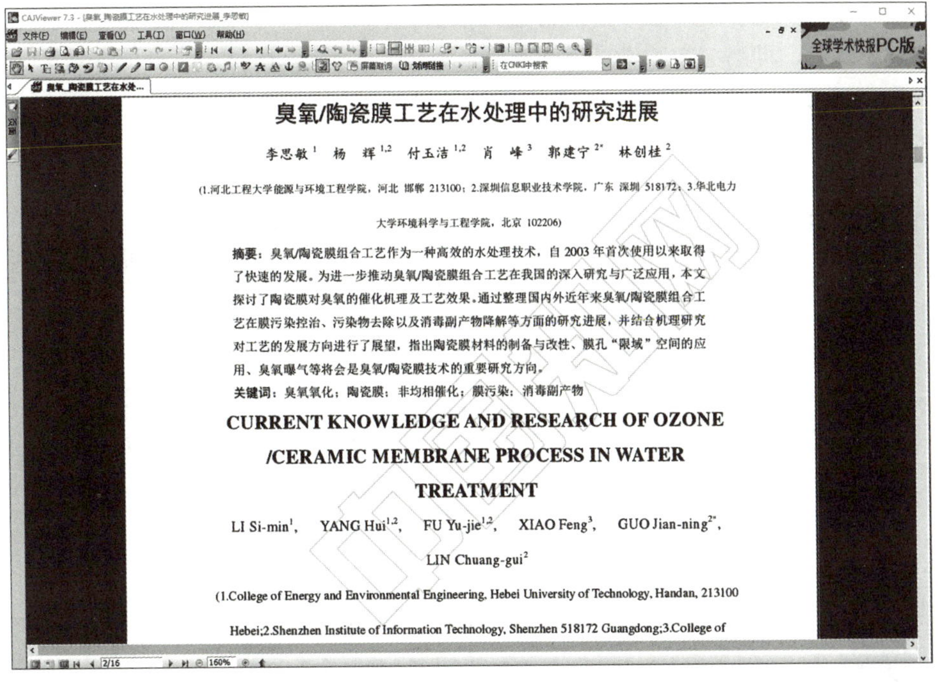

臭氧/陶瓷膜工艺在水处理中的研究进展

李思敏[1]　杨　辉[1,2]　付玉洁[1,2]　肖　峰[3]　郭建宁[2*]　林创桂[2]

(1.河北工程大学能源与环境工程学院，河北 邯郸 213100；2.深圳信息职业技术学院，广东 深圳 518172；3.华北电力大学环境科学与工程学院，北京 102206)

摘要：臭氧/陶瓷膜组合工艺作为一种高效的水处理技术，自 2003 年首次使用以来取得了快速的发展。为进一步推动臭氧/陶瓷膜组合工艺在我国的深入研究与广泛应用，本文探讨了陶瓷膜对臭氧的催化机理及工艺效果。通过整理国内外近年来臭氧/陶瓷膜组合工艺在膜污染控治、污染物去除以及消毒副产物降解等方面的研究进展，并结合机理研究对工艺的发展方向进行了展望，指出陶瓷膜材料的制备与改性、膜孔“限域”空间的应用、臭氧曝气等将会是臭氧/陶瓷膜技术的重要研究方向。

关键词：臭氧氧化；陶瓷膜；非均相催化；膜污染；消毒副产物

CURRENT KNOWLEDGE AND RESEARCH OF OZONE /CERAMIC MEMBRANE PROCESS IN WATER TREATMENT

LI Si-min[1], YANG Hui[1,2], FU Yu-jie[1,2], XIAO Feng[3], GUO Jian-ning[2*], LIN Chuang-gui[2]

(1.College of Energy and Environmental Engineering, Hebei University of Technology, Handan, 213100 Hebei;2.Shenzhen Institute of Information Technology, Shenzhen 518172 Guangdong;3.College of

图 8-60　CAJ 格式全文

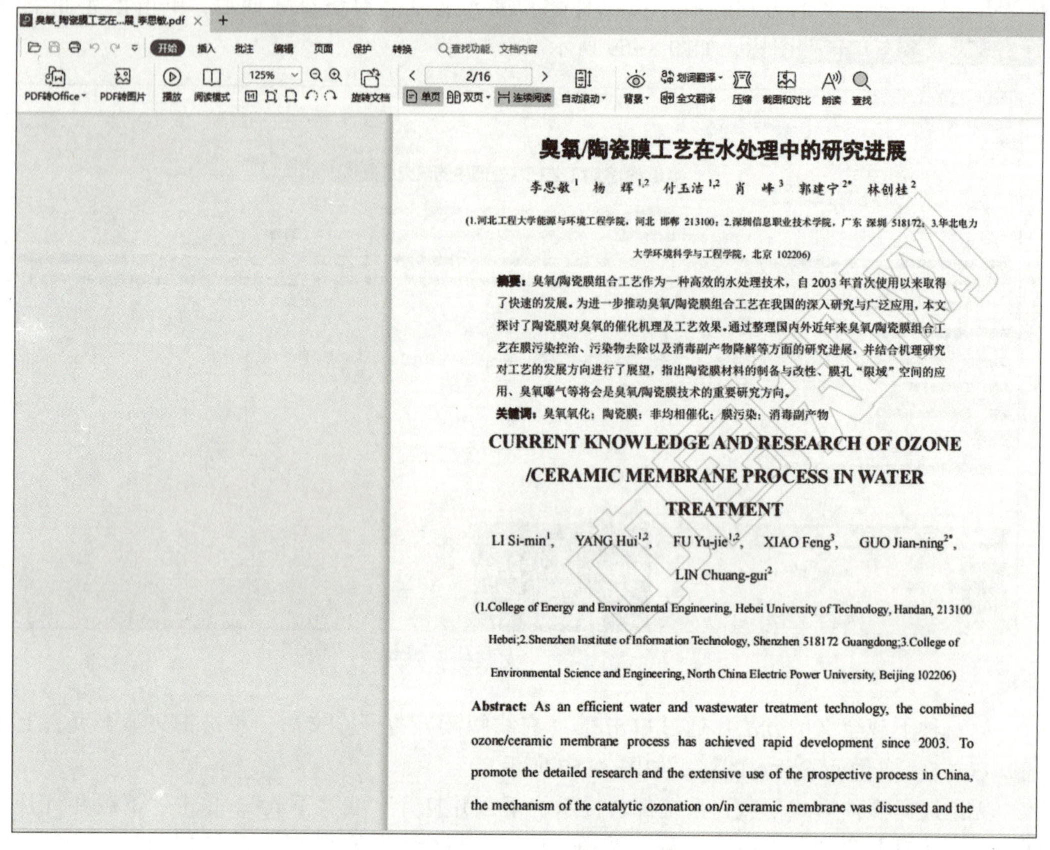

臭氧/陶瓷膜工艺在水处理中的研究进展

李思敏[1] 杨 辉[1,2] 付玉洁[1,2] 肖 峰[3] 郭建宁[2*] 林创桂[2]

(1.河北工程大学能源与环境工程学院，河北 邯郸 213100；2.深圳信息职业技术学院，广东 深圳 518172；3.华北电力大学环境科学与工程学院，北京 102206)

摘要： 臭氧/陶瓷膜组合工艺作为一种高效的水处理技术，自2003年首次使用以来取得了快速的发展。为进一步推动臭氧/陶瓷膜组合工艺在我国的深入研究与广泛应用，本文探讨了陶瓷膜对臭氧的催化机理及工艺效果。通过整理国内外近年来臭氧/陶瓷膜组合工艺在膜污染控治、污染物去除以及消毒副产物降解等方面的研究进展，并结合机理研究对工艺的发展方向进行了展望，指出陶瓷膜材料的制备与改性、膜孔“限域”空间的应用、臭氧曝气等将会是臭氧/陶瓷膜技术的重要研究方向。

关键词： 臭氧氧化；陶瓷膜；非均相催化；膜污染；消毒副产物

CURRENT KNOWLEDGE AND RESEARCH OF OZONE /CERAMIC MEMBRANE PROCESS IN WATER TREATMENT

LI Si-min[1], YANG Hui[1,2], FU Yu-jie[1,2], XIAO Feng[3], GUO Jian-ning[2*], LIN Chuang-gui[2]

(1.College of Energy and Environmental Engineering, Hebei University of Technology, Handan, 213100 Hebei;2.Shenzhen Institute of Information Technology, Shenzhen 518172 Guangdong;3.College of Environmental Science and Engineering, North China Electric Power University, Beijing 102206)

Abstract: As an efficient water and wastewater treatment technology, the combined ozone/ceramic membrane process has achieved rapid development since 2003. To promote the detailed research and the extensive use of the prospective process in China, the mechanism of the catalytic ozonation on/in ceramic membrane was discussed and the

图 8-61 PDF 格式全文

文献全文打开后，用户可根据需要进行复制、打印等处理。对于文献内容的复制，系统提供了两个工具，即 （文本工具）和 （区域选择工具）。两种工具有 3 种用法。文本工具只能选取文字进行复制，如图 8-62 所示，所复制下来的内容可进行编辑排版处理。区域选择

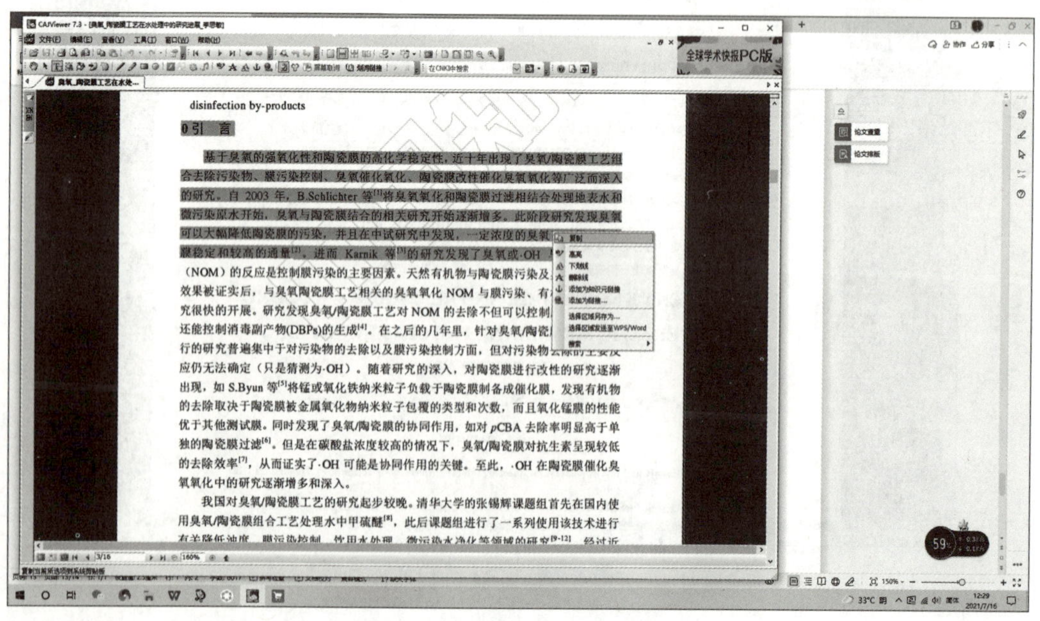

disinfection by-products

0 引 言

基于臭氧的强氧化性和陶瓷膜的高化学稳定性，近十年出现了臭氧/陶瓷膜工艺组合去除污染物、膜污染控制、臭氧催化氧化、陶瓷膜改性催化臭氧氧化等广泛而深入的研究。自 2003 年，B.Schlichter 等[1]将臭氧氧化和陶瓷膜过滤相结合处理地表水和微污染原水开始，臭氧与陶瓷膜结合的相关研究开始逐渐增多。此阶段研究发现臭氧可以大幅降低陶瓷膜的污染，并且在中试研究中发现，一定浓度的臭氧……膜稳定和较高的通量[2]。进而 Karnik 等[3]的研究发现了臭氧或·OH ……（NOM）的反应是控制膜污染的主要因素。天然有机物与陶瓷膜污染及……效果被证实后，与臭氧陶瓷膜工艺相关的臭氧氧化 NOM 与膜污染、有……究很快的开展。研究发现臭氧/陶瓷膜工艺对 NOM 的去除不但可以控制……还能控制消毒副产物(DBPs)的生成[4]。在之后的几年里，针对臭氧/陶瓷……行的研究普遍集中于对污染物的去除以及膜污染控制方面，但对污染物……应仍无法确定（只是猜测为·OH）。随着研究的深入，对陶瓷膜进行改性的研究逐渐出现，如 S.Byun 等[5]将锰或氧化铁纳米粒子负载于陶瓷膜制备成催化膜，发现有机物的去除取决于陶瓷膜被金属氧化物纳米粒子包覆的类型和次数，而且氧化锰膜的性能优于其他测试膜。同时发现了臭氧/陶瓷膜的协同作用，如对 pCBA 去除率明显高于单独的陶瓷膜过滤[6]。但是在碳酸盐浓度较高的情况下，臭氧/陶瓷膜对抗生素呈现较低的去除效率[7]，从而证实了·OH 可能是协同作用的关键。至此，·OH 在陶瓷膜催化臭氧氧化中的研究逐渐增多和深入。

我国对臭氧/陶瓷膜工艺的研究起步较晚。清华大学的张锡辉课题组首先在国内使用臭氧/陶瓷膜组合工艺处理水中甲硫醚[8]，此后课题组进行了一系列使用该技术进行

图 8-62 文献全文部分内容复制之文本工具

工具除了有复制功能外，还有文字识别功能，既能复制图像、表格、公式等，又能复制文字，如图 8-63 所示，所复制内容均为图片格式，不能编辑排版。当个别文献文本工具为灰色时，表示该篇文献文本工具不可用，因而不得不采用区域选择工具。如果对所要复制的文字没有编辑排版要求，则直接右击所选内容，选择“复制”即可；但如果对所要复制的文字有编辑排版要求，则右击选中内容，选择“文字识别”，系统会自动将所选文字内容由不可编辑排版的图片格式转化成可编辑排版的文本格式，如图 8-64 所示。只是其文字识别功能不等于，识别后的文字会有错别字，用户在使用的时候需要对照原文进行校对，校对完毕再进行复制粘贴处理。较之 PDF 浏览器，CAJ 浏览器在使用的时候更加方便，其文本工具复制下来的内容基本上没有错别字，且区域选择工具的文字识别功能是 PDF 浏览器的图像工具所欠缺的，不仅如此，CAJ 浏览器既能打开 CAJ 格式全文，也能打开 PDF 格式全文，因而系统推荐使用 CAJ 全文下载。

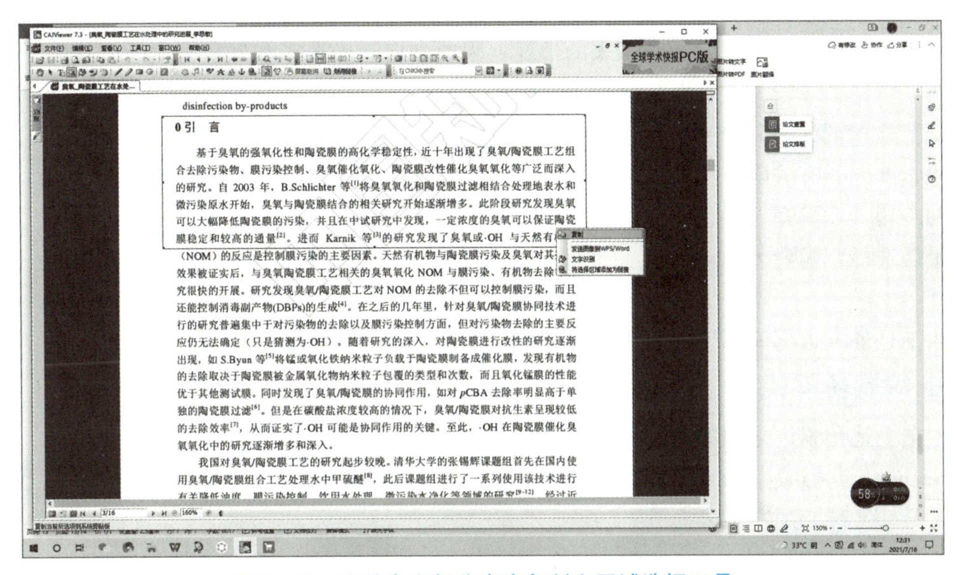

图 8-63　文献全文部分内容复制之区域选择工具

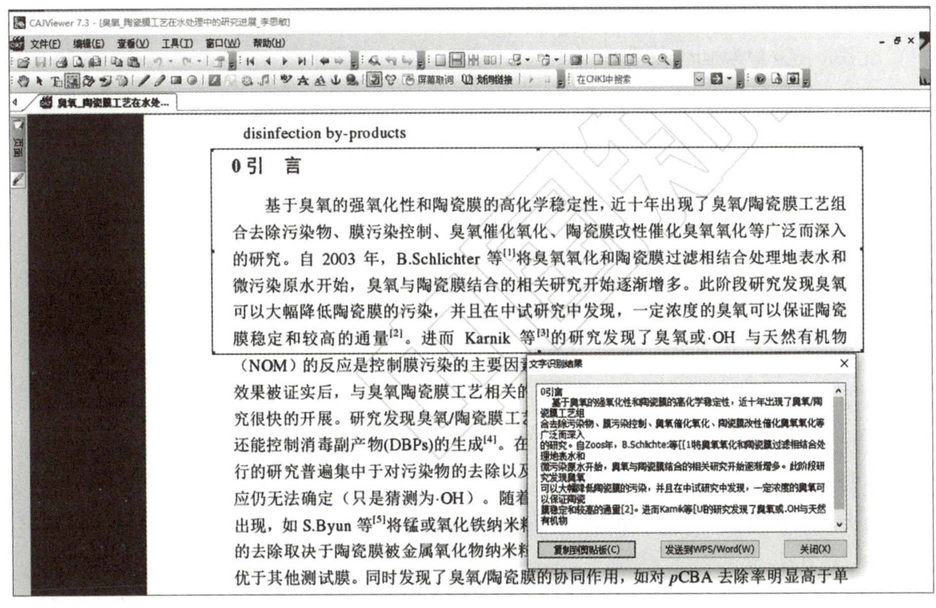

图 8-64　区域选择工具之文字识别功能

8.3 外文文献检索实例分析

检索实例：查找陶瓷釉的研究进展和方向的相关外文文献。

一般情况下，在开始一个新的课题研究之前，通常需要从系统的文献调研开始。而文献调研一般要经过以下步骤：分析研究课题并明确检索要求，确定检索系统，确定检索词，构造检索式，进行初步检索，调整检索策略，进一步深入开展检索，得到相对满意的检索结果，对检索结果进行认真鉴别、分析、筛选后形成文献调研报告，综合利用检索结果。

1. 选择检索词

由于本次检索课题属于开题前的调查研究，对有关的文献信息要尽量收集齐全，以便全面了解该研究领域的产生、发展和未来的情况，因此如何正确选择和确定检索词，就成了一个关键问题。

选择检索词的最简单方法是将检索课题从字面上进行切分，具体如下。

检索课题：有关陶瓷釉的研究进展和方向。

初步切分：陶瓷、釉、研究、进展、方向。

最后选择：陶瓷、釉（研究、进展、方向等词涵盖面太宽，无检索意义，故不宜作为检索词）。

由于是外文数据库，因此要将检索词翻译成英文，即 ceramic、glaze。

2. 编制检索式

根据上述检索词之间的逻辑关系，编制了如下检索式。

ceramic * (glaze+glazed+glazes+glazing)

3. 选择数据库

数据库的选择要根据课题具体分析，因为要了解国外的研究概况，所以选择了如下数据库作为检索工具：

(1) Elsevier ScienceDirect 期刊全文数据库；

(2) SpringerLink 期刊全文数据库；

(3) 百链。

4. 检索过程

(1) Elsevier ScienceDirect 期刊全文数据库。

①简单检索。

首页即是简单检索界面，系统提供了6个检索框供用户输入检索词进行检索，相对应的检索字段分别为关键词（Keywords）、作者姓名（Author name）、刊名/书名（Journal/Book title）、卷（Volume）、期（Issue）、页码（Page）。

用户需要检索有关陶瓷釉方面的文献，可以直接在关键词字段检索对话框内输入“ceramic glaze”，单击“检索”按钮，即可得出检索结果，共得出检索记录8 877条，如图8-65所示。无论在哪个字段，只要同时出现检索词“ceramic”和检索词“glaze”，检索结果中都会显示出来，因而直接输入检索词的方法得到的结果检全率最高，检准率较低，可能不能完全满足我们的文献需求。

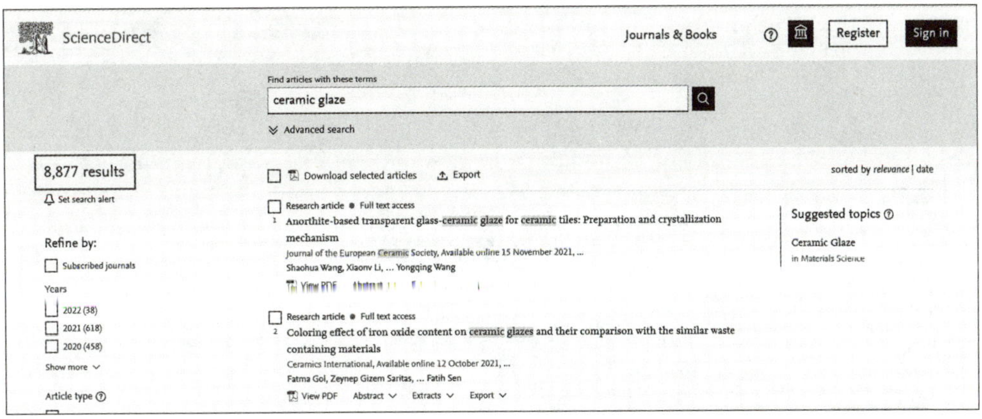

图 8-65　简单检索结果

②高级检索。

单击首页“检索”按钮后面的“Advanced search”按钮即可进入高级检索界面，高级检索提供多个检索字段进行检索，如在全文中检索，在刊名/书名中检索，作者检索，在标题、文摘、关键词中检索，卷、期、页检索，还可以限定文章类型。用户可以根据需要选择合适的字段进行检索。

此时，需要检索有关陶瓷釉的文献，通过分析该课题，确定合适的检索词为“ceramic”和“glaze”。对于要求检准率较高的情况，检索字段需选择标题字段，即在标题字段输入“ceramic glaze”，单击“Search”按钮，如图 8-66 所示，即可得出检索结果，共得出检索记录 130 条，如图 8-67 所示，此时结果检准率最高。平台提供模糊查找功能，即输入“glaze”，即可将“glaze”的相关词“glazes”“glazed”“glazing”“glazings”检索出来，不再支持截词符“ * ”。

无论是哪种检索方式，所得出的检索结果均为题录信息，由文献标题、作者、文献来源、发表时间、卷/期/页信息等组成，如图 8-68 所示。题录下方有 PDF 全文、摘要、导出参考文献等链接，用户可根据需要选择性浏览。单击“Abstract”链接，可浏览文献摘要信息，如图 8-69 所示。单击“View PDF”链接可浏览文献全文，如图 8-70 所示。如需下载该篇文献，可单击右上角的“下载”按钮，即可将文献下载到计算机中。需要注意的是，浏览 PDF 格式全文之前必须下载并安装 PDF 阅读器。

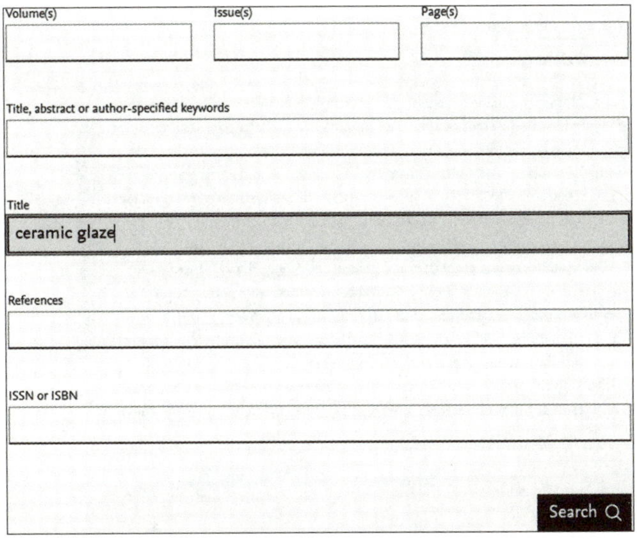

图 8-66　高级检索界面

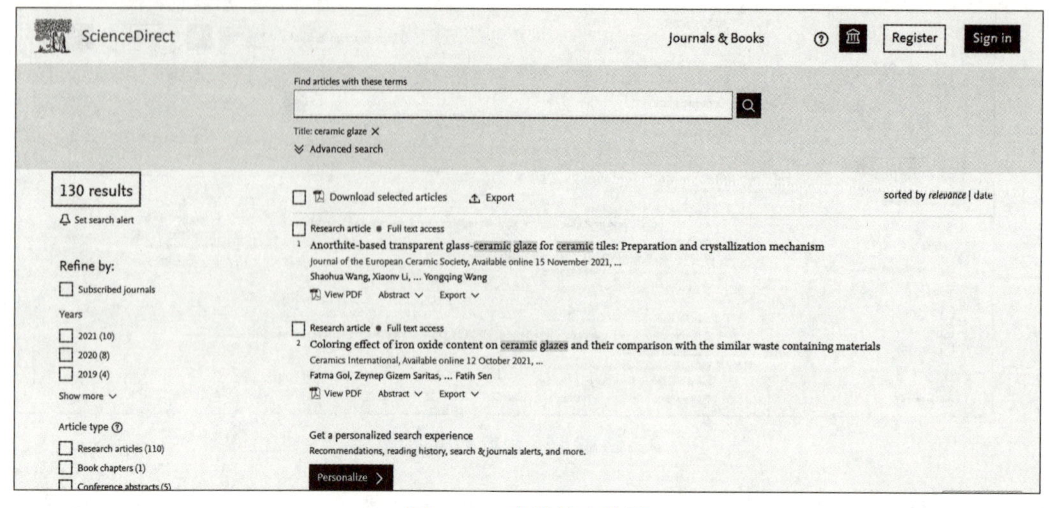

图 8–67　高级检索结果

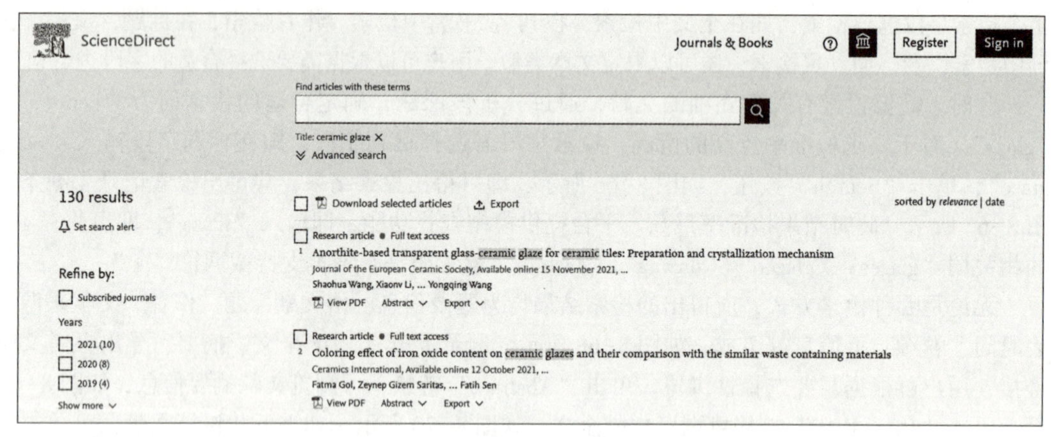

图 8–68　检索结果界面

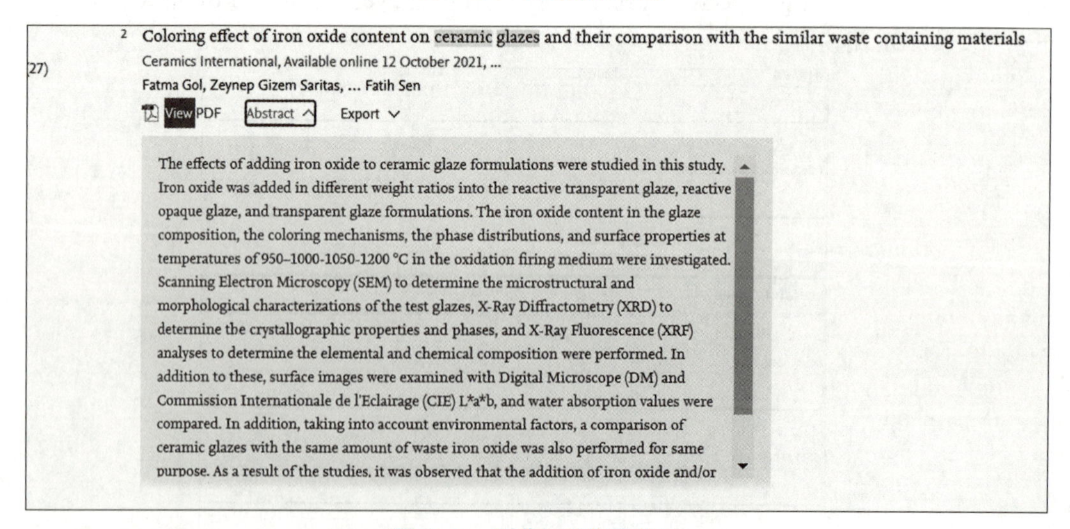

图 8–69　浏览文献摘要信息

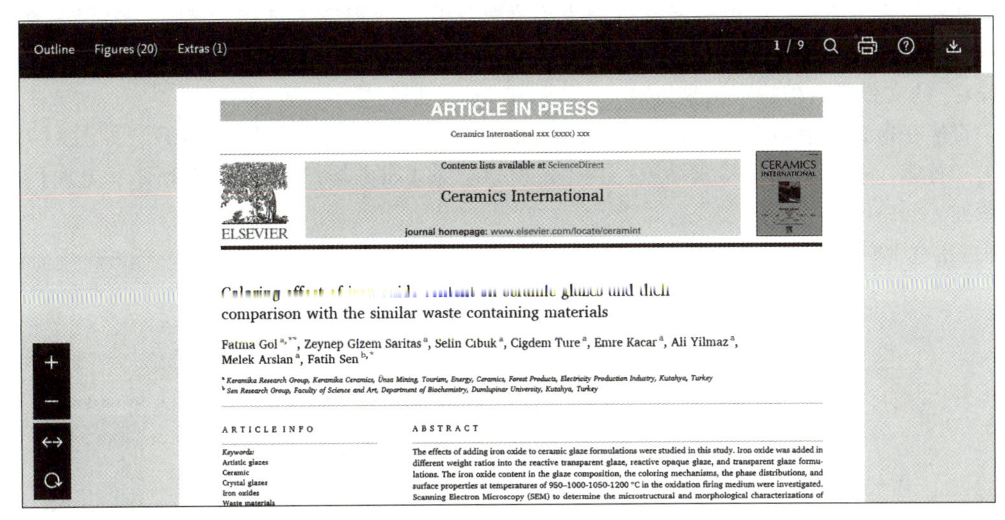

图 8-70　浏览文献全文

（2）SpringerLink 期刊全文数据库。

①简单检索。

简单检索界面非常简单，仅提供一个检索对话框，用户可直接在检索框内输入检索指令，单击“检索”按钮，即可得出结果。但是，检索用法比较灵活，用户可根据需要选择直接输入检索词或输入检索表达式进行检索。

用户如果对检索词出现在哪一字段没有具体要求，可直接在对话框内输入检索词，检索字段为系统默认的全部字段。即无论在哪个字段出现所输入的检索词，检索结果都会显示出来，因而直接输入检索词的检索方法所得结果最全面，只是查准率会有所欠缺。

用户需要查找有关陶瓷釉方面的文献，通过分析得出检索词为“ceramic”和“glaze”，可以直接在检索框中输入“ceramic glaze”，单击“检索”按钮，即可得出结果，检索记录为 9 458 条，如图 8-71 所示。此时，查全率最高，但查准率有所欠缺。

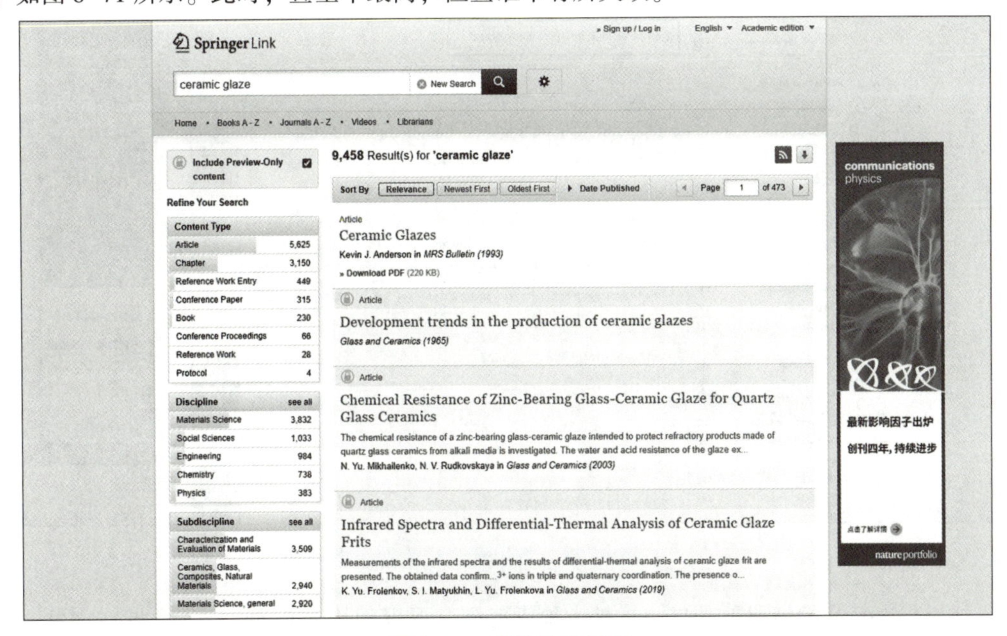

图 8-71　简单检索界面

调整检索策略，在简单检索框中输入检索表达式会获得较为理想的结果。要获得更好的查准率，可限制“ceramic”和“glaze”都在标题中出现，则凡是标题中同时含有“ceramic”和“glaze”的文献都会被检索出来。

直接在检索框中输入检索表达式“ti=ceramic glaze”，空格相当于“AND”，如图 8-72 所示，单击“检索”按钮，得出检索结果，共得出检索记录 1 862 条，如图 8-73 所示，此时的结果更为精准。

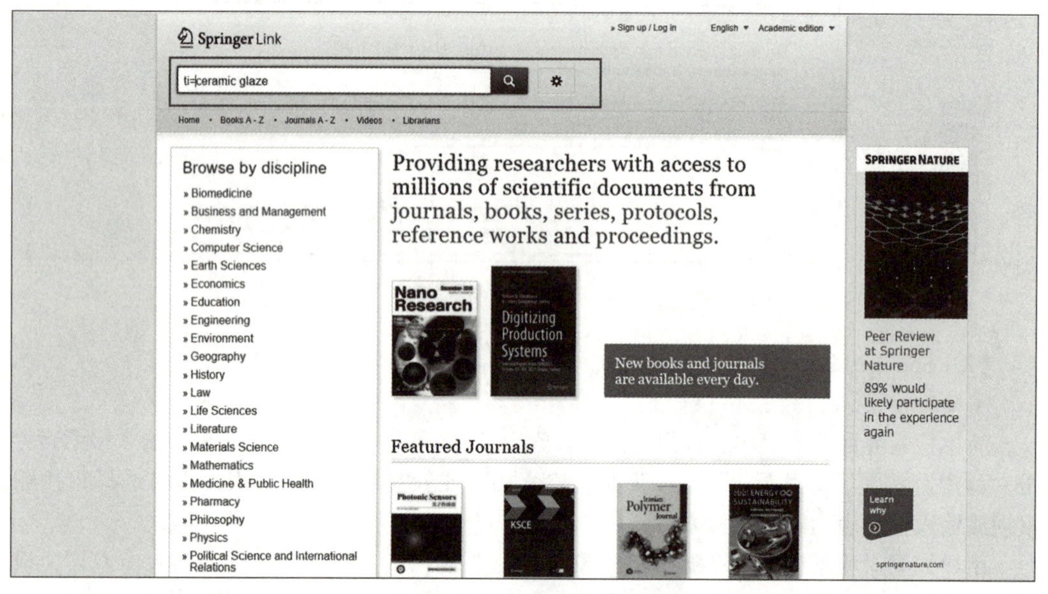

图 8-72　在简单检索框输入检索表达式

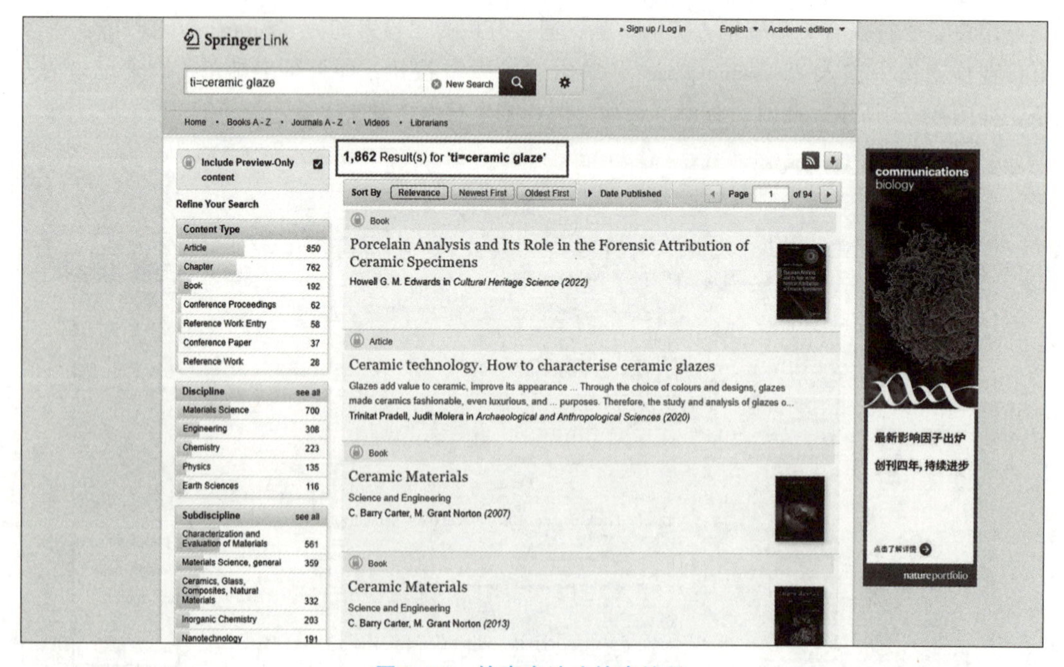

图 8-73　检索表达式检索结果

如果想在精准的情况下，进一步扩大检索范围，可以使用截词符“*”，即在“glaz”的末尾加上“*”，可以将“glaze”的相关词“glazes”“glazed”“glazing”“glazings”检索出来，即检索表达式为“ti＝ceramic glaz＊”，得出检索记录为 2 625 条，如图 8-74 所示。

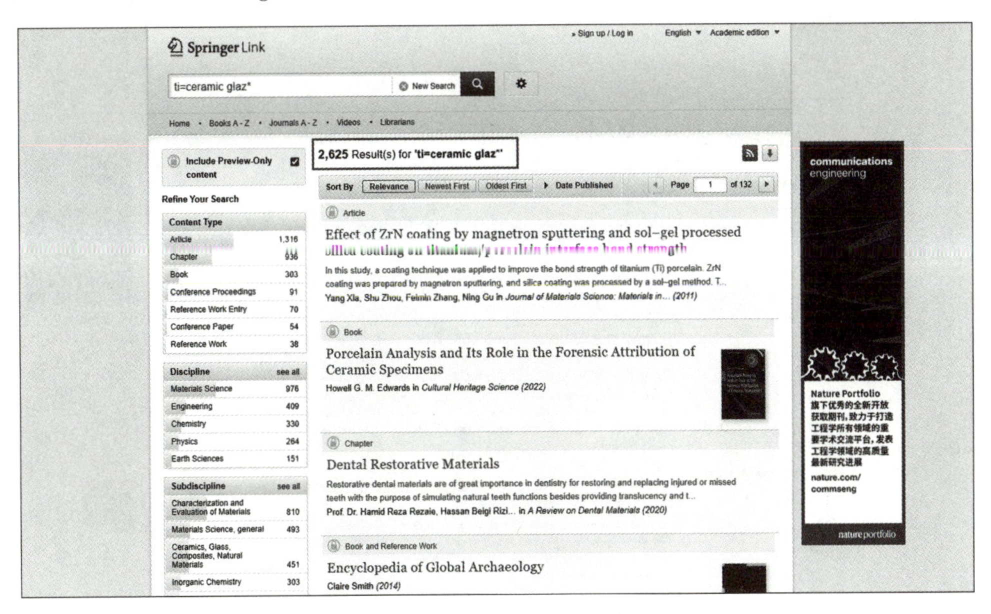

图 8-74　扩大检索范围的检索结果

②高级检索。

若想获得更精准的结果，可将“ceramic glaz＊”限定在文章的标题中，则选择高级检索的标题检索，即在标题字段输入“ceramic glaz＊”，如图 8-75 所示。单击“Search”按钮即可得出检索结果，检索记录为 28 条，如图 8-76 所示，此时的检索结果是最为精准的。

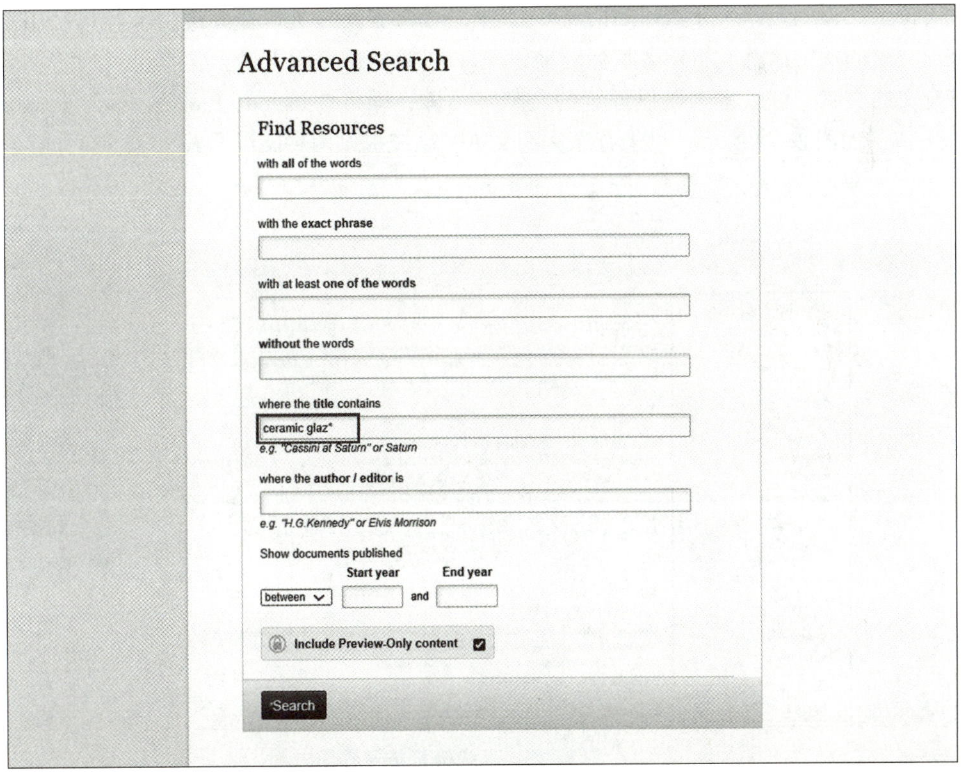

Advanced Search
Find Resources
with all of the words
with the exact phrase
with at least one of the words
without the words
where the title contains
ceramic glaz*
e.g. "Cassini at Saturn" or Saturn
where the author / editor is
e.g. "H.G.Kennedy" or Elvis Morrison
Show documents published
Start year
End year
between
and
Include Preview-Only content
Search

图 8-75　高级检索

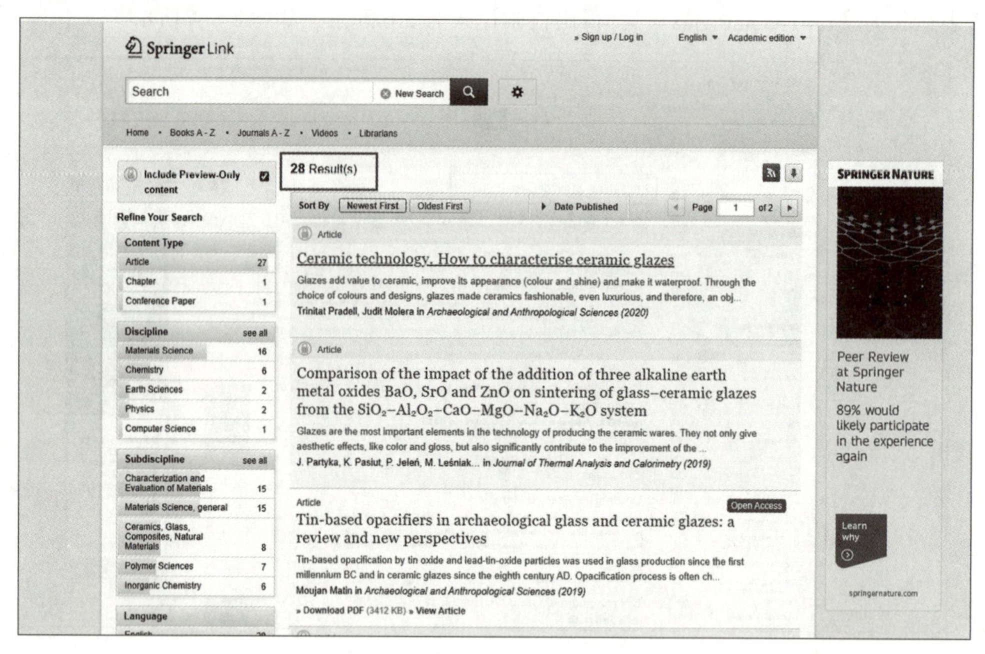

图 8-76　高级检索结果

无论哪种检索方式，检索结果均为文献题录信息。其由文献类型、文献标题、摘要、作者、文献来源、出版时间等组成。在界面的左边，系统对所检结果按文献类型、所属学科、文献来源、语言等进行了聚类分析，如图 8-77 所示。用户可根据需要选择浏览，单击检索结果中各文献的标题，可浏览文献的摘要信息，如图 8-78 所示。如要浏览文献全文，则首先判断该篇文献是否支持全文提供，如果文献标题前有图标，则表示该篇文献不支持全文提供，用户只能浏览该篇文献的摘要信息。如果文献标题前没有图标，则表示支持全文提供。用户如果只想浏览有全文的文献，可以将“仅供预览的文献”去除，即将“Include Preview-Only content”后面的去掉，如图 8-79 所示。对于有原文的文献，系统提供两种阅读方式，即每篇文献题录下方

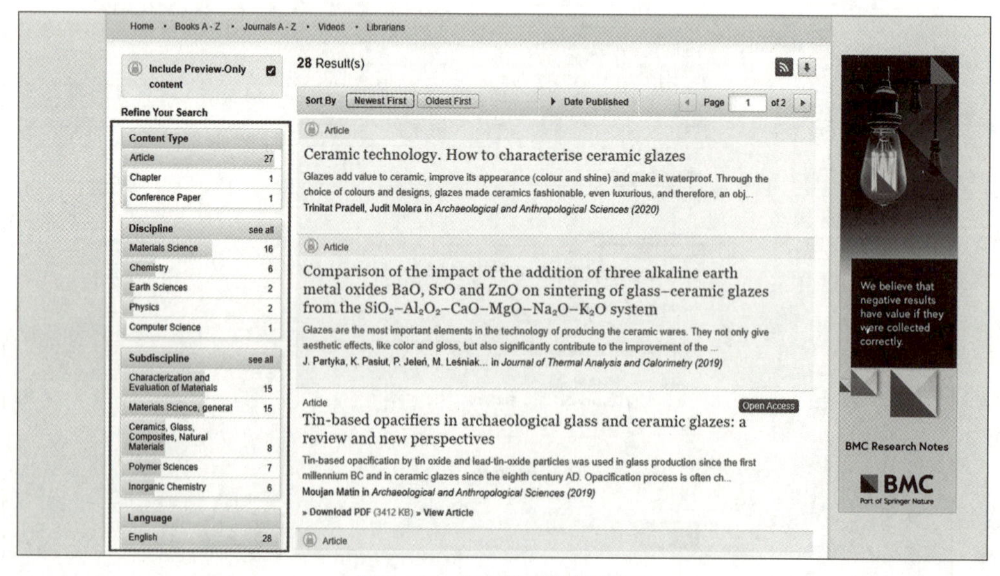

图 8-77　高级检索结果界面

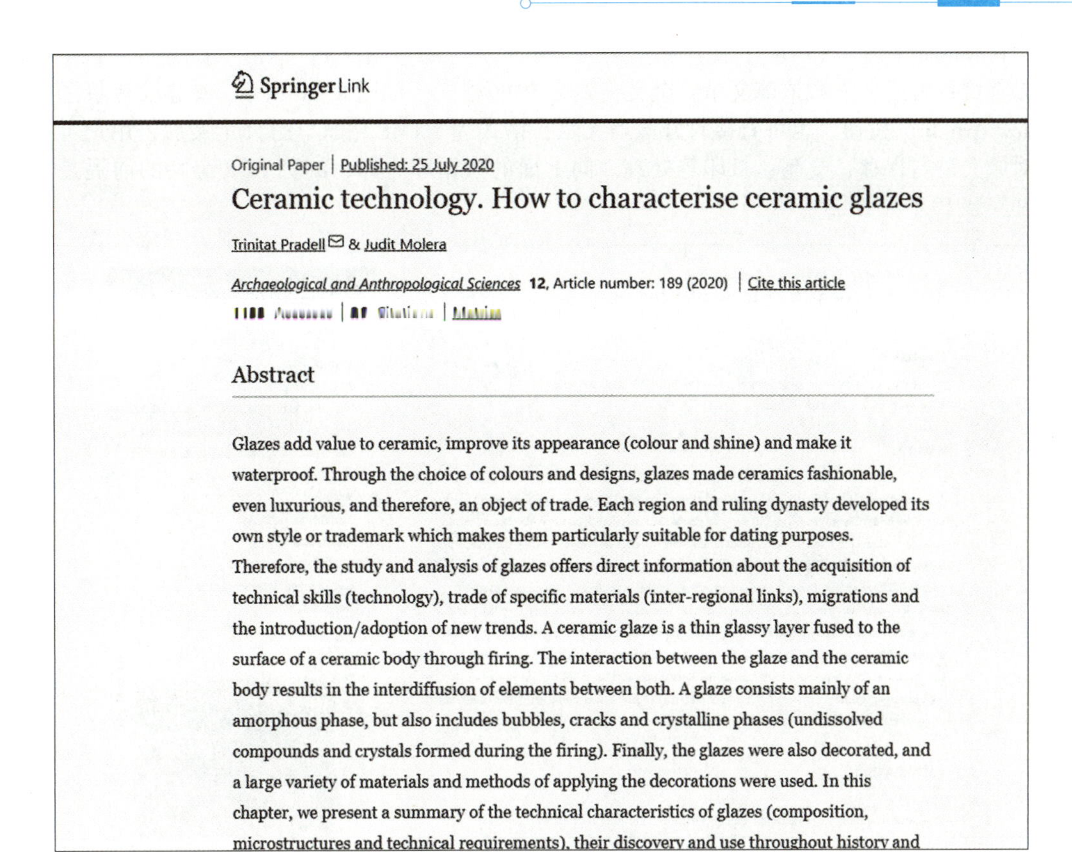

图 8–78　浏览文献的摘要信息

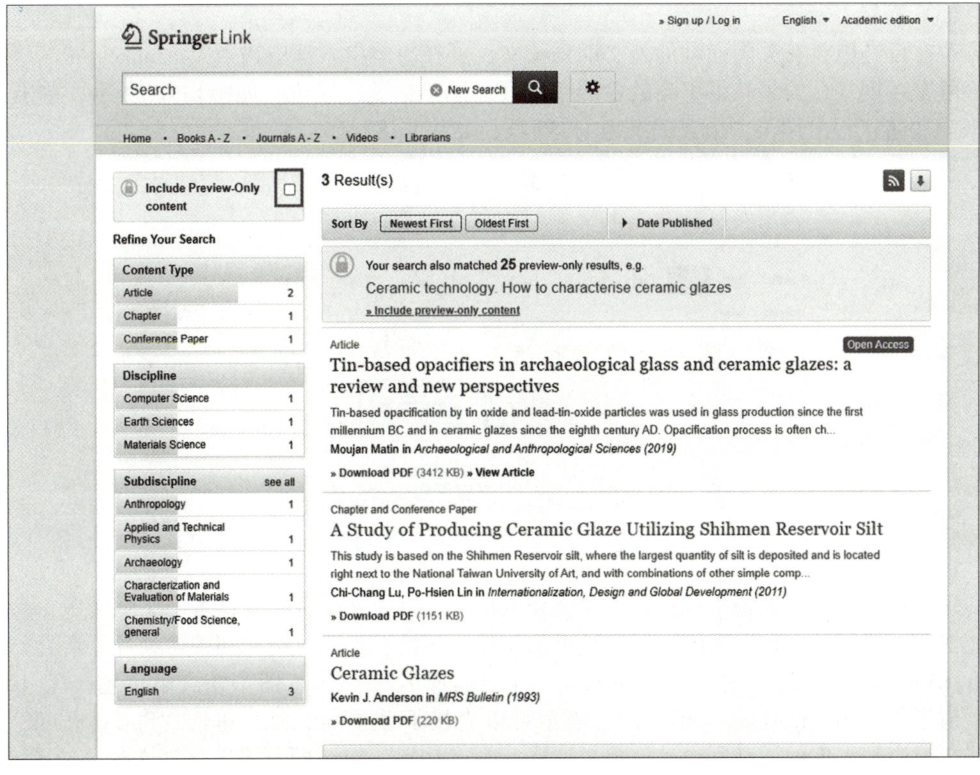

图 8–79　浏览有全文的文献

的“Download PDF”（PDF 下载）和“View Article”（浏览全文），单击“Download PDF”按钮可以直接查看或者下载该篇文献，全文格式为 PDF 格式，如图 8-80 所示。单击文献标题下方的“View Article”按钮，也可直接打开该篇文献，格式为 HTML 格式。打开全文后，用户可根据需要对原文进行保存、复制、打印等处理。同上面的数据库一样，浏览 PDF 全文的前提是提前下载并安装 PDF 阅读器。

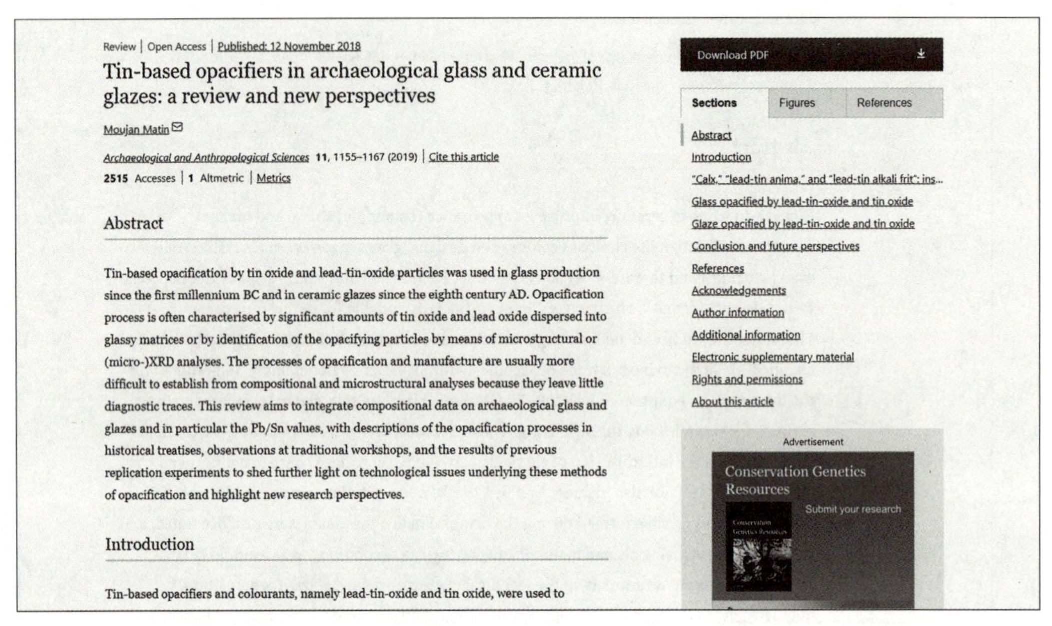

图 8-80　查看或下载文献

（3）百链。

若在百链中找有关陶瓷釉的外文期刊论文，可在简单检索框中输入“ceramic glaze”，将文献类型限定在期刊，为了获得更高的检准率，可选择“标题”字段，如图 8-81 所示，单击“外文搜索”按钮，得出结果，检索记录为 1 737 条，如图 8-82 所示。

图 8-81　选择“标题”字段检索

通过检索，得到的检索结果均为文献题录信息。其由文献标题、作者、文献来源、出版时间等组成。在界面的左边，系统对所检结果按年代、学科、来源、期刊刊种等进行了聚类分析，如图 8-83 所示。题录下方有“SpringerLink”（数据库名称）和“图书馆文献传递”等不同的链接。对于有“SpringerLink”提示的，表示可以直接下载该篇文献，单击“SpringerLink”链接，即进入对应数据库的下载文献处，单击“Download PDF”按钮即可下载该篇文献，如图 8-84 所示；对于有“图书馆文献传递”提示的，可以通过输入邮箱等信息申请原文传递，如图 8-85 所示，文献中心会将该篇文献的电子版以 PDF 格式发到用户的邮箱中，用户再将其下载到计算机，即可阅读该篇文献。

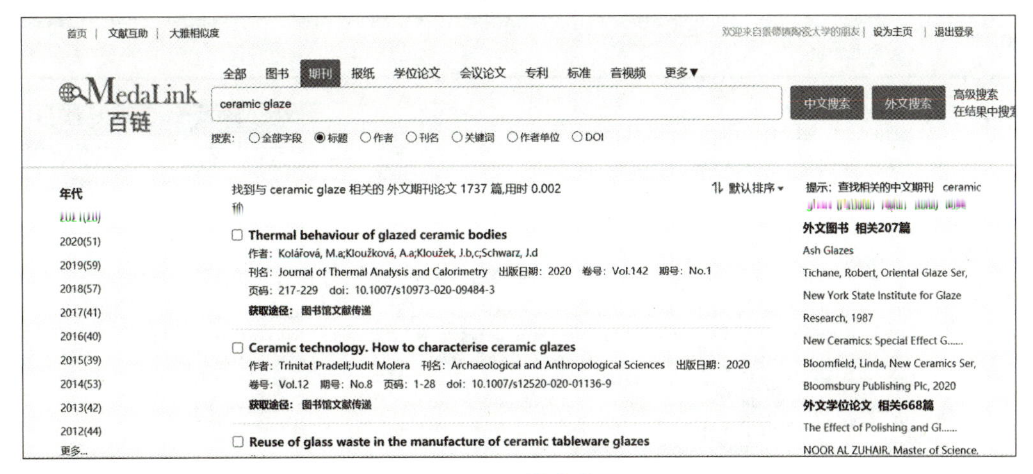

图 8-82　检索结果

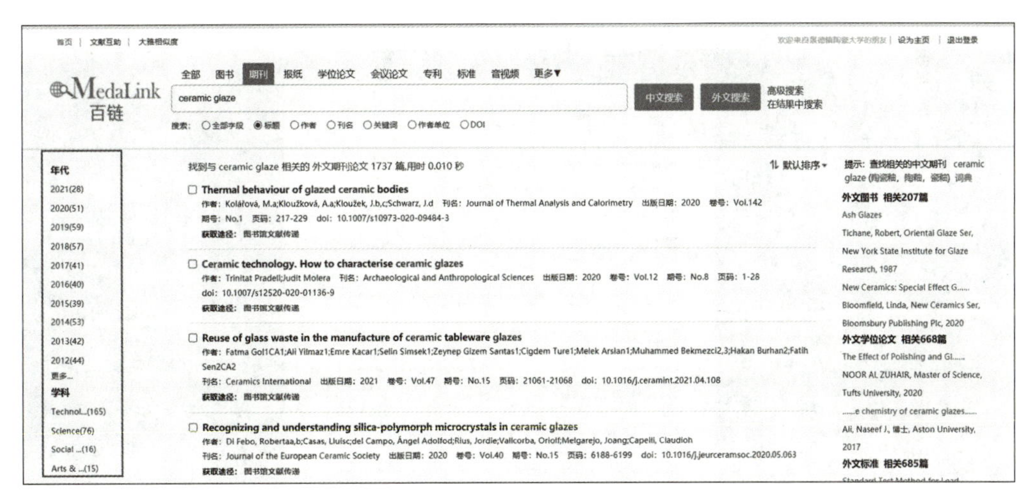

图 8-83　检索结果界面

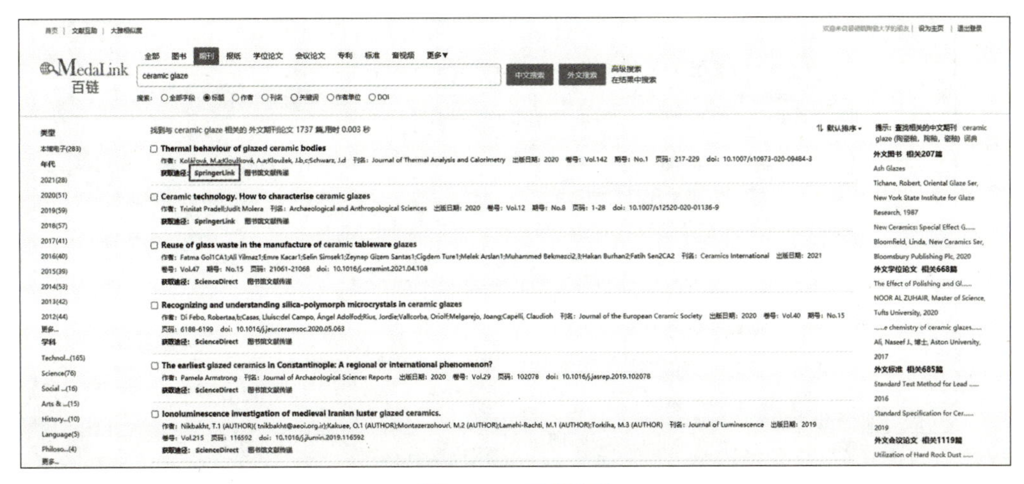

图 8-84　下载文献

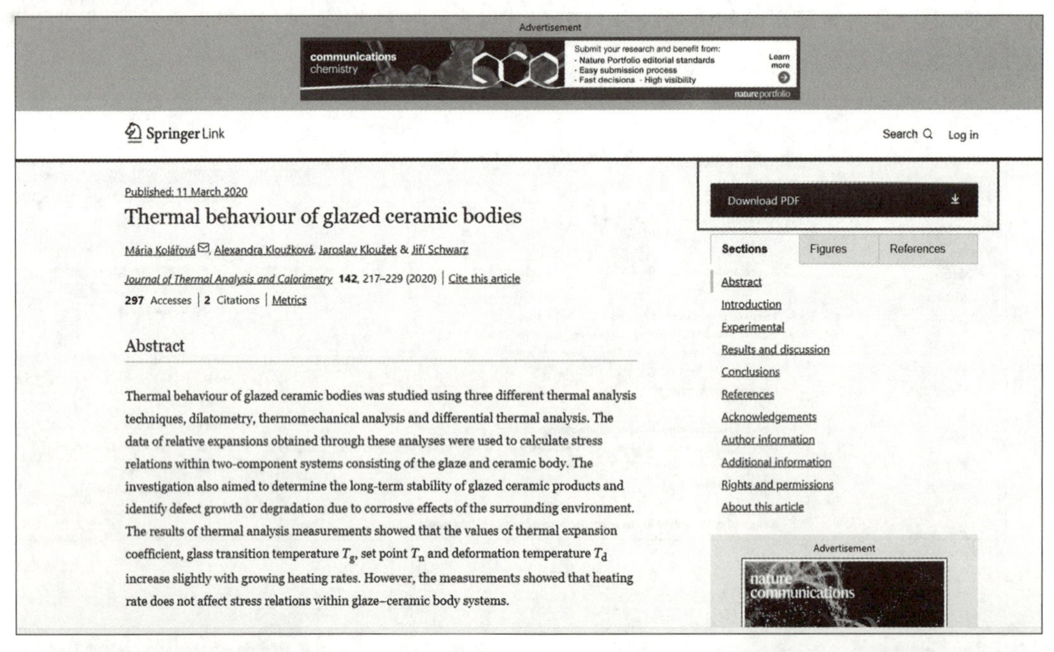

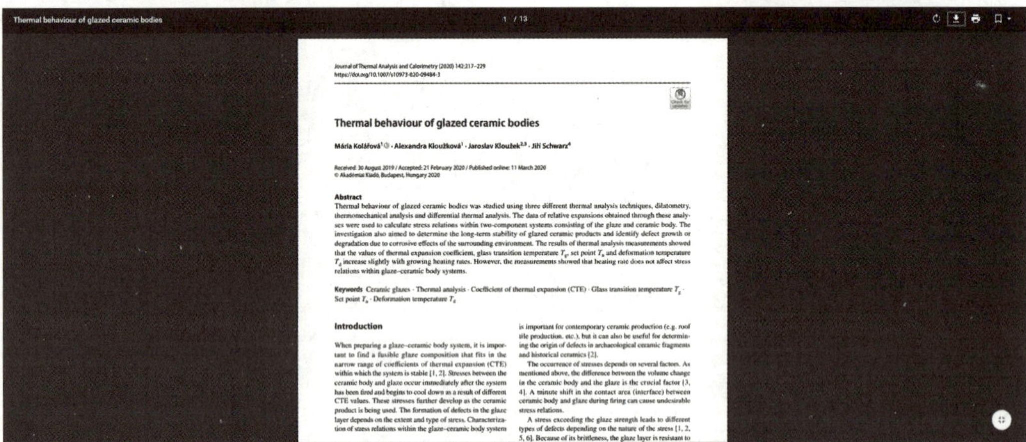

图 8-84　下载文献（续）

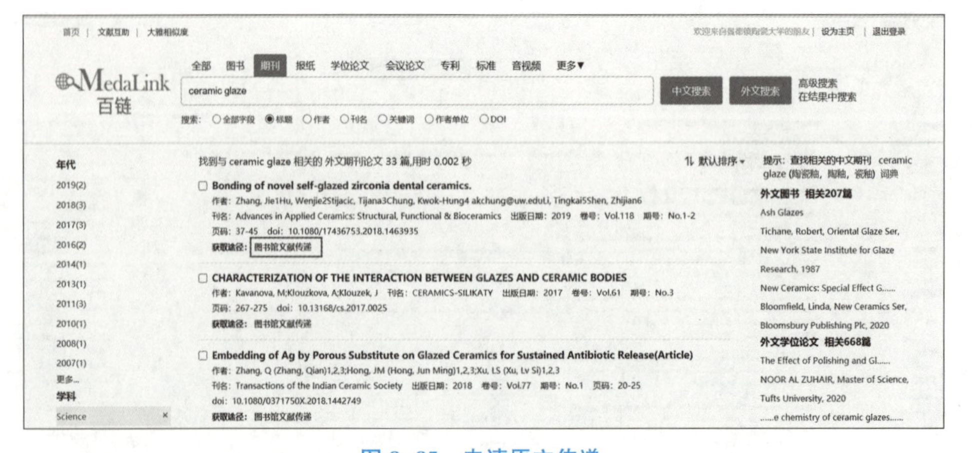

图 8-85　申请原文传递

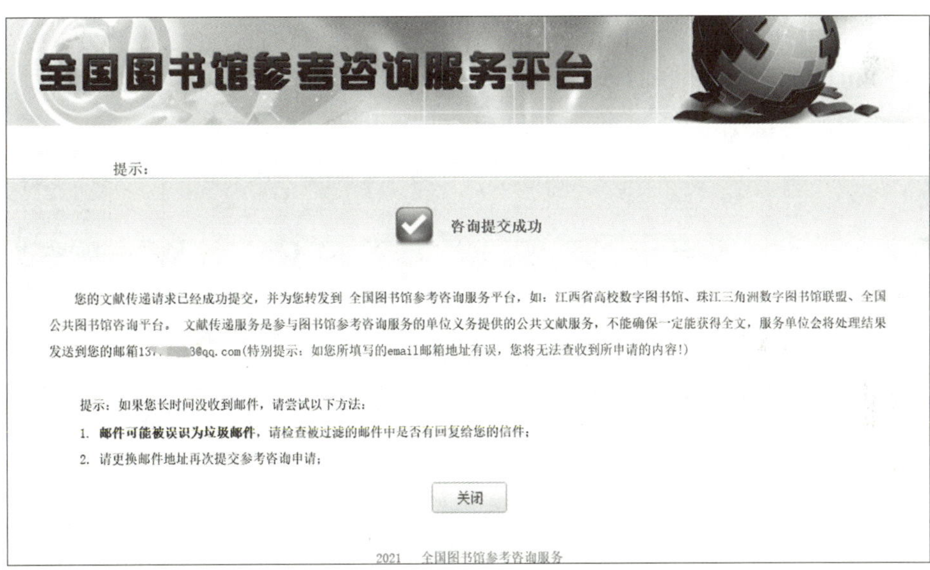

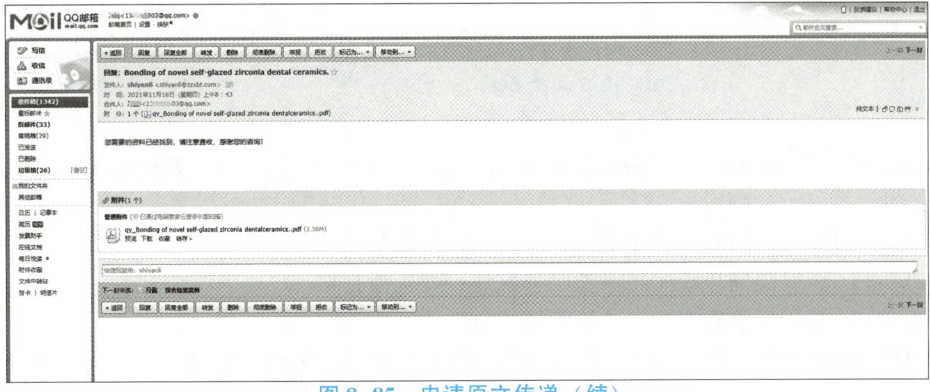

图 8-85　申请原文传递（续）

8.4 专利文献检索实例分析

本节选取陶瓷材料领域的课题进行专利检索，故使用的检索工具是 PatViewer 专利检索系统（http://xzx.patsev.com，即景德镇陶瓷大学知识产区综合服务平台）。

检索实例：功能多孔陶瓷对甲醛的吸附与降解作用。

基本检索步骤如下。

（1）分析技术主题，提取检索词。

①利用百度百科和中国知网检索多孔陶瓷，得知多孔陶瓷可分为蜂窝陶瓷、泡沫陶瓷、微孔陶瓷、介孔陶瓷和宏孔陶瓷。

②利用百度百科和中国知网检索甲醛，得知甲醛的同义词有福尔马林、甲醛水、蚁醛溶液。

③利用 PatViewer 专利检索系统，进入高级检索界面，选择名称检索项，在其对应的检索词输入框内输入“多孔陶瓷 or 蜂窝陶瓷 or 泡沫陶瓷 or 微孔陶瓷 or 介孔陶瓷 or 宏孔陶瓷”，如图 8-86 所示。

单击“检索”按钮，得出结果后，通过结果筛选功能中的 IPC 大组统计，了解到排名 TOP10 的分类号有 C04B38、C04B35、B01D39、C04B41、B01J35、F01N3、C04B33、B01D46、B01D53、B01D71 等，如图 8-87 所示。

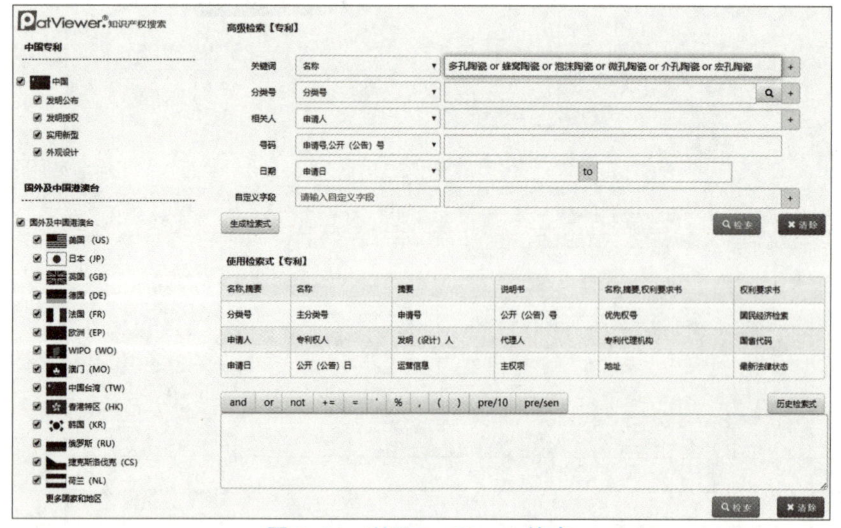

图 8-86　利用 PatViewer 检索多孔陶瓷相关专利

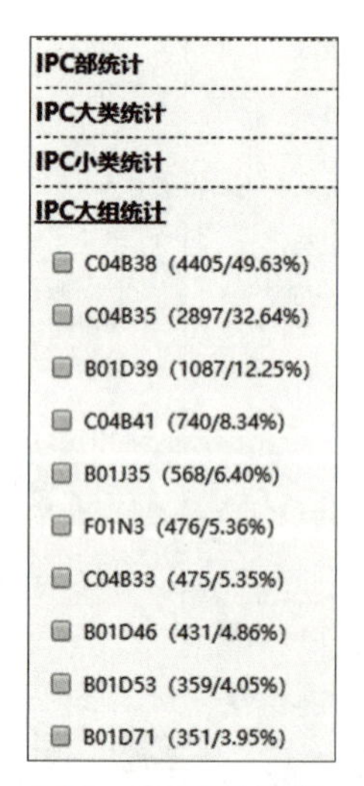

图 8-87　多孔陶瓷专利 TOP10 分类号

通过查阅《国际专利分类表》或利用 PatViewer 专利检索系统的分类号查询，得出各分类号的含义如下。

C04B38/00 多孔的砂浆、混凝土、人造石或陶瓷制品。

C04B35/00 以成分为特征的陶瓷成型制品；陶瓷组合物。

B01D39/00 用于液态或气态流体的过滤材料。

C04B41/00 砂浆、混凝土、人造石或陶瓷的后处理；天然石的处理。

B01J35/00 一般以其形态或物理性质为特征的催化剂。

F01N3/00 一般机器或发动机的气流消音器或排气装置；内燃机的气流消音器或排气装置。

C04B33/00 黏土制品。

B01D46/00 专门用于把弥散粒子从气体或蒸气中分离出来的经过改进的过滤器和过滤方法。

B01D53/00 气体或蒸气的分离；从气体中回收挥发性溶剂的蒸气；废气（如发动机废气、烟气、烟雾、烟道气或气溶胶）的化学或生物净化。

B01D71/00 以材料为特征的用于分离工艺或设备的半透膜；其专用制备方法。

④利用 PatViewer 专利检索系统，进入高级检索界面，选择名称检索项，在其对应的检索词输入框内输入“甲醛 or 福尔马林 or 甲醛水 or 蚁醛溶液”，如图 8-88 所示。

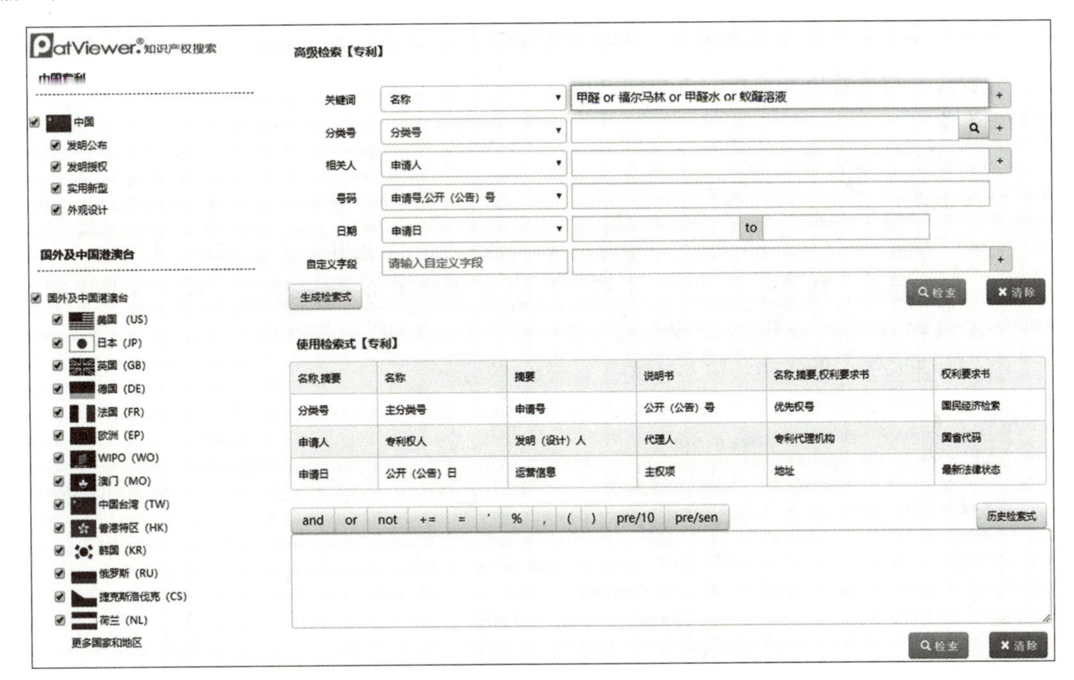

图 8-88　利用 PatViewer 检索甲醛相关专利

单击“检索”按钮，得出结果后，通过结果筛选功能中的 IPC 大组统计，了解到排名 TOP10 的分类号有 C07C45、B01D53、C07C47、C08G2、C08L59、C08K5、C08G12、C08L61、B01J23、C07C67 等。

通过查阅《国际专利分类表》或利用 PatViewer 的 IPC 分类导航，得出各分类号的含义如下。

C07C45/00 含有 CO 基，只连接碳或氢原子的化合物的制备；此类螯合物的制备。

B01D53/00 气体或蒸气的分离；从气体中回收挥发性溶剂的蒸气；废气（如发动机废气、烟气、烟雾、烟道气或气溶胶）的化学或生物净化。

C07C47/00 含有-CHO 基的化合物。

C08G2/00 醛或它的环状低聚物的加聚物，或酮的加聚物；它们与含有低于 50 mol 的其他物质的加聚共聚物。

C08L59/00 聚缩醛的组合物；聚缩醛衍生物的组合物。

C08K5/00 使用有机配料。

C08G12/00 醛或酮仅与含有氢连接到氮上的化合物的缩聚物。

C08L61/00 醛或酮的缩聚物的组合物。

B01J23/00 不包含在 B01J21/00 组中的，包含金属或金属氧化物或氢氧化物的催化剂。

C07C67/00 碳化二亚胺。

通过浏览 IPC 分类和预检结果，可以找出吸附、降解的同义词、近义词、相关词有分离、吸收、净化、去除、分解、催化、过滤等。

综上所述，本课题的关键词有多孔陶瓷、蜂窝陶瓷、泡沫陶瓷、微孔陶瓷、介孔陶瓷、宏孔陶瓷、甲醛、福尔马林、甲醛水、蚁醛溶液、吸附、降解、分离、吸收、净化、去除、分解、催化、过滤等。

各关键词对应的分类号主要有 C04B38、C04B35、C04B41、C04B33；C07C45、C07C47、C07C67；B01D39、B01D46、B01D53、B01D71、B01J23、B01J35 等。

（2）选择检索途径。

为获得较好的查准率和查全率，根据检索需要，可选择名称、摘要、专利分类号等检索途径。一般地，对涉及技术领域的主题词可选择摘要检索途径，而对涉及技术主题的检索词可选择名称检索途径。

（3）构建检索表达式。

检索表达式 1：

名称，摘要+=（多孔 or 蜂窝 or 泡沫 or 微孔 or 介孔 or 宏孔）AND 名称，摘要+=（陶瓷+陶+瓷）AND 名称，摘要+=（甲醛 or 福尔马林 or 甲醛水 or 蚁醛溶液）AND 名称，摘要+=（吸附 or 降解 or 分离 or 吸收 or 净化 or 去除 or 分解 or 催化 or 过滤）

选择专业检索，输入该检索表达式，如图 8-89 所示。

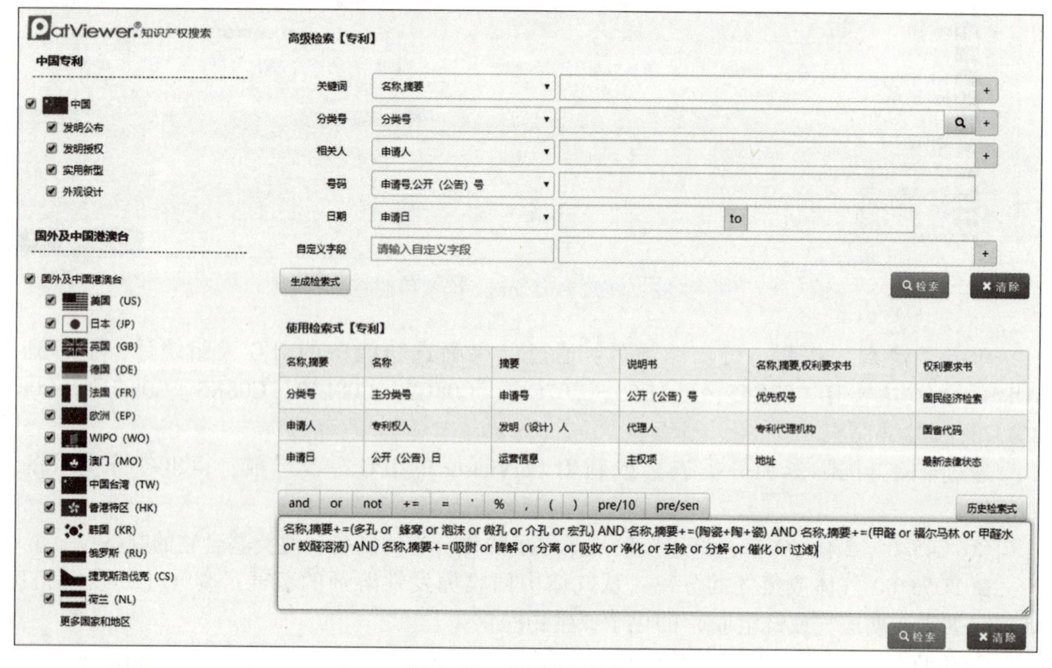

图 8-89 检索表达式 1

单击“检索”按钮，得出检索结果如图 8-90 所示。

检索表达式 2：

名称，摘要+=（多孔 or 蜂窝 or 泡沫 or 微孔 or 介孔 or 宏孔）AND 分类号=（c04B38% or c04B35% or c04B33% or c04B41%）AND 名称，摘要+=（甲醛 or 福尔马林 or 甲醛水 or 蚁醛溶液）AND 名称，摘要+=（吸附 or 降解 or 分离 or 吸收 or 净化 or 去除 or 分解 or 催化 or 过滤）

选择专业检索，输入该检索表达式，如图 8-91 所示。

单击“检索”按钮，得出检索结果如图 8-92 所示。

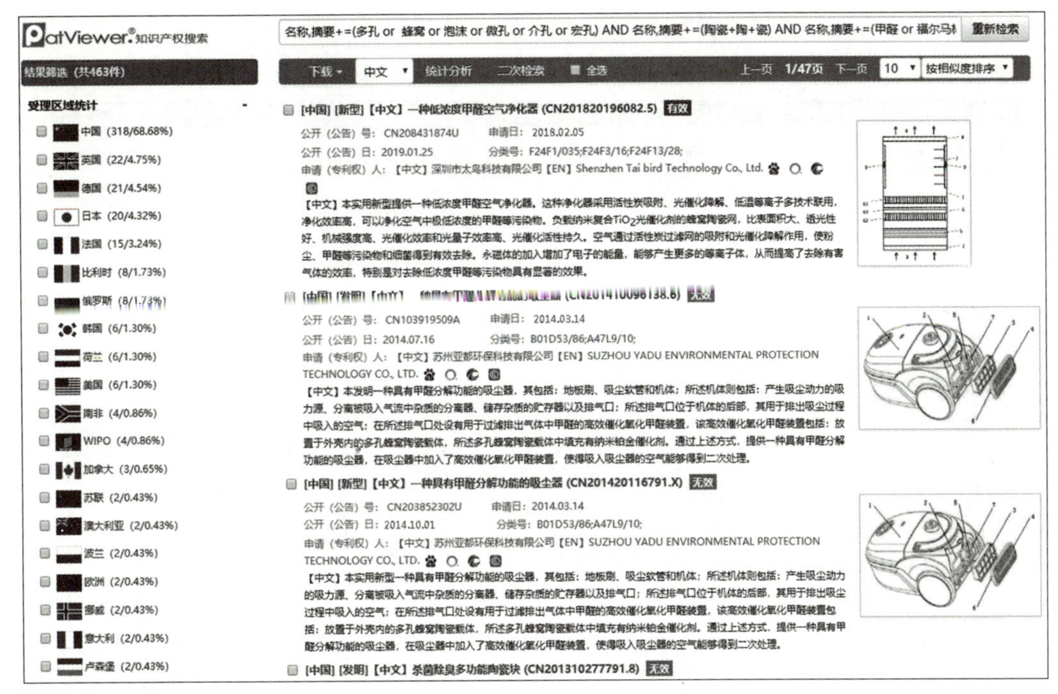

图 8-90　检索表达式 1 的检索结果

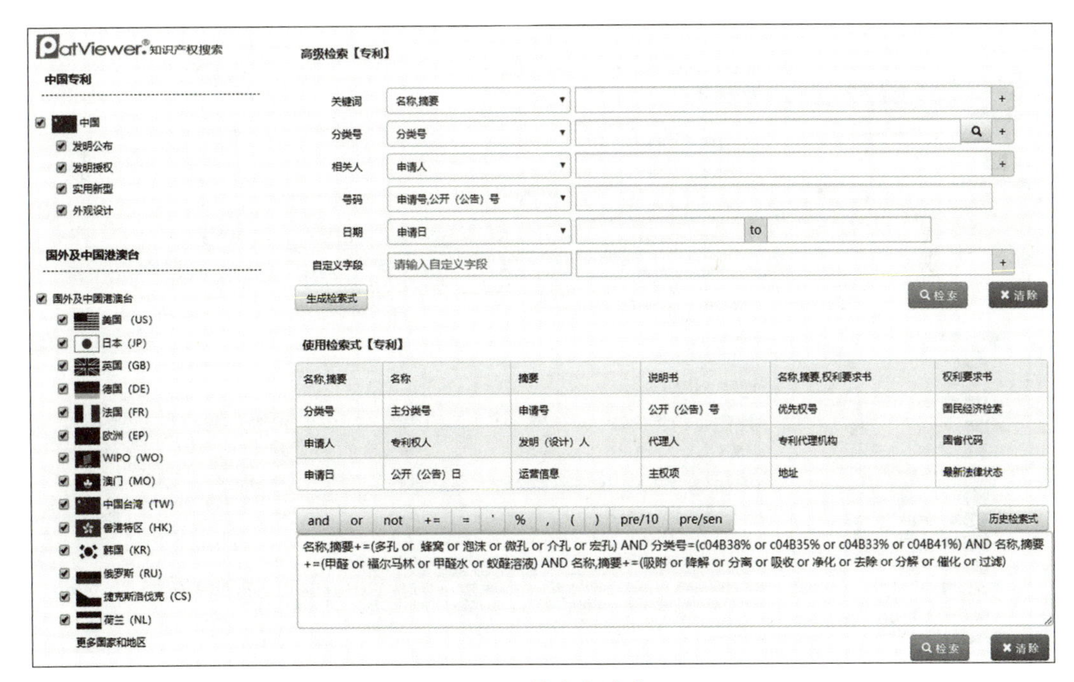

图 8-91　检索表达式 2

检索表达式 3：

名称，摘要+=（多孔 or 蜂窝 or 泡沫 or 微孔 or 介孔 or 宏孔）AND 名称，摘要+=（陶瓷+陶+瓷）AND 分类号=（C07C45% or C07C47% or C07C67%）AND 名称，摘要+=（吸附 or 降解 or 分离 or 吸收 or 净化 or 去除 or 分解 or 催化 or 过滤）

选择专业检索，输入该检索表达式，如图 8-93 所示。

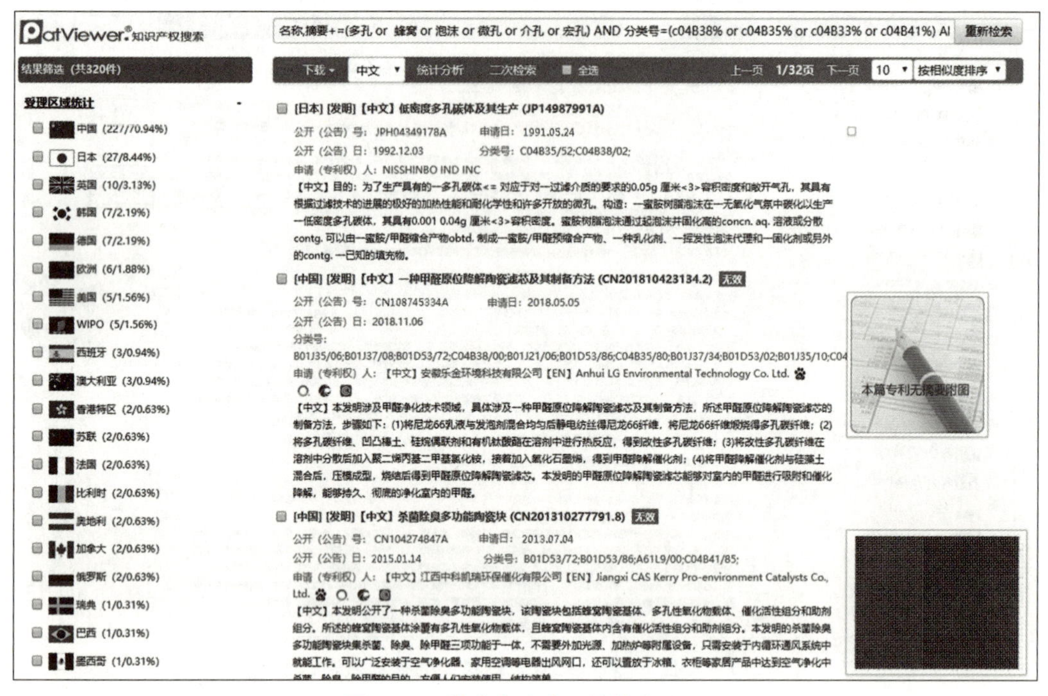

图 8-92　检索表达式 2 的检索结果

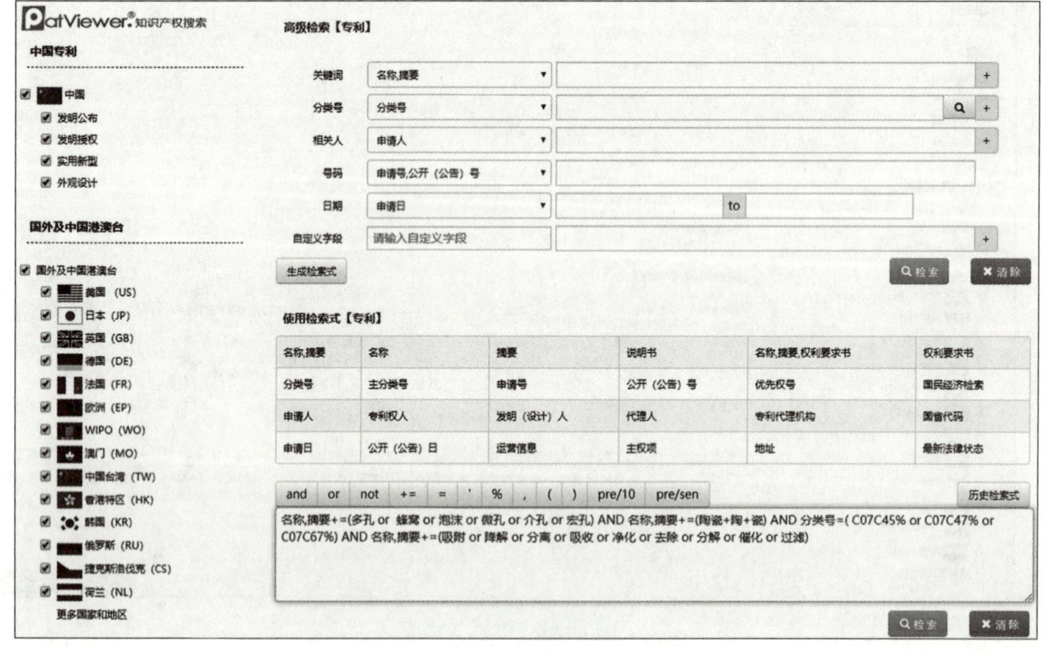

图 8-93　检索表达式 3

单击“检索”按钮，得出检索结果如图 8-94 所示。

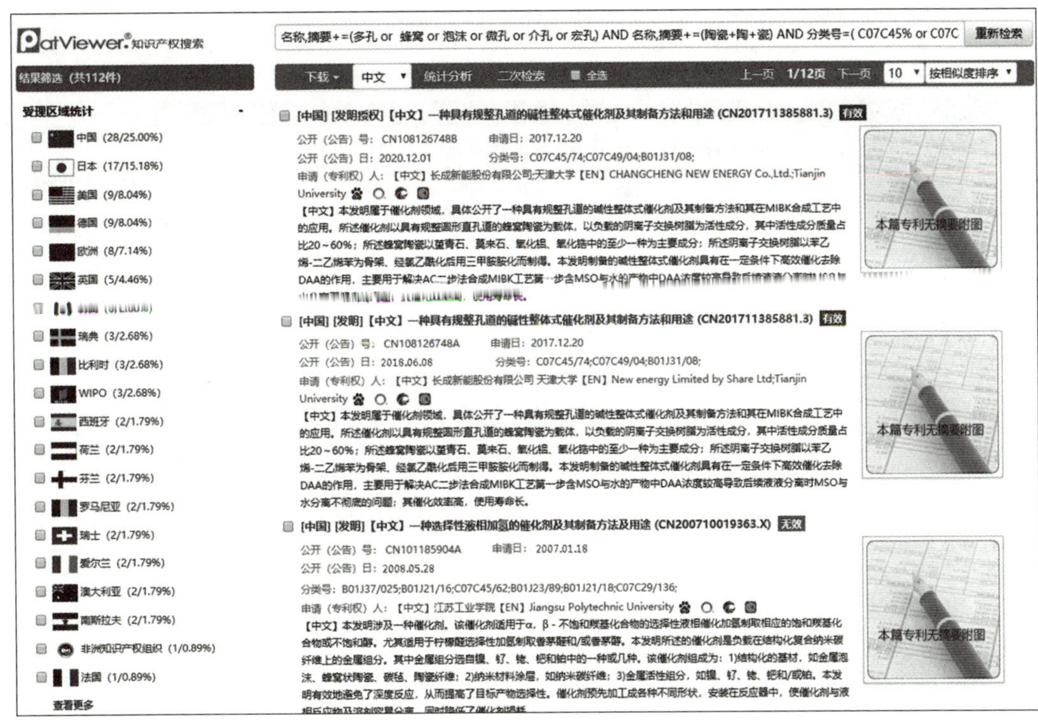

图 8-94　检索表达式 3 的检索结果

检索表达式 4：

名称，摘要+=（多孔 or 蜂窝 or 泡沫 or 微孔 or 介孔 or 宏孔）AND 名称，摘要+=（陶瓷+陶+瓷）AND 名称，摘要+=（甲醛 or 福尔马林 or 甲醛水 or 蚁醛溶液）AND 分类号=（B01D39 or B01D46 or B01D53 or B01D71 or B01J23 or B01J35）

选择专业检索，输入该检索表达式，如图 8-95 所示。

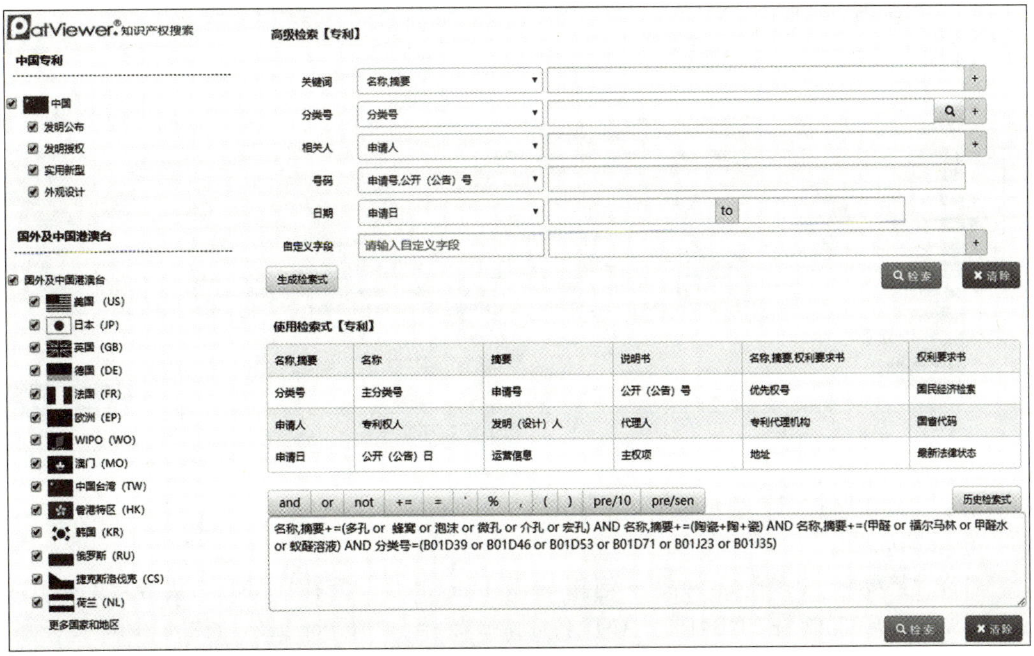

PatViewer®知识产权搜索　高级检索【专利】

中国专利：中国　发明公布　发明授权　实用新型　外观设计

国外及中国港澳台：美国 (US)　日本 (JP)　英国 (GB)　德国 (DE)　法国 (FR)　欧洲 (EP)　WIPO (WO)　澳门 (MO)　中国台湾 (TW)　香港特区 (HK)　韩国 (KR)　俄罗斯 (RU)　捷克斯洛伐克 (CS)　荷兰 (NL)　更多国家和地区

关键词：名称,摘要　分类号：分类号　相关人：申请人　号码：申请号,公开（公告）号　日期：申请日 to　自定义字段：请输入自定义字段

生成检索式　检索　清除

使用检索式【专利】

名称,摘要	名称	摘要	说明书	名称,摘要,权利要求书	权利要求书
分类号	主分类号	申请号	公开（公告）号	优先权号	国民经济检索
申请人	专利权人	发明（设计）人	代理人	专利代理机构	国省代码
申请日	公开（公告）日	运营信息	主权项	地址	最新法律状态

and　or　not　+=　=　'　%　,　(　)　pre/10　pre/sen　历史检索式

名称,摘要+=(多孔 or 蜂窝 or 泡沫 or 微孔 or 介孔 or 宏孔) AND 名称,摘要+=(陶瓷+陶+瓷) AND 名称,摘要+=(甲醛 or 福尔马林 or 甲醛水 or 蚁醛溶液) AND 分类号=(B01D39 or B01D46 or B01D53 or B01D71 or B01J23 or B01J35)

检索　清除

图 8-95　检索表达式 4

单击“检索”按钮，得出检索结果如图 8-96 所示。

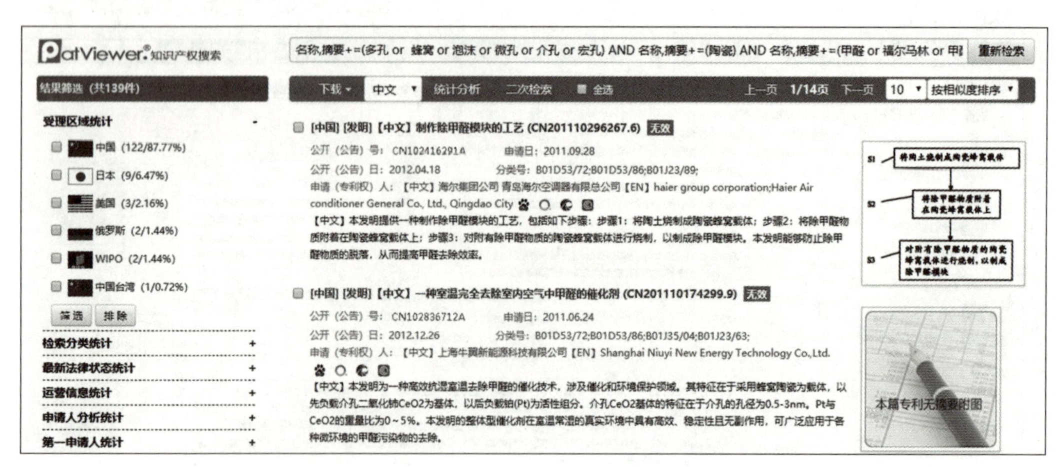

图 8-96　检索表达式 4 的检索结果

检索表达式 5：

名称，摘要+=（多孔 or 蜂窝 or 泡沫 or 微孔 or 介孔 or 宏孔）AND 分类号=（c04B38% or c04B35% or c04B33% or c04B41%）AND 分类号=（C07C45% or C07C47% or C07C67%）AND 名称，摘要+=（吸附 or 降解 or 分离 or 吸收 or 净化 or 去除 or 分解 or 催化 or 过滤）

选择专业检索，输入该检索表达式，如图 8-97 所示。

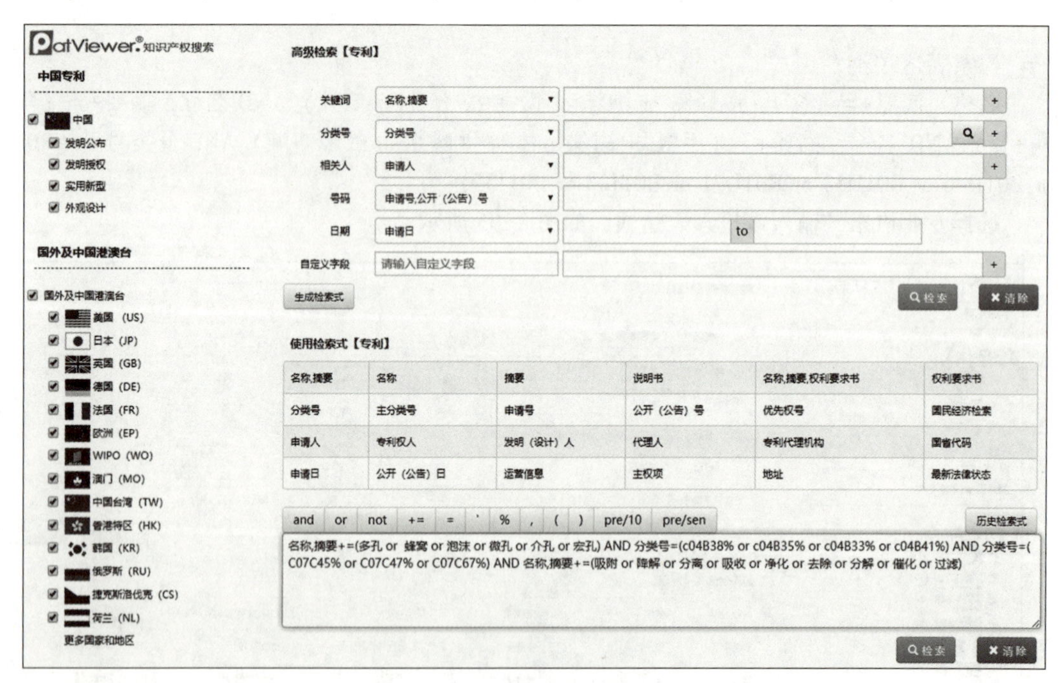

图 8-97　检索表达式 5

单击“检索”按钮，得出检索结果如图 8-98 所示。

检索表达式 6：

名称，摘要+=（多孔 or 蜂窝 or 泡沫 or 微孔 or 介孔 or 宏孔）AND 分类号=（c04B38% or c04B35% or c04B33% or c04B41%）AND 名称，摘要+=（甲醛 or 福尔马林 or 甲醛水 or 蚁醛溶液）AND 分类号=（B01D39 or B01D46 or B01D53 or B01D71 orB01J23 or B01J35）

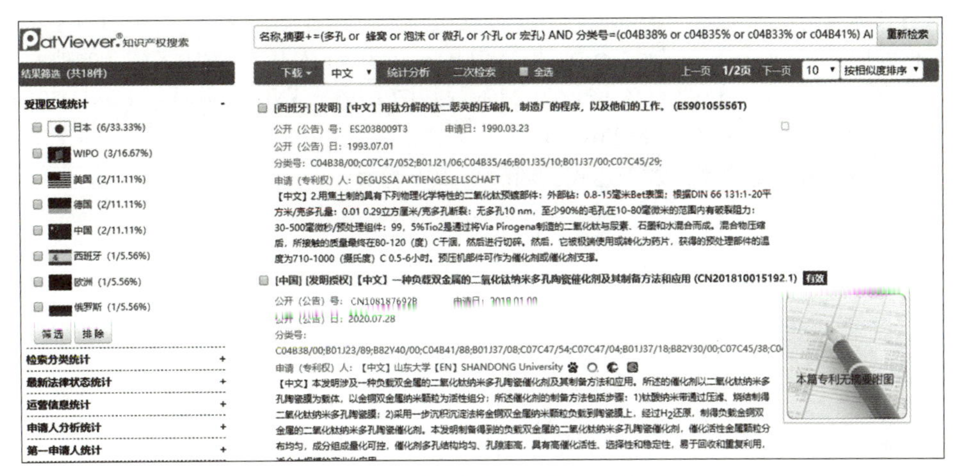

图 8-98　检索表达式 5 的检索结果

选择专业检索，输入该检索表达式，如图 8-99 所示。

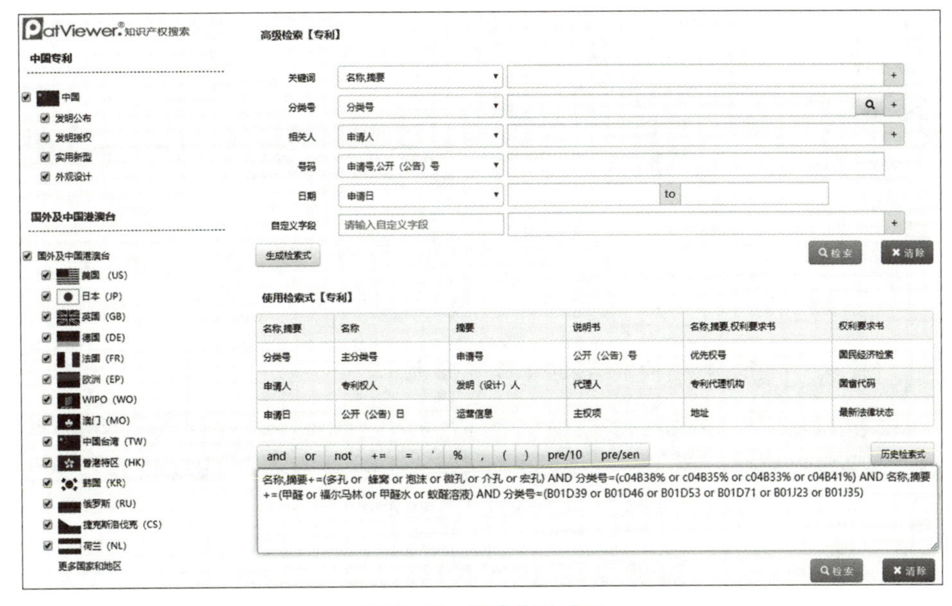

图 8-99　检索表达式 6

单击“检索”按钮，得出检索结果如图 8-100 所示。

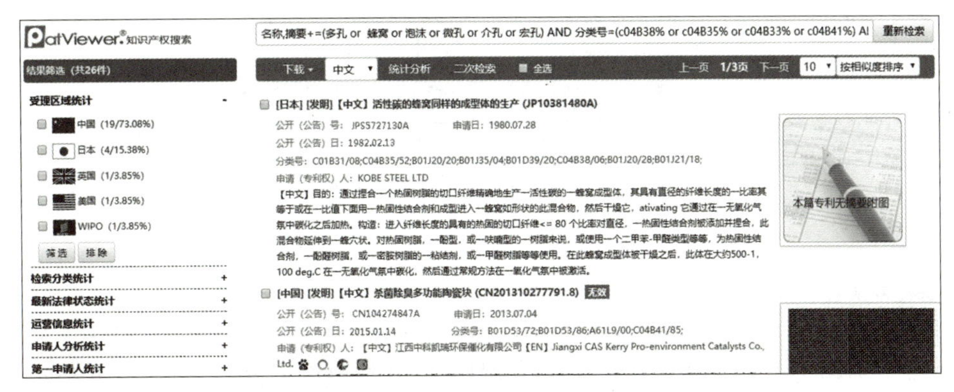

图 8-100　检索表达式 6 的检索结果

检索表达式 7：

名称，摘要+=（多孔 or 蜂窝 or 泡沫 or 微孔 or 介孔 or 宏孔）AND 名称，摘要+=（陶瓷+陶+瓷）AND 分类号=（C07C45% or C07C47% or C07C67%）AND 分类号=（B01D39 or B01D46 or B01D53 or B01D71 or B01J23 or B01J35）

选择专业检索，输入该检索表达式，如图 8-101 所示。

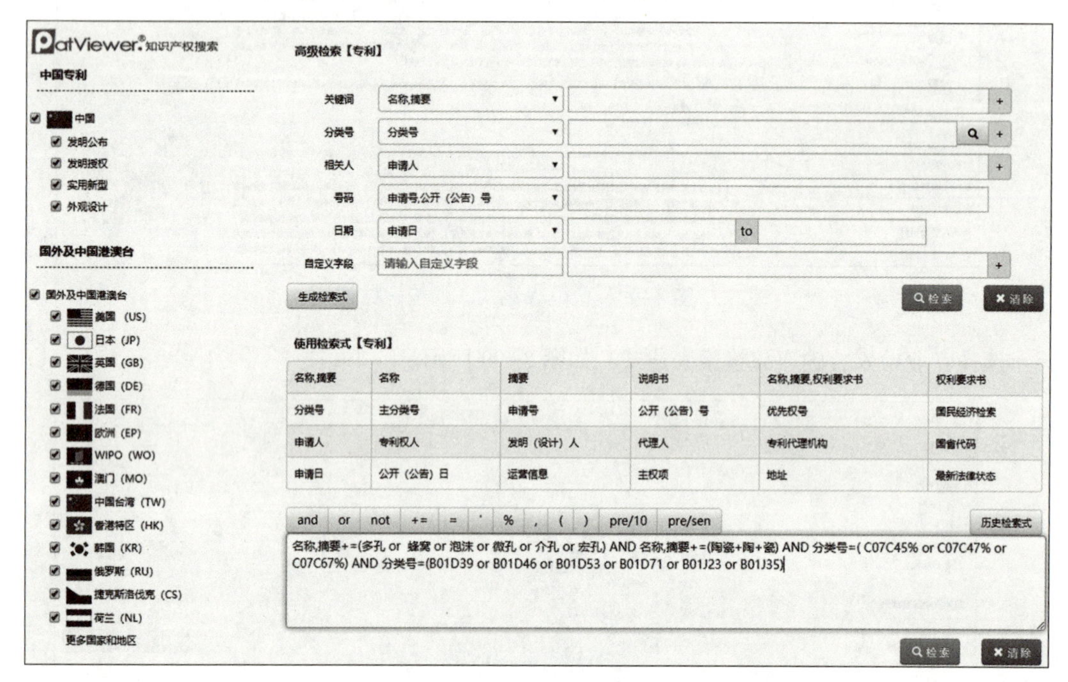

图 8-101　检索表达式 7

单击“检索”按钮，得出检索结果如图 8-102 所示。

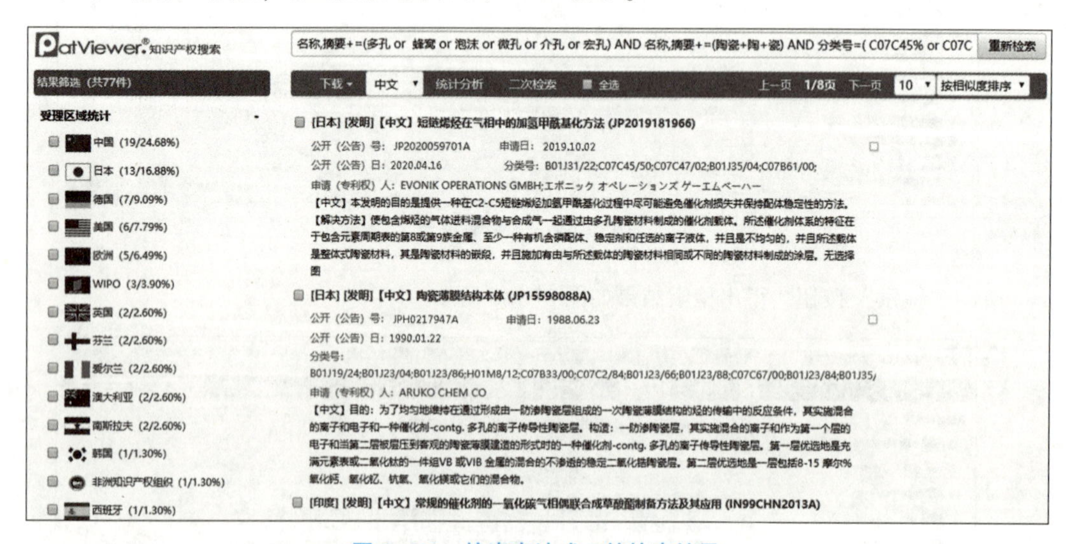

图 8-102　检索表达式 7 的检索结果

检索表达式 8：

名称，摘要+=（多孔 or 蜂窝 or 泡沫 or 微孔 or 介孔 or 宏孔）AND 分类号=（c04B38% or c04B35% or c04B33% or c04B41%）AND 分类号=（C07C45% or C07C47% or C07C67%）AND 分

类号=（B01D39 or B01D46 or B01D53 or B01D71 orB01J23 or B01J35）

选择专业检索，输入该检索表达式，如图 8-103 所示。

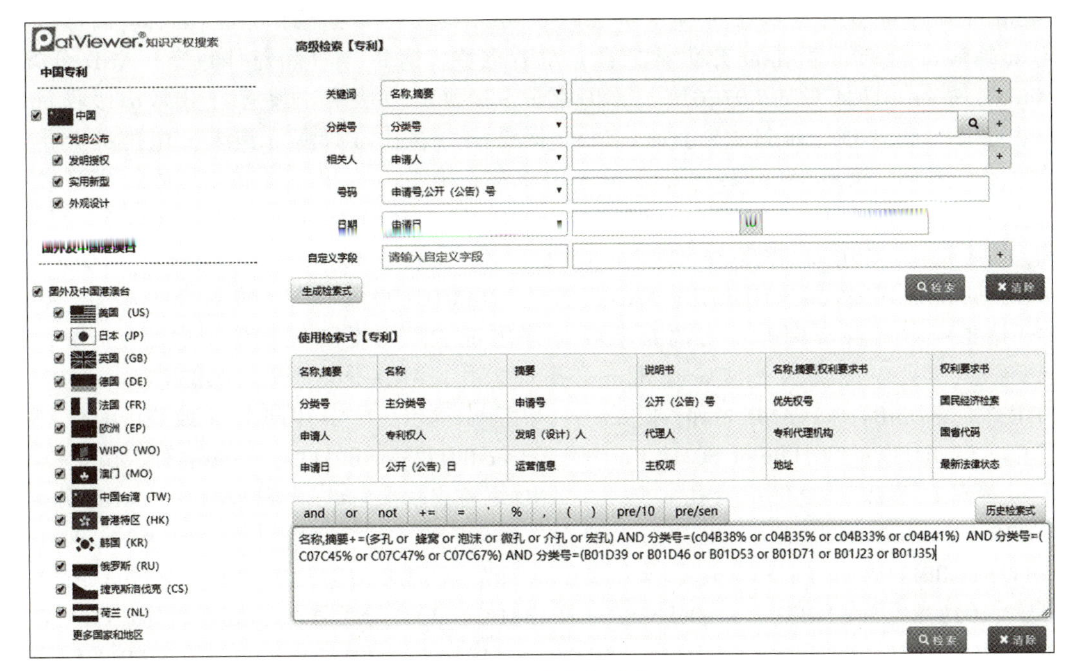

图 8-103 检索表达式 8

单击“检索”按钮，得出检索结果如图 8-104 所示。

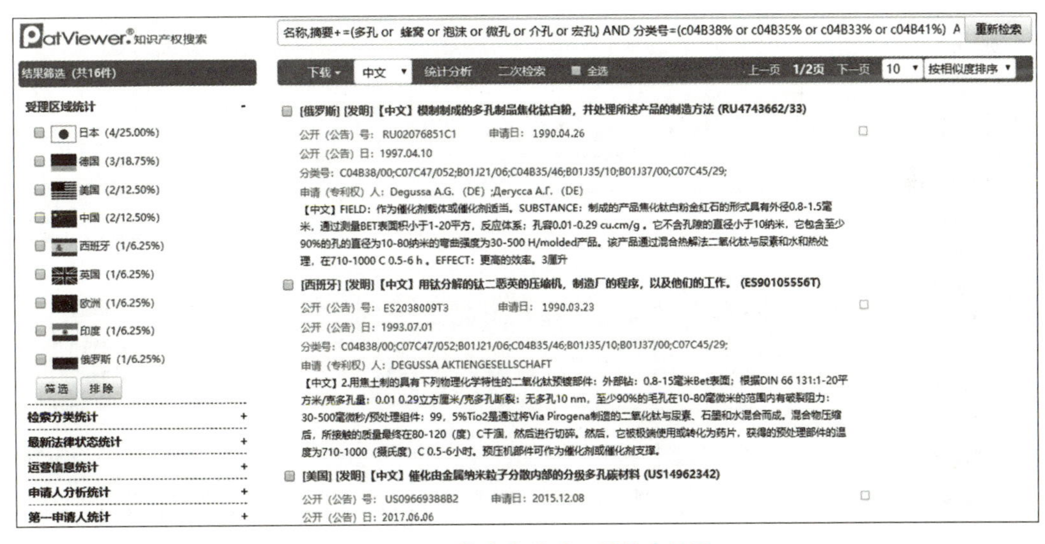

图 8-104 检索表达式 8 的检索结果

综合检索表达式：

检索表达式 1+检索表达式 2+检索表达式 3+检索表达式 4+检索表达式 5+检索表达式 6+检索表达式 7+检索表达式 8

（名称，摘要+=（多孔 or 蜂窝 or 泡沫 or 微孔 or 介孔 or 宏孔）AND 名称，摘要+=（陶瓷+陶+瓷）AND 名称，摘要+=（甲醛 or 福尔马林 or 甲醛水 or 蚁醛溶液）AND 名称，摘要+=（吸附 or 降解 or 分离 or 吸收 or 净化 or 去除 or 分解 or 催化 or 过滤））or（名称，摘要+=（多孔 or 蜂窝 or 泡沫 or 微孔 or 介孔 or 宏孔）AND 分类号=（c04B38% or c04B35% or c04B33% or c04B41%）AND 名称，摘要+=（甲醛 or 福尔马林 or 甲醛水 or 蚁醛溶液）AND 名称，摘要+=（吸附 or 降解 or 分离 or 吸收 or 净化 or 去除 or 分解 or 催化 or 过滤））or（名称，摘要+=（多孔 or 蜂窝 or 泡沫 or 微孔 or 介孔 or 宏孔）AND 名称，摘要+=（陶瓷+陶+瓷）AND 分类号=（C07C45% or C07C47% or C07C67%）AND 名称，摘要+=（吸附 or 降解 or 分离 or 吸收 or 净化 or 去除 or 分解 or 催化 or 过滤））or（名称，摘要+=（多孔 or 蜂窝 or 泡沫 or 微孔 or 介孔 or 宏孔）AND 名称，摘要+=（陶瓷+陶+瓷）AND 名称，摘要+=（甲醛 or 福尔马林 or 甲醛水 or 蚁醛溶液）AND 分类号=（B01D39 or B01D46 or B01D53 or B01D71 or B01J23 or B01J35））or（名称，摘要+=（多孔 or 蜂窝 or 泡沫 or 微孔 or 介孔 or 宏孔）AND 分类号=（c04B38% or c04B35% or c04B33% or c04B41%）AND 分类号=（C07C45% or C07C47% or C07C67%）AND 名称，摘要+=（吸附 or 降解 or 分离 or 吸收 or 净化 or 去除 or 分解 or 催化 or 过滤））or（名称，摘要+=（多孔 or 蜂窝 or 泡沫 or 微孔 or 介孔 or 宏孔）AND 分类号=（c04B38% or c04B35% or c04B33% or c04B41%）AND 名称，摘要+=（甲醛 or 福尔马林 or 甲醛水 or 蚁醛溶液）AND 分类号=（B01D39 or B01D46 or B01D53 or B01D71 or B01J23 or B01J35））or 名称，摘要+=（多孔 or 蜂窝 or 泡沫 or 微孔 or 介孔 or 宏孔）AND 名称，摘要+=（陶瓷+陶+瓷）AND 分类号=（C07C45% or C07C47% or C07C67%）AND 分类号=（B01D39 or B01D46 or B01D53 or B01D71 or B01J23 or B01J35）or（名称，摘要+=（多孔 or 蜂窝 or 泡沫 or 微孔 or 介孔 or 宏孔）AND 分类号=（c04B38% or c04B35% or c04B33% or c04B41%）AND 分类号=（C07C45% or C07C47% or C07C67%）AND 分类号=（B01D39 or B01D46 or B01D53 or B01D71 or B01J23 or B01J35））

选择专业检索，输入该检索表达式，如图 8-105 所示。

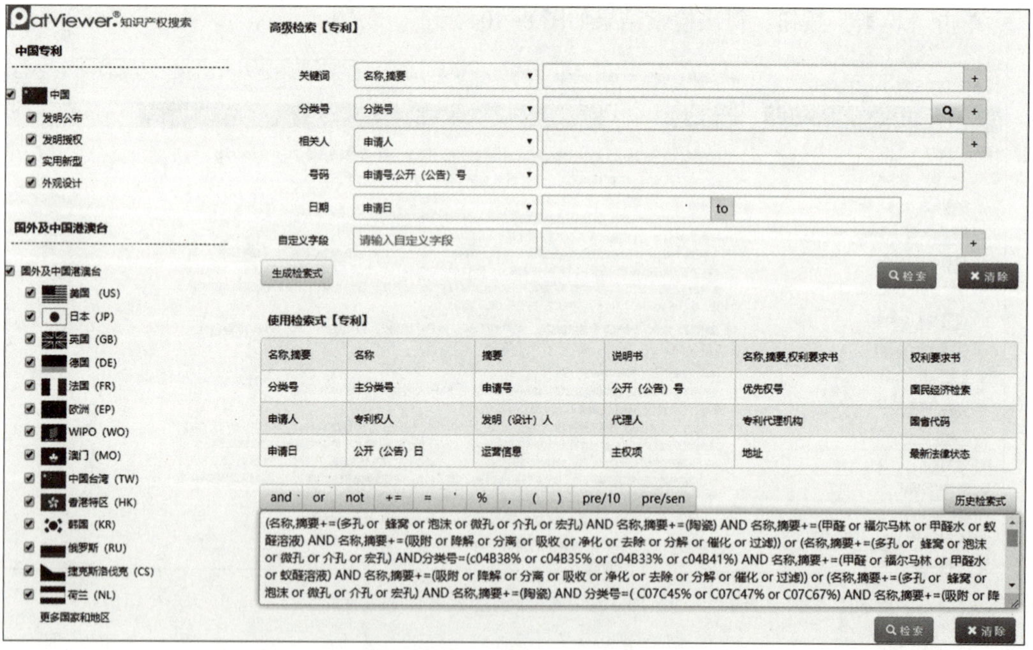

图 8-105　综合检索表达式

单击“检索”按钮，得出检索结果如图 8-106 所示。

当然，如果对于检索策略的构建较为熟练，也可直接构建总检索表达式：

名称，摘要+=（多孔 or 蜂窝 or 泡沫 or 微孔 or 介孔 or 宏孔）AND（名称，摘要+=（陶瓷+陶+瓷）or 分类号=（c04B38% or c04B35% or c04B33% or c04B41%））AND（名称，摘要+=

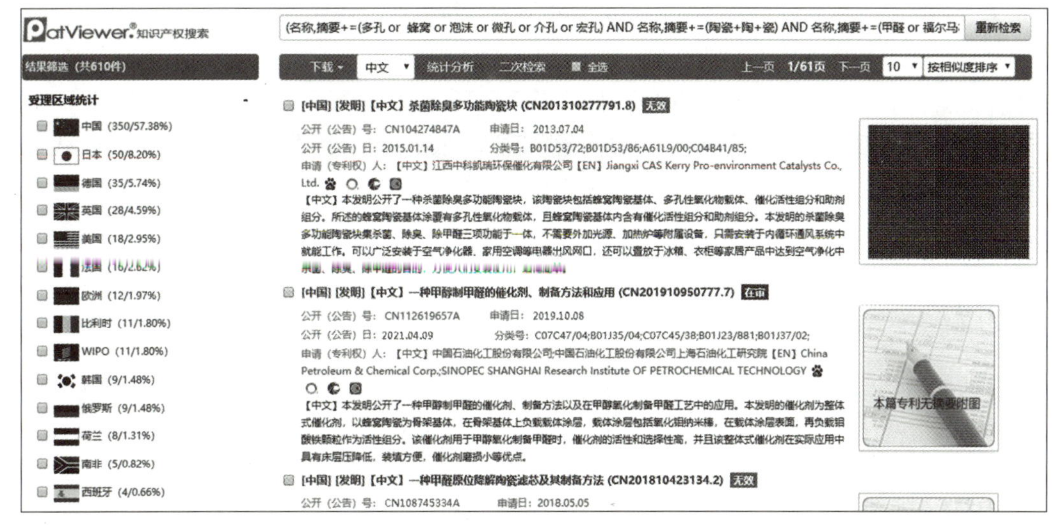

图 8-106　综合检索表达式的检索结果

（甲醛 or 福尔马林 or 甲醛水 or 蚁醛溶液） or 分类号=（C07C45% or C07C47% or C07C67%））AND（名称，摘要+=（吸附 or 降解 or 分离 or 吸收 or 净化 or 去除 or 分解 or 催化 or 过滤） or 分类号=（B01D39 or B01D46 or B01D53 or B01D71 or B01J23 or B01J35））

（4）浏览分析摘要，根据需要不断调整检索表达式，以获得较为理想的检索结果（略）。

（5）浏览所选文献全文并深入分析，把符合检索要求的文献列入检索结果中。

（6）检索结果的处理。

检索结果界面，系统提供专利名称、公开（公告）号、申请日、公开（公告）日、分类号、摘要等相关信息，单击专利名称，可浏览所选专利的基本信息、说明书和相似专利。单击“说明书”选项，可浏览该件专利的全文，如图 8-107 所示。

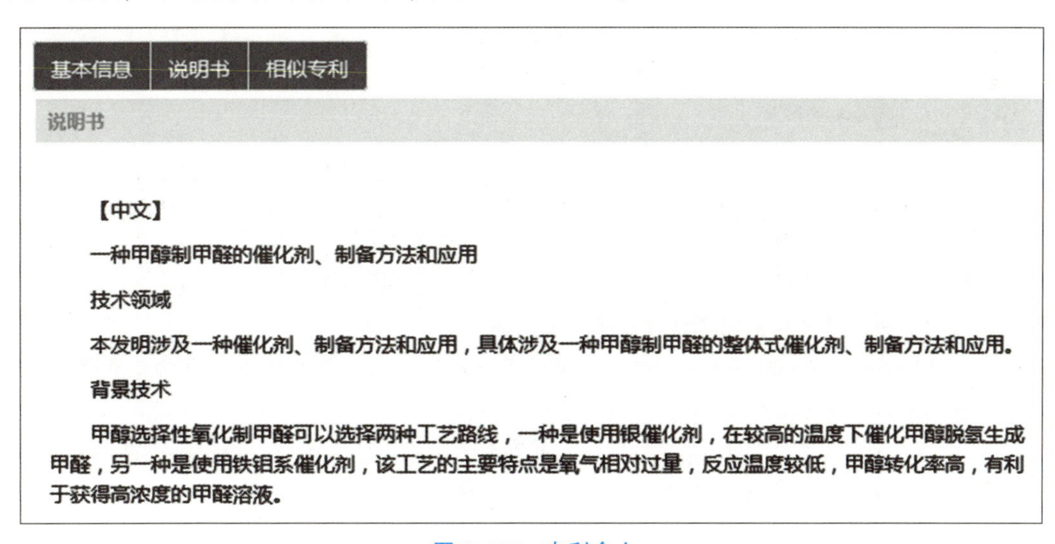
基本信息　说明书　相似专利

说明书

【中文】

一种甲醇制甲醛的催化剂、制备方法和应用

技术领域

本发明涉及一种催化剂、制备方法和应用，具体涉及一种甲醇制甲醛的整体式催化剂、制备方法和应用。

背景技术

甲醇选择性氧化制甲醛可以选择两种工艺路线，一种是使用银催化剂，在较高的温度下催化甲醇脱氢生成甲醛，另一种是使用铁钼系催化剂，该工艺的主要特点是氧气相对过量，反应温度较低，甲醇转化率高，有利于获得高浓度的甲醛溶液。

图 8-107　专利全文

对于检索结果，系统还提供多维度的结果筛选功能，如受理区域统计、检索分类统计、最新法律状态统计、运营信息统计、申请人分析统计、第一申请人统计、发明人分析统计、公开年统计、申请年统计、IPC 部统计、IPC 大类统计、IPC 小类统计、IPC 大组统计、IPC 分类号统计、申请人类型统计、外观分类号统计、专利代理机构分析统计、代理人分析统计等，用户可根据需要选择性浏览，如图 8-108 所示。

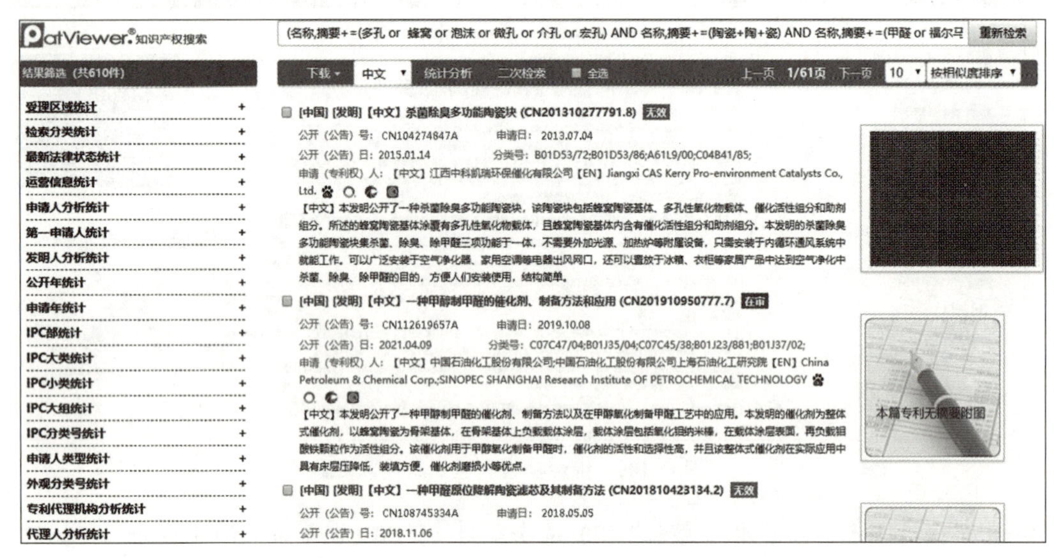

图 8-108　检索结果筛选界面

受理区域统计为专利申请目标国家/地区分布情况；检索分类统计为专利类型分布情况，包括发明专利、发明授权、实用新型和外观设计等；最新法律状态统计为专利法律状态分布情况，包括空、无效、有效、在审等；IPC 统计可根据需要分别按部、大类、小类、大组、小组进行统计。通过结果筛选，用户可对所检索课题研究领域的专利申请情况从专利申请趋势、专利公开趋势、专利申请类型、专利授权情况、专利申请目标国家/地区、专利技术构成、专利重要研究人等多维度进行筛选，并通过进一步的可视化分析来进行揭示，从而对该领域专利申请情况有一个较为宏观的了解。

习　　题

1. 利用汇雅书世界检索黄如花教授编著的有关于“信息”的电子图书，并下载最新出版的电子图书到个人计算机里，用超星阅读器打开并阅读第 3 章内容。

2. 在 SpringerLink 数据库中，查找文献“Computer Aided Architectural Design Training”，并标注该文献刊登的图书页码，阅读该文献第 1 页的内容。

3. 在 Elsevier ScienceDirect 数据库的检索结果界面，如何识别哪些结果记录是本单位有阅读下载全文权限的？

4. 在中国知网中如何查找近 3 年有关于信息素养课程建设方面的学位论文文献？

5. 利用新东方多媒体学习库学习和准备大学英语四级考试。

6. 在中华数字书苑图片库中可以采用什么方式查看到有关于青花瓷的相关图片并下载。

第 9 章

信息道德

9.1 学术规范

近年来，在我国高等院校以及学术界逐渐出现了学术丑闻，不仅污染了国内的学术大环境，也给我国学术研究、高校声誉带来了很大的负面影响。为了规范学术行为，教育部相继发布了相关文件，其中包括《教育部关于加强学术道德建设的若干意见》《教育部关于树立社会主义荣辱观进一步加强学术道德建设的意见》《高等学校预防与处理学术不端行为办法》《学位论文作假行为处理办法》《高等学校哲学社会科学研究学术规范（试行）》《高校人文社会科学学术规范指南》《高等学校科学技术学术规范指南》等。这些文件明确地指出了学术活动的规范，也给学者撰写论文以及科研以指引。

9.1.1 学术规范的概念

20 世纪 90 年代以来，我国学术界、期刊界开始重视学术规范问题，学者们对于“学术规范”的定义也进行了一些探讨。近年来，国内学界、科研管理界对学术规范定义的意见渐趋一致。例如，叶继元教授认为“学术规范是指学术共同体根据学术发展规律参与制定的有关各方共同遵守的有利于学术积累和创新的各种准则和要求，是整个学术共同体在长期学术活动中的经验总结和概括。规范不是哪个人、哪个机构‘制定’的，而是源于和发展于学术共同体。规范既不同于法律，也不同于道德，但又与它们有些许交叉。没有规范或规则是万万不行的，但一切依赖规范也是不明智的，规范或规则再细，也不能杜绝失范等现象，必须要有‘法’和‘道德’的补充。这一概念较之前的概念有了更新以及更详细的概况，同时也说明了学术规范并非一成不变，而是一个不断更新的概念。”

2010 年，为了加强学术道德和学风建设，遏制学术不端行为，我国教育部颁布了《高等学校科学技术学术规范指南》，在这项指南中对学术规范以及相关概念有了明确的定义。

学术共同体：学术共同体是一群有着共同学术旨趣的学者，他们遵守共同的道德规范，相互尊重、相互联系、相互影响，推动学术的发展，通过内部的学术活动机制（如学术争鸣、学术交锋、学术讨论）而形成的共同体。学术共同体是学术活动的主体和承担者，担负着创造和评价学术成果的功能，也是学术规范的制定者和执行者。学术共同体成员以学术研究为职业和旨趣，由学术把不同专业的研究人员联系在一起，强调学术研究人员所具有的共同信念、共同价值，遵守共同规范，以区别于一般社会群体和社会组织。

权威、科学、严谨、公正的学术评价，只能来自学术共同体，学术共同体成员必须遵循学术规范，完善学术评价，坚持学术良知和学术操守。

学术规范：学术规范是从事学术活动的行为规范，是学术共同体成员必须遵循的准则，是保证学术共同体科学、高效、公正运行的条件，它从学术活动中约定俗成地产生，成为相对独立的规范系统。就学术知识生产主体及其行为而言，规范源于学术的合作、竞争、组织和互动，它为这些相互关系提供框架，通过给每个个人施加约束，来提高整个知识生产的效率和质量。学术规范化可保证知识分子知识生产活动的严肃性，提高学术共同体的社会公信力。

对于学术规范以及学术共同体的描述，结合近年来学术界的讨论，总结出学术规范有以下的特点。

①学术规范的普遍有效性："尽管不同学科的知识类型和相应的规范类型的区别不能忽视，但更重要的是寻找不同学科都必须遵守的学术规范。"学术规范是在普适的意义上规定科研工作者应该研究什么、如何研究的认知规范和规定科研工作者的态度及行为方式的社会规范，是所有的学术研究在其全过程中应该遵循的、相对的、多层次的正式和非正式规制。正式规制是各级机构、团体、组织制定的具有约束和规范人们学术行为的文件，如法律、法规、规章制度等；非正式规制是学术共同体、学派、学术协会等在学术活动中积累形成的一些具有约束力的非立法性条约及传统，如学术伦理道德条约、学术传统等。功能上表现为对学术活动进行约束、评价和指导，即发挥着约束规范、评价规范和指导规范等规范性作用。

②学术规范的概念具有一定的时效性。学术发展需要随着时代发展而不断创新才能有生命力，而学术创新是学术发展的最终目的，在不同时期，面临不同的选题，不同的文献积累，不同的数据分析手段，创新的方向和选择及其学术意义也会不同。学术研究发展一定程度上是服务于社会发展的，在不同社会背景下的学术规范约束范畴以及力度都不同。也就是说，不同时期的学术规范有着不同定义以及范畴，学术规范是一个不断发展的概念。

③学术规范的主体是学术共同体。虽然说学术规范是学术共同体需要遵循的准则，进行约束的一种手段，但其最终目的是通过学术合作、竞争以及互动来提高学术生产的效率和为学术共同体营造一个良好的学术环境，以提高学术共同体的社会公信力。

④学术规范是在学术活动范畴内的规范。学术规范是针对从事学术活动而形成的行为规范，一切和学术相关的活动规范。

概括来说，学术规范就是学术共同体在从事学术活动时，相互学术讨论、学术交锋、学术争鸣，培养学术共同体的自律性，对部分学术共同体以他律进行约束，使学术共同体共同进步，为这一时期的学术营造一个良好的学术环境。

学术规范的目的：学术规范的目的是创新，即保证作为学术活动价值的创新有效实现。有部分学者初始反感学术规范，认为学术规范限制了学术自由，进而限制了学术创新。但是，学术自由是在学术积累的基础上进行创新，而创新是在已有的论点或已有成果上有新意，在原有的基础上论点创新、形式创新、手法创新等，而不是"无中生有"。学术创新就是在学术积累量变过程中发生的质变。综上所述，学术积累离不开学术规范，同理，学术创新亦如此。

学术规范的性质：学术规范具有道德性以及法律性。叶继元教授曾说："规范既不同于法律，也不同于道德，但又与它们有些许交叉。"学术规范是介于道德和法律之间的，具有一定的道德性，是学术道德的具体体现。学术规范从制度上告诉学者们，什么可以做，什么不可以做。学术道德是学者内在修养以及品德的体现，知道什么可以做，什么不可以做。一个良好的学术环境不能仅靠他律，自律才是从根本上改善学术环境的有效途径。学术规范是"律"的体现，就包括了他律和自律，学术道德是学术规范的另一面体现。学术规范是一个从内在自省，从外在约束的过程。

9.1.2　学术规范的作用

1. 有利于树立学术新人的学术自律性

在学术的领域，学术新人作为被传承的一代，相当一部分都是由学生开始的。而这些学生对于什么是学术规范，如何避免学术不端，对于引文的使用规范，如何进行注释，都不甚了解，才会在学术中去触犯学术道德的底线，抄袭、剽窃这些屡见不鲜。因此，迫切地需要将那些容易被学者们忽视的行为准则规范起来，形成一种类似“法则”的形式，用易于理解的文字表达出来，以便学者们学习、了解并遵守。这对于高校教育，尤其是研究生高等教育至关重要。

2. 有利于培养学术积累的习惯

任何一项学术研究都离不开学术文献的积累，任何一个学科的健康发展都离不开夯实的学术积累。学术积累越扎实、越丰富，学术研究的信息条件就越成熟，研究时考虑问题就越全面和周到，就越能够避免重蹈前人覆辙，准确地定位自己的研究方向和研究手段，明确自己需要解决的问题和学术研究成果所能解决的问题，清楚自己学术研究成果的价值、意义和创新之处，也了解“我们每一个人的研究工作都是在借鉴以往研究成果的基础上进行的，承认这种借鉴是学术工作者应有的科学态度”。

3. 有利于有效地学术创新

学术研究的本质就在于创新，通过新的论点、新的视角、新的材料、新的论证方法或新的数据等，对前人已有的研究结论进一步升华或者提出质疑和更正，这也是学术及学术共同体建设的目的。

所谓创新，就是“有中生新”，即必须在原有的基础上有所发现。它强调对良好传统的守护、传承，而创造的语境则是“无中生有”。学术创新不论大小，在学界，小的创新居多，很多学者从小入手，得到一个又一个小的论点、成果或者方法。但是，不论是何种创新，都是在前人、今人研究基础上所取得的，都需要直接或间接借鉴他人的研究论点和成果。诚然，创新有多种多样，在学科发展的“常规阶段”，各种小创新较多，而在“危机与革命阶段”，往往会出现重大原始创新。我们既要有各种各样的小创新，更要有重大的原始创新。而这首先要认清规范、遵守规范，尊重各种各样的小创新，在各种小创新的基础上，才有可能突破不合时宜的旧规范，实现重大原始创新，建立新的规范。

4. 有利于促进学者之间的学术交流

在学术活动中，学术交流是十分重要的，不同的学术思想、观点只有通过交流才能为别人所了解，只有经过反复的探讨才能形成共识。著名作家萧伯纳说过：“如果你有一个苹果，我有一个苹果，彼此交换，那么，每个人只有一个苹果；如果你有一个思想，我有一个思想，彼此交换，我们每个人就有了两个思想，甚至多于两个思想。”2019 年 5 月 15 日，在亚洲文明对话大会上，习近平主席发表主旨演讲，指出：“文明因多样而交流，因交流而互鉴，因互鉴而发展。交流互鉴是文明发展的本质要求，文明交流互鉴应该是对等的、平等的，应该是多元的、多向的，而不应该是强制的、强迫的，不应该是单一的、单向的。”同样，学术交流促进学术的进步，而学术交流的有效进行依赖着学术规范，只有正确地使用学术规范的标准，才能形成一个良好的学术环境，进行良性的学术交流。

9.1.3　学术道德

在学术研究工作中存在着不容忽视、某些方面还比较严重的学术风气不正、学术道德失范的问题，在2002年《教育部关于加强学术道德建设的若干意见》中将其主要表现总结为以下几点：研究工作中少数人违背基本学术道德，侵占他人劳动成果，或抄袭剽窃，或请他人代写文章，或署名不实；粗制滥造论文，个别人甚至篡改、伪造研究数据；受不良风气的影响，在研究成果鉴定、项目评审以及学校评估、学位授权审核等工作中也出现了一些弄虚作假，或试图以不正当手段影响评审结果的现象；有的人还利用权力为自己谋取学位、文凭，有些学校在利益驱动下降低标准乱发文凭。

在其中也提出从5个方面去改善这些学术道德失范和提高学术道德规范。

1. 增强献身科教、服务社会的历史使命感和社会责任感

广大教师和教育工作者要置身于科教兴国和中华民族伟大复兴的宏图伟业之中，以培养人才、繁荣学术、发展先进文化、推进社会进步为己任，努力攀登科学高峰。要增强事业心、责任感，正确对待学术研究中的名和利，将个人的事业发展与国家、民族的发展需要结合起来，反对沽名钓誉、急功近利、自私自利、损人利己等不良风气。

2. 坚持实事求是的科学精神和严谨的治学态度

要忠于真理、探求真知，自觉维护学术尊严和学者的声誉。要模范遵守学术研究的基本规范，以知识创新和技术创新作为科学研究的直接目标和动力，把学术价值和创新性作为衡量学术水平的标准。在学术研究工作中要坚持严肃认真、严谨细致、一丝不苟的科学态度，不得虚报教育教学和科研成果，反对投机取巧、粗制滥造、盲目追求数量不顾质量的浮躁作风和行为。

3. 树立法制观念，保护知识产权、尊重他人劳动和权益

要严以律己，依照学术规范，按照有关规定引用和应用他人的研究成果，不得剽窃、抄袭他人成果，不得在未参与工作的研究成果中署名，反对以任何不正当手段谋取利益的行为。

4. 认真履行职责，维护学术评价的客观公正

认真负责地参与学术评价，正确运用学术权力，公正地发表评审意见是评审专家的职责。在参与各种推荐、评审、鉴定、答辩和评奖等活动中，要坚持客观公正的评价标准，坚持按章办事，不徇私情，自觉抵制不良社会风气的影响和干扰。

5. 为人师表、言传身教，加强对青年学生进行学术道德教育

要向青年学生积极倡导求真务实的学术作风，传播科学方法。要以德修身、率先垂范，用自己高尚的品德和人格力量教育和感染学生，引导学生树立良好的学术道德，帮助学生养成恪守学术规范的习惯。

在2006年《教育部关于树立社会主义荣辱观进一步加强学术道德建设的意见》中明确了学术道德的概念，学术道德是科学研究的基本伦理规范，是提高学术水平和研究能力的重要保证，对增强自主创新能力、促进学术繁荣发展具有不可忽视的重要作用；学术道德是人才培养的重要内容，与学风、教风、校风建设相互促进、相辅相成；学术道德是社会道德的重要方面，对良好社会风气的形成具有示范和引导作用。

学术道德的核心内容为“实事求是”，强调的是内心的自我道德修养和操守。要做到“实事求是”，那就要求真，追求真理，尊重客观事实，不媚俗、不空谈、不编造数据、不捏造事实。同时，完善学术道德制度与评价体系，促进学术道德和学风建设经常化、规范化、制度化。最后，加强学术道德教育，将学术道德融入各学科，从基础学习中让学者明确求真务实、勇于创新、坚韧不拔、严谨自律的治学态度和科学精神的重要性。

一般地，道德是一种由人们在实际生活中根据人们的需求而逐步形成的一种具有普遍约束力的行为规范。道德与法律都是日常行为规范，但是，法律有国家强制力做保障，而道德则是一种心灵的契约，靠人们的自觉遵守和社会舆论来实现行为的规范。因此，道德规范源于人们的道

德生活和社会实践，又高于人们的道德生活和社会实践。学术道德规范是针对学术活动中判断正当和不正当、诚信和不诚信、权利和义务等的道德准则。科学研究是创造性的人类活动，只有建立在严格的道德标准之上，在一个和谐守信的文化环境中才能健康发展。

9.1.4　学术不端

学术不端的概念，包括广义和狭义两方面的界定，但是未能形成统一的定义。1992 年，由美国国家科学院、国家工程院和国家医学研究院 22 位科学家组成的小组给出的学术不端行为的定义：在申请课题、实施研究和报告结果的过程中出现的伪造、篡改或抄袭行为。即不端行为主要被限定在“伪造、篡改、抄袭”（Fabrication，Falsification，Plagiarism；FFP）三者中。

我国科技部 2006 年颁布的《国家科技计划实施中科研不端行为处理办法（试行）》对学术不端行为的定义是“违反科学共同体公认的科研行为准则的行为”，并给出了 7 个方面的表现形式。①故意做出错误的陈述，捏造数据或结果，破坏原始数据的完整性，篡改实验记录和图片，在项目申请、成果申报、求职和提职申请中做虚假的陈述，提供虚假获奖证书、论文发表证明、文献引用证明等。②侵犯或损害他人著作权，故意省略参考他人出版物，抄袭他人作品，篡改他人作品的内容；未经授权，利用被自己审阅的手稿或资助申请中的信息，将他人未公开的作品或研究计划发表或透露给他人或为己所用；把成就归功于对研究没有贡献的人，将对研究工作做出实质性贡献的人排除在作者名单之外，僭越或无理要求著者或合著者身份。③成果发表时一稿多投。④采用不正当手段干扰和妨碍他人研究活动，包括故意毁坏或扣压他人研究活动中必需的仪器设备、文献资料，以及其他与科研有关的财物；故意拖延对他人项目或成果的审查、评价时间，或提出无法证明的论断；对竞争项目或结果的审查设置障碍。⑤参与或与他人合谋隐匿学术劣迹，包括参与他人的学术造假，与他人合谋隐藏其不端行为，监察失职，以及对投诉人打击报复。⑥参加与自己专业无关的评审及审稿工作；在各类项目评审、机构评估、出版物或研究报告审阅、奖项评定时，出于直接、间接或潜在的利益冲突而做出违背客观、准确、公正的评价；绕过评审组织机构与评审对象直接接触，收取评审对象的馈赠。⑦以学术团体、专家的名义参与商业广告宣传。

2007 年 1 月 16 日中国科协七届三次常委会议审议通过的《科技工作者科学道德规范（试行）》第 3 章对学术不端下了明确的定义：“学术不端是指在科学研究和学术活动中的各种造假、抄袭、剽窃和其他违背科学共同体惯例的行为”。

从以上概念中可以分析出，学术不端的几种行为主要体现为：①抄袭和剽窃；②伪造和篡改；③一稿多投和重复发表。对于这些行为的定义在 2010 年《高等学校科学技术学术规范指南》中做出了明确的界定。

1. 抄袭和剽窃

抄袭和剽窃是一种欺骗形式，它被界定为虚假声称拥有著作权，即取用他人思想产品，将其作为自己的产品拿出来的错误行为。在自己的文章中使用他人的思想见解或语言表述，而没有申明其来源。

2001 年 10 月修订的《中华人民共和国著作权法》（后简称《著作权法》）第 46 条规定，《著作权法》所称抄袭、剽窃是同一概念，指将他人作品或者作品的实质内容窃为己有发表，其法律后果是“应当根据情况，承担停止侵害、消除影响、赔礼道歉、赔偿损失等民事责任”。文化部 1984 年 6 月颁布的《图书期刊版权保护试行条例》第 19 条第 1 项所指“将他人创作的作品当作自己的作品发表，不论是全部发表还是部分发表，也不论是原样发表还是删节、修改后发表”的行为，应该认为是剽窃与抄袭行为。

一般地，抄袭是指将他人作品的全部或部分，以或多或少改变形式或内容的方式当作自己的作品发表；剽窃指未经他人同意或授权，将他人的语言文字、图表公式或研究观点，经过编辑、拼凑、修改后加入自己的论文、著作、项目申请书、项目结题报告、专利文件、数据文件、计算机程序代码等材料中，并当作自己的成果而不加引用地公开发表。

尽管“抄袭”与“剽窃”没有本质的区别，在法律上被并列规定为同一性质的侵权行为，但二者在侵权方式和程度上还是有所差别的：抄袭是指行为人不适当地引用他人作品以自己的名义发表的行为；而剽窃则是行为人通过删节、补充等隐蔽手段将他人作品改头换面但没有改变原有作品的实质性内容，或窃取他人的创作（学术）思想或未发表成果作为自己的作品发表。抄袭是公开照搬照抄，而剽窃却是暗地进行的。

2. 伪造和篡改

伪造是在科学研究活动中，记录或报告无中生有的数据或实验结果的一种行为。伪造不以实际观察和实验中取得的真实数据为依据，而是按照某种科学假说和理论演绎出的期望值，伪造虚假的观察与实验结果。

篡改是在科学研究活动中，操纵实验材料、设备或实验步骤，更改或省略数据或部分结果使得研究记录不能真实地反映实际情况的一种行为。篡改是指科研人员在取得实验数据后，或急功近利，或为了使结果支持自己的假设，或为了附和某些已有的研究结果，对实验数据进行“修改加工”，按照期望值随意篡改或取舍数据，以符合自己期望的研究结论的行为。

3. 一稿多投和重复发表

一稿多投是指同一作者，在法定或约定的禁止再投期间，或者在期限以外获知自己作品将要发表或已经发表时，在期刊（包括印刷出版和电子媒体出版）编辑和审稿人不知情的情况下，试图或已经在两种或多种期刊同时或相继发表内容相同或相近的论文。《中华人民共和国著作权法》第 32 条第 1 款设定了“一稿多投”的法律规定。如果是向期刊社投稿，则法定再投稿期限为“自稿件发出之日起 30 日内”。约定期限可长可短，法定期限服从于约定期限。法定期限的计算起点是“投稿日”，而约定期限可以是“收到稿件日”或“登记稿件日”，法定期限的终点是“收到期刊社决定刊登通知日”。

国际学术界对于“一稿多投”现象的较为普遍认同的定义：同样的信息、论文或论文的主要内容在编辑和审稿人未知的情况下，于两种或多种媒体（印刷或电子媒体）上同时或相继报道。

重复发表是指作者向不同出版物投稿时，其文稿内容（如假设、方法、样本、数据、图表、论点和结论等部分）有相当重复而且文稿之间缺乏充分的交叉引用或标引的现象。这里涉及两种不同的行为主体，一种是指将自己的作品或成果修改或不修改后再次发表的行为，另一种是指将他人的作品或成果修改或不修改后再次发表的行为。后者是典型的剽窃、抄袭行为，在这里所说的重复发表仅指第一种行为主体。

凡属原始研究的报告，不论是同语种还是不同语种，分别投寄不同的期刊，或主要数据和图表相同，只是文字表达有些不同的两篇或多篇期刊文稿，分别投寄不同的期刊，属一稿两（多）投；一经两个（或多个）刊物刊用，则为重复发表。会议纪要、疾病的诊断标准和防治指南、有关组织达成的共识性文件、新闻报道类文稿分别投寄不同的杂志，以及在一种杂志发表过摘要而将全文投向另一种杂志，不属一稿多投。但作者若要重复投稿，应向相关期刊编辑部做出说明。

违反学术规范的行为除了学术不端（是指在申请课题、实施研究和报告结果的过程中出现的伪造、篡改或抄袭行为）以外，还包括学术失范（是指在学术研究过程中出现的有意或无意违反或偏离学术研究行为规则的现象）、学术腐败（是指在与学术有关的行为中利用权力、地位和金钱等谋取不正当的利益）等。三者都是违反基本的学术道德和学术规范的行为，有时也被统称为“学术不端行为”。

学术研究必须具有踏踏实实、严谨规范的科学态度，学术不端与此背道而驰，属于伪学术，而伪学术是违背科学精神的，是不按照科学方法、不遵守科学规范的不求真、不诚信，却打着学术的名义逐取名利的行为。因此，为了维护社会公正和优化学术环境，学术共同体及研究者应该勇于担当社会责任，揭露伪学术给社会带来的严重危害，引导科学工作者进行负责任的学术研究，自觉遵守学术规范，持守“真实性是科研诚信和学术规范的灵魂”。

9.2 论文写作

学术论文写作是学术规范的重要体现，从选题到完成，从发表到评价，学术规范贯穿论文写作的全过程。学术论文写作也是大学生和研究生顺利毕业的一个重要环节，良好的学术规范是论文写作顺利进行的保障。学术论文是反映科研成果的一种载体形式，是进行科学研究和表述科研成果的一种手段，是为科学研究服务的。学术论文写作不仅是科学研究人员的需求，也是我国大学生与研究生需要掌握的一项技能。我国绝大多数高校生需要通过毕业论文的形式来通过学位论文答辩，同时要发表一定数量和质量的学术论文。因此，学术论文的写作是大学生以及研究生完成学业的重要阶段。

9.2.1 学术论文的写作

下面将从学术论文的含义与特点出发，介绍其写作方法与步骤。

1. 学术论文的含义

学术论文（scientific papers）也称科学论文、科研论文或研究论文。

GB/T 7713—1987《科学技术报告、学位论文和学术论文的编写格式》（该标准的科学技术报告部分内容被 GB/T 7713.3—2009《科技报告编写规则》替代，学位论文部分被 GB/T 7713.1—2006《学位论文编写规则》替代，但一般学术论文的概念与规定仍可作为参考）中学术论文的定义：某一学术课题在实验性、理论性或观测性上具有新的科学研究成果或创新见解和知识的科学记录；或是某种已知原理应用于实际中取得新进展的科学总结，用以提供学术会议上宣读、交流或讨论；或在学术刊物上发表；或作其他用途的书面文件。

由此可见，学术论文是对某一学科领域中的问题进行探讨与研究后，将研究成果总结表述而成的文章。它不同于一般的文学作品，必须进行一定的理论与实践应用的探讨或科学总结，其表现形式可以是学术刊物上发表、学术会议交流，或作其他用途（如高校学生的课程论文和一般的研究报告）。

2. 学术论文的特点

学术论文具有学术性、创新性与科学性 3 个基本特点。

（1）学术性。

学术论文，顾名思义，必须具有学术性。按照《辞海》的解释，学术是指较为专门的、有系统的学问。学术性，指纯学术性质的，也就是说，将专门性的知识系统化，然后加以探讨、研究。学术论文就是研究某一学科专业的专门性学术问题，研究事物发展的内在本质和发展变化规律的文章。

学术性是学术论文最基本的要求，是学术论文与一般议论文和文学作品的首要区别。学术性要求材料选择、用词和语言表达的专业性，推理论证的逻辑性与表达的简洁性。

（2）创新性。

学术论文的创新性指其创造性与新颖性。

学术论文应提供新的科技信息，其内容应有所发现、有所发明、有所创造、有所前进，而不是重复、模仿、抄袭前人的工作。这是对学术论文创新性的具体要求。

学术论文的创新性是相对于人类总的知识与研究成果而言的，是在世界范围内来衡量的。创新性是衡量学术论文价值的根本标准。

（3）科学性。

科学性是学术论文的生命，是学术论文区别于其他文章的主要特征。科学性要求态度诚实认真、实事求是，论文内容客观真实，数据准确可靠，方法切实可行，论证严谨缜密，观点前后一致，表述全面清晰，其所反映的研究成果，能够经得起实践的重复实验。

3. 学术论文的类型

学术论文按其出版形式可分为以下 3 种。

（1）期刊论文。

期刊论文是指发表在科学期刊上的学术论文。这是最常见的学术论文形式，其篇幅大多不长，一般在 3 000~5 000 字，多者 6 000~10 000 字。因此，学术论文的选题不能太大，否则，难以充分论证。

（2）会议论文。

会议论文是指为参加国内外的各学科专业的学术会议而撰写的学术论文，以提供学术会议上宣读、交流、讨论。其篇幅与要求与期刊论文类似。

会议论文可以会前预印本和会后会议录的形式正式或非正式出版。

（3）学位论文。

学位论文是指为申请学位而撰写和提交的论文。与申请的学位相对应，学位论文包括学士论文、硕士论文和博士论文。学位论文具有一般学术论文的特点，必须遵守学术论文的撰写要求，但它又是一种特殊的学术论文，字数较多，篇幅较大，而且有其独特的出版形式。

此外，学术论文还包括发表在报纸理论版的学术文章；不公开发表的学术报告、考察报告、调查报告和科技研究报告的缩写版等，也具有学术论文的性质。

4. 学术论文的基本构成

一篇学术论文的基本构成一般包括题名、作者姓名和单位、摘要、关键词、正文和参考文献。

（1）题名（Title，Topic）。

题名也称标题或题目，可用一个或几个字、一个或几个词，或者一两句话准确表达论文的内容。题名要求准确、精练和新颖，对全文起到画龙点睛的作用。准确就是不要过于笼统、含糊不清，也不要模棱两可、产生歧义；精练就是字少词精，中文题名一般不宜超过 20 个字，外文题名一般不宜超过 10 个实词；新颖就是要使题名吸引读者的注意，如用比喻或象征性的词语做标题，或采用正副标题的形式。例如，“人类灵魂的审问者——余华与卡夫卡悖谬美学观比较研究”“从文献线索提供到知识挖掘的跨越——对信息检索智能化的展望”。

论文题名位于论文的最前面一行的居中位置。

（2）作者姓名和单位（Author and department）。

作者姓名位于题名下一行，位置居中。在另起一行正中的位置标明单位、所在城市及邮政编码，并用括号括起。例：

常 春

（中国科学技术信息研究所　北京 100038）

如有多个作者，应按其对研究工作与论文撰写贡献大小的降序排列，再在下一行的括号内注明各个作者的单位、城市与邮政编码。例：

白世贞 1　郑小京 2

（1. 东南大学，江苏 南京 210096；2. 哈尔滨商业大学，黑龙江 哈尔滨 150076）

若多个作者为同一个单位，则不需分别注明工作单位、所在地城市与邮政编码。例：

罗晓宁　许旌莹

（景德镇陶瓷大学，江西 景德镇 333001）

（3）摘要（Abstract）。

学术论文一般应有摘要，为了国际交流，还应有外文（多用英文）摘要。学术论文的摘要是对论文的内容不加注释和评论的简短陈述。

摘要应具有独立性和自含性。摘要能使读者不用阅读全文，就能获得必要的信息，从而使他们决定是否需要阅读全文。

GB/T 6447—1986《文摘编写规则》对文摘（摘要）的编写有明确的规定，如结构要严谨，表达要简明，语义要确切；文摘不得简单地重复题名中已有的信息。

文摘中的商品名需要时应加注学名；缩略语、略称、代号，除了相邻专业的读者也能清楚理解的以外，在首次出现处必须加以说明。

要用第三人称的写法。应采用“对……进行了研究”“报告了……现状”“进行了……调查”等记述方法标明一次文献的性质和文献主题，不必使用“本文”“作者”等作为主语。

中文摘要一般不宜超过 300 字，外文摘要不宜超过 250 个实词。期刊论文与会议论文的文摘一般比较简短，多者 4~5 行，少的 2~3 行。

（4）关键词（Key Word）。

关键词是为了文献标引工作从报告、论文中选取出来用以表示全文主题内容信息款目的单词或术语。

每篇报告、论文可选取 3~8 个词作为关键词，以显著的字符另起一行，排在摘要的左下方。

关键词可以从学术论文的题名、摘要和正文中的各级标题与全文中提取，有时还需综合全文内容提出论文涉及主题的上位概念或相关概念做关键词。如有可能，尽量用《汉语主题词表》等词表提供的规范词。

为了国际交流，应标注与中文对应的英文关键词。

（5）正文（Main Body）。

正文是学术论文真正的原文，一般由引言、本论、结论 3 个部分组成。

引言也称绪论或序论，简要说明为什么要研究这个题目，解释这一论题讨论、研究的意义，应言简意赅（学位论文的引言较为详细，可独立出来）。

本论是论文的核心内容，它占论文的主要篇幅，约为全文的三分之二。要详细阐述所研究的成果，特别是作者自己提出的新的、独创性的意见。其可以包括调查对象、实验和观测方法、仪器设备、材料原料、实验和观测结果、计算方法和编程原理、数据资料、经过加工整理的图表、论证的过程、形成的论点和导出的结论等，必须实事求是、客观真切、准确完备、合乎逻辑、层次分明、简练可读。

正文中的图（如曲线图、构造图、示意图、图解、框图、流程图、记录图、布置图、地图、照片、图版等）应具有“自明性”，即只看图、图题和图例，不阅读正文，就可理解图意。每一幅图应有简短确切的题名，连同图号置于图下。必要时，应将图上的符号、标记、代码，以及实验条件等，用最简练的文字，横排于图题上方，作为图例说明。

正文中的表也应有自明性。每一张表应有简短确切的题名，连同表号置于表上。必要时应将表中的符号、标记、代码，以及需要说明的事项，以最简练的文字，横排于表题下，作为表注，也可以附注于表下。

表的编排一般是内容和测试项目由左至右横读，数据依序竖排。如数据已绘成曲线图，可不再列表。

符号和缩略词的使用应遵照有关国家标准和规定。如不得不引用某些不是公知公用的、不易为同行读者所理解的、作者自定的符号、记号、缩略词、首字母缩写字等时，均应在第一次出现时一一加以说明，给以明确的定义。

结论是学术论文最终的、总体的结论，不是正文中各段的简单重复。结论应该准确、完整、明确、精练。如果不可能导出应有的结论，也可以没有结论而进行必要的讨论。可以在结论或讨论中提出建议、研究设想、仪器设备改进意见、尚待解决的问题等。

当论文中的字、词或短语，需要进一步加以说明，而又没有具体的文献来源时，用注释。注释的做法在社会科学论著中居多。注释有 3 种著录方法：集中著录在“文后”；分散著录在“脚注”；分散著录在“文中”。

(6) 参考文献 (References)。

参考文献即文后参考文献 (Bibliographic References)，是指为撰写或编辑论文和著作而引用的有关文献信息资源。参考文献的著录方法有顺序编码制和著者-出版年制两种，但使用前者居多。文后的参考文献表按顺序编码制组织时，各篇文献要按正文部分标注的序号依次列出。

在正文中标注引用的文献时，按出现的先后顺序从 1 开始连续编码，并将序号置于方括号中，然后设成上标，如“……这些定义都将与‘后面的测度框架’直接关联[1]……”

各种类型的参考文献应严格按照 GB/T 7714—2005《文后参考文献著录规则》进行著录。

①专著。

著录格式：

主要责任者．题名：其他题名信息 [文献类型标志]．其他责任者．版本项．出版地：出版者，出版年：引文页码 [引用日期]．获取和访问路径。

其中，文献类型标志，电子文献必备，其他文献任选；引用日期，联机文献必备，其他电子文献任选；获取和访问路径，联机文献必备。

例：

[1] 余敏．出版集团研究 [M]．北京：中国书籍出版社，2001：179-193.

[2] 昂温 G，昂温 PS. 外国出版史 [M]．陈生铮，译．北京：中国书籍出版社，1988.

[3] 全国文献工作标准化技术委员会第七分委员会．GB/T 5795-1986 中国标准书号 [S]．北京：中国标准出版社，1986.

[4] 辛希孟．信息技术与信息服务国际研讨会论文集：A 集 [C]．北京：中国社会科学出版社，1994.

[5] 孙玉文．汉语变调构词研究 [D]．北京：北京大学出版社，2000.

[6] YUFIN S A. Geoecology and computers: proceedings of the Third International Conference on Advances of Computer Methods in Geotechnical and Geoenvironmental Engineering, Moscow, Russia, February 1-4, 2000 [C]. Rotterdam: A. A. Balkema, 2000.

②专著中的析出文献。

著录格式：

析出文献主要责任者．析出文献题名 [文献类型标志]．析出文献其他责任者//专著主要责任者．专著题名：其他题名信息．版本项．出版地：出版者，出版年：析出文献的页码 [引用日期]．获取和访问路径．

其中，文献类型标志，电子文献必备，其他文献任选；析出文献其他责任者任选；引用日期，联机文献必备，其他电子文献任选；获取和访问路径，联机文献必备。

例：

[1]程根伟. 1998 年长江洪水的成因与减灾对策 [M]//许厚泽，赵其国. 长江流域洪涝灾害与科技对策. 北京：科学出版社，1999：32-36.

③连续出版物中的析出文献。

著录格式：

析出文献主要责任者. 析出文献题名 [文献类型标志]. 连续出版物题名：其他题名信息，年，卷（期）：页码 [引用日期]. 获取和访问路径.

其中，文献类型标志，电子文献必备，其他文献任选；引用日期，联机文献必备，其他电子文献任选；获取和访问路径，联机文献必备。

例：

[1]李晓东，张庆红，叶瑾琳. 气候学研究的若干理论问题 [J]. 北京大学学报：自然科学版，1999，35（1）：101-106.

[2]刘彻东. 中国的青年刊物：个性特色为本 [J]. 中国出版，1998（5）：38-39.

④学位论文。

例：

[1]张志祥. 间断动力系统的随机扰动及其在守恒律方程中的应用 [D]. 北京：北京大学数学学院，1998.

⑤论文集、会议录。

例：

[1]中国力学学会. 第 3 届全国实验流体力学学术会议论文集 [C]. 天津：[出版者不详]，1990.

无出版者的中文文献著录“出版者不详”，外文文献著录“s. n.”，并置于方括号内。

⑥科技报告。

例：

[1]U. S. Department of Transportation Federal Highway Administration. Guidelines for bandling excavated acid-producing materials，PB 91-194001 [R]. Springfield：U. S. Department of Commerce National Information Service，1990.

⑦专利文献。

著录格式：

专利申请者或所有者. 专利题名：专利国别，专利号 [文献类型标志]. 公告日期或公开日期 [引用日期]. 获取和访问路径.

其中，文献类型标志，电子文献必备，其他文献任选；引用日期，联机文献必备，其他电子文献任选；获取和访问路径，联机文献必备。

例：

[1]姜锡洲. 一种温热外敷药制备方案：中国，88105607.3 [P]. 1989-07-26.

[2]西安电子科技大学. 光折变自适应光外差探测方法：中国，01128777.2 [P/OL]. 2002-03-06 [2002-05-28]. http：//211.152.9.47/sipoasp/zljs/hyjs-yx-new.asp? recid=01128777.2&leixin=0.

⑧电子文献。

凡属电子图书、电子图书中的析出文献以及电子报刊中的析出文献的著录项目与著录格式分别按①、②和③中的有关规则处理。除此之外的电子文献根据本规则处理。

著录格式：

主要责任者．题名：其他题名信息［文献类型标志/文献载体标志］．出版地：出版者，出版年（更新或修改日期）［引用日期］．获取和访问路径．

例：

［1］王明亮．关于中国学术期刊标准化数据库系统工程的进展［EB/OL］．http：//www. caicd. edu. cn/pub/wml. txt/980810-2. html. 1998-08-16/1998-10-04.

5. 学术论文的编排格式

学术论文由前置部分和主体部分组成，主体部分的章、条与正文中的图表应采用阿拉伯数字分级编号。

（1）前置部分。

学术论文（学位论文除外）的前置部分一般只包括题名、作者、摘要和关键词，如图 9-1 所示。

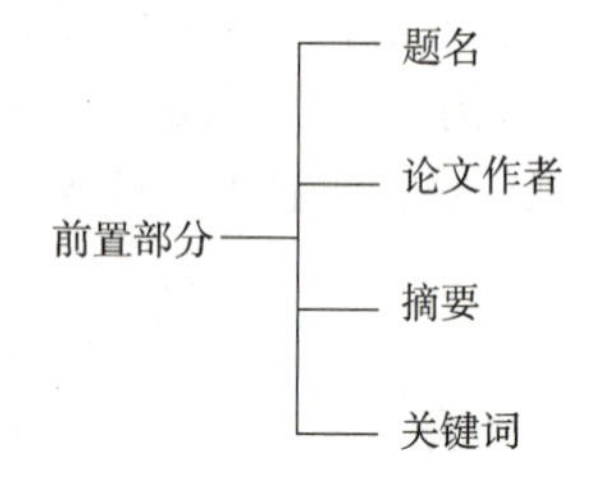

图 9-1　学术论文的前置部分

（2）主体部分。

学术论文（学位论文除外）的主体部分包括引言、正文（本论）、结论和参考文献，如图 9-2 所示。

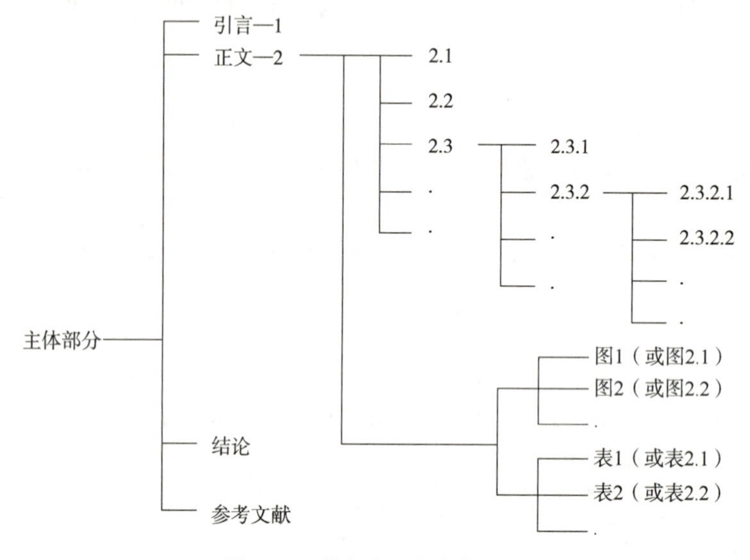

图 9-2　学术论文的主体部分

6. 学术论文的写作步骤

学术论文的写作包括选题、资料的收集和整理、确定主题与拟定写作提纲、撰写成文、修改定稿、投稿等步骤。

（1）选题。

选题是撰写学术论文的第一步。选题是指选定学术论文所要研究的主要问题或方向、范围与对象，即研究课题。选题并不是确定论文的题目，选题的外延要比论文的题目大得多，因为此时还无法确定论文题目。

选题至关重要，“好的选题意味着成功的一半”。可选某学科领域的前沿问题、热点问题、亟待解决的课题、开创性的课题、填补空白的课题、争鸣性的课题、总结实践经验的课题等，同时，要根据研究条件、自己的专业方向与研究能力选择大小适中的课题。

(2) 资料的收集与整理。

任何的科学研究都是在前人研究成果的基础上完成的，因此，在正式撰写论文前必须收集大量的资料，并加以阅读、鉴别和整理。

(3) 确定主题，初步确定论文的题名。

主题是指作者在一篇论文中提出的基本观点或中心论点，是课题研究的结论部分。

在阅读大量的与自己选题相关的文献资料后，进行分析、概括、比较、提炼，即可得出学术论文的中心论点，并进而初步确定论文的题名。

(4) 拟定写作提纲。

写作提纲是论文写作的内容框架。它一般包括题名、中心论点、内容提要、章节标题。其格式可以表示如下：

题名

中心论点

内容提要

1. 引言

提出中心论点

说明写作意图

2. 本论

2.1 ……

2.1.1　……

2.1.2　……

2.1.3　……

2.2　……

2.2.1　……

2.2.2　……

3. 结论

同时，要注意划分好层次段落，注意过渡照应，斟酌开头结尾。

(5) 撰写初稿。

写作提纲拟好后，就可按照提纲撰写初稿。撰写初稿，就是将精选并经加工整理的素材与自己的思想、观点一起组织成文。初稿的撰写一般有3种顺序。

①引言→本论→结论。

先写引言，再写本论，最后写结论。这种顺序符合人们的思维方式，比较常用。

②本论→结论→引言。

先写本论，再写结论，最后写引言。集中精力撰写本论，本论写好了，结论自然就出来了，再反过来写引言就容易多了。

③结论→本论。

先写结论，再写本论。这是一种类似倒叙的方法，先在文章开头提出结论，再来论证，而没有引言部分。这种写法也较多见。

初稿尽可能写得全面而详细、内容充分，以便修改，同时，力求一气呵成，待完整的初稿完成后，再去斟酌字词、补充资料，以保证思路的连续性和完整性。

(6) 修改定稿。

初稿只是论文的雏形，还需反复修改、充实与润色，形成定稿。

由于初稿一般是作者根据自己的初步想法撰写而成，难免出现各种问题，如论点与论据脱节、论据不充分、推理不严密、语言含糊不清等。因此，应该多次反复修改，使论文主题鲜明、标题简练而含义到位；内容完整；引用文献客观真实、保持原意；推敲语言，用词准确，简洁，恰到好处；推理严密；同时注意文字书写、标点符号、参考文献的使用要符合相关标准规范。

7. 学术论文的投稿

除学位论文和一些研究报告外，学术论文修改定稿后，下一步就是投稿发表，以向学术界公开研究成果，并体现其价值。稿件可以投向学术期刊、学术会议和专业报纸，但以学术期刊为主。投稿时应注意以下事项。

（1）要了解学术期刊的详细情况，包括期刊的性质、收录范围、栏目内容、出版周期，对论文、对作者的具体要求，以及期刊的等级等。比照自己论文的内容、质量与发表时间要求，决定投稿期刊。水平高的论文可投向核心期刊，甚至国家级核心期刊或 SCI、Ei 收录期刊，水平一般或较低的投向一般期刊。选定期刊后，再根据期刊的特殊要求，对论文格式和作者简介等进行局部修改。

（2）要尽量投正刊，而不要投增刊或年刊，也不要投没有正式刊号的刊物。大多数单位考核个人学术成果或评聘职称时，对发表在增刊或年刊和非正式刊物上的论文是不认可的。

（3）要避免投稿时上当受骗。近些年，为了迎合一些作者为评职称或课题结题而急于发表论文的需要，一些非法刊物冒充正式刊物、虚构 ISSN，甚至冒充核心期刊，欺骗作者，骗取版面费；也有不法人员以帮人在核心期刊上发表论文为诱饵行骗。因此，在投稿前，一定要查实清楚，可利用《中文核心期刊要目总览》最新版核实其是否为核心期刊，登录新闻出版总署网站（http://www. gapp. gov. cn/）核实或直接向新闻出版总署报刊司咨询其是否为有 CN 刊号的正式刊物。

（4）不要“一稿多投”。

“一稿多投”指作者将同一论文同时投向多家期刊。它可能造成所投期刊重复发表同一文章，有损作者声誉和期刊的质量，同时也影响作者今后在这些刊物上发表论文。我国有关条例规定“作者不得一稿多投”，几乎所有的期刊也是明确反对“一稿多投”的。

9. 2. 2　学位论文的写作

学位论文（Dissertations）是指为申请学位而撰写和提交的论文。

1. 学位论文的类型

根据授予学位的级别不同，可以将学位论文分为以下 3 种类型。

（1）学士论文。

学士论文是指高等院校本科毕业生的毕业论文。尽管《中华人民共和国学位条例》（2004）没有明确规定各高等院校的应届大学毕业生必须撰写学位论文，但绝大多数高校对此有要求。学士论文应该能够反映作者已较好地掌握了本门学科的基础理论、专门知识和基本技能，并具有从事科学研究工作或担负专门技术工作的初步能力。

（2）硕士论文。

硕士论文是指高等学校和科学研究机构的研究生，或具有研究生毕业同等学力的人员为申请硕士学位而撰写的论文。《中华人民共和国学位条例》（2004）第 5 条规定，申请者必须通过硕士学位的课程考试和论文答辩，成绩合格，才能授予硕士学位。

硕士论文应该能够反映作者在本门学科上掌握了坚实的基础理论和系统的专门知识，对所研究课题有新的见解，并具有从事科学研究工作或独立承担专门技术工作的能力。

（3）博士论文。

博士论文是指高等学校和科学研究机构的研究生，或具有研究生毕业同等学力的人员为申请博士学位而撰写的论文。《中华人民共和国学位条例》（2004）第 6 条规定，申请者必须通过博士学位的课程考试和论文答辩，成绩合格，才能授予博士学位。

博士论文表明作者已在本门学科上掌握了坚实宽广的基础理论和系统深入的专门知识，在科学或专门技术上做出了创造性的成果，并具有独立从事创新科学研究工作或独立承担专门技术开发工作的能力。

2. 学位论文的特点

学位论文作为学术论文的一种形式，除具有学术论文的学术性、创新性与科学性特点外，还有其独自的特性。

（1）有规范的操作程序。

学位论文写作有一套完整的、规范化的操作程序，写作之前要做开题报告，写作完后，要进行论文答辩。只有答辩成绩合格，才有可能获得相应的学位。

（2）篇幅较长。

一般的学术论文少则 3 000~4 000 字，多则 6 000~7 000 字，而学位论文以国内大学为例，一般本科生论文应达到 1 万字左右，硕士研究生论文应达到 2 万~4 万字，博士研究生论文则应达到 5 万字以上，当然根据学科不同字数要求也有差别。

（3）格式、装订与版式有特殊要求。

GB/T 7713. 1—2006《学位论文编写规则》对学位论文的完整组成部分做了明确的规定，如除主体部分外，还要有题名页、摘要页和目次页等，还可有封面、封二、致谢、附录、索引等内容。各学位授予单位对学位论文也有相对统一的装订和版式等方面的要求，如纸张的大小、排版格式、封面与封底的颜色、装订的位置与方法等。

3. 学位论文的组成部分

关于学位论文的组成部分（构成要素），GB/T 7713. 1—2006《学位论文编写规则》中有明确规定。现依据该标准加以说明。

学位论文除了具有学术论文的基本构成，即包括题名、作者姓名和单位、摘要、关键词、正文和参考文献外，还需要或可有其特有部分。学位论文一般包括前置部分、主体部分、参考文献、附录和结尾 5 个组成部分。

（1）前置部分。

①封面。学位论文可有封面。学位论文封面应包括题名页的主要信息，如论文题名、论文作者等，其他信息可由学位授予机构自行规定。

②封二。学位论文可有封二。学位论文封二包括学位论文使用声明和版权声明及作者和导师签名等，其内容应符合我国著作权相关法律法规的规定。

③题名页。学位论文应有题名页。题名页主要内容包括中图分类号（采用《中图法》第 4 版或《中国图书资料分类法》第 4 版标注）、学校代码、UDC（按《国际十进分类法》进行标注）、密级（按《GB/T 7156—2003 文献保密等级代码与标识》标注）、学位授予单位、题名和副题名（题名以简明的词语恰当、准确地反映论文最重要的特定内容，一般不超过 25 字，应中英文对照。题名通常由名词性短语构成，应尽量避免使用不常用缩略语、首字母缩写字、字符、代号和公式等）、责任者（包括研究生姓名、指导教师姓名、职称等）、申请学位（包括申请的

学位类别和级别)、学科专业、研究方向（指本学科专业范畴下的三级学科)、论文提交日期、培养单位等。

④英文题名页。英文题名页是题名页的延伸，必要时可单独成页。

⑤勘误页。学位论文如有勘误页，应在题名页后另起页。在勘误页顶部应放置题名、副题名(如有）和作者名信息。

⑥致谢。放在摘要页前，一般有如下致谢对象。

- 国家科学基金，资助研究工作的奖学金基金，合同单位，资助或支持的企业、组织或个人。
- 协助完成研究工作和提供便利条件的组织或个人。
- 在研究工作中提出建议和提供帮助的人。
- 给予转载和引用权的资料、图片、文献、研究思想和设想的所有者。
- 其他应感谢的组织和个人。

⑦摘要页。摘要页内容包括摘要和关键词，分为中文摘要页和英文摘要页。

学位论文的中文摘要一般字数为300~600字，外文摘要实词在300个左右。如有特殊需要，字数可以略多。

摘要中应尽量避免采用图、表、化学结构式、非公知公用的符号和术语。

关键词应体现论文特色，具有语义性，在论文中有明确的出处，并应尽量采用《汉语主题词表》或各专业主题词表提供的规范词。

为便于国际交流，应标注与中文对应的英文关键词。

学位论文的英文摘要页一般另起一页。

⑧序言或前言（如有)。学位论文的序言或前言，一般是作者对本篇论文基本特征的简介，如说明研究工作缘起、背景、主旨、目的、意义、编写体例，以及资助、支持、协作经过等。这些内容也可以在正文引言（绪论）中说明。

⑨目次页。学位论文应有目次页，排在序言和前言之后，另起页。

⑩图和附表清单（如有)。学位论文中如图表较多，可以分别列出清单置于目次页之后。图的清单应有序号、图题和页码。表的清单应有序号、表题和页码。

⑪符号、标志、缩略词、首字母缩写、计量单位、名词、术语等的注释表（如有)。符号、标志、缩略词、首字母缩写、计量单位、名词、术语等的注释说明，如需汇集，可集中置于图表清单之后。

（2）主体部分。

主体部分应从另页右页开始，每一章应另起页；一般从引言（绪论）开始，以结论或讨论结束。

引言（绪论）应包括论文的研究目的、流程和方法等。

论文研究领域的历史回顾、文献回溯、理论分析等内容，应独立成章，用足够的文字叙述。

主体部分由于涉及的学科、选题、研究方法、结果表达方式等有很大的差异，不能做统一的规定，但是必须实事求是、客观真切、准备完备、合乎逻辑、层次分明、简练可读。

图应有编号。图的编号由“图”和从“1”开始的阿拉伯数字组成，图较多时，可分章编号。图最好有图题。

表应有编号。表的编号由“表”和从“1”开始的阿拉伯数字组成，表较多时，可分章编号。表最好有表题。

正文中注释应控制数量，不宜过多。由于学位论文篇幅较长，建议采用文中编号加“脚注”

的方式，最好不用采用文中编号加“尾注”的方式。

学位论文主体部分的其他组成部分（如引言、引文标注、结论等）与一般学术论文类似，可参阅本书“9.2.1 学术论文的写作”中的相关内容。

（3）参考文献。

参考文献是文中引用的有具体文字来源的文献集合，其著录项目和著录格式遵照 GB/T 7714—2005《文后参考文献著录规则》的规定执行。

参考文献应置于正文后，并另起页。

所有被引用文献均要列入参考文献中。正文未被引用但被阅读或具有补充信息的文献可集中列入附录中，其标题为“书目”。

引文采用著者-出版年制标注时，参考文献应按著者字顺和出版年排序。

（4）附录。

附录作为主体部分的补充，并不是必需的。

下列内容可以作为附录编于论文后。

①为了整篇论文材料的完整，但编入正文又有损于编排的条理和逻辑性，这一类材料包括比正文更为详尽的信息、研究方法和技术更深入的叙述，对了解正文内容有用的补充信息等。

②由于篇幅过大或取材于复制品而不便于编入正文的材料。

③不便于编入正文的罕见珍贵资料。

④对一般读者并非必要阅读，但对本专业同行有参考价值的资料。

⑤正文中未被引用但被阅读或具有补充信息的文献。

⑥某些重要的原始数据、数学推导、结构图、统计表、计算机打印输出件等。

附录编号、附录标题各占 1 行，置于附录条文之上居中位置。每一个附录通常应另起页，如果有多个较短的附录，也可接排。

附录与正文连续编页码。

附录依序用大写正体 A，B，C，……编序号，如“附录 A”。附录中的图、表、式、参考文献等另行编序号，与正文分开，也一律用阿拉伯数字编码，但在数码前冠以附录序码，如“图 A1”“表 B2”“式（B3）”“文献［A5］”等。附录格式如图 9-3 所示。

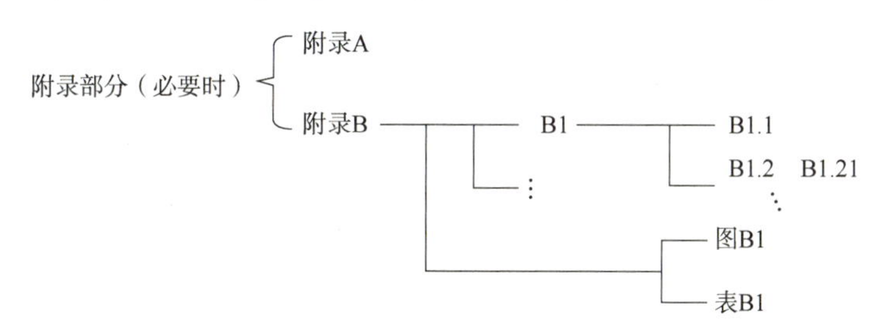

图 9-3　学位论文的附录格式

（5）结尾部分（如有）。

①分类索引、关键词索引（如有）。

②作者简历。其包括教育经历、工作经历、攻读学位期间发表的论文和完成的工作等。

③其他。其包括学位论文原创性声明等。

④学位论文数据集。其由反映学位论文主要特征的数据组成，包括关键词、密级、中图分类号等 33 项（详情可查阅 GB/T 7713.1—2006《学位论文编写规则》的附录 H）。

4. 学位论文结构图

学位论文包括前置部分、主体部分、参考文献、附录和结尾部分，其结构如图 9-4 所示。

- 前置部分
  - 封面
  - 封二（如有）
  - 题名页
  - 英文题名页（如有）
  - 勘误页（如有）
  - 致谢
  - 摘要页
  - 序或前言（如有）
  - 目次页
  - 插图和附表清单（如有）
  - 缩写和符号清单（如有）
  - 术语表（如有）
- 主体部分
  - 引文（绪论）
  - 章、节
  - 图
  - 表
  - 公式
  - 引文标注
  - 注释
  - 结论
- 参考文献
- 附录
- 结尾部分
  - 索引（如有）
  - 作者简历
  - 其他
  - 学位论文数据集
  - 封底（如有）

图 9-4　学位论文的结构

5. 学位论文的开题与写作步骤

与一般的学术论文一样，学位论文的撰写也是从选题开始。学位论文与期刊论文、会议论文有所不同，其选题较大，耗时较长。学士学位论文不需撰写开题报告，但应与指导教师反复沟通，确定适当的论题；研究生学位论文则必须撰写开题报告，并通过答辩，才能开始论文写作。研究生学位论文的开题包括选题和撰写开题报告两个步骤。

（1）选题。

选题是学位论文写作的关键步骤，是撰写学位论文的基础。学位论文选题准备工作应尽早考虑，要求在入学后第二学期着手进行，最迟于第三学期末必须完成。

学位论文选题的好坏，直接涉及论文的水平，甚至决定学位论文能否顺利完成。

选题应该具有新颖性和创造性，不能有歧义，以免产生误解，还应该根据学位论文的级别、自己的专业特点、研究条件与科研能力，选择大小适中、难度得当的课题。一般来说，学士学位论文题目应当小些、具体些，硕士学位论文与博士学位论文题目应当大一些，但也不应该太大，已免造成泛泛而论。

选题可以从以下几个方面来考虑：一是从所学的专业课中去选题，或根据老师讲课中的启发而产生课题；二是结合导师承担的科研项目选题；三是从自己正在申报的科研项目或正在研究的课题中选题；四是从当前理论界正在讨论和关注的重点、难点或前沿热点问题去选题；五是从自己的工作实践中去选题。

查阅文献信息是学位论文选题必不可少的重要一环，一般可拟定一两个可能的研究方向，然后查阅文献，以确定选题的新颖性，以免进行毫无意义的重复研究，同时还可启发思路、借鉴方法。选题一般要查询以下几类文献。

①学位论文。这是必须查询的第一类文献。如果自己的选题，已经被他人作为学位论文写过，或者他人已在相关学位论文中充分论证，则难以体现自己论文的学术创新，应该改换论题。

②一般学术论文。论题较小、篇幅较短的学术论文有可能对自己学位论文中的某些章节、某些观点做了比较精辟、详细的论述，这也会在一定程度上削弱学位论文的创新性。因此，必须查询常用的中文论文数据库。

③科研成果、专利与产品数据库。应用研究或实验性、实践类的学位论文还要查询科技成果、产品等事实型数据库和专利文献数据库，以确认没有相关的专利、成果、产品等。

（2）撰写开题报告。

撰写开题报告是研究生学位论文写作的重要环节，是对论文选题进行系统总结的过程。开题报告质量的高低，直接关系到学位论文的写作与质量。

虽然国家没有对开题报告的组成和格式作出统一的规定，各学位授予单位、各学科有所差别，但总体来说，开题报告应包括以下内容。

①论文选题的理由和意义，说明课题的来源、理论、实际意义和价值与可能达到的水平。

②国内外关于该论题的研究现状及趋势（文献综述）。

③研究内容、方法与技术路线（包括研究目标、内容、拟突破的难题或攻克的难关、论文的创新点或实际应用价值，拟采用的研究方法、实验方案或可行性分析）。

④研究计划与进度安排（包括预计中期报告及论文答辩的时间）。

⑤估算论文工作所需经费，并说明其来源。

⑥主要参考文献。

有的单位还对开题报告有字数的规定（如 5 000 字以上）和参考文献数量的规定（如中文文献不少于 15 篇，英文文献不少于 5 篇）。

开题报告写好后，要填写研究生学位论文开题报告表。然后，要召开开题报告会（或答辩会），接受由 3 人以上专家（其中至少 2 人应具有副高级以上职称）组成的专家小组评议。专家主要考查学位论文的先进性和可行性，包括选题是否适当，技术路线是否合理，实验方法是否可行，研究工作计划是否明确等方面。最后，专家填写开题报告审查表，签署是否同意开题的意见。如开题报告未能通过答辩，则必须重做开题报告。若再次开题不能通过，则取消研究生学籍，终止培养。

学位论文的写作步骤与普通学术论文类似，开题后，要经过资料的收集和整理、确定主题与拟定写作提纲、撰写成文、修改定稿等步骤，其内容与要求可参见 9. 2. 1 的相关部分。

习　　题

1. 学位论文一般由哪几部分组成？各部分的写作规范分别是什么？

2. 在自己的文章中适当地引用他人已经发表的作品时，我们应该把握怎样的引用原则？

3. 在学术活动中，学术规范有哪些？为建立更好的学术活动秩序，大学生应如何规避学术不端行为，请结合实际，谈谈个人体会。

附录

信息检索实例课题汇总

结合信息检索教研室各位老师近几年的本课程教学材料及我校的专业设置，本书在附录中把检索课题以三大类（艺术类、文史类、理工类）的顺序整理汇总，提供给同行老师和信息检索学习者做实例检索参考。

艺术类专业

人物雕塑的艺术形态
雕塑的空间语言或空间艺术研究
国内/西方雕塑文化的进程
雕塑在城市/校园文化建设中的应用研究
论景德镇传统彩瓷雕塑的艺术特点
雕塑作品中材料运用与独特艺术语言
建筑环境雕塑的创作
景观雕塑设计及其研究
传统文化在雕塑中的应用研究
雕塑的审美/视觉/情感研究
色彩在设计中的应用研究
中西方壁画对比
绘画与民间艺术的相互影响与应用
国画与陶瓷艺术的结合
传统绘画的数字化进程
摄影艺术与绘画艺术的交汇
传统文化在现代绘画中的应用研究
齐白石/徐悲鸿绘画艺术研究
绘画中线的运用与情感表达
茶文化/剪纸在绘画中的应用研究
山水画的画境/意境/情境/审美/视觉研究
张大千敦煌壁画/山水画研究
现代水彩画的美术学价值

浅谈国画艺术的意境表现手法
传统文化对国画创作的影响
国画人物的创作研究
各年龄阶段的国画教学策略探索
论国画山水中的色彩运用
视觉传达中的文字符号研究及其具体运用
视觉传达中的造型要素分析与研究
民间艺术在平面设计中的应用研究
视觉传达中的字体设计与应用
传统文化、传统元素与视觉传达设计/平面设计
新媒体对视觉传达设计的影响
平面设计的民族化和国际化
视觉传达设计的现状及发展趋势
视觉传达设计中的色彩
对中国美术史研究有影响的东西有哪些?
在陶绘中可以运用哪些元素/技法?
陶绘与中国画之间的关系或区别
有关于陶绘应用的研究思考
陶瓷绘画与陶瓷艺术设计
陶瓷艺术与现代产品设计的融合
浅谈书法中的美学
书法艺术与园林景观的融合应用
试论道家思想对中国书法艺术的影响
王羲之书法审美/美学研究
茶文化/剪纸/山水画/中国文化在书法中的应用研究
徐悲鸿/张大千/齐白石书法艺术研究
戏曲在书法中的应用研究
虚拟技术（VR 技术）在环境艺术中的应用
环境艺术设计的实践教学研究
环境艺术设计中的美学（审美）思考
植物造景在园林景观设计中的应用研究
环境艺术中的绿色设计研究
茶文化视角下的园林景观设计研究
声景学在园林景观设计中的应用研究
论曲线在室内空间的运用
高校学生宿舍区建筑色彩研究
论办公空间的色彩搭配
现代居住空间的照明设计研究
地域文化在室内设计领域中的应用
壁画在公共环境中的应用研究
现代城市中居民小区环境的设计研究
低碳环保理念在园林景观设计中的应用研究

传统美学对现代设计的影响
传统青花和现代青花的对比
瓷器造型艺术研究
明清景德镇外销瓷研究
时尚元素在陶瓷设计中的应用
瓷枕的装饰与造型设计
青花的审美/视觉研究
民间艺术在陶瓷设计中的应用研究
走进公共艺术中的环境陶艺
现代陶艺中的缺陷美
中国民间陶艺与现代陶艺
浅谈城市公共艺术中的现代陶艺雕塑
论公共空间中的景观陶艺
陶艺材质艺术语言表述探究
论现代陶艺中的功能陶艺
论现代陶艺创作的思维方法
城市景观与公共艺术在城市发展中的表达
浅谈公共艺术设计与公共空间的关系
公共艺术视角下的建筑与雕塑/壁画
数字媒体时代公共艺术的发展研究
中日动画对比研究
丰子恺动画/漫画研究
动画/漫画的视觉艺术/文化内涵研究
日本动漫对中国青少年的影响
中国动画的意境研究
中国动漫产业的模式研究
浅谈我国传统动画的发展方向
我国传统元素在动画中的运用
浅谈漫画语言运用
三维动画发展现状分析
浅析动画场景体现
我国动画创作对青少年心理影响的研究
国内大学生原创动画短片现状及其发展价值研究
青花瓷的装饰/纹饰/纹样/美学/审美研究
数字媒体艺术设计中中国元素的应用研究
数字媒体艺术中的幽默广告/呈现形式研究
数字短片形态研究
新媒体环境下展示设计研究与应用
新媒体艺术的现状与思考
数字媒体中动态视觉符号设计
新媒体条件下现代壁画设计的可行性探究
日用陶瓷的设计原则研究

浅谈计算机在陶瓷花纸设计中的应用
论传统民居元素在陶瓷艺术设计中的作用
日用陶瓷仿生设计的美学效应
基于数字艺术的陶瓷产品设计实践
数码影像技术影响下的个性陶瓷贴花设计
陶瓷产品设计中的人文关怀
审美观念（美学）对陶瓷艺术的影响
仿生设计在陶瓷艺术中的运用
浅谈产品设计教学中陶瓷的应用
产品设计中信息传达要素的研究
平面设计方法在产品设计中的运用
产品设计中的知识产权探索和研究
产品设计与空间环境的互动研究
浅谈产品设计中的材料的选择
动漫形象在产品设计中的应用研究
情感化、情趣化在产品设计中的应用
基于人机工程学的产品设计
人性化/绿色/环保/交互设计在产品设计/工业设计中的应用
平面设计的民族化和国际化
清代珐琅彩装饰研究
论艺术玻璃在环艺中的作用研究
对环艺专业课程的教学探索思考
陶瓷材料在首饰设计中的应用研究
浅谈现代陶瓷首饰设计的装饰性
少数民族的首饰文化研究
首饰设计与市场融合的探索
首饰设计和加工工艺结合的必要性研究
玻璃幕墙在建筑设计中的应用
室内设计中对玻璃材料的运用研究
手机面板玻璃的工艺设计
建筑现象学/环境文化/装饰研究
平面构成在室内设计中的应用
园林的空间艺术/建筑设计研究
建筑设计与传统装饰研究
现代建筑/小区环境/室内景观/室内装饰/主题餐厅/城市景观/庭院景观/园林绿化/乡村景观/公园景观/湿地景观设计研究
民居装饰艺术研究
景观再生/体验研究
历史文化景观保护与利用研究
装饰色彩的应用现状及发展趋势

文史类专业

非物质文化遗产之陶瓷/剪纸/戏曲/书法/雕刻/刺绣/纺织及印染艺术研究

非物质文化遗产之传统节日/木版年画/传统武术研究
非物质文化遗产保护的现状与趋势
青白瓷的造型/装饰研究
敦煌壁画/圆明园遗址/长城遗址/古字画/古陶瓷/古瓷器/青铜器/玉器/古籍文物/纸本文物/红色文物的保护/修复研究
现代技术/数字化技术在文物保护中的应用研究
中日陶瓷/茶道/酒文化对比
汉字对于日本文字的影响
日本饮食文化及其特点研究
英语习语/旅游英语翻译中的跨文化研究
英语翻译中的本土文化研究
茶文化翻译中的技巧/美学研究
英语新闻标题翻译的修辞研究
广告英语翻译的修辞研究
论国际商务英语翻译的多元化标准
探究英汉翻译中存在的语言文化差异问题
功能语言学理论视角下的经典翻译分析探讨
交际翻译策略在汉英旅游翻译中的应用
基于语用学角度的商务英语函电语言策略
中国民俗文化英译中的补偿策略
英美法律术语汉译策略探究
企业文化建设中存在的问题及对策探究
科技创新在企业工商管理中的重要性分析
陶瓷企业的管理模式探讨研究
新经济环境下提升工商管理水平的策略分析
股份制企业的分配制度研究
中小企业工商管理现状及发展研究
经济新常态背景下企业工商管理的创新路径
工商管理对提高企业管理水平的价值/作用研究
互联网/市场经济背景下的工商管理模式研究
工商管理信息化发展策略研究
企业管理中的知识产权/案例应用研究
基于电子商务的物流/企业管理
我国电子商务发展制约因素和影响因素/面临的问题及对策思考
试论电子商务对传统企业的影响
电子商务中的知识产权保护
中小企业的市场营销战略初探
中外人力资源管理比较研究
管理会计在我国企业中的应用
企业管理模式的变迁及创新
基于知识管理的人力资源管理
人力资源管理的激励机制

中韩知识产权贸易竞争力/自由贸易港区发展比较研究
新形势下国际贸易风险防范的实践与思考
网络环境下国际经济贸易的再创新
欧盟贸易协定新进展及中欧经贸关系展望
中美贸易摩擦对我国出口的影响
入世后中国陶瓷业所面临的机遇与挑战
国际租赁业务的特点、现状与发展趋势
出口退税政策对外贸的影响
国际贸易组织在外贸中的作用与地位反倾销对我国外贸的影响
中国纺织品出口状况综述
会计准则与会计模式研究
我国财务软件的现状与发展趋势
负债经营的财务风险分析
财务报表分析在审计工作中的应用
会计信息失真/盈余管理问题的探讨
论票据市场的功能和作用
试析证券市场投资理念的变迁
风险投资基金与风险企业成长互动关系研究
资本市场与机构投资者互动关系研究
商业银行个人消费信贷风险及其防范
农村信用社风险的形成及防范措施
会计工作规范化的管理对策
我国会计人员职业道德建设问题研究
我国会计师事务所国际化发展的路径研究
会计盈利状况对股价的影响
中小企业财务管理存在的问题及对策
财务报表分析的局限性与对策
论电子商务环境下的财务管理
ERP 在企业财务管理中的应用
会计信息化对企业财务管理的影响
浅析企业集团中的财务管理体制
中国电子政务发展现状及趋势
企业人力资源管理中的法律风险研究
绩效考核在企业人力资源管理中存在的问题及对策研究
共享经济时代人力资源管理创新研究
市场经济/经济转型背景下的人力资源管理研究
互联网背景下的人力资源发展趋势/发展路径研究
绿色人力资源管理研究述评/研究现状与展望
人力资源管理创新在企业经济发展中的应用研究
大数据时代人力资源管理模式创新研究
我国行政体制改革的反思与启示
论社区养老服务的模式研究

事业单位人力资源管理的绩效考核探究
激励机制在事业单位人力资源管理工作中的应用
我国城市/新型农村社区治理模式研究
公共事业管理专业的现状及发展趋势
企业市场营销策略（战略）研究
我国建筑卫生陶瓷的现状及发展前景
论隐私权的法律保护问题
网络环境下的知识产权保护
论职务犯罪的法律预防经济法的起源与发展
反垄断法的必要性和可行性
商业秘密侵权及法律保护
网络环境下著作权/知识产权保护问题的研究
知识产权侵权的归责原则/滥用的反垄断规制/权利限制研究
数字图书馆/计算机软件知识产权保护问题研究
国际贸易战/电子商务活动/艺术作品/数字图书馆中的知识产权保护问题
知识产权的刑法保护
论民事诉讼中的举证责任
论唐律的历史地位和影响
试论情报对企业竞争力的影响
竞争情报的应用现状及发展趋势
数据挖掘技术在图书馆中的应用
搜索引擎的功能及局限性分析
网络环境下的图书馆信息服务/用户信息需求研究
数字图书馆的研究现状与前景
现代教育技术在体育教学中运用的研究
体育教学方式改革的实验研究
我国大众体育发展的历程与特色研究
大众健身运动器材的发展与创新研究
我国大众健身操发展的回顾与展望
游泳运动的健身功能研究
校园体育教育存在的问题及解决方案
大学生体育素养的培养模式探究
体育教育与运动 APP 的探索
体教对体育产业经济发展的影响

理工类专业

无机非金属材料的应用（现状）与发展
堇青石蜂窝陶瓷/多孔陶瓷/氮化硅陶瓷/无铅压电陶瓷/多孔陶瓷膜的制备/性能/表征及应用现状
氧化石墨烯复合材料的制备研究
隔热复合材料/巨介电材料的进展研究
陶瓷与金属连接的研究及应用进展

纳米结构锂离子电池负极材料研究
碳纤维增韧陶瓷/碳化硅陶瓷基复合材料的研究进展
基于 LAMB 波的压电陶瓷传感器制备及应用
稀土掺杂微晶玻璃发光性能研究
齿科用/生物活性/金属尾矿微晶玻璃的制备研究
无铅陶瓷釉/颜料/色料研究
多孔陶瓷对甲醛的吸附作用研究
陶瓷膜抗污染性能研究
土壤污染的成因、现状及治理对策研究
陶瓷膜（饮用水/含油废水/废气）处理应用研究
大气污染的成因、现状及治理对策研究
海藻对赤潮的抑制作用研究
中国经济发展与能源消费关系研究
对中国能源安全（问题/对策/建议）的研究
我国能源供求预测研究
能源发展与经济/环境关系研究
生态环境与可持续发展
汽车的噪声污染控制
生活垃圾的分类与再利用
水环境质量的评价方法
大气环境质量的现状及发展趋势
工业废水的治理与再利用
城市/农村环境污染的问题及对策
污水处理工艺设计（回用工艺）
基于单片机的测温测控系统的设计研发
流媒体技术在网络教学中的应用
可见光通信系统的设计和仿真研究
智能家居中的无线传感网络研究
无线传感器网络节点定位算法研究
电子通信技术中电磁场和电磁波的运用
液压控制在工程机械中的应用
基于 PLC 机电一体化技术在数控机床中的应用
计算机辅助设计技术在机械设计中的应用
电子信息技术在农业机械中的应用
浅谈材料成型及焊接的控制工艺
材料成型与控制工程专业引入计算机模拟方法教学的研究
材料成型模具制造技术分析初探
我国材料成型与控制工程专业人才培养模式研究
材料成型专业信息化改造的研究与实践
“材料成型与控制”课程教学改革的探讨
浅谈高校材料成型与控制专业的特色建设
浅谈复合材料成型模具的应用与前景

浅谈新型金属材料成型加工技术

材料成型与控制工程专业实习模式的探讨

数据加密技术在计算机安全中的运用

计算机网络安全及其防范对策分析

基于 Linux 系统的防火墙研究

基于 ASP 的网站安全性探究

数据挖掘技术在客户关系管理（CRM）中的应用

网络安全与防火墙技术

网络环境下的用户信息需求研究

客户管理/信息检索/基于 Web 的知识管理/基于 J2EE 架构的管理信息/企业办公自动化（OA）系统的设计与开发

搜索引擎的搜索技巧/功能及局限性分析研究

信息技术在企业管理中的应用

计算机技术在档案管理中的应用

参考文献

[1] 蔡丽萍. 文献信息检索教程 [M]. 2 版. 北京：北京邮电大学出版社，2017.

[2] 杜良贤. 图书馆利用与文献信息检索 [M]. 成都：电子科技大学出版社，2015.

[3] 徐庆宁，陈雪飞. 新编信息检索与利用 [M]. 4 版. 上海：华东理工大学出版社，2018.

[4] 柳宏坤，杨祖逵，苏秋侠，等. 信息资源检索与利用 [M]. 上海：上海财经大学出版社，2017.

[5] 康桂英. 大数据时代大学生信息素养与科研创新 [M]. 北京：北京理工大学出版社，2019.

[6] 陈荣，霍丽萍. 信息检索与案例研究 [M]. 上海：华东理工大学出版社，2015.

[7] 张玉慧. 网络信息检索与利用 [M]. 北京：北京理工大学出版社，2014.

[8] 徐红云，张芩. 网络信息检索 [M]. 广州：华南理工大学出版社，2018.

[9] Paul Ee N D. Personal knowledge management：Putting the " person" back into the knowledge equation [J]. Online Information Review，2009，33 (2)：221-224.

[10] 陈光祚. 再论个人数字图书馆 [J]. 图书馆论坛，2007 (06)：121-125.

[11] Dumais S T，Cutrell E，Cadiz J J，et al. Stuff I've Seen：A System for Personal Information Retrieval and Re-Use [C]. SIGIR 2003：Proceedings of the 26th Annual International ACM SIGIR Conference on Research and Development in Information Retrieval，July 28 - August 1，2003，Toronto，Canada，2003.

[12] 任密迎. PKM——提升个人竞争力的新路径 [J]. 情报杂志，2004 (10)：128-129.

[13] Pauleen D. Personal Knowledge Management [J]. International Journal of Information Management，2013，33 (2)：416-417.

[14] 杨羽茜，邓胜利. 国外个人知识管理研究进展与述评 [J]. 数字图书馆论坛，2017 (04)：39-46.

[15] 于良芝. 图书馆情报学概论 [M]. 北京：国家图书馆出版社，2016.

[16] 占南. 国外个人信息管理研究动态及趋势分析 [J]. 图书馆学研究，2020 (20)：2-12.

[17] 杨佳琪，陈思言，高志辉，等. 国外个人信息管理研究综述 [J]. 数字图书馆论坛，2016 (06)：65-72.

[18] 张靖，曹树金. 资讯管理研究进展 [M]. 广州：中山大学出版社，2010.

[19] 张银犬，朱庆华. 国内外个人数字图书馆研究述评 [J]. 图书与情报，2008 (03)：18-21.

[20] Whittaker S. Personal information management：From information consumption to curation [J]. Annual Review of Information Science & Technology，2013，45 (1).

[21] 包冬梅. 开放数字环境下的个性化科研信息空间研究 学术图书馆的视角 [M]. 广州：华南理工大学出版社，2017.

[22] 王建亚. 个人云存储用户采纳行为研究 [M]. 北京：北京邮电大学出版社，2017.

[23] 深圳市亿图软件. MindMaster 思维导图 [EB/OL]. [2021. 6]. https://www. edrawsoft. cn/mindmaster/.

[24] 乔颖，赵文嘉，罗盈. 文献检索与利用 [M]. 成都：电子科技大学出版社.

[25] 聂应高. 数字信息检索技术 [M]. 武汉：湖北科学技术出版社，2019.

[26] 钟云萍. 信息检索与利用 [M]. 北京：北京理工大学出版社. 2019.

[27] 康桂英. 大数据时代大学生信息素养与科研创新 [M]. 北京：北京理工大学出版社，2019.

[28] 薛万新. 开放存取学术资源建设研究 [M]. 北京：新华出版社，2014.

[29] 国家知识产权局. 系统帮助 [EB/OL]. http://pss-system.cnipa.gov.cn/sipopublicsearch/sysmgr/uishowHelp-forwardShowHelpPage.shtml, 2021.11

[30] 陈学飞. 谈学术规范及其必要性 [J]. 中国高等教育, 2003 (11): 25.

[31] 赵文华. 高等教育学术组织特征的全景式透析 [J]. 上海交通大学学报 (社会科学版), 2000 (1): 111-116.

[32] 张积玉. 学术规范体系论略 [J]. 文史哲, 2001 (1): 80-85.

[33] 王聪, 刘玉强. 我国高校科研诚信政策中的科研诚信概念研究 [J]. 科学与社会, 2020, 10 (2): 127-141.

[34] 王玉林. 试论学术规范的构成 [J]. 图书与情报, 2005 (6): 30-34.

[35] 何晓聪. 高校学术不端成因及其治理研究 [J]. 高教论坛, 2007, 99 (1): 137-139.

[36] 阎光才. 高校学术失范现象的动因与防范机制分析 [J]. 高等教育研究, 2009 (2): 10-16+65.

[37] 曹进克. 科技期刊学术论文写作与规范化 [J]. 河南大学学报 (自然科学版), 1999 (1): 87-92.

[38] 陈学飞. 谈学术规范及其必要性 [J]. 中国高等教育, 2003 (11): 25.

[39] 卢文辉, 叶继元. 对学术规范内容体系的再思考 [J]. 高校图书馆工作, 2019, 39 (1): 21-26.

[40] 戴曼纯. 学术论文写作五大要点 [J]. 山东师范大学外国语学院学报 (基础英语教育), 2006 (3): 3-6+26.

[41] 李丽君. 学术论文写作与批判性思维培养 [J]. 教育教学论坛, 2016, 254 (16): 199-200.

[42] 《学术诚信与学术规范》编委会. 学术诚信与学术规范 [M]. 天津: 天津大学出版社, 2011.

[43] 高俊宽. 信息检索 [M]. 上海: 上海世界图书出版公司, 2017.